高等学校专业基础课系列教材

材料科学与工程概论

主编　杜双明　王晓刚

西安电子科技大学出版社

内 容 简 介

本书系统地介绍了材料科学与工程领域的基本专业知识。全书共 10 章，主要包括：绪论，材料的基本性能，材料的结构，金属材料，无机非金属材料，高分子材料，复合材料，新材料简介，材料的失效与防护工程以及材料表面处理技术。全书在内容上注重系统性、实用性和先进性。

本书主要作为普通高等学校材料科学与工程类专业学生的专业技术基础课程教材，也可作为工科相关专业以及管理类相关专业学生的选修课程教材，并可供有关科技工作者、工程技术人员参考使用。

图书在版编目(CIP)数据

材料科学与工程概论 / 杜双明，王晓刚主编. ——西安：西安电子科技大学出版社，2011.8
(2025.7 重印)
ISBN 978–7–5606–2585–0

Ⅰ. ①材… Ⅱ. ①杜… ②王… Ⅲ. ①材料科学 Ⅳ. ①TB3

中国版本图书馆 CIP 数据核字(2011)第 081315 号

责任编辑　任倍萱　戚文艳　杜慧融
出版发行　西安电子科技大学出版社(西安市太白南路 2 号)
电　　话　(029)88202421　88201467　　　　　邮　　编　710071
网　　址　//www.xduph.com　　　　　电子邮箱　xdupfxb001@163.com
经　　销　新华书店
印刷单位　西安日报社印务中心
版　　次　2011 年 8 月第 1 版　2025 年 7 月第 5 次印刷
开　　本　787 毫米×1092 毫米　1/16　印 张 18
字　　数　426 千字
定　　价　38.00 元
ISBN 978–7–5606–2585–0
XDUP 2877001-5
＊＊＊ 如有印装问题可调换 ＊＊＊

前　言

为了"材料科学与工程概论"课程教学的需要，我们编写了本书。本本的内容是根据应用型本科教育的特点及"材料科学与工程"一级学科教学的需要确定的，旨在通过对本课程的学习，帮助学生初步建立材料科学与工程的整体专业知识结构，较系统地掌握材料科学与工程的基本理论知识和常用加工方法，了解新材料的加工技术及其发展趋势，为深入学习材料科学与工程领域的专业知识打下基础。

本书主要作为普通高等学校材料科学与工程类学生的专业技术基础课教材。其内容在满足课程教学大纲的前提下，兼顾了其他工科相关专业以及管理类相关专业选修课的需要，其目的是使学生对材料科学与工程的基本知识、材料的发展趋势有一个基本的认识，能够在以后各自从事的技术及管理领域中更好地利用材料或提高管理水平。本书也可供有关工程技术人员参考。

本书共 10 章，主要包括：绪论，材料的基本性能，材料的结构，金属材料，无机非金属材料，高分子材料，复合材料，新材料简介，材料的失效与防护工程以及教材表面处理技术。第 1 章论述了材料的定义和分类，材料在人类社会发展、高新技术发展和社会现代化中的地位和作用，材料科学与工程的形成过程、特点与内涵以及材料科学与工程类专业的历史与现状等。第 2 章和第 3 章分别介绍了材料的基本性能和不同层次的结构及其与性能的关系。第 4 章至第 7 章以材料基本要素为主线，分别介绍了金属材料、无机非金属材料、高分子材料和复合材料的特性。第 8 章介绍了新材料，反映了材料科学与工程领域发展的最新成果。第 9 章和第 10 章介绍了材料的失效与防护、表面处理技术等方面的基本理论和方法。本书在内容上注重系统性、实用性和先进性，在教学组织和教材使用过程中，可根据不同专业领域的学生实际情况有所侧重。本书各章末均附有习题，供教学使用。

本书由西安科技大学的杜双明和王晓刚担任主编，由西北工业大学乔生儒负责审稿，杜双明编写了本书的第 1 至 5 章、第 9 章和第 10 章，杨庆浩编写了第 6 章，王晓刚编写了第 8 章。

作者在编写本书过程中，参考了许多专著和论文，在此向其作者表示衷心的感谢！对孙万昌、李会录、邓军平、刘向春在编写过程中提出的宝贵意见，管丽华、胡呈在本书的插图工作中给予的帮助，在此一并表示感谢。

鉴于材料科学与工程是一级学科，所涉及的基础理论知识较宽，各类材料及其应用纷繁复杂，新材料、新技术层出不穷，加之作者水平有限，书中难免存在疏漏和不妥之处，恳切希望读者批评指正。

编　者
2011 年 4 月

目　　录

第1章　绪　　论 ∎∎∎

1.1　材料的定义与分类

1. 材料的定义

有关材料的定义有多种。有定义称：材料是经过人类劳动取得的劳动对象；也有定义称：材料是人类用于制造物品、器件、构件、机器、建筑体或其他产品的物质。以上这些定义都过于宽泛，并未体现材料的真谛。从材料工作者的角度来看，材料的定义应包含以下几点：

(1) 具有一定的组成。材料通常由主要成分和辅助成分按一定比例组成。其中，主要成分提供材料的基本性能；辅助成分又可分为工艺性助剂(用来改善制品的加工性能)和功能性助剂(用来改善制品的某些特定性能)。

(2) 具有加工性。材料在一定温度和压力下可以加工成型，并在加工后能保持一定形状。

(3) 具有一定的性质和使用性能。作为制品，材料必须具有在应用状态下必要的性能，如物理性能、化学性能和力学性能，也应包括在此条件下对原有形状的保持性。

当然，作为一种好材料，其性能还应包括合适的性价比，材料生产过程中的清洁性和可持续发展性，等等。

2. 材料的分类

通常人们所说的材料是指固体材料。材料的种类很多，可按以下方法对其加以分类。

1) 按材料的作用分

按照材料的作用(用途)分，可将其分为结构材料和功能材料。

结构材料是指用于制造在不同环境下工作时承受载荷的各种结构件和零部件的一类材料。这类材料能够承受拉、压、变、剪、冲击振动等机械力的作用，如制造飞机、坦克用的合金钢、铝合金。这类材料对国民经济各部门，如交通运输、能源开发、海洋工程、建筑工程、机械制造等发展的影响很大。

功能材料是指具有某种优良的电学、磁学、热学、声学、力学、化学和生物学功能及其相互转换功能的一类材料。这类材料用来制作具有各种功能的元器件及设备，如制造计算机集成电路的半导体材料，以及具有存储功能的磁性材料等。

某些材料往往既是结构材料又是功能材料，即结构—功能一体化材料，如铁、铜、铝等金属以及某些陶瓷和塑料。

2) 按材料的使用领域分

按照材料的使用领域分，可将其分为电子材料、生物材料、航空航天材料、核材料、建筑材料、医用材料、机械材料、能源材料等。

3) 按材料的内部组织结构分

按照材料的内部组织结构的不同，可将其分为晶体材料和非晶体材料。晶体材料又分为单晶体材料和多晶体材料。

4) 按材料的发展程度、应用范围及使用量分

按照材料的发展程度、应用范围及使用量的不同，可将其分为传统材料和新型材料。

传统材料是指其制备技术和加工工艺已经成熟且在许多工业领域已大量生产和应用的材料，如钢铁、水泥、玻璃、塑料等。传统材料是国民经济的支柱，这类材料由于储量大、产值高、涉及面广泛，又是很多支柱产业的基础，因此又称其为基础材料。

新型材料是一类正在发展且具有优异性能和应用前景的材料，如金属间化合物、高温超导材料、非晶态合金、纳米材料、超导材料、生物材料、智能材料、形状记忆材料等。新型材料对现代科学技术的进步和国民经济的发展有重大推动作用，它是当代高科技发展的物质基础和技术先导。

其实，传统材料与新型材料之间并无明显界线，它们是相互依存、相互促进、相互转化、相互替代的关系。传统材料采用新技术，通过提高性能和品质，就能够发展成为新材料，而新材料经过不断发展，当其产量提高、成本降低后，也就成为了传统材料。

5) 按材料的组成、结构特征或属性分

按照材料的组成、结构特征或属性的不同，可将其分为金属材料、无机非金属材料、高分子材料以及由这三大类材料复合而成的复合材料。

(1) 金属材料。金属是一种具有光泽(即对可见光强烈反射)、富有延展性、容易导电、导热等性质的物质。金属材料是由金属或以金属元素为主形成的，是具有金属特性的材料的统称，包括金属、金属合金以及金属间化合物等。工业上将金属及其合金分为黑色金属和有色金属两部分。

黑色金属是指以铁为基的合金(钢、铸铁和铁合金)，又称铁类金属。黑色金属应用广泛，其使用量在整个结构材料和工具材料中占90%以上，其工程性能比较优越，价格也比较便宜。

习惯上将钢铁以外的金属及其合金都称为有色金属。按照性质或性能的特点，有色金属大致可分为以下几类：

轻金属(密度小于 5 kg/cm^3)：铍、镁、铝等；

易熔金属：锌、铅、锡、铋、汞、镉、铟、锑等；

难熔金属：钛、钒、铬、锆、铌、钼、钽、钨等；

贵金属：铜、铂、铑、银、金等；

稀土金属：铱、镧系(元素周期表中的 51～71 号元素)；

碱金属及碱土金属：锂、钠、钾、钙、铷、铯、钡、钫等。

主要的有色金属包括铝、铜、锌、镁、钛和镍。这六种金属及其合金占有色金属总量的90%。

新型金属材料除钢铁、有色金属外，还包括特种金属材料，即那些具有不同用途、结构和功能的金属材料。其中，有急冷形成的非晶态、准晶、微晶、纳米晶等金属材料和用于隐身、超导、储氢、形状记忆、耐磨、减振阻尼等的金属材料。

(2) 无机非金属材料。无机非金属材料是以某些元素的氧化物、碳化物、氮化物、卤族化合物、硼化物以及硅酸盐、铝酸盐、磷酸盐、硼酸盐等物质组成的材料的统称。按照组

成物质的形态和性质不同，可将其分为单晶体(各种宝石、工业用矿物材料、人工合成晶体等)、多晶体(陶瓷、水泥、废渣、粉煤灰、烧结矿等)以及非晶体(玻璃)等三类物质状态。实际上，许多已开发使用的材料属于复杂的物质状态和物质体系，其组成既可以有晶体，也可有非晶体。欧美国家将无机非金属材料统称为陶瓷材料。

陶瓷是人类应用最早的固体材料。陶瓷由离子键或共价键或它们的混合键结合而成，具有硬度高、耐高温、耐蚀性和绝缘性好等优点，可制造工具和用具，在一些特殊情况下可作为结构材料。按照组成成分和用途不同，陶瓷又可分为普通陶瓷和特种陶瓷。普通陶瓷也称传统陶瓷，主要为硅、铝氧化物的硅酸盐材料。特种陶瓷也称精细陶瓷(Fine Ceramics)、高技术陶瓷(High Technical Ceramics)或先进陶瓷(Advanced Ceramics)，是以人工合成化合物(纯的氧化物、碳化物、氮化物、硅化物等)为原料烧结而成的。按照应用范围不同，可将特种陶瓷分为结构陶瓷、功能陶瓷和生物陶瓷，这些陶瓷可用于技术和工程领域，如电子信息、能源、机械、化工、动力、生物、航天航空和其他高新技术领域。

(3) 高分子材料。高分子材料以碳、氢、氮、氧元素为基础，由大量结构相同的小单元聚合组成，其分子量大，并在某一范围内变化，一般分为天然的和合成的两类。

高分子材料的基本属性是：结合键主要为共价键，部分为范德华键；分子量大，无明显的熔点，有玻璃化转变温度、黏流温度；力学状态有玻璃态、高弹态和黏流态；强度较高；质量轻；绝缘性良好；化学稳定性优越。

按使用性质不同，可将高分子材料分为塑料、橡胶、纤维、粘合剂、涂料等。其中塑料是重要的高分子材料，可细分为通用塑料和工程塑料。通用塑料包括聚乙烯、聚氯乙烯、聚苯乙烯、聚丙烯、酚醛塑料和氨基塑料。工程塑料包括 ABS(丙烯腈-丁二烯-苯乙烯)、聚酰胺、聚甲醛、聚碳酸酯、聚砜、聚苯硫醚、聚酰亚胺和氟塑料等。按分子链结构不同，可将高分子材料分为碳链、杂链、元素高聚物。按热性质不同，可将其分为热塑性、热固性及热稳定性高聚物。按用途不同，可将其分为结构材料、电绝缘材料、耐高温材料、导电高分子材料、高分子建筑材料、生物医用高分子材料、高分子催化剂和包装材料等。

1.2 材料的地位、作用与发展

1. 材料是人类社会发展的里程碑

人类发展史可以说是一部材料和技术的演变史，材料发展史是人类进化与文明的标志。

早在一百万年以前，人类就开始用石材这种天然材料做工具，这标志着人类进入旧石器时代。大约一万年前，人类懂得对石材进行加工，使之成为精致的器皿或工具，标志着人类进入新石器时代。在这之后不久，人类社会出现了毛与丝、棉布等材料。同期，人类也发现将黏土成型后再火烧固结可制成陶器，用于制造器皿及装饰品。

人类在长期制造石器的过程中，已多次接触到了自然界存在的纯铜块，但由于其坚硬程度不如石器，因此很少用做工具。然而，随着烧制陶瓷技术的发展，人类发现只要将纯铜和适量的锡或铅熔铸在一起，即可冶炼并铸造出坚硬的铜锡合金。自此，便标志着人类进入了青铜时代。

公元前 14 世纪至公元前 13 世纪，人类开始使用并铸造铁器，当青铜器逐渐被铁器所广泛替代时，标志着人类进入铁器时代。中国最早出现冶铁制品大约在公元前 9 世纪，到春秋末期，借助于风箱，人们发明了在高温下用木炭还原优质铁矿石生产铁的方法，以及在半熔状态锻造各种器具和武器的技术。该技术在当时领先于世界，并于公元前 7 世纪至公元前 6 世纪传入朝鲜半岛、日本和欧洲。公元前 2 世纪中国的铁器和丝绸驰名全球。公元元年，出现瓷器。瓷器作为中华文明的象征，被大量运往欧亚各地，以至形成了英文中"中国"与"瓷器"同为一词的美谈。

18 世纪至 20 世纪，金属材料占据了结构材料的主导地位。18 世纪出现了以钢铁为结构材料制造的蒸汽机，19 世纪发明的内燃机和电动机对金属材料也提出了更高要求，同时对钢铁冶金技术产生了更大的推动作用，使材料在新品种开发和规模生产等方面产生了飞跃。1854 年和 1864 年，先后出现了转炉和平炉炼钢技术。随着电炉冶炼的开始，不同类型的特种钢相继问世，1887 年出现高锰钢，1900 年出现高速钢，1903 年出现硅钢，1910 年出现镍铬不锈钢。在此前后，铜、铝及其合金大量使用，铅、锌、铝、镁、钛和很多稀有金属相继被发现。世界钢产量从 1850 年的 6 万吨突增到 1900 年的 2800 万吨，使人类进入了辉煌的钢铁时代。由此带动冶金工业、纺织工业、机械制造业、交通运输业及航空工业等的发展，实现了机械化、电气化。轮船、汽车、飞机、电灯、电报、电话等的出现，使人类生活质量大大改善。

19 世纪末期，西方科学家仿制中国丝绸发明了人造丝，这是人类改造自然材料的又一里程碑。20 世纪初，各种人工合成有机高分子材料相继问世，它们以其性能优良、资源丰富、投资少、收效快而迅速发展。如 1909 年合成的酚醛树脂(电木材料)，1920 年合成的聚苯乙烯，1931 年合成的聚氯乙烯，1941 年合成的聚酰胺、聚碳酸酯(俗称尼龙)。目前，世界三大有机合成材料(树脂、纤维和橡胶)的年产量达亿吨以上，并在功能材料领域有巨大的潜力。

20 世纪中后期，通过合成原料和新的制备技术，出现了一系列具有特殊功能的先进陶瓷，由于具有资源丰富、密度小、耐高温等特点，成为之后这些年来研究工作的重点，且用途不断扩大，有人甚至认为"新陶瓷时代"即将到来。

在 20 世纪下半叶，合成高分子材料得到了飞速发展，已深入人类社会的方方面面。伴随着核能的应用、合成材料工业和以硅材料为支柱的半导体工业的大规模工业化、民用化，人类开辟了以计算机技术，特别是微电子技术、生物技术和空间技术为主要标志的新时代。20 世纪 80 年代以后，高性能磁性材料不断涌现，随着激光材料与光导纤维的问世，人类进入了信息时代。

20 世纪 90 年代以后，现代复合材料、各种新材料层出不穷，并得到快速发展，标志着人类已进入"新材料"时代。这一时代的特征是：与之前的各个材料时代不同，它是一个由多种材料决定社会和经济发展的时代。新材料使新技术得以产生和应用，而新技术又促进了新工业的出现和发展，增加了国家财富和更多的就业机会。

纵观人类利用材料的历史，可以清楚地看到，每一种重要新材料的发现和应用，都把人类支配自然的能力提高到一个新的水平。材料科学技术的每一次重大突破都会引起生产技术的重大变革，甚至引起一次世界性的技术革命，大大地加速社会发展的进程，给社会生产力和人类生活带来巨大的变革，把人类物质文明推向前进。

2. 材料是高新技术发展与社会现代化的基础和先导

材料，尤其是新材料的研究、开发与应用反映着一个国家的科学技术与工业水平。例如，从目前电子工业技术的发展过程来看，新材料的研制与开发对其具有决定性作用。1906 年，美国人德·福雷斯特发明了电子管，从而出现了无线电技术、电视机、电子计算机；1948 年，贝尔实验室向社会发布了半导体晶体管这项发明，这使得电子设备的小型化、轻量化、节能化、降低成本，以及提高可靠性与延长寿命成为可能；1958 年，由美国德州仪器公司展出的全球第一块集成电路，推动计算机及各种电子设备的发展发生了一次飞跃。此后，以单晶硅为主的半导体材料的发展引发了集成电路的迅速发展。20 世纪 90 年代以后，集成电路的集成度进一步提高，标准线条宽度达到 $0.3 \sim 0.5 \ \mu m$，存储器的价格大大降低了。这些都与硅单晶体的生长和硅片的加工技术密切相关，目前生产中使用的单晶硅其直径已达到 150 mm，几乎无晶体缺陷(位错)和氧杂质，随着晶片的加工精度和表面质量的提高，芯片成品率大大提高，从而使价格急剧降低。但随着集成电路上集成度的不断提高，硅芯片因发热而会受到限制时，GsAs 半导体材料就可能成为超大型集成电路如高速计算机的关键材料了。

正如硅材料带动了半导体工业一样，光导纤维也推动着电信工业的发展。在 1966 年，人们才认识到光学玻璃纤维可作为通信媒介，它不仅可代替铜线电缆，而且具有传输信息容量大、损耗小、保密性强、成本低等一系列优点。经过十年研究，1976 年，美国贝尔实验室在亚特兰大到华盛顿建立了世界上第一条实用化的光纤通信线路。1988 年，美国完成了第一条横贯大西洋的海底光纤电缆的铺设，其造价只是同轴电缆的百分之一。从此，世界各国都在使用互联网，国际通信交流体系发生了巨大变化，光导纤维也成为电信工业部门的关键材料。除了光导纤维外，激光技术与电子技术的发展是其重要的促成因素，而这些都与材料密切相关。也正是由于新材料的发展，20 世纪 90 年代初期提出的“信息高速公路”的设想成为现实。

现代文明的另一标志是超导技术的发展。自 1986 年超导材料有了重大突破以来，超导温度突然跳跃式地升高到 $95 \sim 100 \ K$，可达到液氮温区。这样，超导材料的实际应用指日可待了。现在世界各国都致力于超导材料的生产与应用。仅从电力传输上看，按美国计算，如其国内用超导电缆可节约 750 亿千瓦的电能，那么至少每年可节省 50 亿美元；而日本曾于 1994 年计划用超导电缆线圈制造高速列车，时速可达 500 km 以上。

当今，材料的重要性是不言而喻的。以电子工程、空间技术、海洋工程、能源工程、生物工程等为代表的第四次新技术革命浪潮离不开新材料。电子信息技术需要高性能电子材料、光电子材料、非线性光学材料、波导纤维、薄膜与器件等；能源工程技术离不开耐高温、耐磨损、耐腐蚀、高可靠以及寿命可预测的结构材料；先进的航天飞行器离不开耐超温、耐低温、耐辐射、耐腐蚀、耐烧蚀的轻质高强结构材料；新能源的开发离不开实现能源转换的功能材料……而各种材料的制备、加工和应用，无一例外地依赖适当的手段来实现。可见新材料的开发与应用，对人类社会的文明与经济的发展，有着不可估量的作用。

世界各先进工业国家都把材料作为优先发展的领域。美国国家委员会一份递交国会的题为《20 世纪 90 年代材料科学技术——在材料的时代里保持竞争力》的研究报告指出：先进材料和先进材料工艺对国家的生活水平、安全及经济实力起着关键性的作用。1981 年，日本政府选择了优先发展的三个领域：新材料、新装置和生物技术，并宣称将开发、加工和制造先进材料作为保持技术领先地位的国家战略的基石。如今，生物技术的研究地位有些下降，但新材料尤其是高性能电子信息材料更牢固地处于最领先的地位。在日本的未来工业规划的基础技术中，11 个主要项目中有 7 个项目是基于材料之上的。1986 年，《科学的美国人》杂志曾专期讨论有关材料的研究,并指出:"先进材料对未来的宇航、电子设备、汽车以及其他工业的发展是必要的,材料科学的进展决定了经济关键部门增长速度的极限范围。"

我国政府高度重视新材料的研发和应用。1986 年,提出了"高技术研究发展计划",即把新材料技术、生物技术、信息技术、激光技术、航天技术、自动化技术、新能源技术等八大高科技技术作为重点发展的领域。1997 年,制定了"国家重点基础研究发展计划(973计划)",其中把新材料的研发放在突出位置。在各级各类的科技计划中,新材料都是重点支持的领域。

1.3　材料科学与工程

1.3.1　材料科学的形成

"材料科学"的提出要追溯到 20 世纪 50 年代末。1957 年 10 月 4 日和同年 11 月 3 日苏联发射了两颗人造卫星,分别重 80 kg 和 500 kg;1958 年 1 月 31 日美国发射的"探测者1 号"人造卫星仅 8 kg。对此,美国朝野上下为之震惊,各有关部门联合向总统提出报告,认为自己落后于苏联的主要原因是在先进材料的研究方面。1958 年 3 月 18 日,美国总统通过科学顾问委员会发布"全国材料规划",决定由 12 所大学成立的材料科学研究中心(实验室),采用先进的科学理论和实验方法对材料进行深入研究,从此出现了"材料科学"一词。美国麻省理工学院 1966 年将"冶金系"改为"冶金与材料科学系",1975 年又将"冶金与材料科学系"更名为"材料科学与工程系"。这标志着人们开始把材料的研究作为自然科学的一个分支,从此"材料科学"学科开始兴起。

事实上,"材料科学"学科的形成也是科学技术发展的必然结果。

首先,基础学科的发展奠定了材料科学的基础。量子力学、固体物理、无机化学、有机化学、物理化学等基础学科的发展为材料科学奠定了重要基础;现代分析技术和设备的更新,加深了对物质结构和物理化学性质的理解。同时,冶金学、金属学、陶瓷学、高分子科学等相关应用学科的发展也使人们对材料本身的研究大大加强,从而对材料的制备、结构与性能以及它们之间的相互关系的研究也越来越深入,为材料学科的发展打下了坚实的基础。

其次,材料科学范畴下不同材料应用理论的交叉融合。在"材料科学"一词出现以前,金属材料、陶瓷材料和高分子材料都已自成体系,但它们之间存在相似之处,不同类型的材料可以相互借鉴,从而促使了本学科的发展。如作为钢热处理的马氏体相变理论由金属学科建立,后来氧化锆增韧陶瓷中同样发现了马氏体相变现象,并用来解释相变增韧机理。又如,金属材料中的缺陷行为、平衡热力学、扩散、塑性变形和断裂机理、界面的精细结构与行为、晶体和玻璃的结构以及它们之间的关系、材料中电子的迁移与约束、原子聚集体的统计力学等概念,在其他各类材料中都得到应用。

再次,材料测试技术及工艺技术的交叉融合。材料结构与性能的表征参数相通,如显微镜、电子显微镜、表面测试及物理性能测试等。在材料制备与加工中,许多工艺相通,如挤压对金属材料用于成型或冷加工硬化;对高分子材料,通过挤压成丝可使有机纤维的比强度和比刚度大幅度提高;粉末冶金和现代陶瓷制造已经很难找出明显的区别;溶胶—

凝胶法应用于各种材料的制备，这是利用金属有机化合物的水解而得到纳米高纯氧化物粒子的方法。

1.3.2 材料科学与工程的定义

材料科学的核心内容一方面是研究材料的组织结构与性能之间的关系，具有"研究为什么"的性质；另一方面，材料又是面向实际、为经济建设服务的。它是一门应用学科，研究和发展材料的目的在于应用，而人类又必须通过合理的工艺流程才能制备出具有实用价值的材料，通过批量生产才能使之成为工程材料。所以，在"材料科学"这个名词出现后不久，就提出了"材料工程"和"材料科学与工程"。材料工程是指研究材料在制备、处理加工过程中的工艺和各种工程问题，具有"解决怎样做"的性质。

材料工程研究的是提供经济、质量、资源、环保、能源等五个方面能被社会所接受的材料结构、性能和形状。材料科学为材料工程提供了设计依据，为更好地选择、使用、发展新材料提供了理论基础；材料工程为材料科学提供了丰富的研究课题和物质基础。可见，材料科学和材料工程紧密联系，它们之间没有明显的界线。在解决实际问题中，不能将科学因素和工程因素独立考虑。因此，人们常将二者合称为材料科学与工程。1986 年，英国 Pergamon 公司出版的《材料科学与工程百科全书》中对材料科学与工程的定义为：材料科学与工程研究的是有关材料组织、结构、制备工艺流程与材料性能和用途的关系及其应用。或者说，材料科学与工程的研究对象是材料组成(成分、组织与结构)、性能、合成或生产流程(工艺)和使用性能以及它们之间的关系，简称材料的四要素。

1.3.3 材料科学与工程的特点

材料科学与工程具有物理学、化学、冶金学、陶瓷学、高分子学、计算机科学、医学、生物学等多学科相互融合与交叉的特点，并且与实际应用结合得非常密切，具有鲜明的工程性。实验室的研究成果必须经过工程研究与开发以确定合理的工艺流程，通过中试试验后才能生产出符合要求的材料。各种材料在信息、交通运输、能源及制造业的使用中，可能会暴露出问题，需反馈于研究与开发，进行改进后再回到各应用领域。只有通过多次反复的应用与改进，才能成为成熟的材料。即使是成熟的材料，随着科学技术的发展与需求的推动，还要不断加以改进。因此，在材料的基础与应用研究中，涉及材料研究、工艺改进、试验测试、中试试验、推广应用以及完善改进等各阶段的研究还有大量工作要做。

材料科学与工程技术有着不可分割的关系。材料科学研究的是材料的组织结构与性能的关系，从而发展新型材料、合理有效地使用材料，并使材料要能商品化，需经过一定经济合理的工艺流程才能制成，这就是材料工程；反之，工程要发展，也需要研制出新的材料才能实现。因此，材料科学与工程是相辅相成的。在材料科学与工程这个整体中，相对而言，科学侧重于发现和揭示材料四要素之间的关系，提出新概念、新理论；材料工程侧重于寻求新手段以实现新材料的设计思想并使之投入应用，两者相辅相成。这里举一个简单例子。尼龙是大家熟知的一种合成纤维，目前已广泛用于工业和日常生活中。1928 年，杜邦公司开始对尼龙进行基础研究，但并无明确的产品目标。当时人们对天然纤维成纤机理的认识还不足，虽然已经发现它们是由相对分子质量很高的聚合物组成的，并且也已观察到蚕丝是蚕从唾腺中分泌出的一种液体遇到冷空气后凝固而成的，但当时的人造丝所用的原料实际上也还是天然纤维素。后来，在著名高分子科学家 Carother 的率领下，相关的基础研究才有所突破且成果卓著。有机化学家们成功地合成了一系列高相对分子质量的聚合物，如聚酯、聚酰胺(尼龙)、聚酐等；物理化学家们在性能研究中发现，用玻璃棒能把聚酯熔体拉成线，这种线在冷拉中能延伸好几倍，得到的细纤维远远比未拉伸时强得多。与此同时，物理学家在 X 射线衍射研究中又发现，拉伸聚酯纤维中的晶粒取向与蚕丝中的相同，纤维的高强度源自分子链的高度取向排列。科学家们因此看到了制备和应用合成纤维的可能性。只是由于当时的聚酯熔点较低，又比较容易溶于溶剂，一时忽略了它作为织物纤维的前景。19 世纪 30 年代，Carother 等人集中研究了尼龙，提出了熔融纺纤的新概念，并在一批制造人造丝方面富有经验的工程师们的努力下，发明了尼龙熔融纺纤技术。然而紧接着就面临新的挑战：小分子物质的流体力学不适用于高分子物质纺纤设备的设计，铜质料筒中的熔体因铜的腐蚀颜色变深，而当时的不锈钢还属发展初期。但在化学家、物理学家、金属学家等人的共同努力下，终于在 1938 年推出了首批合成尼龙纤维产品，此后可大量生产，成为了半个世纪以来最重要的合成纤维之一。

诸如此类的例子还有很多。纵观新材料的发展史，可以看到，对晶体位错的理解和对位错的控制，带来了一批高强度结构材料；对半导体电子结构，特别是对杂质影响的理解，导致超纯单晶硅的问世等。

材料科学与工程有很强的应用目的和明确的应用背景。发展材料科学与工程的目的是开发新材料，为发展新材料提供新技术、新方法或新流程，或者提高已有材料的性能和质量，同时降低成本和减少污染等，更好地使用已有材料，以充分发挥其作用，进而能对使用寿命作出正确的估算。材料科学与工程在这一点与材料化学及材料物理有重要区别。

此外，材料科学与工程是发展中的科学，还将随着各有关学科的发展而不断得到补充和完善。

1.3.4　材料科学与工程的四要素

由于材料的品种及其应用多种多样，材料的问题涉及许多科学与工程学科，因此，人们更关心材料的统一性和相关性。材料科学与工程四个基本要素的提出，在貌似不相关的材料之间找到了共同点，即无论哪种材料都包括四个基本要素：结构与成分、性能、使用性能、合成与加工。把四大要素连接在一起，可组成一个四面体，如图1-1 所示。上述四个要素及其形成的四面体模型较好地描述了近代材料科学与工程作为一个整体的内涵和特点，反映了材料科学与工程研究中的共

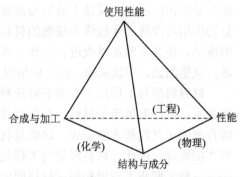

图 1-1　材料科学与工程的四个基本要求

性问题。抓住了材料科学与工程的四个要素，就抓住了材料科学与工程的本质；而各种材料又因其特征所在，反映了该材料与众不同的个性。

1. 结构与成分

每个特定的材料都含有一个以原子和电子尺度到宏观尺度的结构关系，对于大多数材料，所有这些结构尺度上的化学成分和分布是立体变化的，这是制造这种特定材料所采用的合成与加工的结果。在各种尺度上对结构与成分的深入了解是材料科学与工程的一个主要方面。材料结构的表示包含四个层次：电子层次、原子或分子排列层次、显微层次和宏观层次。当前，材料的性质和使用性能愈来愈多地取决于材料的纳米结构，介于宏观尺度和微观尺度之间的纳米尺度的探究已成为材料科学与工程的新重点。

2. 性质或固有性能

材料在外界刺激下都有相应的响应，性质就是这种功能特性和效用的定量描述。每一种材料都有其特有的性能和应用。材料的性能包括材料本身所具有的物理性能(如导电性、导热性、光学性能、磁化率、超导转变温度等)、化学性能(如抗氧化和抗腐蚀、聚合物的降解等)和力学性能(如强度、塑性、韧性等)。任何状态、任何尺度材料的性能，都是经合成或加工后材料结构与成分的变化所产生的结果。理清性质和结构的关系，有助于合成出性质更好的材料，并可按所需综合性质设计材料，且最终将影响材料的使用性能。

3. 使用性能或服役性能

使用性能是材料在使用条件下有用性的度量，或者说是材料在使用条件下的表现，如使用环境、受力状态对材料性能与寿命的影响等。度量使用性能的指标有：可靠性、有效寿命、安全性和成本等综合因素，利用物理性能时还包括能量转换率、灵敏度等。使用效能是材料的性质、产品设计、工程应用能力的综合反映，也是决定材料能否得到发展或大量使用的关键。有些材料在实验室的测定值相当乐观，而在实际使用中却表现很差，以致难以推广，只有采取有效措施改进材料，才能使之具有真正的使用价值。事实上，每当创造、发展一种新材料，人们首先关注的是材料表现出来的基本性能及其使用性能。建立材料基本性能与使用性能相关联的模型，对了解失效模式、发展合理的仿真试验程序、开展可靠性研究、以最低代价延长使用期，以及先进材料的研制、设计和工艺是至关重要的。

4. (制备)合成与加工(工艺)

合成与加工是指建立原子、分子和分子聚集体的新排列，在原子尺度到宏观尺度上对结构进行控制以及高效而有竞争力地制造材料和零件的演变过程。(制备)合成通常是指原子和分子组合在一起制造新材料所采用的物理和化学方法。加工(工艺)(这里指成型加工)除了为生产有用材料对原子、分子控制外，还包括在较大尺度上的改变，有时也包括材料制造等工程方面的问题。材料加工涉及许多学科，是科学、工程以及经验的综合，是制造技术的一部分，也是整个技术发展的关键一步。必须指出，现在合成与加工间的界线已变得越来越模糊，这是因为选择各种合成反应往往必须考虑由此得到的材料是否适合于进一步加工。(制备)合成与加工(工艺)的方法和对性能的影响随材料种类的不同而异。

研究表明，材料的性能与使用性能取决于它的组成与各个层次上的结构，后者又取决于合成与加工。因此，材料科学家和工程师们的任务就是研究这四种要素以及它们之间的相互关系，并在此基础上创造新材料，以满足社会要求，推动社会发展。

1.3.5　材料科学与工程研究的重要问题

1. 新工艺、新技术和新合成方法的探索

每当一种新工艺、新技术或新流程出现，材料的发展就可能发生一次飞跃，对此必须给以充分的重视。喷气式飞机所用的高温合金的发展就是一个明显的例子。从 20 世纪 40 年代到 50 年代末，这种高温合金主要是通过传统的冶炼、压力加工而制成的，其最高使用温度仅为 900℃ 左右。随后采用精密铸造，定向凝固与单晶技术，粉末冶金、弥散强化等工艺后，使合金质量及工作温度逐步提高，目前航空发动机在高温条件下经过成千上万小时的长期工作还能确保安全。另一个更突出的例子是分子束外延(MBE)、液相外延(LPE)、化学气相沉积(CVD)、真空蒸发(VE)、溅射沉积(SD)、离子束沉积(LBD)、固相外延(SPE)、金属有机分子束外延(MOMBE)及低压化学气相沉积(LPCVD)等新技术的发展，使人工合成材料如超晶格、薄膜合成成为可能。

新工艺、新技术发展的重点在于利用极端条件，如超高温、超高压、超高真空、微重力、强磁场、强辐射及快速冷却等。在极端条件下，物质结构往往会发生巨大变化而出现新的性能。因此，工艺创新是发展新材料的重要措施。

2. 成分、结构与性能的研究

当前，对许多有关材料的物理现象的了解比较深入，而对材料的力学性质则仍停留于比较肤浅的阶段。以断裂问题而论，虽然已有近一个世纪的研究工作，但有许多问题仍不清楚，因为断裂问题对结构非常敏感，影响因素也非常多，所以只能用一些宏观参数来进行表征，如屈服、断裂强度、断裂韧性等。为了对此有更深入的理解，应从一些基本问题，如表面与界面、缺陷及其与原子间的交互作用等着手进行探索。研究材料的性能时要将微观与宏观相结合，许多宏观现象取决于微观结构。对使用条件下相近的材料性能的研究也要从原子组成与结合力、热力学与动力学等方面出发来研究其强度、形变、损伤及破坏过程，即人们所说的微观力学。将宏观力学与微观力学有效地结合，才会对材料的力学行为有一个全面的认识。

3. 分析与表征材料的仪器设备

事实说明，科研仪器每前进一步，对事物的了解就会更深入一步。材料及其制品的合成与加工，必须通过设备和机械来实现，高效、控制精良的设备和机械是材料及其制品合成与加工的重要保障；结构、成分和性质的表征以及使用性能的分析，仪器是必不可少的探测工具。例如光学显微镜(OM)可以放大 1500 倍、分辨率为 500~1000 nm；扫描电子显微镜(SEM)可以放大 $10~10^5$ 倍、分辨率为 5~10 nm，可以观察材料的表面形态，但不能测定分散相的内部结构；透射电子显微镜(TEM)则可以放大 $10^2~5×10^6$ 倍、分辨率为 0.1~0.2 nm，分散相颗粒的大小、形态及其在空间的配置情况、分散相的颗粒的内部结构都能观察清楚。表面科学是材料科学与工程的重要分支，正是依赖于扫描隧道显微镜、双准直离子散射仪、高分辨率电子损耗光谱仪、俄歇能谱仪、低能电子衍射仪、扫描电子显微镜、透射电子显微镜、低能电子显微镜、分辨电子能谱仪、自旋极化测量仪、场电子显微镜和原子探针、分子束散射仪等仪器发展而逐步形成和完善的。

随着电子显微镜技术的不断提高，已达到能够分辨单原子的程度，从而才有准晶态的

发现。在诺贝尔奖的获得者中有相当大的比例给予了仪器原理的发现者即是此理。目前在机械设计中采用的是"损伤容限"设计，就是零件在使用过程中允许有一定大小的裂纹存在，只要在产生灾害性破坏限度以下，就被判定为可靠。因此，能确定裂纹在构件中的部位、形状及大小的无损探伤装置就非常关键，否则就可能造成失误。又如工程陶瓷材料目前存在的最大问题之一是质量稳定性。发展高精度的无损探伤技术，对陶瓷产品进行在位即时监控，以确保产品性能的可靠性是当务之急。

应该指出的是，科学仪器的发展往往来自研究工作者的需要和实践，而不是仪器制造者或厂商，后者只是把前者的新发现、新发明制成商品，并提高精度与增加功能而已。因此，研究工作者必须重视仪器的发展，否则很难使研究工作走在世界的前列。因为商品化的仪器比自制仪器一般要晚五年，那就是说，在市场出售的仪器并不是很先进的，而且有特色的研究工作往往是用自行设计的仪器来实现的，这一点应引起科研工作者的重视。

4. 分析与建模

随着理论上对材料性质的认识和精确的数字仿真技术的提高，材料科学已发展成为一门真正的定量的科学。按研究材料性质时所取的尺度特征，分析与建模大致可分为三个层次。第一个层次是微观层次，即原子与分子尺度，主要运用统计力学与量子力学来研究原子与分子的集体行为，如在表面与界面研究中，用以预测清洁表面的电子及几何结构，晶界与物理吸附或化学吸附的表面，以及与之有关的不同物质所构成的界面。利用微观结构计算方法对非平衡态的转变过程可以得到更深入的了解。这些过去仅局限于固体物理学家和量子化学家所研究的问题，如今已渗透到材料科学领域了。第二个层次为显微层次，其尺度范围在微米级以上，它要研究的不是单个原子的行为而是一定范围内的平均性质，如比重、形变、磁性等。一般用连续统计方程来描述，如扩散方程，虽然在本质上这也是原子的运动，但属于宏观范畴。这类方法对材料的研究十分重要，有许多问题需要定量解决，当前比较活跃的问题有两个：一个是通过凝固过程来控制合金的显微结构，因为合金在凝固过程中会发生偏析，而偏析是一个很复杂的现象，这就要求数学分析、数学模拟与精确的实验相结合来处理，目前是实验领先于理论计算；另一个是断裂问题，材料的断裂是一个更为复杂的问题，要描述一个真实固体的真实裂纹，需要非线性弹性力学并辅之以塑性形变及滞弹性机制，还要考虑缺陷、夹杂物、晶界与受力件的形状、大小及周围环境等；同时还涉及裂纹尖端原子结合力的问题。第三个是更为宏观的层次，研究材料的宏观性能、生产流程与使用性能间的关系，从而指导设计和生产。利用计算机技术，可以将三个层次的因素做全面考虑，通过建立模型、计算机模拟，得出符合预期性能的新材料的最佳成分、最佳结构和最合理的工艺流程。例如，喷气发动机涡轮盘的材料，在不同部位就应有不同性能，轮缘部位受高温、抗蠕变能力是主要的，而在轮毂部分则需要较高的低周疲劳与拉伸强度。根据这些要求，需要有相应的组织结构，这就要求不同生产工艺加以保证。在完成这项任务时，必须考虑工艺的可行性和经济性。当然，也可根据已有材料而改变设计以满足实际要求；更可行的模式是设计工作者和材料科学家共同合作，前者尽量根据现有材料进行设计，后者则按照设计的特殊需要而改进材料，如此密切合作，才有可能得到最经济、可靠的结果。上述三个层次的关键在于根据基本数据提出符合实际的解析模型。这就要求应用数学家、物理学家、化学家、冶金学家、陶瓷学家、机械与制造工程师的密切合作，打破各领域的界限，这也是材料科学与工程的真谛所在。

1.3.6 材料科学与工程的发展趋势

21世纪，以微型计算机、多媒体和网络技术为代表的通信产业，以基因工程、克隆技术为代表的生物技术，以核能、风能、太阳能、潮汐能等为代表的新能源技术，以探索太空为代表的宇航技术以及为人类持续发展所需的环境工程，都对材料提出了更新、更高的要求，复合化、功能化、智能化、低维化将成为材料开发的目标。例如：智能化材料是一类对外界刺激(应力集中、电、磁、热和光等)能够感知、检测、并作出响应的材料。智能化材料可分为两类：一类称为补强型智能材料，即材料能对外界刺激引起的破坏作用作出响应，向补强的方向变化；另一类是降解型智能材料，即材料废弃后迅速分解还原为初始材料，向易于再生方向变化。智能型材料的研究始于20世纪40年代，代表了未来材料开发的方向。

从材料的四个要素出发，深入原子、电子尺度，研究材料结构和性质的关系，实现定量化；按使用要求逐个原子对材料进行组装和剪裁，得到一系列具有理想性质的或新的、甚至出乎预料现象的新颖材料或功能材料。

从设计、材料和工艺一体化出发，开发材料的先进制造技术，实现材料的高性能和复合化，以达到材料生产的低成本、高质量、高效率。

值得指出的是，新材料中只有一部分是根据科学中的新发现而研制成功的，而相当一部分是从现有材料的基础上发展起来的。因此，发展已有材料产业也包括大量的材料科学与工程问题，如改进产品质量，做好资源综合利用；改进工艺流程，提高产率，降低能耗，提高经济效益；采用新技术，使传统材料更新换代；由于钢铁、有色金属、玻璃、陶瓷、高分子材料等原材料多数为矿产资源，形成于亿万年以前，是不可再生的资源。因此，在材料生产过程中必须节省资源、节约能源、回收再生、保护环境。从这个意义上讲，未来材料将是与生物和自然具有更好的适应性、相容性和环境友好的材料。

1.4 材料类专业的历史与现状

材料类专业的主干学科是材料科学与工程学科，它是伴随着社会发展需要对材料进行研究而形成和发展的。尽管材料的使用几乎和人类社会发展一样古老，但材料科学与工程学科的形成和发展的历史却只有50多年。随着材料工业由低级到高级、由小到大到强，材料科学与工程学科也从建立到进步，再到发展，直至完善。

1.4.1 欧美国家材料科学与工程学科办学历史演变

伴随着蒸汽机的发明和改进，人类迎来了工业革命。钢铁工业、纺织工业开始了大规模的工业生产，采矿等工业也随之发展了起来，工业的迅猛发展需要相应的科学技术和专门人才，材料科学和工程学科亦随之建立并发展起来。17世纪中叶，英国皇家学会成立。之后，在大学中开始设立工程学科，有力地促进了学科发展和人才培养。1865年，美国的Michigan Technological大学(后并入Michigan大学)、Columbia大学、Carnigie-Mellon大学创立了第一届矿冶系。1865～1870 年，英国 Sheffield 大学、Birmingham 大学、Emperical Mining 学院先后开设矿冶系，按炼钢、铸铁、冶炼工艺组织教学，但各有侧重点。

1940 年后，以硅材料为代表的无机非金属材料有了新发展：1945 年晶体管出现，半导体材料异军突起。与此对应，1955～1956 年，Birmingham 大学将该校的物理冶金系与化学冶金及冶金加工系合并，组建成冶金与材料系。同时，Cambridge 大学的冶金系改名为材料与冶金系，并在教学计划中增设了"广泛材料"基础理论及非金属材料课程。

1960～1970 年，原设置冶金系的大学逐步更名为材料系或冶金与材料系。1980 年后，美国大学多以材料科学与工程系命名。

综观材料学科办学史，材料系多由冶金系演变而来。1960 年后，部分化学化工系也转向材料。据统计，英国著名的 Oxford 大学、Cambridge 大学、Birmingham 大学均以冶金材料系命名；美国 90 所设有材料教学计划的高校中有 36 所设置了冶金系或材料冶金系，有 6 所为化工与材料系。

1.4.2 中国材料科学与工程学科办学历史演变

与欧美国家相仿，中国的材料科学与工程教育始于部分高校的采矿系、矿冶系等，已有 100 多年历史。专业设置经历了从宽广到细分又从细分到综合的变化过程，体现了社会需求与材料科学与工程学科专业结构、人才素质之间的相互作用关系，其形成和发展大体上可分为以下四个阶段。

(1) 1949 年以前在若干大学设置的矿冶学科，开创了我国现代材料教育的先河。1895 年创建的现代意义上中国最早的大学——北洋西学学堂在其工科中设置了采矿系，开创了中国高等材料教育的历史篇章。之后，国立唐山工学院(1905 年)、东北大学(1912 年)、武汉大学(1913 年)、国立贵州大学(1941 年)等院校相继设置矿冶系。1946 年，清华大学从西南联合大学回北京复校后，在工学院中增设了化学工程系，将材料学科教育扩宽到非金属材料领域。这一时期，中国材料教育主要是培养矿冶人才，其突出特点是不分专业，教学内容包括采矿、选矿、冶金、材料等，是一种宽领域培养模式。按宽学科口径培养的老一辈材料学家，在长期的实践中为中国材料科技、教育和材料工业的发展做出了重大贡献。

(2) 1949 年至 1966 年间我国按苏联模式大规模进行了院校调整。1951 年，大连工学院(现大连理工大学)冶金系调到东北工学院(现东北大学)，以增强其金属材料学科的实力；1952 年，经几个院校系合并创建了北京钢铁学院(现北京科技大学，同时增设了金相、轧钢、金属材料热处理、腐蚀与防护等材料类专业)和中南矿冶学院(现中南大学，并相继增设了有色金属冶金及热处理、有色金属及其合金压力加工、粉末冶金物化等材料专业)。这三所院校成为培养冶金工业高级技术人才的重要工科大学。院系调整后新成立的北京航空学院(现北京航空航天大学)增设了高分子材料(含复合材料)等专业、华东化工学院(现华东理工大学，即由交通大学等五所院校化学化工系合并成立的新中国第一所化工大学)设有无机材料(硅酸盐)专业，之后增设了高分子材料、化学工程等专业。经这一系列调整，我国建立和发展了较完整的材料高等教育体系，中国材料科学与工程教育水平得到较大的提高，规模有很大发展，为国家造就了一支宏大的材料学科队伍。按照苏联的培养模式与教学体系，材料科学技术人才被分割在十几个专业，分属于冶金、机械、化工等系。仅金属材料就被细分为冶金物理化学、金属材料及热处理、铸造、焊接、压力加工、金属腐蚀与防护、粉末冶金、高温合金、精密合金等专业。尽管按这种模式培养的学生多能在对口专业(或工种)工作并能较快适应岗位，为我国的经济建设发展做出很大贡献，但是，学科专业划分过细并不合理，学生知识面狭窄等弊端逐渐暴露出来，更为严重的是，正当全球材料科学技术迅速发展，以及材料科学与工程一级学科领域形成，欧美诸国纷纷进行材料科学与工程教育改革这一关键时期，中国材料科学与工程教育却因受到"十年浩劫"而停滞，与当代材料科学与工程教育的距离被拉大了。

(3) 1978年至1990年代初，中国改革开放逐步深入，在材料科学技术加速发展的同时，逐步了解欧美等国材料科学与工程教育改革，中国材料科学与工程的教育模式与内容的弊端逐渐被人们认识，材料科学与工程教育改革随之开展。经济建设和科学技术的发展，模糊了材料科学与材料工程之间的界线，几大材料之间的内在联系和共性被更多的人认识。复合材料、陶瓷材料、功能材料等新材料的发明和广泛应用，计算机等先进技术的突飞猛进，科技创新更加强调基础及横向与纵向的联系，学科之间相互交叉、渗透、借鉴和移植更受重视，各种不同材料大规模的相互替换、组合已屡见不鲜。在这样的背景下，浙江大学率先，北京科技大学、复旦大学、清华大学等院校随后相继设立了材料科学与工程(或相近名称)系。在此期间，扩充专业教学内容(如金属材料与热处理专业教学中增加非金属工程材料和功能材料内容等)，试办新专业(如材料科学、材料工程、材料物理、热加工等)，原专业设置界限被逐步打破、专业间的渗透与联系被加强，中国材料科学与工程教育改革取得了一定成绩与经验。但总体上来说，尚没有从根本上突破教育思想与人才培养上的苏联教学模式。

(4) 1998年原国家教委颁布了《普通高等学校本科专业目录》，对现有专业进行了第四次大规模修订，改革高校专业划分过细、专业过窄，有的专业名称欠科学规范，门类之间专业重复设置的现象。本着科学、规范、拓宽原则，结合我国国情，借鉴国外高等教育专业设置的成功经验，由行业划分专业向以学科划分专业过渡。新的专业目录由504个减少到232个。与此同时，国家启动了面向21世纪课程体系与教学内容改革的研究。

2006年，教育部组建了新一届教学指导委员会，设置了材料与工程教学指导委员会，并按二级学科设置了材料化学与材料物理、金属材料工程与冶金工程、无机非金属材料工程、高分子材料与工程等四个工业教学指导分委员会。

习　题

1. 什么是材料？材料和物质有何区别？
2. 按组成或属性不同，材料可分为哪几类？各有什么通性？
3. 为什么说材料的发展是人类文明的里程碑？
4. 材料科学与工程的四要素是什么？
5. 为什么说材料科学与工程是密不可分的系统工程？并举例说明。

第 2 章　材料的基本性能

　　材料分为天然材料和人工材料两大类。自然界赋予了天然材料特有的组成、结构和天然属性(性能)。人工材料则经历了成分选择确定、制备工艺实施,实现相应组织结构等过程,最终获得一定性能的完整过程。成分、工艺、结构和性能这四个材料链环中的环节通常称为材料的四要素,它们既有相互独立的内涵,又相互联系、密不可分。成分的选择大致确定了可行的制备工艺,工艺则决定了结构,而结构又决定了性能。因此材料的四要素以及它们之间的相互联系都是材料科学研究的核心内容。

　　任何有关材料的研究,其终极目标都是应用。材料在服役过程中,为了保持设计要求的外形和尺寸,保证在规定的期限内安全地运行,要求材料的某一方面(或某几方面)的性能达到规定要求,这种性能通常称为使用性能。例如,受力机械零件需要刚度、强度、塑性较高的材料;接触零件需要耐磨性高的材料;刀具需要高硬度和一定韧性的材料;桥梁、锅炉等大型构件需要韧性高的材料;在高温环境下工作的机件需要抗蠕变性能高和抗氧化性好的材料;在海水、化学气氛环境下工作的构件需要耐腐蚀性高的材料;传输电需要电导率高的材料;电子封装材料需要导热率高和热膨胀系数低的材料;加热炉既需要发热率高的加热元件材料,也需要阻止热散失的低导热材料等等。

　　在考虑材料使用性能满足工作要求的同时,也要考虑其经济性,即尽可能低的设计、制造与维修费用,使产品具有竞争力。涉及材料制备、加工中的性能一般称为工艺性能。例如,金属材料的工艺性能包括可铸造性、可锻造性、可焊接性、可热处理性、可切削加工性(车削、铣削、磨削等)以及可特种加工性(电火花加工、激光加工、离子加工等)。工艺性能关乎材料是否能够经济、可靠地制造出来,例如铸造加工要求材料具有良好的流动性和较低的收缩性,压力加工要求材料具有良好的塑性和较低的塑性变形抗力,等等,因此材料的工艺性能也是材料科学与工程研究的核心问题之一。

　　材料的使用性能(简称性能)有两层含义。

　　第一层含义是表征材料在"给定外界物理场刺激"下产生的响应行为或表现。例如,在力的作用下,材料会发生变形(弹性变形、黏性变形、黏弹性变形、塑性变形、黏塑性变形等)甚至断裂(拉伸断裂、压缩断裂、冲击断裂、疲劳断裂、韧性断裂、脆性断裂等)等力学行为;在热(或温度变化)作用下,材料会发生吸热、热传导、热膨胀、热辐射等热学行为;在电场作用下,材料会发生正常导电、半导电、超导电、介电等电学行为;在光波作用下,材料会发生对光的折射、反射、散射、吸收以及发光等光学行为;在磁场作用下,材料会发生导磁、磁致伸缩等磁学行为。需要补充两点:

　　(1) 所谓"给定外界物理场刺激",也可以是两种或两种以上场的叠加。例如,材料在力和环境腐蚀介质共同作用下发生的应力腐蚀行为;在力场和环境温度场共同作用下发生的蠕变行为;类似的还有光电、光磁、电光、声光等物理耦合效应。

(2) 对一些特定的材料,在一种外界物理场刺激下,也可能同时发生两种或两种以上不同的行为。例如,给某一类电介质施加压力,除了发生变形(力学行为)外,还会产生压电(电学行为);类似的还有逆压电、热释电、热电等转换效应。

材料使用性能的第二层含义是表征材料响应行为发生难易程度的参数,通常称为性能指标,简称性能。

材料的使用性能包括力学性能、物理性能和化学性能三类。表 2-1 简单归纳了材料使用性能的分类、表现行为及相应的性能指标。

表 2-1　材料使用性能的分类、表现行为及相应的性能指标

性能类别	基本性能	响应行为	性 能 指 标
力学性能	弹性	弹性变形	弹性模量、比例极限、弹性极限等
	塑性	塑性变形	延伸率、断面收缩率、屈服强度、应变硬化指数
	硬度	表明局部塑性变形	硬度
	韧性	静态断裂	抗拉强度、断裂强度、静力韧度、断裂韧度
	强度	磨损	稳定磨损速率、耐磨性等
		冲击	冲击韧度、冲击功、多冲寿命等
		疲劳	疲劳极限、疲劳寿命、裂纹扩展速率等
		高温变形及断裂	蠕变速率、蠕变极限、持久强度、松弛稳定性等
		低温变形及断裂	韧脆转变温度、低温强度等
		应力腐蚀	应力腐蚀应力、应力腐蚀裂纹扩展速率等
物理性能	热学性能	吸热、放热	比热容
		热胀冷缩	线膨胀系数、体膨胀系数等
		热传导	导热系数、导温系数
		急冷、急热及热循环	抗热振断裂因子、抗热振损伤因子等
	磁学性能	磁化	磁化率、磁导率、剩磁、矫顽力、饱和磁化强度、居里温度等
		磁各向异性	磁各向异性常数等
		磁致伸缩	磁致伸缩系数、磁弹性能等
	电学性能	导电	电阻率、电阻温度系数等
		介电(极化)	介电常数、介质损耗、介电强度等
		热电	热电系数
		压电	压电常数、机电耦合系数等
		铁电	极化率、自发极化强度等
		热释电	热释电系数
	光学性能	折射	折射率、色散系数等
		反射	反射系数
		吸收	吸收系数
		散射	散射系数
		发光	发光寿命、发光效率
	声学性能	吸收	吸收因子
		反射	反射因子、声波阻抗等
化学性能	耐蚀性	表面腐蚀	标准电极电位、腐蚀速率、腐蚀强度、耐蚀性等
	老化	性能随时间下降	各种性能随时间变化的稳定性,如老化时间、脆点时间等

2.1　材料的力学性能

材料的力学性能是指材料在承受各种载荷时的行为。载荷类型通常分为静载荷、动载荷和变载荷。通过不同类型的试验可以测得材料各种性质的性能判据。

2.1.1　弹性、塑性及强度

材料的弹性、塑性及强度一般通过材料单向静拉伸试验来测定。在室温、大气环境中，将圆柱形或板状光滑试样装夹在拉伸试验机上，沿试样的轴向以一定速度施加单向拉伸载荷，使其伸长变形直至断裂。对试样加载的试验机有多种类型，一般带有载荷传感器、位移传感器和自动记录装置，可把作用于试样上的载荷(F)及所引起的伸长量(Δl)自动记录下来，并绘出载荷－伸长曲线，简称为载荷－伸长曲线或伸长图。若将纵坐标以应力σ ($\sigma = F/A_0$，A_0为试样原始截面积)表示，横坐标以应变ε ($\varepsilon = \Delta l/l_0$，$l_0$为试样标距)表示，则这时的曲线与试样的尺寸无关，称为应力－应变曲线(σ-ε曲线)，也称为名义应力－应变曲线或工程应力－应变曲线。当前较先进的电子拉伸试验机和液压伺服试验机都配有专门的控制系统、测试软件及专用应变计，除可以得到载荷-伸长曲线外，还可直接绘出应力－应变曲线。应力－应变曲线是表征材料拉伸行为的重要资料，可用它获得基本的拉伸性能指标。

图 2-1(a)、(b)分别为退火低碳钢的载荷－伸长曲线及工程应力－应变曲线，两者在形态上是相似的，但纵、横坐标的量和单位均不同。

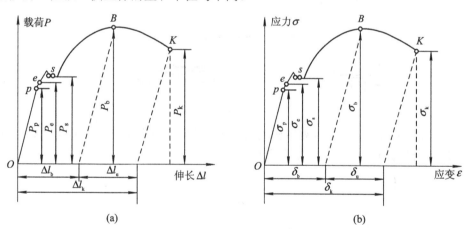

图 2-1　退火低碳钢拉伸曲线示意图

(a) 载荷－伸长曲线；(b) 工程应力－应变曲线

由图 2-1 可以看出，退火低碳钢拉伸时的力学响应大致分为弹性变形、塑形变形和断裂三个阶段。

(1) e 点以下为弹性变形阶段，卸载后试样即刻完全恢复原状。特别是在 p 点以下，为线弹性变形，载荷与伸长量之间以及应力与应变之间均成正比。

(2) 从 e 点到 K 点为塑性变形阶段，在其中任一点卸载，试样都会保留一部分残余变形，例如在 B 点卸载，载荷(应力)及伸长量(应变)沿平行于线弹性阶段的直线回落(图中虚线)，将弹性变形恢复，而保留残余塑性变形 Δl_b(残余应变 δ_b)。塑形变形还可细分为变形特征不同的四个阶段：

① 应力超过弹性极限不多时发生塑形变形(e 点到 s 点)，塑形应变一般小于 1×10^{-4}，故称为微塑性变形。通常的拉伸试验因为应变测量精度不高而被掩盖。

② 当载荷或应力达到一定值时，突然有一较小的降落，随后曲线上出现平台或锯齿，表示在载荷不增加或略有减小的情况下试样仍然伸长，这种现象称为屈服。

③ s 到 B 点为均匀塑形变形，在外加载荷增高的同时，试样在工作标距内均匀伸长。这种随塑性变形增大，变形抗力不断增高的现象称为应变硬化，也称加工硬化。

④ 从 B 点到 K 点为非均匀塑形变形，试样的某一部分截面开始急剧缩小，出现了缩颈(Necking)，以后的变形主要发生在缩颈附近。由于缩颈处截面急剧缩小，致使外加载荷下降，所以，B 点为曲线最高点。

(3) 最后，试样在 K 点发生断裂，曲线沿平行于线弹性段的虚线卸载，保留塑性伸长量 Δl_k(残余应变 δ_k)。

图 2-2 为退火纯铜拉伸曲线的示意图。

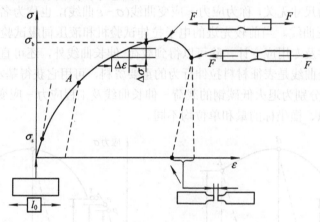

图 2-2 退火纯铜拉伸曲线示意图

实际工程材料种类繁多，微观结构复杂，其拉伸曲线也表现出多种形式，图 2-3 简单归纳了几种典型材料的应力－应变曲线形状。

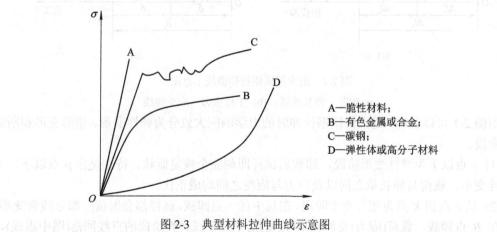

A—脆性材料；
B—有色金属或合金；
C—碳钢；
D—弹性体或高分子材料

图 2-3 典型材料拉伸曲线示意图

1. 弹性和弹性模量

物体在外力作用下其形状和尺寸发生了改变，当外力卸除后，物体又回复到原始形状和尺寸，这种特性称为弹性。

(1) 弹性极限。材料产生完全弹性变形时所承受的最大应力值即为弹性极限。也就是应力-应变曲线中 e 点所对应的应力值，用 σ_e 表示。

(2) 弹性模量。材料在弹性状态下应力与应变的比值即为弹性模量，也称杨氏模量 (Young's Modulus)。用字母 E 表示。

$$E = \frac{\sigma}{\varepsilon} \tag{2-1}$$

弹性模量的几何意义是应力-应变曲线上直线段的斜率，而物理意义是产生 100% 弹性变形所需要的应力，单位为 MPa。

在工程中，常把 E 称为材料刚度，把 ES 称为构件的刚度，S 为构件的截面积。刚度表征材料或构件对弹性变形的抗力，其值越大，在相同应力条件下产生的弹性变形越小。在机械零件或建筑结构设计时，为了保证不产生过量的弹性变形，都要考虑所选用的材料的弹性模量达到规定的要求。因此，弹性模量是结构材料的重要力学性能之一。

2. 塑性

断裂前材料发生不可逆永久变形的能力称为塑性。常用的塑性判据是材料断裂时最大相对塑性变形，如拉伸时的断后伸长率和断面收缩率。

(1) 断后伸长率。断后伸长率是指试样拉断后标距的伸长与原始标距之比，即

$$\delta = \frac{l_1 - l_0}{l_0} \times 100\% \tag{2-2}$$

式中，l_1 为试样拉断后的标距长度(mm)；l_0 为试样的原始标距长度(mm)。

(2) 断面收缩率。断面收缩率是指试样拉断后缩颈处横截面积的最大缩减量与原始横截面积的百分比，即

$$\varphi = \frac{S_1 - S_0}{S_0} \times 100\% \tag{2-3}$$

式中，S_1 为试样断裂处的最小横截面积(mm^2)；S_0 为试样的原始横截面积。

任何零件都要求具有一定塑性。零件在使用中偶然会发生过载，但由于其具有一定塑性，会因产生一定塑性变形而防止了零件的突然脆断。另外，塑性变形还有缓和应力集中、削减应力峰的作用，因而在一定程度上保证了零件工作安全。

3. 强度

强度是材料在外力作用下抵抗变形和断裂的能力。

(1) 比例极限。比例极限是指在拉伸过程中材料保持应力与应变成正比例关系的最大应力，以 σ_p 表示，单位为 MPa，即

$$\sigma_p = \frac{F_p}{S_0} \times 100\% \tag{2-4}$$

式中，F_p 为拉伸曲线上开始偏离直线时所对应的载荷；S_0 为试样的原始横截面积。

对那些在服役时需要严格保持线性关系的构件(如测力弹簧等)，比例极限是重要的设计参数和选材的性能指标。

(2) 弹性极限。弹性极限是指在拉伸过程中材料发生弹性变形的最大应力，以 σ_e 表示，单位为 MPa，即

$$\sigma_e = \frac{F_e}{S_0} \times 100\% \qquad (2\text{-}5)$$

式中，F_e 为拉伸曲线上由弹性变形过渡到塑性变形临界点所对应的载荷；S_0 为试样的原始横截面积。

对工作条件不允许产生微量塑性变形的零件，其设计或选材的依据应是弹性极限。例如，如果选用的弹簧材料弹性极限较低，弹簧工作时就可能产生塑性变形，尽管每次变形量可能很小，但时间长了，弹簧的尺寸将发生明显变化，导致弹簧失效。

理论上，比例极限低于弹性极限。对于大多数工程材料，比例极限接近或稍低于弹性极限。但若材料具有非线性弹性特性(如橡胶、高弹态聚合物)，则比例极限比弹性极限低很多。

(3) 屈服极限(屈服强度)。如前所述，在拉伸过程中出现载荷不增加而材料还继续伸长的现象称为屈服，那么在材料开始屈服时所对应的应力称为屈服强度，以 σ_s 表示，单位为 MPa，即

$$\sigma_s = \frac{F_s}{S_0} \times 100\% \qquad (2\text{-}6)$$

式中，F_s 为材料屈服时的拉伸力；S_0 为试样的原始横截面积。

对于那些在拉伸中没有明显屈服的材料(如高碳钢、铸铁等，如图 2-1(b)所示)，工程上规定材料发生一定残余变形时的应力作为该材料的屈服强度，亦称条件屈服强度。规定的残余变形量视需要而定，一般有 0.01%、0.2%、0.5%、1.0% 等，相应的屈服强度分别记为 $\sigma_{0.01}$、$\sigma_{0.2}$、$\sigma_{0.5}$、$\sigma_{1.0}$，其中以 $\sigma_{0.2}$ 最为常用(以后若不作特殊说明，即以 $\sigma_{0.2}$ 作为屈服强度)。

屈服强度是工程技术上最为重要的力学性能指标之一。因为在生产实际中，绝大部分的工程构件和机器零件在其服役过程中都要求处于弹性变形状态，不允许有明显塑性变形产生，因此，屈服强度是进行结构设计和材料选择的主要依据。一般机器结构零件，如机座、机架、普通车轴等，用 $\sigma_{0.2}$ 作为屈服强度；高压容器用的紧固螺栓由于保持气密的关系不允许有微小的残余变形，因此要采用 $\sigma_{0.2}$，甚至 $\sigma_{0.01}$ 作为屈服强度；反之，桥梁、一般容器、建筑物构件等允许的残余变形较大，则相应的条件屈服强度可选用 $\sigma_{0.2}$，甚至 $\sigma_{1.0}$。

对于高分子材料，由于残余塑性变形量不容易区分，故一般把其应力-应变曲线上刚开始屈服降落的应力定义为屈服强度。

(4) 抗拉强度。抗拉强度指材料在试样拉断前所承受的最大应力值，即

$$\sigma_b = \frac{F_b}{S_0} \times 100\% \qquad (2\text{-}7)$$

式中，σ_b 为试样在断裂前所承受的最大载荷；S_0 为试样的原始横截面积。

对于塑性很好的韧性材料来说，塑性变形最后阶段会产生缩颈，致使载荷下降，所以最大载荷就是拉伸曲线上的峰值载荷，抗拉强度就表示材料抵抗大量均匀变形的能力。对于脆性材料，断裂前仅发生弹性变形或少量塑性变形，不会颈缩，故最大载荷就是断裂时

的载荷，此时抗拉强度就是断裂强度。

虽然对韧性材料，工程设计采用的主要参数是屈服强度而非抗拉强度，但后者也是有意义的。首先，抗拉强度比屈服强度更容易测定，试验时不需要应变参数；其次，它表征了材料在拉伸条件下所能承受载荷的最大应力值，低于抗拉强度，材料可能变形失效，但不会发生断裂；再次，抗拉强度也是成分、结构和组织的敏感参数，它可用来初步评定材料的强度性能以及加工、处理工艺质量；最后，对脆性材料，它也是结构设计的基本依据。

抗拉强度是零件设计时的重要依据，同时也是评定金属材料强度的重要指标之一。

2.1.2　硬度

硬度是衡量材料软硬程度的指标。它是表征材料的弹性、塑性、强度和韧性等一系列不同物理量组合的一种综合性能指标。硬度试验设备简单，操作迅速方便，又可直接、非破坏性地在零件或工具上进行试验。根据所测硬度值可近似估计出材料的抗拉强度和耐磨性。此外，硬度与材料的切削加工性、焊接性、冷成型性间存在着一定联系，可作为选择加工工艺时的参考。因此，在工程上被广泛地用以检验原材料和热处理件的质量，鉴定热处理工艺的合理性以及作为评定工艺性能的参考。

测定硬度的试验方法很多，一般可分为压入法和划痕法两大类，如图 2-4 所示。目前工业实践中应用最广泛的是静载压入法。

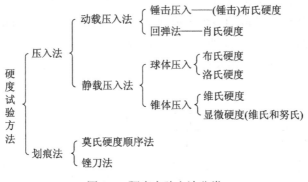

图 2-4　硬度实验方法分类

1. 布氏硬度

布氏硬度试验是 1900 年由瑞典工程师 J.B.Brinell 提出的，是目前最常用的硬度试验方法之一。布氏硬度原理如图 2-5 所示，用一定大小的试验力 F(kgf 或 N)将直径为 D 的淬火钢球或硬质合金球压入试样表面，保持规定时间后卸除试验力，根据压痕球缺的表面积 S(mm^2)，计算单位面积上所承受的载荷来表征硬度，以符号 HB 表示。当压头为淬火钢球时，硬度符号为 HBS，适用于布氏硬度值低于 450 的材料；当压头为硬质合金球时，硬度符号为 HBW，适用于布氏硬度值为 450～650 的材料。

布氏硬度的单位为 N/mm^2 或 kgf/mm^2，习惯上只写明硬度的数值而不标出单位。硬度值位于符号前面，符号后面的数值依次为压头直径、载荷大小及载荷保持时间(10～15 s 不标注)。例如：500HBW5/750 表示用直径 5 mm 的硬质合金球在 750 kgf(7500 N)的载荷作用下保持 10～15 s，布氏硬度值为 500。120HBS10/1000/30 表示用直径 10 mm 的钢球，在 1000 kgf(10 000N)载荷作用下保持 30 s，布氏硬度值为 120。

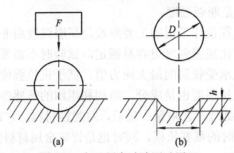

图 2-5　布氏硬度试验测试原理

(a) 压头压入试样表面；(b) 卸载后测量压痕直径

2. 洛氏硬度

洛氏硬度试验是由美国的 S.P.Rockwell 和 H.M.Rockwell 兄弟于 1919 年提出的，它也是最常用的硬度试验方法之一。洛氏硬度也属于压痕法，但与布氏硬度不同的是，它是以残余压痕的深度而非面积来表征硬度的，用 HR 表示。

洛氏硬度试验采用的压头有两种：一种是锥顶角 $\alpha =120°$、尖端曲率半径 $R = 0.2\ mm$ 的金刚石圆锥体，适用于淬火钢等硬度较高的材料；另一种是直径为 1.588 mm 或 3.175 mm 的淬火钢球，适用于有色金属等硬度较低的材料。试验原理如图 2-6 所示，首先对压头施加初载荷 F_0，使其压入试样一定深度 h_0，作为测量压痕深度的基线。随后再施加主载荷 F_1，压痕深度的增量为 h_1，其中也包括了弹性变形。经规定保持时间后卸除 F_1，则发生弹性恢复，在试样上留下由 F_1 所造成的残余压痕深度增量 e，规定每 0.002 mm 为一个洛氏硬度单位。e 值越大，硬度越低。在洛氏硬度计中，压痕深度已经换算为标尺刻度，根据具体试验时指针所指的位置，可直接读出硬度值，比较方便，免去了布氏硬度需先人工测量，再计算或查表的麻烦。

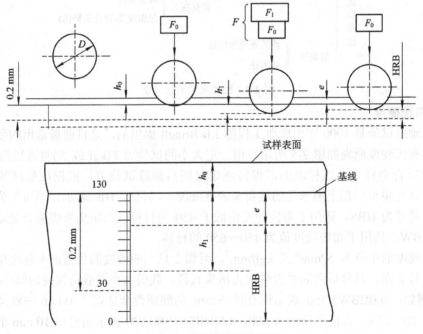

图 2-6　洛氏硬度试验原理

为了能用同一硬度计测定从极软到极硬材料的硬度，可采用不同的压头和载荷，从而组成了一系列不同标尺。国家标准规定了 A、B、C、D、E、F、G、H、K、L、M、P、R、S 和 V 等 15 种标尺，其中最常用的是 A、B、C 三种，其硬度值分别以 HRA、HRB、HRC 表示。

国家标准规定 HR 之前的数字为硬度值，符号后为标尺类型，例如 50HRC 表示标尺 C 下测定的洛氏硬度为 50。

洛氏硬度操作压痕小，不损坏工件，操作迅速简便，适合于批量检验。硬度范围广，从软到硬，各种厚度工件均可试验。其缺点是因压痕较小，对组织比较粗大且不均匀的材料，测得的硬度不够准确。

3. 维氏硬度

维氏硬度是为了克服洛氏硬度只能测定硬度小于 450 的较软材料和其标尺太多且不能直接换算的缺点而提出的另一种硬度测试法。它的测试原理和布氏硬度测试相同，也是根据压痕单位面积上的载荷来表征硬度的，但它的压头只有一种，为金刚石正四棱锥体，其相对面间夹角为 136°。压头在规定载荷 F 作用下压入被测试样表面，保持一定时间后卸除载荷，测量压痕对角线长度 d，进而计算出压痕表面积，最后求出压痕表面积上的平均压力，即为材料的维氏硬度值，用符号 HV 表示。在实际测量中，并不需要进行计算，而是根据所测 d 值，直接进行查表得到所测硬度值。

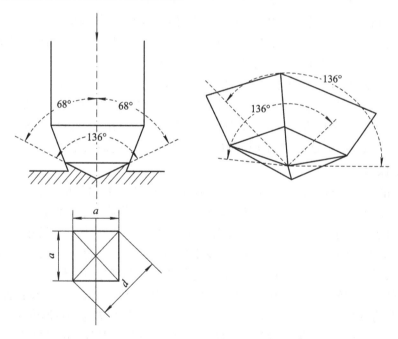

图 2-7 维氏硬度试验原理示意

维氏硬度的表示方法为：符号 HV 前面为硬度值，HV 后面的数值依次表示载荷保持时间(保持时间为 10~15 s 时不标注)，单位一般不标注。例如 640HV30 表示在 30 kgf(300 N) 载荷下保持 10~15 s 测得的维氏硬度值为 640；640HV30/20 表示在 30 kgf(300 N)载荷下保持 20 s 测得的维氏硬度值为 640。

与布氏硬度和洛氏硬度相比较，维氏硬度具有许多优点：其测试法加载小、压痕浅，适合于测试零件表面淬硬层及化学热处理的表面层或极薄试样的硬度，当试验力小于1.96 N时，又称为显微硬度试验法；标尺连续，硬度值不随试验力变化而变化；由于角锥压痕轮廓清晰，采用对角线长度计量，精度可靠。维氏硬度的缺点是需要先测量对角线的硬度，然后计算或查表，效率不高。

2.1.3　疲劳极限与蠕变极限

1．疲劳极限

疲劳是指材料或构件在循环应力或应变作用下，经一定循环次数后发生损伤和断裂的现象。在诸如轴、齿轮、弹簧等机械零件以及飞机、铁轨、桥梁、锅炉等大型构件中，疲劳断裂是最常见的破坏形式。与静载荷下的失效不同，疲劳失效具有以下基本特点：

(1) 疲劳断裂是在低应力下的脆性断裂。由于造成疲劳破坏的循环应力峰值或幅值可以远小于材料的弹性极限，断裂前材料或构件不会产生明显的塑性变形，发生断裂也较突然。这种没有征兆的断裂是工程界最为忌讳的失效形式。

(2) 疲劳断裂属于延时断裂。静载荷下，当材料所受的应力超过抗拉强度时，就立即产生破坏。疲劳破坏是一个长期过程，在循环应力作用下，材料往往要经过几百次，甚至几百万次才能产生破坏。因而预测疲劳寿命是十分重要的。

(3) 疲劳过程是一个损伤累积的过程。在循环过程中，材料内部组织逐渐变化，并在某些局部区域内首先产生损伤，进而逐步累积起来，当其达到一定程度后便产生疲劳断裂。

材料承受的循环应力峰值或幅值越大，断裂时应力循环次数越小；反之，循环应力峰值或幅值越小，断裂时应力循环次数越大。当应力低于某值时，应力循环到无数次也不会发生疲劳断裂，此应力值称为材料的疲劳极限。疲劳极限是结构材料的重要力学性能指标，是结构选材和疲劳设计的基本参数，必须由实验测定。按 GB/T 4337—1984 规定，一般钢铁材料取循环周数为 10^7 次(有色金属取 10^6 次)时所能承受的最大循环应力为疲劳极限。

2．蠕变极限

对于在高温下长时间工作的构件，如高压锅炉、汽轮机、燃气轮机、柴油机、航空发动机以及化工炼油设备的一些高温高压管道等，虽然所承受的载荷小于工作温度下材料的屈服强度，但在长期使用过程中，则会产生缓慢而连续的塑性变形，使其形状尺寸日益增大以致最终破裂。因此，对高温长时间工作的材料，变形抗力与断裂抗力的研究和评定就是重要一环。

材料在长时间的恒载荷作用下，发生缓慢塑性变形的现象称为蠕变，由此导致的断裂称为蠕变断裂。发生蠕变所需的应力可以很低，甚至远低于高温屈服强度；而发生蠕变的温度则是相对的，蠕变在低温下也会发生，但只有在工作温度 T 与熔点温度 T_m 的比值(T/T_m)高于 0.3 时才较显著，所以通常称为高温蠕变。例如，低碳钢温度超过 300℃、合金钢温度超过 400℃时，就必须考虑蠕变的影响；陶瓷材料发生蠕变的温度高于金属材料；高分子聚合物甚至在室温下也需要考虑蠕变性能。

常用的蠕变性能指标包括蠕变极限和持久强度。

(1) 蠕变极限。以在给定的温度 T(℃)下和规定的试验时间 t(h)内，使试样产生一定蠕变伸长量的应力作为蠕变极限，来表征材料抵抗蠕变变形的抗力，用符号 $\sigma_{\delta/t}^{T}$(MPa)表示，例

如 $\sigma_{0.3/500}^{900} = 600$ MPa 表示材料在 900℃、500 h 内，产生 0.3%变形量的应力为 600 MPa。试验时间及蠕变伸长量的具体数值是根据零件的工作条件来规定的。

(2) 持久强度。与室温下的情况一样，材料在高温下的变形抗力与断裂抗力是两种不同性能的指标。以试样在给定温度 T(℃)经规定时间 t(h)发生断裂的应力作为持久强度，来表征材料在高温载荷长期作用下抵抗断裂的能力，用符号 σ_t^T (MPa)表示。例如 $\sigma_{600}^{800} = 700$ MPa 表示材料在 800℃、经 600 h 而断裂的应力为 700 MPa。

2.1.4　韧度

韧度是衡量材料韧性大小的力学性能指标，是指材料断裂前吸收变形功和断裂功的能力。韧性和脆性是相反的概念，韧性愈小，意味着材料断裂所消耗的能量愈小，材料的脆性也就愈大。

根据试样的状态以及试验方法，材料的韧度一般分为三类，即静力韧度、冲击韧度和断裂韧度。

1．静力韧度

一般情况下，静力韧度可以理解为应力-应变曲线下的面积，可见只有在强度和塑性有较好的配合时，才能获得较好的韧性，过分追求强度而忽视塑性或片面追求塑性而不兼顾强度都不能得到高韧性。对于按屈服强度设计，但在服役中不可避免地存在偶尔过载的机件，如链条、拉杆、吊钩等，静力韧度是必须考虑的重要的力学性能指标。

2．冲击韧度

对于在工作过程中承受冲击载荷的零件，如冲床的冲头、锻锤的锤杆、内燃机的活塞销与连杆等，由于冲击载荷的加载速度高，作用时间短，仅具有足够的静载荷强度指标是不够的，还必须具有足够抵抗冲击载荷的能力。冲击韧度一般用冲击吸收功来衡量。目前最常用的冲击试验方法是摆锤式一次性冲击试验，其原理如图 2-8 所示。

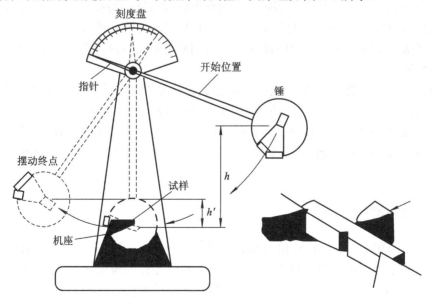

图 2-8　摆锤冲击试验装置及试验原理

　　把准备好的标准冲击试样放在试验机的机架上。试样缺口背向摆锤,将摆锤抬到一定高度,使其具有势能,然后释放摆锤,将试样冲断,摆锤继续上升到一定高度,在忽略摩擦和阻尼等的条件下,摆锤冲断试样所做的功,称为冲击吸收功,以 A_K 表示。

　　A_K 值对材料组织缺陷十分敏感,是检验冶炼和热加工质量的有效方法。另外,温度对 A_K 的影响较大,实验表明, A_K 随温度的降低而减小,当温度降低到某一温度范围时,其 A_K 急剧降低,表明断裂由韧性状态向脆性状态发生转变,此时的温度称为韧脆性转变温度。

　　韧脆性转变温度的高低是金属材料质量指标之一,韧脆性转变温度越低,材料的低温冲击性能就越好。这对于在寒冷地区和低温下工作的机械结构(如运输机械、运输管道等)尤为重要。

3. 断裂韧度

　　一般认为零件在屈服强度下工作是安全可靠的,既不会发生塑性变形,更不会断裂。但有些工程材料和构件,特别是由高强度钢制成的构件或中、低强度钢制成的大型构件,常常在工作应力远低于屈服强度时发生脆性断裂。这种在屈服应力以下的脆性断裂称为低应力脆断。大量试验研究表明,这类低应力脆断是由构件在使用前就已存在的裂纹类缺陷所引起的。由于裂纹的存在,在平均应力并不大的情况下,在裂纹尖端附近区域产生的高度应力集中就可能达到材料的理论断裂,引发局部开裂,致使裂纹扩展,并最终导致整体断裂。因此,裂纹在外应力作用下是否易于扩展,扩展速度的快慢成为材料抵抗低应力脆断的一种重要指标。

　　当材料受外力作用时,裂纹尖端附近会出现应力集中,形成一个裂纹尖端的应力场,反映这个应力场强弱程度的力学参量称为应力场强度因子 K_I ,单位为 $MPa \cdot m^{1/2}$,脚标 I 表示 I 型裂纹强度因子。 K_I 越大,应力场的应力值也越大。当外加应力场逐渐增大时,裂纹尖端附近的应力场强度因子随之增大,当增大到某一临界值时,就能使裂纹失稳扩展,最终使材料断裂。这个应力场强度因子 K_I 的临界值称为材料的断裂韧度,用 K_{IC} 表示。

　　断裂韧度 K_{IC} 是用来反映材料阻止裂纹失稳扩展能力的一种力学性能指标。根据应力场强度因子 K_I 和断裂韧度 K_{IC} 的相对大小,可判断含裂纹的材料在受力时,裂纹是否失稳扩展而导致断裂。

　　应强调指出,断裂韧度 K_{IC} 是应力场强度因子 K_I 的临界值,两者的物理意义不同: K_I 是描述裂纹前沿应力场强弱的力学参量,它与裂纹及物体的大小形状、外加应力等参数有关;而断裂韧度 K_{IC} 是材料固有的力学性能指标,是强度和韧性的综合体现,只与材料的成分、内部组织和相结构有关,而与裂纹本身大小、形状以及外加应力大小无关。

2.1.5　摩擦与磨损

　　摩擦是两个相互接触的物体相对运动(滑动、滚动、滑动和滚动同时进行)时产生阻碍运动的现象。由于摩擦而造成材料表面质量损失、尺寸变化的现象称为磨损。磨损是摩擦的结果。根据运动状态不同,摩擦可分为滑动摩擦和滚动摩擦;根据润滑状态不同,摩擦又可分为润滑摩擦和干摩擦。

材料在一定摩擦条件下抵抗磨损的能力称为耐磨性，通常用磨损率的倒数来表示。磨损率是指材料在单位时间或单位运动距离内产生的磨损量。由于材料的耐磨性是一个系统性质，目前尚无统一的评定材料耐磨性的力学性能指标，因此人们通常采用"相对耐磨性"的概念，也即用一种"标准"材料作为参考试样，用待测材料与参考材料在相同磨损条件下进行试验的结果进行评定，若试样的质量损失或尺寸变化越少，则材料耐磨性越好。

2.2　材料的物理性能

2.2.1　材料的电学性能

1. 电阻率与电导率

电阻率是表征材料导电性的基本参数，用符号 ρ 表示。电阻率值等于单位长度和单位面积的导电体的电阻值，它只与材料的本性有关，与其几何尺寸无关，单位为 $\Omega \cdot m$。其值越大，材料导电性就越差。

常用电导率来表征材料的导电性能。定义电阻率的倒数为电导率，用符号 σ 表示，单位为 $\Omega^{-1} \cdot m^{-1}$ 或 S/mm，其值越大，材料导电性就越好。

电流是带电荷的自由粒子(或称载流子)在空间的定向移动。不同材料占主导地位的载流子类型不同，因此具有不同的导电机理。

在金属中，载流子是自由电子(包括负离子和电子空位)，所以电子电导是主要机制；在陶瓷、玻璃等无机非金属材料中，由于大多数化学键是共价键、离子键或这两者的混合形式，晶格中自由电子极少，占主导地位的是离子(包括正离子、负离子和离子空位)，所以主要以离子电导为主，电子电导可以忽略不计。

固体中的载流子除了自由电子和离子(包括正离子、负离子和空位)这两类常见载流子外，还有形式比较特殊的载流子。例如，在超导体中的载流子是因某种相互作用而结成的双电子对(库帕对)；在导电高分子材料中的载流子具有的特殊电子形态(称为孤子)。

影响材料导电性能的因素主要有温度、化学成分、晶体结构、杂质及缺陷的浓度及其迁移率等。但因不同种类材料的导电机理各异，其影响因素及其影响程度也不尽相同。例如，以自由电子为机理的金属材料，电阻率随温度的升高而增大；而以离子导电机理的离子晶体型陶瓷材料，电阻率却随温度的升高而减小。

各种材料的导电性呈现很宽的范围，导电性最佳的材料(如银和铜)和导电性最差的材料(如聚苯乙烯和金刚石)之间的电导率相差 23 个数量级。表 2-2 给出了常用工程材料在室温时的电导率。

按照电阻率值的大小，通常把材料分为导体、绝缘体和半导体。导体的电阻率值小于 $10^{-2}\ \Omega \cdot m$；绝缘体的电阻率值大于 $10^{9}\ \Omega \cdot m$；半导体的电阻率值介于 $10^{-2} \sim 10^{9}\ \Omega \cdot m$ 之间。

金属及合金一般属于导体材料；硅、锗、锡及它们的化合物，以及少量的陶瓷和高分子材料属于半导体；绝大多数陶瓷、玻璃和高分子材料属于绝缘材料。

表 2-2　常用工程材料在室温时的电导率

材　料	$\sigma/(\Omega^{-1}\cdot m^{-1})$	材　料	$\sigma/(\Omega^{-1}\cdot m^{-1})$
Ag	6.3×10^5	ReO_3	5.0×10^5
Cu	6.0×10^5	CrO_2	3.3×10^4
Au	4.3×10^5	Fe_3O_4	1.0×10^2
Al	3.8×10^5	SiC	1.0×10^{-1}
Mg	2.2×10^5	SiO_2	$<10^{-14}$
Zn	1.7×10^5	Al_2O_3	$<10^{-14}$
Co	1.6×10^5	Si_3N_4	$<10^{-14}$
Ni	1.5×10^5	MgO	$<10^{-14}$
Fe	1.0×10^5	聚乙烯	$<10^{-16}$
Pt	9.4×10^4	聚丙烯	$<10^{-15}$
Sn	9.1×10^4	聚苯乙烯	$<10^{-16}$
Ta	8.0×10^4	聚四氟乙烯	10^{-18}
Cr	7.8×10^4	聚碳酸酯	5×10^{-17}
Zr	2.5×10^4	尼龙	$10^{-12}\sim10^{-15}$
灰口铸铁	1.5×10^4	聚氯乙烯	$10^{-12}\sim10^{-16}$
不锈钢(304)	1.4×10^4	酚醛树脂	10^{-13}
Si	1.0×10^{-4}	聚酯	10^{-11}
Ge	2.3×10^{-2}	硅酮	$<10^{-12}$
		乙缩醛	10^{-15}

2. 超导电性

1911 年，卡茂林·昂内斯(Kamerlingh Onnes)在实验中发现，在 4.2 K 温度附近，水银的电阻突然下降到无法测量的程度(10^{-27} Ω·m)，或者说电阻为零。之后，人们又发现许多金属和合金冷却到足够低的温度时电阻率突然降到零。这种在一定的低温条件下材料突然失去电阻的现象称为超导电性。超导态的电阻小于目前所能检测的最小电阻，可以认为超导态没有电阻。材料有电阻的状态称为正常态。由于超导体中有电流而没有电阻，说明超导体是等电位的，超导体内没有电场。材料由正常状态转变为超导状态的温度称为临界温度，用 T_c 表示。

超导体(或超导态)有两个基本特性，一个是完全导电性，另一个是完全抗磁性。完全导电性是指物质的温度下降到某一确定值 T_c(临界温度)时，物质的电阻率由有限值变为零的现象。例如，在室温下把超导体做成圆环放在磁场中，并冷却到低温使其转入超导态，这时若突然去掉原来的外磁场，则通过超导体中的感应电流由于没有电阻而永不衰竭，从而成为永久电流。例如，用 Nb0.75Zr0.25 合金导线制成的超导螺管磁体，估计其超导电流衰竭时间不小于 10 万年。

1933 年，迈斯纳(Meissner)和奥克森弗尔德(R.Ochsenfeld)发现，处于超导状态的材料不管处于何种状态，内部磁感应强度始终为零，这也就是所谓的迈斯纳(Meissner)效应。说明此时超导体具有屏蔽磁场和排除磁场的性能，具有完全抗磁性。当球处于超导态时，磁通被排斥到球外，内部磁通为零。当我们将永久磁铁慢慢落向超导体时，磁铁会被悬浮在一定的高度上而不触及超导体。其原因是，磁感应线无法穿过具有完全抗磁性的导体，因而磁场受到畸变而产生向上的浮力。

评价实用超导材料有以下三个重要性能指标：

第一个性能指标是超导体的临界转变温度 T_c。转变温度愈接近室温其实用价值愈高。

第二个性能指标是临界磁场强度 H_c。当 $T < T_c$ 时，将超导体放入磁场中，如果磁场强度高于临界磁场强度，则磁力线穿入超导体，超导体被破坏而成为正常态。低温超导体的 H_c 值随温度降低而线性增加。

第三个性能指标是临界电流密度 J_c。除磁场影响超导转变温度外，通过超导体的电流密度也对超导态有重要影响，它们是相互依存和相互关联的。如果输入电流所产生的磁场与外磁场之和超过超导体的临界磁场，则超导态被破坏。这时输入的电流为临界电流 I_c，相应的电流密度称为临界电流密度 J_c。随着外磁场的增加，J_c 必须相应减小，以使它们磁场的总和不超过 H_c 值而保持超导态，故临界电流就是材料保持超导态状态的最大输入电流。

超导现象被发现后，科学家们对金属及其金属化合物进行了大量的研究。目前发现具有超导性的金属元素有 28 种，超导合金也很多，如二元合金 NbTi、Nb_3Ce、三元合金 Nb-Ti-Zr 等。超导化合物中著名的有 Nb_3Sn，其 $T_c \approx 18.1 \sim 18.5$ K；Nb_3Ce 的 $T_c \approx 23.2$ K。

为了寻找 T_c 更高的超导体，人们自 20 世纪 60 年代开始在氧化物中寻找超导体，并取得了很大成绩。1986 年，J.G.Bednorz 和 K.A.Muller 发现了 T_c 为 35 K 的 Ba-La-Cu 系氧化物超导体，并由此获得诺贝尔奖；1987 年 2 月，我国科学家赵忠贤等人发现了 T_c 在液氮以上温度的 Y-Ba-Cu-O 系超导体，即所谓的 123 材料。目前已发现了超导温度达 133 K 以上的超导氧化物。对于超导氧化物的超导机理，人们也进行了大量研究，提出了一些模型，但其超导理论以及对所发现的新材料的解释还未被人们完全接受，人们仍在努力寻找高 T_c 的超导体。近年来，超导技术发展很快，已在电力、能源、交通、电子学技术、生物医学等领域得到应用。

2.2.2　材料的磁学性能

磁性是磁性材料的一种使用性能，磁性材料具有能量转换、存储或改变能量状态的性质，被广泛应用于计算机、通信、自动化、影像、电机、仪器仪表、航空航天、农业、生物以及医疗等技术领域，是重要的功能材料。了解材料的磁性，不仅对发展和应用新型磁性材料是必需的，对研究材料结构及相变也是非常重要的。

1. 磁感应强度和磁导率

在外加磁场 H 的作用下，材料内部会产生一定的磁通量密度，称为磁感应强度 B，即在强度为 H 的磁场中被磁化后，材料内磁感应强度 B 的大小是指通过磁场中某点，垂直于磁场方向单位面积的磁力线数，单位为 T 或 Wb/m^2。磁感应强度 B 与磁场强度 H 的关系是

$$B = \mu H \tag{2-8}$$

式中，μ 为磁导率，单位为亨利/米(H/m)。磁导率是磁性材料最重要的性能之一，反映了被磁化物质或磁介质的特性，表示在单位强度的外磁场下材料内部的磁通量密度。

2. 原子固有磁矩、磁化强度和磁化率

材料的磁性来源于原子磁矩。根据近代物理理论，原子磁矩包括核外电子绕原子核轨道运动产生的磁矩(电子轨道磁矩)、电子的自旋运动产生的磁矩(电子自旋磁矩)和核内质子和中子运动产生的磁矩(原子核磁矩)三部分，其中原子核磁矩很小，不及电子磁矩的 $1/2 \times 10^3$，故可以忽略不计。这样，原子中电子的轨道磁矩和电子的自旋磁矩构成了原子固有磁矩。如果原子中所有电子壳层都是填满的，由于形成一个球形对称的集体，则电子轨道磁矩和自旋磁矩各自相抵消，此时原子固有磁矩为零。

通常，在无外加磁场时，材料中原子固有磁矩的矢量总和为零，宏观上材料不呈现出磁性。但在外加磁场 H 作用下，尽管原子固有磁矩的大小没有变化，但原子固有磁矩的取向发生了变化，即磁矩取向趋于一致，从而使材料表现出一定的磁性，即材料被磁化。

当磁介质在外加磁场 H 中被磁化后，因被磁化而使它所在空间的磁场发生变化，即产生一个附加磁场 H'，这时，其所处的总磁场强度 H_{total} 为这两部分的矢量和。

材料磁化的程度可用所用原子的固有磁矩矢量 P_m 的总和来表示。由于材料的总磁矩与尺寸因素有关，为了便于比较材料磁化的强弱程度，一般用单位体积的磁矩大小 M 来表示，其单位为 A/m，即

$$M = \frac{\sum P_m}{V} \tag{2-9}$$

式中，V 为物体的体积。

磁化强度 M 即前面所述的附加磁场强度 H'，它不仅与外加磁场强度 H 有关，还与物体本身的磁化特性有关，即

$$M = \chi H \tag{2-10}$$

式中，χ 称为磁化率，其值可正可负，它表征物质本身的磁化特性。

当磁场中存在被磁化物质(磁性介质)时，磁感应强度为

$$B = \mu_0 (H + M) \tag{2-11}$$

式中，μ_0 为真空磁化率。

将式(2-10)代入式(2-11)，可得

$$B = \mu_0 (1 + \chi) H = \mu_0 \mu_r H = \mu H \tag{2-12}$$

式中，μ_r 称为相对磁化率。

3. 物质磁性的分类

所有物质相对于磁场都会产生磁化现象，只是其磁化强度 M 的大小不同而已。按照物质对磁场反应的大小可以把磁性大致分为三类：铁磁性、顺磁性和抗磁性。

铁磁性是材料的磁导率非常大、能沿磁场方向被强烈磁化的现象，这是因为铁磁质放入磁场时，磁矩平行于磁场方向排列，形成了自发磁化。铁磁性磁化率 χ 的其数量级一般在 $10^{-2} \sim 10^5$ 之间，甚至达到 10^6 以上。铁磁质在升高温度时，由于热运动，磁矩的排列变得混乱，磁化率变小，当温度高于某临界温度后而变为顺磁体，这个临界温度为居里温度。铁、钴、镍及其许多合金均具有铁磁性。铁的居里温度为 770℃，镍的为 358℃。

顺磁性是材料在磁场作用下，沿磁场方向被微弱磁化，而当撤去外磁场时，磁化又能

可逆消失的性质。这是因为由于热运动电子的自旋取向强烈混乱，自旋处于非自发的排列状态而造成的。顺磁质不能被磁铁吸引。铝、铂、钯、奥氏体不锈钢、稀土金属、MnAl 等均具有顺磁性。顺磁质磁化率 χ 的数量级一般为 $10^{-6} \sim 10^{-2}$。

抗磁性是材料放入磁场内沿磁场的相反方向被微弱磁化，当撤去外磁场时，磁化呈可逆消失的现象。此类物质的磁化率 χ 略小于 1。铜、银、金、汞、锌、MgO、金刚石及大多数高分子材料具有抗磁性。抗磁质磁化率 χ 的数量级一般为 $10^{-6} \sim 10^{-5}$。

4．磁化曲线和磁滞回线

磁感应强度或磁化强度与外加磁场强度的关系曲线称为磁化曲线。抗磁性和顺磁性材料的磁化曲线如图 2-9 所示。其中，磁化强度与磁场强度之间均呈直线关系，磁化率常数很小，但磁化方向相反，而且当去除外磁场之后，仍恢复到未磁化前的状态，即存在磁化可逆性。铁磁性材料的磁化曲线与前两种有很大不同，其磁化曲线比较复杂，铁磁性材料的磁化曲线如图 2-10 所示。当外加磁场时，磁化曲线可分为三个区域：磁场强度较低时，磁感应强度 B 和磁化强度 M 均随外磁场强度 H 的增大缓慢地上升，磁化强度 M 与外磁场强度 H 之间近似呈直线关系，并且磁化是可逆的，即去磁时，磁化强度沿着原路线减小；随外磁场强度 H 继续增大，磁感应强度 B 和磁化强度 M 急剧增高，磁导率增长得非常快，并且出现极大值。这个阶段的磁化是不可逆的，即去掉磁场后仍保持部分磁化，这种不可逆的运动方式决定了去磁时会有剩磁存在。当磁场强度再继续增加，B 和 M 增大的趋势逐渐变缓，磁化进行得越来越困难，磁导率减小，并趋向于 μ_0。当磁场强度达 H_s 时，磁化强度便达到饱和值，即外磁场强度再继续增大时，磁化强度将不再变化，而此时磁感应强度 $(B = M + H)$ 仍随外磁场强度的增大而增大。我们把磁化强度的饱和值称为饱和磁化强度，用 M_s 表示，它与材料有关。与 M_s 相对应的磁感应强度称为饱和磁感应强度，用 B_s 表示。

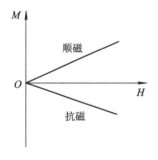

图 2-9 抗磁性和顺磁性材料的磁化曲线

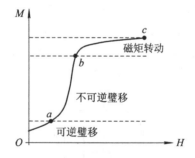

图 2-10 铁磁性材料的磁化曲线

如图 2-11 所示，沿 Oab 曲线达到饱和磁化状态的铁磁材料，当逐渐减小磁场强度时，磁感应强度将缓慢减小，这个过程称为退磁过程。当磁场强度 H 减小到零时，磁感应强度并未下降为零，而是保留为一定大小的数值，这就是铁磁金属的剩磁现象，该值称为剩余磁感应强度，用 B_r 表示。此时要使 B 值继续减小，则必须加一个反向磁场 $-H$，当 H 等于一定值 H_c 时，B 值才等于零，H_c 称为矫顽力。从图中可以看到，磁感应强度的变化总是落后于磁场强度的变化，这种现象称为磁滞效应，它是铁磁材料的重要特性之一。由于磁滞效应的存在，磁化一周得到一个闭合回线，称为磁滞回线。回线所包围的面积相当于磁化一周所产生的能量损耗，称为磁滞损耗。

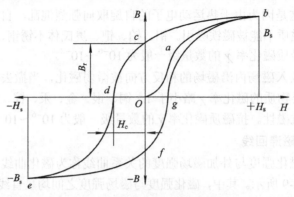

图 2-11　铁磁合金的磁滞回线

　　铁磁性材料按磁滞特性可分为硬磁材料和软磁材料两种。硬磁材料又称永磁材料，是指那些一旦被磁化后磁力线难以消失的材料。它的磁滞回线宽大，具有较大的矫顽力和剩磁。硬磁材料可用做永久磁铁，有 Fe-W 合金、Fe-Co-W 系合金、Fe-Ni-Al 合金、Fe-Co-Al 合金等许多种，可用于各类电表和电话、录音机、电视机以及磁性牵引力的举重器、分料器和选矿器中。软磁材料的特性是其磁滞回线窄小，具有较高的磁导率及饱和磁感应强度，较小的矫顽力和较低的磁滞损失。这种材料在磁场的作用下非常容易磁化，而取消磁场后又很容易退磁。软磁材料可用做暂时磁铁，如铁-硅、铁-镍合金和陶瓷铁氧体材料。生产中用得最多的软磁材料是 Fe-3%Si。软磁材料主要用于制造磁导体，例如变压器、继电器的铁芯、电动机转子和定子、磁路中的连接元件、磁极头、感应圈铁芯、电子计算机的开关元件和存储元件等。

　　铁磁物质的磁导率、磁化强度随着温度的升高逐渐减小，这是由于原子热运动的增加使磁畴的磁矩渐趋于紊乱排列。温度对磁滞回线的影响是高温使磁化强度、剩磁矫顽力都趋于减小(见图 2-12(a))。当温度升高至某一温度时，铁磁性消失，铁磁性物质变为顺磁物质，这一温度称为居里温度(见图 2-12(b))。Fe、Co、Ni、Gd 等铁磁性纯金属的居里温度分别为 770℃、1131℃、358℃、16℃。

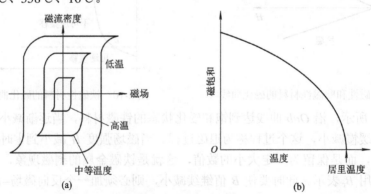

图 2-12　温度对磁性的影响

(a) 磁滞回线；(b) 磁饱和强度

5．磁致伸缩

　　铁磁体在磁场中被磁化时，其形状和尺寸都会发生变化，这种现象称为磁致伸缩。磁化会引起机械应变，反过来应力也将影响铁磁材料的磁化强度，故也称为"压磁效应"。广义上说，磁致伸缩包括一切有关磁化强度和应力相互作用的效应。

磁致伸缩的大小可以用磁致伸缩系数表示，线磁致伸缩系数 λ 定义为

$$\lambda = \frac{\Delta l}{l_0} \tag{2-13}$$

式中，l_0 为铁磁体磁化前的长度，Δl 为磁化后的长度变化量。$\lambda > 0$，表示沿磁场方向的尺寸伸长，称为正磁致伸缩；$\lambda < 0$，表示沿磁场方向的尺寸缩短，称为负磁致伸缩。所有铁磁体都有磁致伸缩的特性，但不同的铁磁体其磁致伸缩系数不同，一般在 $10^{-6} \sim 10^{-3}$ 之间。随着外磁场的增强，铁磁体的磁化强度增加，这时磁致伸缩量也有所增大。当 $H = H_s$ 时，磁化强度达到饱和值 M_s，此时 $\lambda = \lambda_s$。对一定的材料，λ_s 是个常数，称为饱和磁致伸缩系数。表 2-3 给出了常见铁磁性金属及合金的饱和磁致伸缩系数。

表 2-3　常见铁磁性金属及合金的饱和磁致伸缩系数

材　　料	饱和磁致伸缩系数(λ_s)
Ni	-40×10^{-6}
Co	-60×10^{-6}
Fe	-9×10^{-6}
Co-40Fe	70×10^{-6}
Fe_3O_4	60×10^{-6}
$NiFe_2O_4$	-26×10^{-6}
$CoFeO_4$	-110×10^{-6}
Fe-13Al	40×10^{-6}
Fe 系非晶态	$(30 \sim 40) \times 10^{-6}$

体积磁致伸缩系数定义为

$$\lambda_V = \frac{\Delta V}{V_0} \tag{2-14}$$

式中，V_0 为磁化前的长度，ΔV 为磁化后的体积变化量。一般的铁磁体的体积磁致伸缩系数十分小，其数量级约为 $10^{-10} \sim 10^{-8}$。

2.2.3　材料的热学性能

材料的热学性能是表征材料与热(或温度)相互作用行为的一种宏观特性，包括热容、热膨胀、热传导、热辐射、热稳定性等。

1. 热容

在没有相变或化学反应的条件下，材料温度升高 1℃ 或 1 K 时所需的热量 Q 称为该材料的热容，用 C 表示，单位为 J/K。为便于不同材料之间的比较，通常定义单位质量材料的热容称为比热容或质量热容，用 c 表示，单位为 J/(kg·K)或 J/(g·K)。

另外，把 1 mol 的材料温度升高 1℃ 或 1 K 时所需的热量称为摩尔热容，单位为 J/(mol·K)。热容与过程的性质有关，当升温过程维持压力一定时，1 mol 材料的热容称为摩尔恒压热容，用 c_p 表示；当升温过程维持体积一定时，1 mol 材料的热容称为摩尔恒容热容，用 c_V 表示。通常，金属的 c_p 和 c_V 差别很小。但是在高温时，特别是在晶态固体的熔点附近，或者在非晶态固体的玻璃化转变温度附近时，它们的差异比较明显。

同一种材料在不同温度时的比热容也往往不同，但在较高温度时 c_V 都趋于一个恒定值，即 $c_V = 3R = 25 \text{ J} \cdot \text{mol}^{-1} \cdot \text{K}^{-1}$。需要说明的是，金属通常在室温以上时，其摩尔定容热容 c_V 就很快接近于常数 $3R$，而陶瓷要在 1000℃ 左右才能趋于这一数值(见图 2-13)。只有在低温时材料的热容才会很快降低。据此，可以估算金属的比热容，例如，若将摩尔热容看做一常数，$c_V = 3R = 25 \text{ J} \cdot \text{mol}^{-1} \cdot \text{K}^{-1}$，则铝的摩尔质量为 0.026 98 kg·mol^{-1}，则计算的比热容为 927 J·kg^{-1}·K^{-1}，而实验测定值为 913 J·kg^{-1}·K^{-1}，两者十分接近。

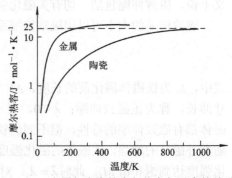

图 2-13　金属与陶瓷的摩尔热容与温度的关系

表 2-4 给出了三大类材料中一些典型材料的摩尔恒压热容。可见，金属与陶瓷的热容相差不多，而高聚物的熔点较低，所以它在热环境下的应用受到了极大限制。

表 2-4　一些典型材料的摩尔恒压热容

类　别	材　料	c_p/(J·kg^{-1}·K^{-1})
陶瓷	氧化铝	775
	氧化铍	1050
	氧化镁	940
	尖晶石(MgAl$_2$O$_4$)	790
	熔融氧化硅	740
	钠钙玻璃	840
金属	铝	900
	铁	448
	镍	443
	316 不锈钢	502
高聚物	聚乙烯	2100
	聚丙烯	1880
	聚苯乙烯	1360
	聚四氟乙烯	1050

在一般情况下，热容是随着温度连续变化的，但是一旦发生物态变化(如相变)，热容的改变就会不连续。例如，铁在居里温度时的比热容非常高，这是由于整齐排列的磁矩忽然变得无规则了。相变对热容的影响是材料研究中经常使用的热分析技术的分析基础。

2．热膨胀

物体的体积或长度随温度升高而增大的现象称为热膨胀。通常用热膨胀系数(Coefficient of Thermal Expansion，CTE)来表征材料的热膨胀性能。

单位长度的物体温度升高 1℃ 时的伸长量称为线膨胀系数，以 α_l 表示；类似地，单位体积的固体温度升高 1℃ 时的体积变化量称为体积膨胀系数，以 α_V 表示。

固体材料的热膨胀系数并不是一个常数，而是随温度的变化而变化的。通常，固体的热膨胀系数随温度的升高而增大，在低温区它呈线性变化规律，而在高温区则呈抛物线变化规律。因此，在使用平均膨胀系数时，要注意它所使用的温度范围。

另外还应注意，相变将会使材料的长度(体积)发生变化，因此，在计算或测量热膨胀系数时，所采用的温度范围应没有相变。

　　固体材料热膨胀的原因与原子的非简谐振动(非线性振动)有关。原子受热振动时，由于在平衡位置两侧受力情况并不对称，发生了偏离平衡位置的振动，导致了原子间距离的增加，从而使材料在宏观上表现出体积或线尺寸的增大。无机非金属材料的线膨胀系数一般较小，约为 $10^{-5} \sim 10^{-6}\,\mathrm{K}^{-1}$。各种金属和合金在 $0 \sim 100\,℃$ 时的线膨胀系数也为 $10^{-5} \sim 10^{-6}\,\mathrm{K}^{-1}$，钢的线膨胀系数多在 $(10 \sim 20) \times 10^{-5} \sim 10^{-6}\,\mathrm{K}^{-1}$ 的范围内。

　　热膨胀系数对精密仪表工业具有重要意义。例如，微波通信设备的元器件、精密计时器、航天器的天线等，要求在服役环境温度范围内具有很高的尺寸稳定性，因此选用的材料应有较低的热膨胀系数；在电真空应用中的玻璃陶瓷与金属之间的封接工艺上，需要在低温和高温下两种材料的热膨胀系数均相近，高温钠蒸灯所用的透明氧化铝灯管的热膨胀系数为 $8 \times 10^{-6}\,\mathrm{K}^{-1}$，所以选用热膨胀系数为 $7.8 \times 10^{-6}\,\mathrm{K}^{-1}$ 的金属铌作为封接材料，两者的热膨胀系数均相近。

　　材料的热稳定性直接与线膨胀系数的大小有关。一般，线膨胀系数小，热稳定性好，如 Si_3Ni_4 的线膨胀系数为 $2.7 \times 10^{-6}\,\mathrm{K}^{-1}$，在陶瓷材料中是偏低的，因此其热稳定性也好。

　　表 2-5 列出了常见工程材料的线膨胀的系数。从表中可以看出，金属、陶瓷、高分子聚合物等材料的线膨胀系数的差别很大。

表 2-5　常见工程材料的线膨胀系数

材　料	$\alpha_l \times 10^{-6}\,\mathrm{K}^{-1}$	材　料	$\alpha_l \times 10^{-6}\,\mathrm{K}^{-1}$
Al	25	Al_2O_3	$6.5 \sim 8.8$
Cr	6	BeO	9
Co	12	MgO	13.5
Cu	17	SiC	4.8
Au	14	Si	2.6
Fe	12	$\alpha\text{-}Si_3Ni_4$	2.9
Pb	29	$\beta\text{-}Si_3Ni_4$	2.3
Mg	25	尖晶石($MgAl_2O_4$)	7.6
Mo	5	钠钙硅玻璃	9.2
Ni	13	硼硅酸玻璃	4.6
Pt	9	硅石(纯度 96%)	0.8
K	83	硅石(纯度 99.9%)	0.55
Ag	19	石英玻璃	0.57
Ti	9	多晶玻璃	12
W	5	聚乙烯	$100 \sim 200$
不锈钢	17	聚丙烯	$58 \sim 100$
3003 铝合金	23.2	聚苯乙烯	$60 \sim 80$
2017 铝合金	22.9	聚四氟乙烯	100
ASTMB152 铜合金	17	聚碳酸酯	66
黄铜	18	尼龙(6/6)	80
Pb-Sn 焊料	24	醋酸纤维素	$80 \sim 160$
AZ31B 镁合金	26	有机玻璃	$50 \sim 90$
AZ31B 镍合金	12	环氧树脂	$45 \sim 90$
Zn	35	酚醛树脂	$60 \sim 80$
Sn	20	硅树脂	$20 \sim 40$
Ta	7		

3. 热传导

　　当固体材料两端存在温差时，热量会从热端自动地传向冷端，这个现象就称为热传导。在热能工程、制冷技术、工业炉设计、工件加热和冷却、房屋采暖与空调、燃气轮机叶片以及航天器返回大气层的隔热等一系列技术领域中，都需要考虑材料的导热性能。

　　实验证明，一根两端温度分别为 T_1 和 T_2 的均匀的金属棒，当各点温度不随时间而变化时(稳态)，单位时间内流过垂直截面上的热量正比于该棒的温度梯度，其数学式为

$$\frac{\mathrm{d}Q}{\mathrm{d}t} = -\lambda A \frac{\mathrm{d}T}{\mathrm{d}x} \tag{2-15}$$

式中，$\mathrm{d}Q/\mathrm{d}t$ 称为热量扩散率；$\mathrm{d}T/\mathrm{d}x$ 称为温度梯度；A 为横截面积；λ 表示材料导热能力的常数，称为热导率或导热系数，其单位为 W/(m·K)或 J/(m·K·s)；负号表示热量沿温度降低的方向流动。该式称为简化的傅里叶(Fourier)导热定律。

　　热传导过程就是材料内部的能量传输过程。在固体中，质点都处在一定位置上，且在平衡位置附近作微振。固体中能量的载体可以有：自由电子、晶格热振动产生的声子(晶格热振动波)和光子(电磁辐射)。因此，固体的导热包括电子导热、声子导热和光子导热。在纯金属中，由于有大量的自由电子存在，因此电子导热是主要机制；在合金中，声子对导热也有贡献，只是相比电子导热而言它是次要的；在半金属或半导体中，声子导热与电子导热相仿；陶瓷、玻璃等无机非金属材料由于大多是共价键、离子键或这两者的混合形式，晶格中自由电子极少，所以主要以声子导热为主，电子导热可以忽略不计。高分子聚合物中以共价键为主，不存在自由电子，热传导主要是通过分子(或原子)晶格热振动产生的声子导热，因此结晶度就对热导率有重要影响。

　　研究表明，温度和材料的化学成分、晶体结构、相结构以及显微组织状态对导热率均有重要影响，而且影响规律也较复杂。例如金属和陶瓷单晶体的热导率随温度的升高并非是单调增大的，即在某一临界温度出现极大值；但是对于非晶态的玻璃及高分子聚合物，热导率-温度曲线却是单调增加的，不存在极大值。晶体结构越复杂，热导率越小。对于同一种材料，非晶态的热导率总比晶态的小，多晶体的热导率总比单晶体的小。材料中的气孔率越高将显著降低材料的热导率。

　　表 2-6 给出了一些常用工程材料的热导率，总体上来说，导电性好的金属的导热率比导电性差的金属的导热率要高；金属材料的导热率最高，陶瓷材料次之，高分子材料最低。

表 2-6　一些常用工程材料的热导率

材　料	热导率/(W/(m·K))	材　料	热导率/(W/(m·K))
Al	300	Al_2O_3	34
Cr	158	BeO	216
Cu	483	MgO	37
Au	345	SiC	93
Fe	132	SiO_2	1.4
Pb	40	尖晶石($MgAl_2O_4$)	12
Mg	169	钠钙硅玻璃	1.7
Mo	179	二氧化硅玻璃	2
Ni	158	聚乙烯	0.38
Pt	79	聚丙烯	0.12
Ag	450	聚苯乙烯	0.13
Ti	31	聚四氟乙烯	0.25
W	235	聚异戊二烯	0.14
Ta	59	尼龙	0.24
Sn	85	酚醛树脂	0.15
Zn	132	Si	148
不锈钢	16	Ge	60
黄铜	120	GaAs	45

2.2.4　材料的光学性能

1. 光的透射、吸收和反射

光波是一种电磁波，根据其波长的不同可分成红外线、可见光和紫外线三个波段。当光束照射到材料上时，有一部分被材料表面反射；另一部分经折射进入材料中，这其中有一部分被吸收为热能，剩下的部分则透过材料。光波在材料中的传播速度 v 与在真空中的传播速度 v_0 的比值即为材料的折射率 $n(n = v_0/v)$。光学透明材料的反射率 R 可表示为

$$R = \left(\frac{n-1}{n+1}\right)^2$$

由于外加电场、磁场、应力的作用，使折射率变化的现象称为光电效应、磁电效应和光弹性。表 2-7 列出了不同类别材料的光学特性。

表 2-7　不同类别材料的光学特性

	陶瓷材料	金属材料	高分子材料
反射	除金刚石、立方氧化锆、氮化硼等外，大部分陶瓷对可见光的反射率均较小	对可见光、红外线、微波等低频率光有强反射	高分子材料的折射率范围为1.34～1.71，反射率特别低
吸收	含有过渡金属、稀土元素离子的材料，由于配位场电子的激发，在可见光段有吸收；由于晶格振动，在红外波段均有吸收	对低频率光反射，同时也吸收	含有π电子结合的发色基团，在可见光波段有吸收；在红外波段有明显吸收，可用于检测分子集团
透过	一般光带能级差较大，可透过可见光和近红外光；但杂质、气孔、多晶异向性等会导致透光率下降	可透过紫外线以上的高频光；若膜厚为10～50 nm以下，可显著透过可见光	虽然不纯物等会引起着色，但一般无色透明，透光性高

金属具有不透明性和高反射率，这是由于金属的导带与价带的重叠没有能隙，当电磁波入射时均可以激发电子到能量较高的未填充态，从而被吸收。结果是光线射进金属表面不深即被完全吸收，只有非常薄的金属膜才显得有些透明。电子一旦被激发后，又会衰减到较低的能级，从而在金属表面发生光线的再反射。因此，金属的强反射是由吸收和再反射综合造成的。无机非金属材料是否透明取决于能带结构。若能隙足够宽，以致可见光不足以引起电子激发，就会呈现透明。大多数玻璃具有很好的透光性。虽然大部分陶瓷材料在可见光段呈不透明，但烧结过程中通过加入少量添加剂抑制晶粒长大，也可以制得透明的陶瓷材料。目前透光的氧化铝已用于制造超高强灯泡。

大多数非晶态高分子化合物不含杂质和疵痕时，都是清澈透明的。最典型的是聚甲基丙烯甲酯(有机玻璃)，它接近于完全透明。聚苯乙烯、聚碳酸酯、聚氯乙烯、纤维素酯、聚乙烯醇缩丁醛等的透光率都在 90%左右。若结晶高分子化合物的晶体尺寸小于可见光的波长，则该晶体不会对通过的光产生干涉作用，因而是透明的。此类材料有微晶尼龙、拉伸的聚乙烯、聚对苯二甲酸酯薄膜等。但当晶体尺寸大于可见光波长时，则由于产生光散射而使其变得不透明并呈乳白色，如尼龙。

2. 荧光性

当价带与导带间的能隙为 E_g 时，外界激发源使价带中的电子跃迁到导带，但电子在高能级的导带中是不稳定的(它们在那里停的时间很短，只有 10^{-8} s 左右)，会自发地返回低能级的价带中，并相应地放出光子(其波长为 $\lambda = hC/E_g$)，若将外界激发源去除，则发光现象即很快消失，通常将这种发光现象称为荧火。许多稀土化合物本身就是荧光体。一般，材料需要激活剂引发荧光性，如用银激活 ZnS 的荧光体可写成 ZnS：Ag。表 2-8 列出了部分荧光材料的用途。

表 2-8　部分荧光材料的用途

用　　途	激发方法	荧光材料	荧光颜色
彩色电视机	18～27 kV 电子射线	ZnS：Ag，Cl ZnS：Cu，Au，Cl Y_2O_2S：Eu	蓝 绿 红
观测用阴极射线管	1.5～10 kV 电子射线	Zn_2SiO_4：Mn	绿
电子显像管	50～3000 kV 电子射线	(Zn，Cd)S：Cu，Al	绿
数字显示管	约 18 kV 电子射线	ZnO	绿
荧光灯	254 nm 紫外线	$Ca_{10}(PO_4)_6(F，Cl)_2$：Sb，Mn	白
荧光水银灯	365 nm 紫外线	$Y(V，P)O_4$：Eu	红
复写用灯	254 nm 紫外线	Zn_2SiO_4：Mn	绿
X 射线增感纸	X 射线	$CaWO_4$ Cd_2O_2S：Tb	蓝白 黄绿
固体激光	光(近紫外至近红外)	$Y_3Al_5SO_{12}$：Nd(YAG)	红外

2.3　材料的耐环境性能

材料在生产出来后，都是在特定的环境下使用(服役)或储存的，而材料与环境的长时间交互作用总会使材料的状态和性能发生改变，并最终达到时效。例如，几乎所有自然的或工业的环境都会使金属或多或少被腐蚀；高分子材料在光、热、化学与生物侵蚀等内外环境的综合作用下也会产生老化，表现为随时间延长而性能下降，从而部分丧失其使用价值。

2.3.1　金属材料的腐蚀

1. 腐蚀现象

腐蚀是材料表面在周围介质的作用下，由于化学反应、电化学或物理溶解而产生的变质、破坏和性能恶化的现象。金属腐蚀现象十分普遍，它是金属材料失效的主要形式之一。随着非金属材料的迅速发展，金属的腐蚀问题引起了人们的重视。腐蚀破坏所带来的巨大经济损失及造成的灾难性事故，不仅消耗宝贵的资源与能源，还对环境产生污染，对人类的健康也造成危害。

2. 腐蚀的机理

由于材料的腐蚀现象与机理比较复杂，因此腐蚀的分类方法也多种多样，根据材料腐蚀的机理不同，可将其分为化学腐蚀和电化学腐蚀。

1) 化学腐蚀

化学腐蚀是指金属表面与非电解质发生纯化学反应而引起的损坏。通常发生在干燥气体或非电解质溶液(不导电液体)中，例如金属在有机物液体(酒精、石油)中的腐蚀，铝在四氯化碳或乙醇中的腐蚀，镁和钛在甲醇中的腐蚀等都属于化学腐蚀。其反应过程的特点是金属表面的原子与环境中的氧化剂直接发生氧化-还原反应，形成腐蚀产物。在腐蚀过程中，电子的传递是在金属和氧化剂之间直接进行的，因而无电流产生。应该指出的是，金属的高温氧化引起的腐蚀在 20 世纪 60 年代前一直被看做是化学腐蚀，而近代理论则认为，高温氧化的腐蚀产物——氧化物、硫化物也是固体电解质，因此现在把金属的高温氧化归入了电化学腐蚀的范畴。

发生化学腐蚀的金属表面都要形成一层氧化物薄膜，通常该氧化膜较疏松、不稳定，与金属基体结合不牢固，易脱落，从而使工件不断被耗损；但当该氧化膜很稳定、致密，且与基体结合较牢固时，可使金属表面与介质隔开，从而阻止腐蚀的发生，起到保护作用，这种膜称为"钝化膜"，这种现象成为"钝化现象"。

2) 电化学腐蚀

金属表面与电解质溶液发生电化学反应而引起的破坏称为电化学腐蚀。电化学腐蚀是金属腐蚀中最常见、最普遍的腐蚀类型，例如金属在大气、海水、土壤中发生的腐蚀均属于电化学腐蚀。任何一种按电化学机理进行的腐蚀反应至少包括一个阳极反应和一个阴极反应，并有电流产生。当两种电极电位不同的金属同时处在一个电解质溶液中时，将形成原(微)电池，使电极电位较低的金属成为阳极并不断被腐蚀，电极电位较高的金属成为阴极而不被腐蚀。在同一合金中，也有可能产生电化学腐蚀。例如，钢中珠光体由铁素体和渗碳体两相组成，前者的电极电位较低，当存在电解质溶液时，铁素体成为阳极而被腐蚀。金属中存在的化学成分与组织的不均匀性，以及物理状态的不均匀性，例如基体与第二相、基体与夹杂物、晶界与晶内、不同取向的晶粒、化学成分或组织的偏析、内应力大小不同的区域等，均会引起电极电位差，在与电解质溶液接触时，组成微电池，使电极电位较低的相或微区造成阳极腐蚀。

3) 物理腐蚀

物理腐蚀是指金属由于单纯的物理溶解作用而引起的损坏，一般发生在固体金属置于熔融金属的场合。这种腐蚀不是由于化学或电化学反应，而是由于物理溶解作用形成合金，或液态金属渗入固体金属晶界而造成的。例如用来盛放熔融锌的钢容器，由于铁被液态锌溶解而损害。

3. 常见的腐蚀形态

根据腐蚀破坏的外部特征，腐蚀形态可分为全面腐蚀和局部腐蚀。

1) 全面腐蚀

全面腐蚀又称均匀腐蚀，是最常见的腐蚀形态。其特征是腐蚀分布于金属的整个表面，使金属整体变薄。例如，碳钢或锌板在稀硫酸中的溶解，以及某种材料在大气中的腐蚀都是典型的全面腐蚀。

2) 局部腐蚀

局部腐蚀又称非均匀腐蚀，它包括点腐蚀、缝隙腐蚀、电偶腐蚀、晶间腐蚀、选择性腐蚀。局部腐蚀难以预测，比全面腐蚀具有更大的危害性。

(1) 点腐蚀又称孔腐蚀，是一种局限在金属表面某些点处并向金属内部深入的小孔状腐蚀形态，其孔径远小于深度。

(2) 缝隙腐蚀是指与结构中的缝隙相关联并在缝隙内或紧靠缝隙周围发生的腐蚀，如法兰连接面、螺母压紧面、铆钉头、焊缝气孔、焊渣、锈层、污垢等与金属的接触面上形成的缝隙处就易发生缝隙腐蚀，其宽度一般在 0.025～0.1 mm 之间。

(3) 电偶腐蚀也称双金属接触腐蚀，是指具有不同电极电位的两种或两种以上金属或合金与电解质溶液接触后，电位较低的金属腐蚀加速，而电位较高的金属腐蚀反而减速(得到了保护)的腐蚀形式，它在局部腐蚀最为普遍。

(4) 晶间腐蚀是金属材料尤其是不锈钢和铝合金在潮湿大气、电解质溶液、过热水蒸气、高温水或熔融金属等特定的腐蚀介质中沿着材料的晶粒边界(晶界)产生的一种局部选择性腐蚀，它是一种危害性很大的局部腐蚀。

(5) 选择性腐蚀是指合金在腐蚀过程中，较活泼的某一组分或元素优先溶解的腐蚀形式，最著名的选择性腐蚀的实例是黄铜脱锌，脱锌时锌被选择性溶解，铜则呈多孔体残留，其结构强度大为下降。类似的腐蚀过程还有铝青铜脱铝和锡青铜中锡的选择性溶解。选择性腐蚀的另一实例是灰口铸铁的腐蚀，这时金属铁被腐蚀，残余的石墨虽保留物体原形，但强度和重量均大幅下降。

4. 腐蚀环境

所有金属腐蚀都发生在具体的环境中。一般可将腐蚀环境分为在自然环境中的腐蚀和在工业介质环境中的腐蚀两大类。自然环境包括淡水和海水、大气、土壤、微生物等；工业介质环境则包括酸、碱、盐及工业水等。

淡水一般指河水、湖水、地下水等盐含量少的天然水。表 2-9 为世界河水溶解物的平均值。淡水腐蚀取决于氧浓度、pH 值以及水中的溶解成分(阴离子类型及浓度)。

表 2-9　世界河水溶解物的平均值/(%)

CO_3^{2-}	SO_4^{2-}	Cl^-	NO_3^-	Ca^{2+}	Mg^{2+}	Na^+	K^+	$(Fe, Al)_2O_3$	SiO_2	总计
35.15	12.24	5.68	0.90	20.39	3.14	5.76	2.12	2.75	11.57	100

海水含有各种盐分，是自然界中数量最大而且腐蚀性非常强的天然电解质。常用的金属和合金在海水中大多数会遭受电化学腐蚀。海水腐蚀的影响因素主要是盐度、pH 值、氧浓度、温度和流速等。大洋中的清洁海水具有几乎恒定的成分和腐蚀速率。它的 pH 值在 8.1～8.3 之间，盐的浓度大约为 3.5(质量百分比)，其中最主要的是 NaCl(占盐总量的 77.8%)，其他依次为 $MgCl_2$(77.8%)、$CaSO_4$(3.8%)、K_2SO_4(2.5%)等。但在港口或其他接近陆地的地方，由于河水的流入或者污水排放的缘故，海水会有不同的成分。

大气腐蚀通常是指金属在室温下暴露在地球大气中所发生的腐蚀。金属材料从原材料库存，零部件加工及装配，以及产品的运输和储存过程中都会遭受不同程度的大气腐蚀。再如，长期暴露在大气环境下的桥梁、铁路、交通工具、建筑结构等也都会遭受大气腐蚀。据估计，因大气腐蚀损失的金属约占总腐蚀量的 50% 以上。大气是由不同气体组成的混合物，其基本组成(质量分数)是：$w(N_2)=75\%$，$w(O_2)=23\%$，$w(Ar)=1.26\%$，$w(H_2O)=0.7\%$，$w(CO_2)=0.01\%$。引起大气腐蚀的主要成分是水和氧，特别是水含量，因为金属表面水的存在是腐蚀电池作用的先决条件。由于地理环境的不同及工业污染，大气中经常混入污染物。

常见的气体污染物有硫化物(SO_2、SO_3、H_2S)、氮化物(NO、NO_2、NH_3)及碳化物(CO、CO_2)等；常见的固体污染物主要有盐酸粒、沙粒和灰尘。实践证明，这些污染物对金属的大气腐蚀有不同程度的促进作用，其中以 SO_2 最为严重。

土壤是一个由土粒、无机矿物质、有机物质、水、空气等气、液、固三相物质组成的复杂系统，它是一种特殊的电解质。我们知道，生活所必需的许多金属设施或结构都设置在地下，例如油、气、水等金属管道、通信电缆、地基钢桩、高压输电线、电视塔金属基座等，这些结构经常遭受土壤腐蚀。土壤腐蚀的影响因素主要是土壤的孔隙度(透气性)、水含量、电阻率、酸度和含盐量。

微生物腐蚀是指在微生物生命活动参与下所发生的腐蚀。它具有相当的普遍性，凡是与水、土壤或湿润空气相接触的金属设施，都可能遭受微生物腐蚀。微生物腐蚀并非是它本身对金属的浸蚀作用，而是微生物生命活动的结果间接地对金属腐蚀的电化学过程产生影响。

酸是一类能在水溶液中电离，并有 H_3O^+ 生成的化合物的总称。酸的强弱取决于它们在相同条件下离解度的大小。盐酸、硫酸、硝酸属于强酸，而醋酸、硼酸、碳酸等为弱酸。金属在酸溶液中的腐蚀情况，视其是非氧化性酸还是氧化性酸而具有不同的规律。对于非氧化性酸，腐蚀的阴极过程纯粹为氢的去极化过程，腐蚀速度随氢浓度的增加而上升；对于氧化性酸，腐蚀的阴极过程为氧化剂的还原过程。在一定范围内，随氧化性酸浓度增加，腐蚀加速。而当酸浓度超过某一临界值时，金属发生钝化，腐蚀速率下降。需要注意的是，硬性地将酸划分为氧化性酸和非氧化性酸并不恰当，因为有些酸(如硝酸)是典型的氧化性酸，但当浓度不高时，也和非氧化酸一样，属于氢的去极化腐蚀。

碱是在水溶液中电离，并有 OH^- 生成的化合物的总称。碱的强弱也取决于它们在相同条件下离解度的大小。根据它们在水溶液中离解出 OH^- 的离解度大小分为强碱和弱碱。碱溶液一般比酸对金属的腐蚀性要小。

盐对金属的腐蚀作用较复杂，按其氧化性和水解后 pH 值的情况大致可分为酸性盐、碱性盐、中性盐和氧化性盐等四种。酸性盐是由强酸弱碱组成的盐，如 $AlCl_3$、$FeCl_3$、$FeSO_4$、$NiSO_4$、NH_4Cl、NH_4NO_3、$KHCO_3$、$NaHSO_4$ 等，酸性盐的腐蚀速度与相同 pH 值的酸差不多。碱性盐是由弱酸强碱组成的盐，如 Na_3PO_4、Na_2SiO_3、Na_2CO_3、$Na_2B_2O_7$ 等。中性盐是由弱酸弱碱或强酸强碱组成的盐，它没有别的阴、阳离子的效果，仅有导电度和氧的溶解度方面的影响。氧化性盐又可分为两类：一类对金属的腐蚀很严重，是较强的去极化剂，如 $FeCl_3$、$CuCl_2$、$HgCl_2$、$NaClO$ 等；另一类能使钢铁钝化，若用量合适，可以阻滞金属的腐蚀，如 $NaNO_3$、$KMnO_4$ 等。

5. 金属的耐蚀性

金属的耐蚀性是指金属抵抗环境介质腐蚀的能力。金属的耐蚀性主要取决于纯金属的特性。合金化是改变金属耐蚀性的最有效途径。

1) 影响金属耐蚀性的因素

金属的耐蚀性与金属腐蚀的热力学稳定性、动力学因素和钝化等因素有关。

(1) 金属的热力学稳定性，即金属标准电极电位。一般来说，电位越负的金属越不稳定，发生腐蚀的倾向越大；电位越正的金属耐蚀性越好。根据 pH = 7(中性介质)和 pH = 0(酸性介质)时氢电极和氧电极的平衡电位值将金属划分为腐蚀热力学稳定性不同的五类：第一类是绝大多数的贱金属，在热力学上是很不稳定的，甚至在不含氧的在中性水溶液中也能被腐蚀；第二类是 Cd、In、Tl、Mn、Co、Ni、Mo、Ge、Sn、Pb、W、Fe 等热力学上不稳定的半贱金属，在无氧的中性介质中稳定，但在酸性介质中能被腐蚀；第三类是 Cu、Rh、Ag 等热力学上中等稳定的半贵金属，在无氧的中性介须中和酸性介质中是稳定的；第四类是 Hg、Ir、Pt 等热力学上稳定的贵金属，在有氧的中性介质中不会被腐蚀，在有氧过氧化剂的酸性介质中可能被腐蚀；第五类是完全稳定的贵金属 Au，在有氧的酸性介质中是稳定的，但在有氧化剂时能溶解在络合物中。

(2) 过电位。除了从热力学稳定性判断金属的耐蚀性外，还必须考虑动力学因素，金属腐蚀的快慢主要由过电位来决定。以锌、铁在酸性溶液中的析氢腐蚀为例，尽管锌的标准电极电位比铁的低，但锌的腐蚀速度却比铁的腐蚀速度小得多，原因就是氢在锌上的过电位比其在铁上的大，造成在锌上氢离子与电子的交换比在铁上的困难。基于此，通常利用锌作为钢铁材料的保护层。

(3) 钝化。有一些金属，如钛、铝、铌、锆、钽、铬、铍、钼、镍、钴、铁等，虽然在动力学上是不稳定的，但在一定的环境介质中能发生钝化，因而具有良好的耐蚀性。

2) 提高金属耐蚀性的途径

(1) 合金化。具体措施如下：

① 提高合金的热力学稳定性。合金的耐蚀性能主要取决于其成分。在平衡电位较低、耐蚀性较差的金属中加入平衡电位较高的合金元素，可以提高合金的热力学稳定性，降低腐蚀速度，例如，在铜中加入金，在镍中加入铜，在铁中加入铬。这是因为合金化形成的固溶体或金属间化合物使金属原子的电子壳层结构发生变化，使合金能量降低造成的。

② 提高析氢过电位。合金中添加元素的析氢过电位不同，则阴极反应速度不同，导致金属腐蚀速度不同。例如，工业用 Zn 中通常含有电位较高的 Cu、Fe 等杂质元素，由于氢在 Cu、Fe 上的过电位比在 Zn 上的低，即析氢过电位较低，造成在 Zn 上氢离子与电子交换较在 Cu、Fe 上容易(即在 Zn 上析氢反应交换电流密度大)，使 Zn 腐蚀速度急剧增大。相反，若在 Zn 中加入析氢过电位高的元素 Cd 或 Hg，由于增加了析氢阻力，可使 Zn 的腐蚀速度显著降低。因此，照此思路，可以通过加入微量的 Mn、As、Sb、Bi 等高析氢过电位元素，提高合金的耐蚀性。

③ 合金钝化。虽然工业合金的主要基体金属(如 Fe、Al、Mg、Ni)在一定的环境中能发生钝化，但它们的钝化能力还不够强。例如，Fe 要在强氧化性酸中才能自钝化，而在一般的自然环境中不钝化。当加入易钝化的合金元素 Cr 的含量超过 12%时，Fe 便在自然环境中钝化。此外，铸铁中加入 Si 和 Ni，Ti 中加入 Mo，均源于此理。加入一定量的易钝化合金元素使合金整体钝化，可使腐蚀速度大大降低，这种方法是提高合金耐蚀性的最有效途径。

(2) 热处理。金属的热处理状态对其耐蚀性能有很大影响。工业使用的金属材料主要是多相组织。多相组织中相与相之间存在电位差，形成腐蚀微电池，所以一般认为单项固溶体比多相组织合金的耐蚀性好。通过热处理可以改变合金的晶粒大小、应力状态，控制第二相的形状、大小及分布等，合金组织的改变对金属材料的耐蚀性能产生影响。例如，18-8 型不锈钢经高温固溶处理后，在 400～850℃之间加热，由于大量的 $Cr_{23}C_6$ 和 Cr_7C_3 碳化物沿晶界析出，使晶界附近形成贫 Cr 区，碳化物为腐蚀电极的阴极，贫 Cr 区为腐蚀电池的阳极，发生晶界腐蚀。

另外，金属材料的表面状态、变形及应力等因素都会对金属耐蚀性产生影响。

2.3.2 高分子材料的老化

高分子材料在加工、储存和使用过程中，要经受热、光照、潮湿等各种环境因素的影响，使性能下降，最后丧失使用价值，这种现象称为老化。高分子材料的老化一般有以下几种情况：

(1) 外观的变化，如出现污渍、斑点、银纹、裂纹、喷霜、粉化及光泽和颜色的变化。

(2) 物理性能的变化，如溶解性、溶胀性、流变性能、耐寒、耐热、透水、透气以及绝缘电阻、电击穿强度等性能的变化。

(3) 力学性能的变化，如抗拉强度、弯曲强度、抗冲击强度的变化。这些性能的变化都将使高分子材料失去原有的使用价值，引起有关机械、电子产品或其他构件的失效，从而造成巨大的经济损失。

因此对高分子材料的老化和稳定性能的研究已成为现代材料科学与技术中的重要组成部分。从其本质上讲，高分子材料的老化可以分为化学老化和物理老化两大类。

高分子材料的化学老化是一种不可逆的化学反应，它是高分子材料分子结构变化的结果。例如塑料的脆化、橡皮的龟裂等变化是不可逆的、不能恢复的；化学老化主要有降解和交联两种类型。降解是高分子化学键受到光、热、机械作用力等因素的影响，分子链发生断裂从而引发自由基连锁反应的结果；交联是指断裂了的自由基再相互作用产生交联结构的结果。降解使高分子的相对分子质量下降，材料变软发粘，抗拉强度下降；交联使材料变硬、变脆，延伸率下降。

高分子材料的物理老化是指处于非平衡态的不稳定结构，在玻璃化转变温度(T_g)以下存放过程中会逐渐趋向稳定的平衡态，从而引起材料物理、力学性能随存放或使用时间而变化的现象。

习　题

1. 拉伸实验可以得到哪些力学性能指标？在工程上这些指标是怎样定义的？

2. 有一低碳钢拉伸试样，其 $d_0 = 10.0$ mm，$L_0 = 50$ mm，拉伸试验时测得 $F_s = 20.5$ kN，$F_b = 31.5$ kN，$d_1 = 6.25$ mm，$L_1 = 66$ mm，试确定此钢材的 σ_b、σ_s、σ_b、φ、δ。

3. 下列各种工件应该采用何种硬度测试法来测定其硬度：锉刀，黄铜轴套，供应状态的各种非合金钢钢材，硬质合金刀片，耐磨工件的表面硬化层，调质态的机床主轴。

4. 为什么金属的电阻随温度升高而增大，而半导体的电阻却因温度升高而减小？

5. 表征超导体性能的三个主要指标是什么？

6. 什么是抗磁性和顺磁性？对比说明抗磁性材料、顺磁性材料和铁磁性材料的异同点。

7. 分析铁磁材料磁化曲线的特点。对比说明软磁材料和硬磁材料的特点。

8. 解释固体材料热膨胀的原因。

9. 对比说明化学腐蚀和电化学腐蚀的特点。

10. 什么叫高分子材料的老化现象？高分子材料的老化现象有哪几种？

第3章 材料的结构

当温度、介质气氛、载荷形式、试样尺寸和形状等外界因素给定时，不同的材料具有不同的性能，同一材料经过不同加工工艺后也会有不同的性能，这些都归结于材料的内部结构不同。弄清材料的结构及其形成机理，有助于通过制备和加工工艺改变内部结构，而达到控制性能的目的，这也是材料科学与工程工作者需要掌握的重要知识。

材料结构从微观到宏观，即按研究的层次，大致可分为：① 组成材料的原子的构造，包括原子的电子结构、半径大小、电负性的强弱、电子浓度的高低等。② 组成材料的原子(或离子、分子)之间的结合方式，它们之间依靠一种或几种键力(金属键、离子键、共价键、分子键和氢键)相互结合起来。③ 组成材料的粒子(原子、离子、分子)的排列结构或聚集态结构，包括晶体结构与晶体缺陷(空位、杂质和溶质原子、位错、晶界等)。④ 显微组织结构，即借助光学显微镜和电子显微镜观察到的晶粒或相的集合状态。例如金属铸锭经外压加工或热处理后，晶粒(或相区)变细。⑤ 宏观组织结构是指人们用肉眼或放大镜所能观察到的晶粒或相的集合状态。

3.1　原子的结构

3.1.1　原子的电子结构

在结构上，原子由原子核及分布在核周围的电子构成。原子核内有质子和中子，核的体积很小，却集中了原子的绝大多数质量。电子绕着原子核在一定的轨道上旋转，它们的质量虽可忽略，但电子的分布却是原子结构中最重要的问题。原子之间的差异以及表现在机械、物理、化学性能方面的不同，主要是由于各种原子的电子的分布不同造成的。本节介绍的原子结构就是指电子的运动轨道和排列方式。

量子力学的研究发现，电子的旋转轨道不是任意的，它的运动途径或确切位置也是测不准的。薛定谔方程成功地解决了电子在核外的运动状态的变化规律，方程中引入了波函数的概念，以取代经典物理学中电子绕核的(圆形)固定轨道，解得的波函数(由于历史的原因人们习惯上称之为原子轨道)描述了电子在核外空间各处位置出现的几率，相当于给出了电子运动的"轨道"。要描述原子中各电子的"轨道"或运动状态(例如电子所在的原子轨道离核远近、原子轨道形状、伸展方向、自旋状态)，需要引入四个量子数，它们分别是主量子数、角量子数、磁量子数和自旋量子数。在此对这四个量子数及其意义以及薛定谔方程的求解结果作一说明。

1. 主量子数 n

主量子数 n (n=1、2、3、4…)是描述电子离核远近和能量高低的主要参数,在四个量子数中是最重要的。n 的数值越小,电子离核的平均距离越近,能量越低。在紧邻原子核的第一壳层上,$n = 1$,按光谱学的习惯称为 K 壳层,该壳层上电子受核引力最大,值最负,故能量最低,而 $n = 2$、3、4…分别代表电子处于第二、第三、第四……壳层上,依次称为 L、M、N、O、P、Q…,其能量也依次增加。

2. 角量子数 l

角量子数 l 既反映了原子轨道(或电子云)的形状,也反映了同一电子层中具有不同形状的亚层。在同一主层上(主量子数 n)的电子,可以根据角量子数 l 分成若干个能量不同的亚壳层,$l = 0$、1、2、3…$n-1$,这些亚壳层按光谱学的习惯分别称为 s、p、d、f、g 状态,其中 s 亚层为球形,p 亚层为哑铃形,d 亚层为花瓣形,f 亚层的形状复杂。各主层上亚壳层的数目随主量子数不同,例如 $n=1$ 时,l 只能为 0,即第一壳层只有一个亚壳层 s,处于这种状态的电子称为 1s 电子;$n = 2$ 时,l 可以 0、1 两种状态,即第二壳层上有两个亚壳层 s、p,处于这种状态的电子分别称为 2s、2p 电子;$n = 3$ 时,l 可以有 0、1、2 三种状态,即第三壳层上有 s、p、d 三个亚壳层,处于这种状态的电子分别称为 3s、3p、3d 电子;$n = 4$ 时,l 可以有 0、1、2、3 四种状态,即第四壳层上有 s、p、d、f 四个亚壳层,处于这种状态的电子分别称为 4s、4p、4d、4f 电子。决定电子轨道能量水平的主要因素是主量子数 n 和角量子数 l。总体规律为:n 不同而 l 相同时,其能量水平按 1s、2s、3s、4s 顺序依次升高;n 相同而 l 不同时,其能量水平按 s、p、d、f 顺序依次升高;n 和 l 均不同时,有时出现能级交错现象。例如,4s 的能量水平反而低于 3d,5s 的能量水平也低于 4d、4f;n 和 l 均相同时,原子轨道相等(等价),如 2p 亚层中的 3 个在空间相互垂直的轨道 ($2p_x$、$2p_y$、$2p_z$)是等价轨道,3d 亚层中的 5 个在空间取向不同的轨道也是等价轨道。需要注意的是,在有外磁场时,这些处于同一亚层而空间取向不同的轨道能量会略有差别。

3. 磁量子数 m

磁量子数 m 确定了原子轨道在空间的伸展方向。m 的取值为 0、± 1、± 2…$\pm l$,共 $2l+1$ 个取值,即原子轨道共有 $2l+1$ 个空间取向。我们常把电子主层、电子亚层和空间取向都已确定(即 n、l、m 都确定)的运动状态称为原子轨道。s 亚层($l = 0$)有 1 个原子轨道(对应 $m = 0$);p 亚层($l = 1$)有 3 个原子轨道(对应 $m = 0$、± 1);d 亚层($l = 2$)有 5 个原子轨道(对应 $m = 0$、± 1、± 2),以此类推。

4. 自旋量子数 m_s

自旋量子数 m_s 是描写电子自旋运动的量子数,是电子运动状态的第四个量子数。原子中电子不仅绕核高速旋转,还作自旋运动。电子有两种不同方向的自旋,即顺时针方向和逆时针方向,所以 m_s 有两个取值 $\pm 1/2$,表示在每个状态下可以存在自旋方向相反的两个电子,于是在 s、p、d、f 的各个亚层中可以容纳的最大电子数分别为 2、6、10、14。由四个量子数所确定的各壳层及亚壳层中的电子状态见表 3-1,每一电子层中,原子轨道的总数为 n^2,各主壳层总电子数为 $2n^2$。自旋方向相反的两个电子只是在磁场下的能量会略有差别。

表 3-1 各壳层及亚壳层中的电子状态

主量子数 壳层序号	角量子数 亚壳层状态	磁量子数确定 的状态数目	考虑自旋量子数后的 状态数目	各主壳层总 电子数
1	1s	1	2	2
2	2s	1	2	8
	2p	3	6	
3	3s	1	2	18
	3p	3	6	
	3d	5	10	
4	4s	1	2	32
	4p	3	6	
	4d	5	10	
	4f	7	14	

5. 电子分布原则

原子核外电子的分布与四个量子数有关，且符合以下三个基本原则：

(1) 泡利不相容原理。一个原子中不可能存在四个量子数完全相同的两个电子。

(2) 能量最低原理。核外电子优先占有能量最低的轨道。

(3) 洪特规则(也称最多轨道原则)。在能量相等的轨道(等价轨道，例如 3 个 p 轨道，5 个 d 轨道，7 个 f 轨道)上分布的电子，将尽可能分占不同的轨道，且自旋方向相同。另外，作为洪特规则的特例，等价轨道的全填满、半填满或全空的状态一般比较稳定。例如，29 号元素 Cu 的电子分布式不是 $1s^2 2s^2 2p^6 3s^2 3p^6 3d^9 4s^2$，而是 $1s^2 2s^2 2p^6 3s^2 3p^6 3d^{10} 4s^1$；24Cr 的电子分布式不是 $1s^2 2s^2 2p^6 3s^2 3p^6 3d^4 4s^2$，而是 $1s^2 2s^2 2p^6 3s^2 3p^6 3d^5 4s^1$；此外，79Au、42Mo、64Gd、96Cm、47Ag 也有类似情况。

根据原子轨道能级顺序和核外电子分布的三个规则，可以写出不同原子序数原子中的电子排列方式。

例 3.1 写出 Ni 的核外电子排列式。

解 步骤如下：

① 写出原子轨道能级顺序，即 1s2s2p3s3p4s3d4p5s4d5p。

② 按核外电子分布的三个基本原则在每个轨道上排布电子。由于 Ni 的原子序数为 28，共有 28 个电子直至排完为止，即 $1s^2 2s^2 2p^6 3s^2 3p^6 4s^2 3d^8$。

③ 将相同主量子数的各亚层按 s、p、d 等顺序整理好，即得 Ni 原子的电子排列式 $1s^2 2s^2 2p^6 3s^2 3p^6 3d^8 4s^2$。

例 3.2 写出 Ni^{2+} 的核外电子排列式。

解 光谱实验表明，原子失去电子而变成阳离子时，一般失去的是能量较高的最外层的电子，而且往往会引起电子层数的减少，即阳离子的轨道能级一般不存在交错现象。因此 Ni 原子失去的两个电子是 4s 上的，而不是 3d 上的，即 Ni^{2+} 的核外电子排列式为 $1s^2 2s^2 2p^6 3s^2 3p^6 3d^8$，简写为 $[Ar]3d^8$ 或 $3d^8$。

3.1.2 元素周期表及元素性质的周期性变化

1. 元素周期表

元素性质(原子半径、电离能、电负性等)随原子相对质量的增加而呈周期性变化的规律叫做元素周期律，这一重要规律是俄国化学家门捷列夫在 1869 年发现的。元素周期表是元素周期的体现形式，它能概括地反映元素性质的周期性变化规律。在了解了原子结构以后，才认识到这一周期性变化的内部原因正是由于原子核外电子的排列是随原子序数的增加呈现了周期性的变化。现讨论元素周期表(见图 3-1)与核外电子分布的关系。

```
H                                                                    He
Li Be                                          B  C  N  O  F  Ne
Na Mg                                          Al Si P  S  Cl Ar
K  Ca Sc Ti V  Cr Mn Fe Co Ni Cu Zn Ga Ge As Se Br Kr
Rb Sr Y  Zr Nb Mo Tc Ru Rh Pd Ag Cd In Sn Sb Te I  Xe
Cs Ba La-Lu Hf Ta W  Re Os Ir Pt Au Hg Tl Pb Bi Po At Rn
Fr Ra Ac-Lr Rf Db Sg Bh Hs Mt Ds Rg Cn  Uut Uuq Uup Uuh Uus Uuo

镧系元素 La Ce Pr Nd Pm Sm Eu Gd Tb Dy Ho Er Tm Yb Lu
锕系元素 Ac Th Pa U  Np Pu Am Cm Bk Cf Es Fm Md No Lr
```

图 3-1 元素周期表

1) 周期

元素周期表中的每个横行称为一个周期，共有七个周期。每个周期的开始对应于电子进入新的主壳层(主量子数)，而周期的结束对应于该主量子数的 s 亚层和 p 亚层都填充满。第一周期的主量子数 $n=1$，只有一个亚壳层 s，能容纳两个自旋方向相反的一对电子，因而该周期只有两个元素，原子序数 Z 分别为 1 和 2，其电子排列状态可分别记为 $1s^1$、$1s^2$。第二周期的主量子数 $n=2$，有 s 和 p 两个亚壳层，其中 s 亚壳层容纳一对电子，p 亚壳层容纳三对自旋方向相反的电子，全部填满后共有八个电子，因而该周期有八个元素，原子序数 Z 为 3～10。第三周期的主量子数 $n=3$，有 s、p 和 d 三个亚壳层，其中 3s 和 3p 亚壳层共容纳八个电子，按计算 3d 亚壳层还可以容纳五对自旋方向相反的电子，然而由于 4s 的轨道能量低于 3d，因此当 3s 和 3p 亚壳层填满后，接着的电子不是进入 3d 亚壳层，而是进入新的主壳层($n=4$)，故第三周期仍是八个元素，其原子序数 Z 为 11～18。在第四周期中，电子按 4s→3d→4p 顺序填充，全部填满后共有 18 个电子，因而该周期有 18 个元素，原子序数 Z 为 19～36，称为长周期。同样，对于第五周期，电子按 5s→4d→5p 的顺序填充，因而该周期也有 18 个元素，原子序数 Z 为 37～54，也是长周期。第六周期的情况就更复杂，电子在填满 6s 后，要依次填入远离外壳层的 4f 亚层的 14 个位置，在此过程中，外面的两个壳层上的电子分布没有变化，而确定化学性质的正是外壳层的电子分布，因此这些元素具有几乎相同的化学性能，成为一组化学元素而占据周期表的一格，它们的原子序数 Z 为 57～71，通常称为镧系稀土族元素。电子 4f 亚层填满之后，再依次进入 5d 亚壳层的 10 个位置和 6p 亚壳层的 6 个位置，全部填满后共有 32 个电子，因而该周期包含了原子序数 Z 为 55～86 的 32 个元素，称为特长周期。第七周期的情况比第六周期还要复杂，电子按 7s→5f→6d→7p 的顺序填充，存在着类似于镧系元素的锕系，锕系包含电子填充 5f 亚层的各个元素，第七周期称为特长周期。

2) 族

元素周期表中的每个纵行称为一个族,共有八个主族(ⅠA~ⅧA)、七个副族(ⅠB~ⅦB)和ⅧB族(含三列)。各族内的电子分布存在以下规律:

(1) 主族(He 除外)以及ⅠB、ⅡB 族的族序数等于最外层电子数;ⅢB~ⅦB 族的族序数等于最外层电子数与次外层 d 亚层(轨道)电子数之和。上述规律不适用于第ⅧB 族。

(2) 同族元素原子的最外层电子构型基本一致,只是 n 值不同。正是由于同族元素原子具有相似的电子构型,才具有相似的化学性质和物理性质。

3) 区

周期表中的元素除了按周期和族划分外,还可按元素的原子在哪一亚层增加电子而将它们划分为 s、p、d、ds、f 五个区(见图 3-2)。

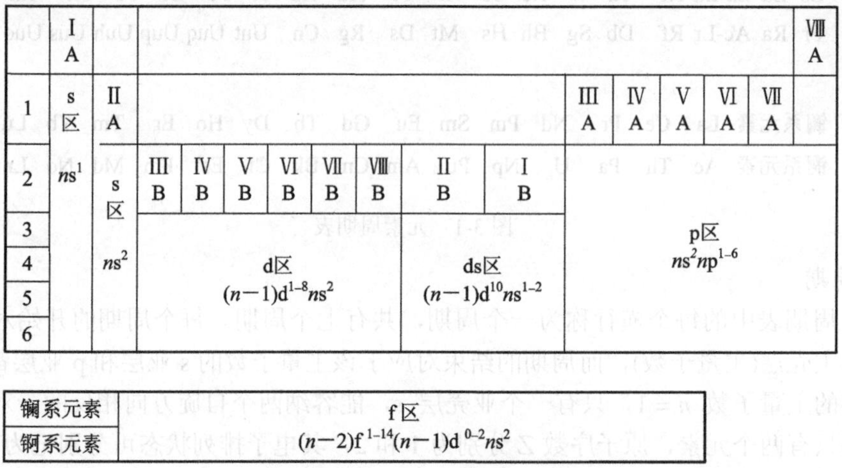

	ⅠA																ⅧA
1	s区	ⅡA										ⅢA	ⅣA	ⅤA	ⅥA	ⅦA	
2	ns^1	s区	ⅢB	ⅣB	ⅤB	ⅥB	ⅦB	ⅧB			ⅡB		ⅠB	p区 ns^2np$^{1-6}$				
3		ns^2	d区 $(n-1)$d$^{1-8}$$n$s^2								ds区 $(n-1)$d^{10}ns$^{1-2}$							
4																		
5																		
6																		

镧系元素	f区
锕系元素	$(n-2)$f$^{1-14}$$(n-1)d^{0-2}$$n$s^2

图 3-2　原子外层电子构型与周期系分区

(1) s 区元素:包括ⅠA 和ⅡA 族元素,最外电子层构型为 ns$^{1-2}$。

(2) p 区元素:包括ⅢA~ⅧA 元素,最外电子层构型为 ns^2np$^{1-6}$(He 除外)。

(3) d 区元素:包括ⅢB~ⅧB 元素,外电子层构型为 $(n-1)$d$^{1-8}$$n$s^2(第ⅥB 族的 Cr、Mo 及第ⅧB 族的 Pd、Pt 例外)。该区对应着内壳层电子逐渐填充的过程,把这些内壳层未填满的元素称为过渡元素,由于外壳层电子状态没有改变,都只有 1~2 个价电子,因此这些元素都有典型的金属性。

(4) ds 区元素:包括ⅠB 和ⅡB 族元素,外电子层构型为 $(n-1)$d^{10}ns$^{1-2}$。

(5) f 区元素:包括镧系元素和锕系元素,电子层结构在 f 亚层上增加电子,外电子层构型为 $(n-2)$f$^{1-14}$$(n-1)d^{0-2}$$n$s^2。

2. 元素性质的周期性变化

由于原子的电子结构的周期性变化,与电子层结构有关的元素的基本性质如原子半径、电离能、电子亲和能、电负性等,也呈明显的周期性变化。

1) 电离能

基态的气体原子失去最外层的第一个电子而成为气态 +1 价阳离子所吸收的能量称为第一电离能 I_1,再失去一个电子而成为气态 +2 价离子所需的能量称为第二电离能 I_2,以此类推,还可以有第三电离能 I_3、第四电离能 I_4。同一元素的各级电离能依次升高。如果没有特殊说明，通常电离能指的就是第一电离能。电离能都是正值，因为原子失去电子需要吸收能量来克服核对电子的吸引力。电离能的变化规律如下：

(1) 在同一周期中，从左到右，总趋势是电离能增大；在同一族(主要指主族)中，从上到下，总趋势是电离能减少。

(2) 在同一周期中，具有半填满、全填满和全空电子构型的元素原子比较稳定，具有较大的电离能。

第一电离能的大小反映了原子失去电子的难易程度，体现了元素金属活泼性的强弱。原子的第一电离能越小，相应元素的金属性就越强，亦即金属越活泼；相反，原子的第一电离能越大，相应元素的非金属性越强。

2) 电子亲和能

电子亲和能是指气态原子在基态时得到一个电子形成气态 -1 价阴离子所放出的能量。原子的电子亲和能绝对值越大，表示原子越易获得电子，相应元素非金属性越强。电子亲和能的变化规律与电离能基本相同，即如果元素的原子的电离能高，则其电子亲和能(绝对值)也高。

3) 电负性

电负性是指元素原子在分子中吸引电子的能力。此概念是鲍林在 1932 年首先提出的，并指出 F 元素的电负性为 4.0，以此为标准求出其他元素的电负性，因此，电负性是一个相对的数值。元素电负性的大小可以衡量元素的金属性和非金属性的相对强弱。一般来说，金属元素的电负性在 2.0 以下，非金属元素的电负性在 2.0 以上。表 3-2 列出了元素的电负性。可见，元素的电负性也是呈周期性变化的，在同一周期中，从左到右电负性递增，元素的非金属性逐渐增强；同一主族元素尽管具有相同的外壳电子数，从而具有非常相似的化学性能，但从上到下电负性逐渐递减，元素的金属性逐渐增强，非金属性逐渐减弱。

表 3-2　元素的电负性

元素 电负性	H 2.1																
元素 电负性	Li 1.0	Be 1.5											B 2.0	C 2.5	N 3.0	O 3.5	F 4.0
元素 电负性	Na 0.9	Mg 1.2											Al 1.5	Si 1.8	P 2.1	S 2.5	Cl 3.0
元素 电负性	K 0.8	Ca 1.0	Sc 1.3	Ti 1.5	V 1.6	Cr 1.6	Mn 1.5	Fe 1.8	Co 1.9	Ni 1.9	Cu 1.9	Zn 1.6	Ga 1.6	Ge 1.8	As 2.0	Se 2.4	Br 2.8
元素 电负性	Rb 0.7	Sr 1.0	Y 1.2	Zr 1.4	Nb 1.6	Mo 1.8	Tc 1.9	Ru 2.2	Rh 2.2	Pd 2.2	Ag 1.9	Cd 1.7	In 1.7	Sn 1.8	Sb 1.9	Te 2.1	I 2.5
元素 电负性	Cs 0.7	Ba 0.9	La 1.0	Hf 1.3	Ta 1.5	W 1.7	Re 1.9	Os 2.2	Ir 2.2	Pt 2.2	Au 2.4	Hg 1.9	Tl 1.8	Pb 1.9	Bi 1.9	Po 2.0	At 2.2

同一周期中，Ⅰ B 和Ⅱ B 族元素的外壳层价电子数分别为 1 和 2，这一点与Ⅰ A 和Ⅱ A 族元素相似，但Ⅰ A 和Ⅱ A 族的内壳层电子尚未填满，而Ⅰ B 和Ⅱ B 族的内壳层已填满，因此在化学性能上，Ⅰ B、Ⅱ B 族元素不如Ⅰ A、Ⅱ A 族活泼。如Ⅰ A 族的 K(钾)的电子排列为 $\cdots 3p^6 4s^1$，而同周期的Ⅰ B 族元素 Cu 的电子排列为 $\cdots 3p^6 3d^{10} 4s^1$，两者相比，K 的化学性质更活泼，更容易失去电子，电负性更低。

3.1.3　固体材料中的电子结构与物理性能

1. 固体的能带结构与电导率

1) 能带的形成

对单个原子，电子处在不同的分能级上。例如，一个原子有一个 2s 能级、三个 2p 能级、五个 3d 能级。每个能级上可容纳两个自旋方向相反的电子。但当大量原子组成晶体后，各个原子的能级会因电子云的重叠而产生分裂现象。理论计算表明：在由 N 个原子组成的晶体中，每个原子的能级将分裂成 N 个，每个能级上的电子数不变。这样，对 N 个原子组成晶体之后，2s 态上有 $2N$ 个电子，2p 态上有 $6N$ 个电子，3d 态上有 $10N$ 个电子等。能级分裂后，其最高与最低能级之间的能量差只有几十个电子伏，组成晶体的原子数对它影响不大。但是实际晶体中，即使体积小到只有 $1\ mm^3$，所包含的原子数也有 10^{19} 个左右，当分裂成的 10^{19} 个能级只分布在几十个电子伏的范围内时，每一能级的范围非常小，电子的能量或能级只能看成是连续变化的，这就形成了能带。因此，对固体来说，主要讨论的是能带而不是能级，2s 能级、2p 能级、3d 能级相应地就是 2s 能带、2p 能带、3d 能带。在这些能带之间，存在着一些无电子能级的能量区域，称为禁带。能级变成能带的示意图如图 3-3 所示。

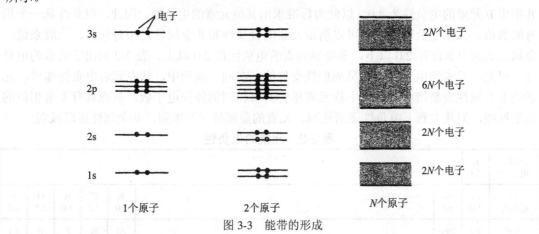

图 3-3　能带的形成

2) 金属的能带结构与导电性

从本质上讲，固体材料导电性的大小是由其内部的电子结构决定的。对于碱金属，位于周期表中 I A 族，其外层只有一个价电子。例如，锂中的 2s 电子，钠中的 3s 电子，钾中的 4s 电子。这些作为单个碱金属的 s 能级，在形成固体时将分裂成很宽的能带，而且电子是半填满的。如图 3-4(a)所示钠的能带结构，图中阴影区为电子完全填满能级的部分。在 3s 能带上只有上半部分的所有能级是被电子占据的，这一部分能带称价带(也称满带)，在 3s 能带的下半部分的所有能级没有被电子占据，是空的，这一部分能带称为导带。在外电场下，电子可由价带跃迁到导带，从而形成电流，这就是导电性的由来。因此，只有那些电子未填满能带的材料才有导电性。

贵金属 Cu、Ag、Au 位于周期表 I B 族，它们和碱金属一样，原子的最外层只有 1 个电子。铜原子的价电子为 4s 电子，银原子的价电子为 5s 电子，金原子的电子为 6s 电子(见图 3-4(b))。但它们与碱金属不同，内部的 d 层填满了电子，而碱金属内部的 d 层完全空着

(见表 3-3)，填满 d 层的电子和原子核有强烈的交互作用，使 s 层的价电子和原子核的作用大大减弱，因而贵金属中的价带电子更容易在外加电场下进入导带，故具有极好的导电性。

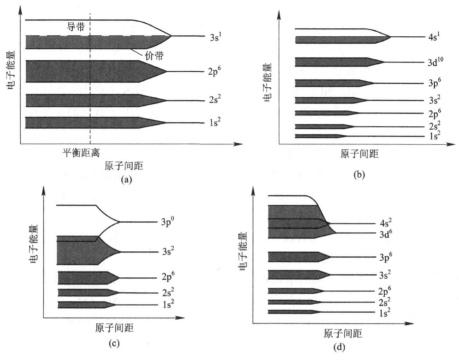

图 3-4　各种金属的能带结构

(a) 碱金属 Na；(b) 贵金属 Cu；(c) 碱土金属 Mg；(d) 过渡金属 Fe

表 3-3　几种金属的电子结构与在 25℃ 时的电导率

金属		电子结构	电导率 $/(\Omega^{-1} \cdot cm^{-1})$	金属		电子结构	电导率 $/(\Omega^{-1} \cdot cm^{-1})$
碱金属元素	Li	$1s^22s^1$	1.07×10^5	过渡金属	Sc	$1s^22s^22p^63s^23p^63d^14s^1$	0.77×10^5
	Na	$1s^22s^22p^63s^1$	2.13×10^5		Ti	$1s^22s^22p^63s^23p^63d^24s^1$	0.24×10^5
	K	$1s^22s^22p^63s^23p^64s^1$	1.64×10^5		V	$1s^22s^22p^63s^23p^63d^34s^1$	0.40×10^5
	Rb	$\cdots4s^24p^65s^1$	0.86×10^5		Cr	$1s^22s^22p^63s^23p^63d^44s^1$	0.77×10^5
	Cs	$\cdots5s^25p^66s^1$	0.50×10^5		Mn	$1s^22s^22p^63s^23p^63d^54s^1$	0.11×10^5
碱土金属	Be	$1s^22s^2$	2.50×10^5		Co	$1s^22s^22p^63s^23p^63d^74s^1$	1.90×10^5
	Mg	$1s^22s^22p^63s^2$	2.25×10^5		Ni	$1s^22s^22p^63s^23p^63d^84s^1$	1.46×10^5
	Sr	$\cdots4s^24p^65s^2$	0.43×10^5	ⅠB族	Cu	$1s^22s^22p^63s^23p^63d^{10}4s^1$	5.98×10^5
ⅢA族	B	$1s^22s^2p$	0.03×10^5		Au	$\cdots5p^65d^{10}6s^1$	4.26×10^5
	Al	$1s^22s^22p^63s^23p^1$	3.77×10^5				
	Ga	$\cdots3s^23p^64s^24p^1$	0.66×10^5				
	In	$\cdots4s^24p^64d^{10}5s^25p^1$	1.25×10^5				
	Ti	$\cdots5s^25p^65d^{10}6s^26p^1$	0.56×10^5				

碱土金属从其电子结构来看，似乎能带已被电子填满，如镁的电子结构为 $1s^2 2s^2 2p^6 3s^2$，理应是绝缘体，但大量原子结合成固体时，除了能级分裂形成能带外，还会产生能带重叠。例如镁的 3p 能带与 3s 能带重叠(见图 3-4(c))，3s 能带上的电子可跃迁到 3p 能带上，因而也有较好的导电性，所以能带的重叠实际可容纳的电子数已为 8N。

过渡族金属元素的特点是具有未填满的 d 电子层。它可分为三组，分别对应着 3d、4d 和 5d 电子层未填满的情况。表 3-3 只给出了第一组过渡元素的电子结构。以铁为例，电子在 $4s^2$ 填满后，再填充 3d，3d 层本可填充 10 个电子，但只有 6 个可用，在铁原子形成晶体时，其 4s 能带和 3d 能带重叠(图 3-4(d))。由于价电子和内层电子有强的交互作用，因此铁的导电性就稍差一些。

3) 半导体的能带结构与导电性

在周期表ⅣA 族中的 C、Si、Ge、Sn 为半导体元素。从原子结构看，例如 C 为 $1s^2 2s^2 2p^2$，初看起来，由于 p 轨道电子远未填满，这些元素似乎有良好的导电性，但由于它们是共价键结合的，2s 轨道与 2p 轨道杂交，形成了两个 sp^3 化轨道(带)，每个 sp^3 杂化带可容纳 4N 个电子，而两个 sp^3 杂化带之间有较大的能隙 E_g。C、Si 等是 4 价元素，可用的电子数就是 4N，当完全填满 1 个 sp^3 杂化带之后，中间隔开一个较大的能隙 E_g，上面才是另一个 sp^3 杂化带(见图 3-5)。这样，对上面的杂化带已没有电子可填充。由于电场和温度的影响，电子能否由价带跃迁到空的导带中，主要取决于能隙的大小。C、Si、Ge、Sn 的能隙分别为 5.4 eV、1.1 eV、0.67 eV、0.08 eV，这决定了金刚石为绝缘体，Si 和 Ge 为半导体，而 Sn 为导电性弱的导体。

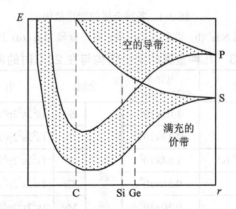

图 3-5　金刚石(C)、硅(Si)和锗(Ge)的能带结构

2. 原子的磁矩与材料的磁学性能

原子磁矩是电子的轨道磁矩与自旋磁矩合成的结果。事实上，许多基本粒子都有自旋的特性，所以原子核也有自旋磁矩，只是与电子相比它是一个很小的值，因此在讨论物质的磁性时不予考虑。量子力学研究表明，电子的轨道磁矩 μ_e 与角动量 L_e 成正比，但二者方向相反，即

$$\mu_e = -\frac{e}{2m_e} L_e = -\frac{e}{2m_e} \sqrt{l \times (l+1)} \frac{h}{2\pi} = \sqrt{l \times (l+1)} \frac{he}{4\pi m_e} = \sqrt{l \times (l+1)} \mu_B$$

式中，l 为轨道量子数，$l = 1, 2, \cdots, n-1$；μ_B 为玻尔磁子，是计量磁矩的最小单位。

因为

$$\mu_B = \frac{he}{4\mu m_e}$$

将普朗克常数 h、电荷 e、电子质量 m_e 代入上式，可知 $\mu_B = 9.27 \times 10^{-24}$ J/T。

电子的自旋磁矩 μ_s 与自旋角动量 L_s 成正比，即

$$\mu_s = -\frac{e}{2m_e}L_e = -\frac{e}{2m_e}\sqrt{m_s \times (m_s + 1)}\frac{h}{2\pi}$$

式中，m_s 为自旋量子数，取值只有 1/2 一个值。自旋磁矩与自旋量子数的方向也是相反的。

当原子中某一电子层被电子填满时，该层的电子轨道磁矩互相抵消，电子的自旋磁矩也互相抵消，即该层的电子磁矩对原子磁矩没有贡献。若原子中所有电子层全被电子填满，如惰性原子、一价的碱金属离子和二价的碱土金属离子，则其净磁矩为零或对外不显示净磁矩，我们称它们不存在固有磁矩。当它们受到外磁场作用时，电子在轨道上产生附加的感应电流，结果使整个原子获得与外磁场相反的磁矩，即磁化率为负值，这种材料称为抗磁体。

由于大多数元素的电子壳层未被填满，因而每个原子的电子磁矩总矢量和不为零，原子具有净(永久)磁矩或固有磁矩。但这里有两种情况，第一种情况是内壳层全部被电子填满，只有外层价电子，价电子虽有净磁矩，但对多原子凝聚体来说，物质各原子的净磁矩是互相抵消的，也不显示固有磁矩，这种物质也是抗磁体，像导电性很好的 Cu、Ag、Au 等。第二种情况则是内壳层未被电子填满，如过渡族元素、稀土元素，这些元素的原子显示净磁矩，其凝聚态物质的磁性取决于原子净磁矩的取向，在无外磁场作用时，由于热运动，物质各原子净磁矩的取向是紊乱的，其宏观磁矩等于零，故不呈现磁性；在有外磁场作用时，物质各原子的磁矩趋于磁场方向排列的几率就要大一些，磁矩在磁场方向的分量的平均值就不会等于零，在顺着磁场方向上产生宏观磁矩，故呈现宏观磁性。当这类物质受到外磁场作用时，其内部的磁矩明显或稍稍增强了外磁场，即磁化率为正值，前者称为铁磁体，像 Fe、Co、Ni 等，后者称为顺磁体，大多数金属元素表现为顺磁性。

那么，为什么同样是内壳层未被电子填满的情况，多数的过渡族元素表现为顺磁性，而只有少数的过渡族元素，如 Fe、Co、Ni 等和稀土族元素 Gd 能显示强的铁磁性呢？这与它们的电子排列结构有关，以第四周期过渡族元素为例作一分析，由于 4s 电子层的能级较 3d 电子层低，故从 K、Ca 开始，电子先填充 4s，其次才填充 3d，在 d 电子层中有 5 个次能级，每个次能级按泡利不相容原理只可容纳两个自旋方向相反的电子。根据洪特规则，电子应遵守的规则是：电子首先填充 3d 层的同向次能级，然后视电子多少依次填充反向自旋电子。第四周期过渡族元素 3d 层的电子结构如图 3-6 所示。由于过渡族元素 3d 层电子未填满，均可显示永久的自旋磁矩，其大小可用玻尔磁子数来度量。由图 3-6 可以看到，Mn 和 Cr 有较大的电子层的能级玻尔磁子数，但它们只是较强的顺磁物质，而 Fe、Co、Ni 虽有较小的玻尔磁子数，却具有很强的铁磁性。这说明铁磁性物质除应满足内电子层未填满这一必要条件外，还应具备其他条件。理论计算表明，在大量原子集合体中，当邻近原子相互靠近到一定距离时，它们的内 d 层电子之间会产生静电交互作用，即相互交换电子的位置，其交换能由量子力学给出：

$$E_i = -2A\mu_1\mu_2\cos\phi \tag{3-1}$$

式中，E_i 为电子的交互作用能；A 为交换积分，A 是点阵常数 a 和 d 电子层半径 r 的函数；ϕ 为两个电子自旋磁矩矢量 μ_1 和 μ_2 的夹角。

原子序数	元素	3d 层电子结构	磁矩(μ_B)
21	Sc	↑ □ □ □ □	1
22	Ti	↑ ↑ □ □ □	2
23	V	↑ ↑ ↑ □ □	3
24	Cr	↑ ↑ ↑ ↑ ↑	5
25	Mn	↑ ↑ ↑ ↑ ↑	5
26	Fe	↑↓ ↑ ↑ ↑ ↑	4
27	Co	↑↓ ↑↓ ↑ ↑ ↑	3
28	Ni	↑↓ ↑↓ ↑↓ ↑ ↑	2
29	Cu	↑↓ ↑↓ ↑↓ ↑↓ ↑↓	0

图 3-6　过镀金属 3d 壳层的电子结构

由式(3-1)可看出，要使 E_i 最小，A 必须为正值，且 $\phi = 0$。由 A 与 a/r_{3d} 的关系(见图 3-7)可知，只有过渡族元素 Fe、Co、Ni 和稀土元素 Gd 才满足该条件，因而具有铁磁性。而 Cr、Mn 因交换积分为负值，只能显示较强的顺磁性。稀土元素 Gd 因 a/r 值过大，A 很小，居里温度很低(289 K)，以致在常温下就可能不显示铁磁性。大多数稀土元素的 a/r 大于 7，其电子的交互作用很弱，A 只能是一个很小的正值，也不显示铁磁性。

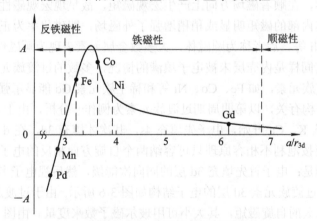

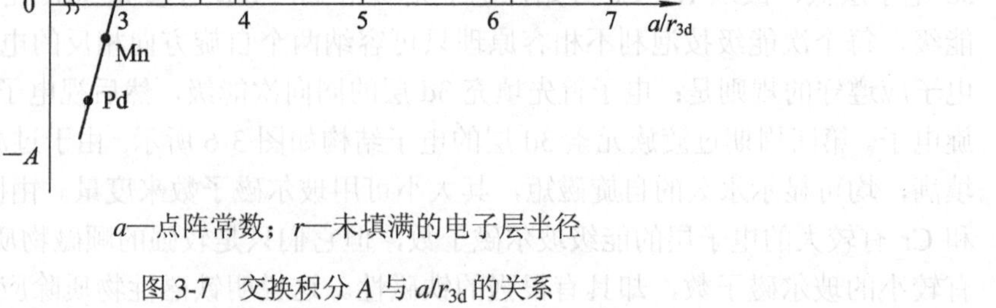

a—点阵常数；r—未填满的电子层半径

图 3-7　交换积分 A 与 a/r_{3d} 的关系

对于铁氧体，在外磁场作用下也具有强磁性。在一些陶瓷离子晶体中，不同的离子有不同的磁矩。当外磁场作用于铁氧体时，A 离子的磁偶极与外磁场同向排列，而 B 离子的磁偶极与外磁场反向排列，因两者的磁偶极强度不等，所以对外仍有净磁矩，故可有较高的磁化强度。

3.2　原子间的结合键

除了在某些特殊条件下，一般元素是很难以原子态存在的，基本上均以分子或液态形式存在，这说明原子间存在着把它们束缚在一起的相互作用力，或称它们之间存在结合键。当原子(离子或分子)凝聚成液态和固态时，原子(离子或分子)之间产生较强的相互作用力，这种作用力使原子(离子或分子)结合在一起，或者说形成了结合键。材料的很多性能在很大程度上取决于原子间的结合键。根据结合力的强弱可把结合键分成一次键和二次键两大类。一次键结合力较强，包括离子键、共价键和金属键。二次键结合力较弱，包括分子键和氢键。

3.2.1　一次键

1. 离子键

当周期表中金属原子特别是ⅠA、ⅡA族的金属原子和ⅦA、ⅥA族的非金属原子结合时，金属原子的外层电子很可能转移到非金属原子外壳层上，这样两者都得到稳定的电子壳层，从而降低了系统的能量，此时金属原子变成带正电荷的正离子，非金属原子变成带负电荷的满壳层负离子，正、负离子间由于静电引力相互吸引，当它们充分接近时会产生排斥作用，引力和斥力相等时，正、负离子便稳定地结合在一起，这就是离子键。离子键要求正、负离子相间排列，而且要使异号离子之间的引力最大，同号离子之间的斥力最小。

氯化钠晶体是典型的靠离子键结合的离子晶体。钠原子将其 3s 态电子转移至氯原子的 3d 态上，使两者都得到稳定的电子结构，正的钠离子和负的氯离子依靠静电引力相互吸引，直至引力被斥力所平衡，从而形成离子化合物(见图 3-8)。MgO 是重要的工程陶瓷，金属镁原子有两个价电子转移至氧原子上，也是通过离子键使其原子结合在一起的。此外，如 Mg_2O、Al_2O_3、CuO、CrO_2、MoF_2 等也是以离子键结合为主的。

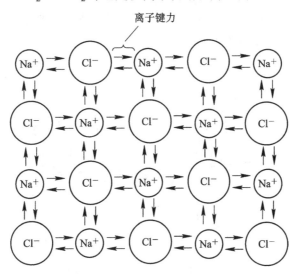

图 3-8　NaCl 的离子结合键示意图

在离子晶体中，一个正离子可以和几个负离子结合，一个负离子也可以和几个正离子结合，正离子和负离子交错分布，整个晶体呈电中性。由于整个晶体可以看做一个大分子，所以离子键没有饱和性；同时，离子的电荷分布呈球形对称，在各个方向都可以吸引电荷相反的离子，因而离子键没有方向性。

离子键的结合力很大，所以离子晶体的硬度高、强度大、热膨胀系数小、脆性大。离子键中很难产生可以自由运动的电子，故离子晶体都是良好的绝缘体。在离子键结合中，由于离子的外层电子比较牢固地束缚在离子的外围，可见光的能量一般不足以使其外层电子激发，因而不吸收可见光，所以典型的离子晶体往往是无色透明的。由上述可见，离子晶体的性能在很大程度上取决于离子的性质及其排列方式。

2. 共价键

价电子数为 4 个或 5 个的ⅣA、ⅤA 族的元素，通过得到或失去这些原子而达到稳态结构所需的能量很高，不易实现离子键结合。例如，ⅣA 族的碳有四个价电子，获得和丢失电子的能力相近，离子化比较困难。在这种情况下，相邻原子间可以共同组成一个新的电子轨道，由两个原子中各有一个电子共用，利用共用电子对来达到稳定的电子结构。这种由共用电子对产生的结合键称为共价键。由共价键形成的晶体称为共价晶体，由于共价晶体中的粒子为中性原子，所以也称原子晶体。

金刚石是典型的共价晶体，图 3-9 表示了它的结合情况，每个碳原子的四个价电子分别与其周围的四个碳原子组成四个共用电子对，达到八个电子的稳态结构。此时，各对电子对之间静电排斥，因而在空间以最大角度分开，互成 109.5°，形成正四面体结构(见图 3-9(a))，一个碳原子位于中心，与它共价的另外四个碳原子位于四个顶角，正是依靠共价键将许多碳原子结合而形成坚固的网络大分子。共价键结合时，由于电子对之间的强烈排斥力，使共价键具有明显的方向性(见图 3-9(b))，这是其他键所不具备的。当然，当最外层的电子数大于 4 时，即共用电子对数低于 4 时，不可能形成金刚石那样的空间网络状大分子。对于ⅥA 族，两个共用电子对把原子结合成链状大分子，而ⅤA 族的三个共用电子对把原子结合成层状大分子，这些链状、层状大分子再依靠下面将要讨论的二次键结合起来，形成大块的固体材料。硅、锗、锡、碲、硒、砷、锑、铋等元素以及 SiC、Si_3N_4、BN 等化合物也是共价键结合或以共价键结合为主的。

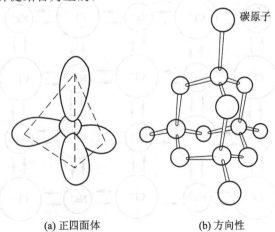

(a) 正四面体　　　　　　　(b) 方向性

图 3-9　金刚石的共价键结合及其方向

通常两个相邻原子只能共用一对电子。一个原子的共价键数，即与它共价结合的原子数，最多只能等于 8−N(N 表示这个原子最外层的电子数)，所以共价键具有明显的饱和性。

共价键的结合力很大，所以共价晶体具有强度高、熔点高、沸点高和挥发性低等性质，结构也比较稳定。由于相邻原子所共有的电子不能自由运动，因此共价晶体的导电能力较差。又由于共价键的方向性，不允许改变原子间的相对位置，所以材料不具有塑性且比较坚硬。

3．金属键

金属原子很容易因丢失其最外层价电子而具有稳定的电子壳层，形成带正电荷的正离子。当大量金属原子相互接近并聚集为固体时，其中大多数或全部原子都会丢失其最外层价电子而成为具有稳定结构的正离子。同离子键或共价键不一样，这里被丢失的价电子将不为某个或某两个原子所专有或共有，而属于全体原子所公有。这些公有化的电子叫做自由电子，它们在正离子之间自由运动，形成所谓"电子气"，正离子则沉浸在"电子气"中。通过正离子和电子之间产生强烈的静电吸引力，使全部正离子结合起来(见图 3-10)，这种结合力就是金属键。由金属键结合起来的晶体为金属晶体。

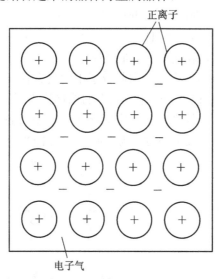

图 3-10　金属键结合示意图

由于存在大量自由电子，金属表现出良好的导电性和导热性；自由电子能吸收光波能量，产生跃迁，从而表现出有金属光泽、不透明。此外，在金属晶体中，价电子弥漫在整个体积内，所有的金属离子皆处于相同的环境之中，全部离子(或原子)均可看做是具有一定体积的圆球，所以金属键既无饱和性也无方向性，正离子之间改变相对位置并不会破坏电子与正离子的结合力，因而金属具有良好的塑性。另外，金属晶体中原子的密集排列也与金属键结合有关。

以上讨论的一次键的三种结合方式都是依靠外层电子的得失、共有或公有化以形成稳定的电子壳层，从而实现原子间的结合，其本质上是一种化学键。

3.2.2　二次键

在一些情况下，例如，惰性气体的原子状态形成了稳定的电子壳层，CH_4、CO_2、H_2、H_2O 分子等分子内部依靠共价键结合使其已具有稳定的电子结构，分子内部具有很强的内聚力。然而，众多的这些气体分子在低温下仍然可以结合成液体或固体，显然它们的结合键本质不同于一次键，不是依靠外层电子转移或共享，而是借助于原子之间的偶极吸引力结合而成的，这就是二次键。

1. 分子键

分子键也称范德华键。任何分子都是由带正电荷的原子核和带负电荷的电子组成的。正如物体有重心一样，可以设想分子中的正、负电荷各集中于一点，形成正、负电荷中心(见图 3-11(a))。根据正负电荷中心是否重合，可以把分子分为极性分子和非极性分子。

对于同核双原子分子，如 H_2、Cl_2 等，由于两原子的电负性相同，所以两个原子对共用电子对的吸引力相同，正负电荷中心重合，它们是非极性分子。对于异核双原子分子，如 HCl、NO 等，由于两原子的电负性不相同，其中电负性大的元素的原子吸引共用电子对的能力较强，负电荷中心靠近电负性大的原子一方，而正电荷中心靠近电负性小的原子一方，正负电荷中心不重合，它们是极性分子。多原子分子是否有极性，主要取决于分子的组成与结构，例如 CO_2 和 H_2O 分子中，都是极性键，但 CO_2 分子具有直线型对称结构，正负电荷中心重合，所以是非极性分子。而 H_2O 分子具有 V 型结构，不是直线型对称，负电荷中心靠近氧原子，正电荷中心靠近氢原子，是极性分子。

极性分子的正负电荷中心不重合，由此分子中便会存在一端带正电、一端带负电的电极，称为偶极(见图 3-11(b))。极性分子本身具有的偶极称为固有偶极。极性分子靠近时，出现同性相斥、异性相吸状态，极性分子在空间就按异极相邻的状态取向，这种由固有偶极之间的取向而引起分子间相互吸引的力称为取向力，如 HCl 分子。

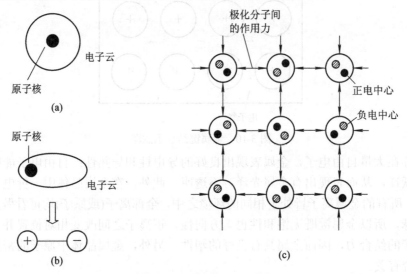

图 3-11 范德华键力示意图

(a) 理论的电子云分布；(b) 原子偶极矩 a/r 的产生；(c) 分子间的范德华键结合

非极性分子在外电场的影响下可以变为具有一定偶极的极性分子，而极性分子在外电场的影响下其偶极相应增大。非极性分子在外电场影响下所产生的偶极称为诱导偶极。当取消外电场时，诱导偶极随即消失。一个极性分子对其他分子而言，相当于一个外电场，当一个非极性分子与一个极性分子靠近时，受极性分子的诱导而产生了诱导偶极，于是在极性分子的固有偶极与非极性分子的诱导偶极之间产生静电吸引力，这种力称为诱导力。

当极性分子相互靠近时，也会产生诱导偶极，使它们原有的偶极矩增大，所以极性分子之间除取向力外，还有诱导力。

对于非极性分子，即使没有外电场作用，由于分子内部的原子核和电子云都在不停运动着，正、负电荷中心经常发生瞬间的相对位移，从而产生瞬间偶极。分子之间由于瞬间偶极而产生的静电吸引力称为色散力。在极性分子与极性分子之间、极性分子与非极性分子之间也存在瞬间偶极，也有色散力。

以上三种分子力中，取向力的键能最大，诱导力次之，色散力最弱。色散力在各种分子之间都存在，诱导力在极性分子之间和非极性分子与极性分子之间均可存在，而取向力只存在于极性分子之间。在分子中，这三种力所占的比例视相互作用的分子极性和变形性而定。极性越高，取向力的作用越重要；变形性越大，色散力的作用越重要；诱导力则与这二者均有关。

显然，这种不带电荷粒子之间的偶极吸引力使范德华键力远低于三种一次键(约比化学键能小 1～2 个数量级)，且随原子距离的增大而迅速下降(作用距离只有 0.3～0.5 nm)，稳定性极差。然而，它仍是材料结合键的重要组成部分，依靠它大部分气体才能聚合为液态甚至固态，例如液氮在 -198℃时保持液态正是靠共价结合的氮分子之间的范德华力(见图 3-11(c))；又如由大分子链组成的高聚物(聚氯乙烯塑料)，其大分子链内部通常具有共价键，应该是很脆的，但因链与链之间的结合(大分子与大分子之间)是范德华键，而这种键的结合力很弱，在外力作用下，键易破坏平衡，导致分子链的滑动，致使高聚物产生很大的变形。这说明范德华键可以在很大程度上改变材料的性质，由范德华键结合的材料会有很高的塑性。

2. 氢键

氢键的本质与范德瓦耳斯键一样，也是依靠原子(或分子、原子团)的偶极吸引力而结合的，只是氢键中氢原子起了关键作用。氢原子很特殊，只有一个电子，当氢原子与一个电负性很大的原子(或原子团)X 结合形成分子时，共有电子对强烈偏向 X 原子一边，使氢原子的电子近乎失去而成为"裸露"的质子，这样另一个分子中电负性较大的原子 Y 就有可能接近它，从而产生静电引力，这种氢原子核与极性分子间的静电力就称为氢键。

可用通式 X—H…Y 表示氢键的结合情况，其中实线为共价键，虚线即表示氢键，通过氢键将 X、Y 结合起来，X 与 Y 可以相同或不同，它们的共同特点是电负性大而原子半径小。

氢键不同于范德瓦耳斯键，它具有饱和性和方向性。氢键的饱和性是由于氢原子的原子半径比 X 或 Y 的原子半径小得多而形成的，当 X—H 分子中的 H 与 Y 形成氢键后，另一个 Y 再靠近 H 原子时被排斥，所以每一个 X—H 只能和一个 Y 相吸引而形成氢键，使氢键具有饱和性。氢键的方向性是由于 Y 吸引 X—H 形成氢键时，将尽可能取 X—H 键轴方向，即 X—H…Y 在一条直线上，这样可以使 X 与 Y 电子云的斥力最小，从而形成稳定氢键。

氢键比化学键弱得多，但比范德瓦耳斯键强得多，其键能约在 $10～40 \ kJ \cdot mol^{-1}$，属于特殊类型的物理键。氢键在许多情况下会起到重要作用。由氢键结合起来的晶体为氢键晶体。水、冰中都含有氢键，化工材料硼酸就是典型的氢键晶体。由于氢键的存在，才使水分子之间发生缔合而呈凝聚态(范德瓦耳斯键也起部分作用)，从而冰要比干冰(固态 CO_2)稳定得多，熔点也高得多。

从以上讨论可以看出，在形成范德瓦耳斯键和氢键时，原子的外层电子分布没有变化或变化很小，它们仍然属于原来的原子，故把这两种键称为物理键。

以上讨论了结合键的类型及其本质，表 3-4 列出了各种结合键的主要特点及实例。一般来说，离子键结合能最高，共价键其次，金属键第三，而范德瓦耳斯键最弱。因此，反映在不同结合键的材料特性上也会有明显的差异。

表 3-4　各种结合键主要特点的比较

结合键类型	实例	结合能/(kcal/mol)	主要特征	
			原子结合	晶体的结构与性能
离子键	LiCl	199	电子转移；正离子，正负离子间的库仑引力；结合力大，无方向性和饱和性	离子晶体。配位数高，低温不导电，高温离子导电，熔点高，硬度高，脆性大
	NaCl	183		
	KCl	166		
	RbCl	159		
共价键	金刚石	170	电子共用，相邻原子价电子各处于相反的自旋状态，原子核间的库仑引力；结合力大，有方向性和饱和性	原子晶体。熔点高，配位数低，密度低，导电性差，强度高、硬度高、脆性大
	Si	108		
	Ge	80		
	Sn	72		
金属键	Li	37.7	电子逸出共有，自由电子与正离子之间的库仑引力；结合力较大，无方向性和饱和性	金属晶体。密度高，导电性、导热性、延展性好，熔点较高
	Na	25.7		
	K	21.5		
	Rb	19.6		
分子键	Ne	0.46	电子云偏移，原子间瞬时电偶极矩的感应作用；结合力很小，无方向性和饱和性	分子晶体。熔点和沸点低，压缩系数大，保留了分子的性质
	Ar	1.79		
	Kr	2.67		
	Xe	3.92		
氢键	H_2O(冰)	12	氢原子核与极性分子间的库仑引力，X—H…Y(氢键结合)，有方向性和饱和性	结合力高于无氢键的类似分子
	HF	7		

3.2.3　材料中的多种键型

尽管上述各种键的形成条件完全不同，但实际材料中单一形式结合键的情况并不很多，前面讲的只是一些典型的例子，大多数材料的内部原子结合键往往是各种键的混合。

例如：周期表中ⅣA族的 C、Si、Ge、Sn、Pb 元素都有四个价电子，只有金刚石(C 元素)具有单一的共价键，而 Si、Ge、Sn、Pb 元素就不能形成与金刚石完全相同的共价结合。由于周期表中同族元素的电负性自上而下逐渐下降，即失去电子的倾向逐渐增大，因此这些元素的原子在形成共价结合的同时，电子有一定的几率脱离原子成为自由电子，意味着存在一定比例的金属键，因此 Si、Ge、Sn 元素的结合是共价键与金属键的混合，其中金属键所占比例按此顺序递增。到 Pb 时，由于失去电子的倾向很大，就成为完全的金属键。

金属主要是金属键，但也会出现一些非金属键。例如：过渡族元素(尤其是高熔点过渡族金属 W、Mo 等)的原子结合中就会出现少量的共价结合，这正是过渡族金属具有高熔点的内在原因。又如金属与金属形成的金属化合物(如 CuGe)，尽管其组成元素都是金属，但是由于两者的电负性不同,有一定的离子化倾向,于是构成金属键和离子键的混合键,两者的比例取决于组成元素的电负性差,因而它们不完全具有金属特有的属性,往往很脆。

陶瓷化合物中出现离子键与共价键混合的情况更是常见,通常金属正离子与非金属负离子所组成的化合物并不是纯粹的离子化合物,化合物中离子键的比例依据组成元素的电负性差异大小而定,电负性相差越大,则离子键比例越高。确定化合物 AB 中离子键结合的比例的公式为

$$离子键结合 = \left| 1 - e^{-\frac{1}{4}(X_A - X_B)^2} \right| \times 100\% \tag{3-2}$$

表 3-5 给出了某些陶瓷化合物中混合键的相对比例。

表 3-5　某些陶瓷化合物中混合键的相对比例

化合物	结合原子对	电负性差	离子键比例/(%)	共价键比例/(%)
MgO	Mg—O	2.13	68	32
Al_2O_3	Al—O—	1.83	57	43
SiO_2	Si—O—	1.54	45	55
Si_3N_4	Si—N	1.14	28	72
SiC	Si—C	0.65	10	90

硅酸盐是另一类包含有多种键型的复杂化合物,存在大量的离子键和共价键,在某些情况下也会有氢键和范德华键。特别是某些天然的链状硅酸盐结构和层状硅酸盐结构,情况就更为复杂。

另一种类型的混合键表现为多种类型的键型独立存在,例如,高分子聚合物和许多有机材料,其分子(长链)的原子之间由共价键连接,而分子与分子(链与链)之间则依靠分子键或氢键联系。又如,石墨中碳的片层上为共价键结合,而片层间则为分子键结合。

正是由于大多数工程材料的结合键是混合的,且混合的方式、比例又随材料的组成而变,因此材料的性能可在很广的范围内变化,从而满足工程中各种不同的需要。

3.2.4　原子间结合键的本质及原子间距

固体中原子是依靠结合键结合起来的,这一结合力是怎样产生的呢?我们以最简单的双原子模型来说明。

不论是何种形式的结合键,固体中原子间总存在两种力:一种是吸引力,来源于异种电荷间的吸引力;另一种是来源于同种电荷间的排斥力。根据库仑定律,吸引力和排斥力均随原子间距的增大而减小。但二者减小的情况不同,根据计算,当距离很远时,排斥力很小;只有当原子间接近至电子轨道相互重叠时,排斥力明显增大,并超过了吸引力(见图 3-12(a)),即排斥力更具有近程力的性质。在某距离下吸引力和排斥力相等,两原子便稳定在此位置上,这一距离 r_0 相当于原子的平均距离,或称原子间距。当原子距离被外力拉开时,相互吸引力则力图使它们缩回到平衡距离 r_0;反之,当原子距离被外力压缩时,相互排斥力使它们回到平衡距离 r_0。

虽然原子间的结合起源于原子间的静电作用力,但是在量子力学、热力学中总是从能

量观点来处理问题的，因此下面也从能量的角度来描述结合键的本质。根据物理学，力(F)与能(E)之间的转变关系为

$$F = -\frac{dE}{dx}, \quad E = -\int_0^\infty F\,dx$$

所以两原子相互作用的能量随距离的变化如图 3-12(b)所示。在作用力等于零的平衡距离下能量应该达到最低值，表明在该距离下体系处于稳定状态。能量曲线可解释如下：当两个原子无限远时，原子间不发生作用，作用能可视为零；当两原子在相互吸引力作用下靠近时，体系的势能逐渐下降，达到平衡距离时，势能最低；当两原子进一步靠近时，就必须克服反向排斥力做功，使势能逐渐升高。通常把平衡距离下的作用能定义为原子的结合能 E_0，其大小相当于把两个原子完全分开所需要做的功，结合能越大，则原子结合越稳定。利用测定固体的蒸发热而得到的结合能数据又称结合键能，单位为 kJ/mol。

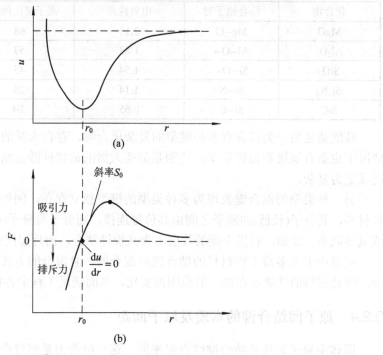

图 3-12　结合能、作用力与原子间距离的关系
(a) 结合能与原子间距；(b) 作用力与原子间距

3.2.5　原子间的结合键与性能类型

固体材料根据固体中结合键的特点或本性不同，可以分为金属材料、陶瓷材料、高分子材料和复合材料四大类。在四大类工程材料中，金属材料是最重要的工程材料，包括金及其合金。周期表中的金属元素分简单金属和过渡金属两种，内电子壳层完全填满或完全空着的金属元素属于简单金属，内电子壳层未完全填满的金属元素属于过渡金属。简单金属的结合键完全是金属键，过渡金属的结合键为金属键和共价键的混合键，但以金属键为主。金属材料的结合键基本上为金属键，其原子作周期性排列，为金属晶体。由于金属键

的特性，金属材料具有良好的导电性、导热性、塑形以及较高的硬度、强度和韧性，故其应用面最广、用量最大。

陶瓷材料的结合键是离子键或共价键，其性能特点是：具有高的硬度、高的耐磨性、高的耐蚀性和高的热稳定性，但塑性极差，太脆。所以陶瓷材料很少在常温下作为受力的结构材料，但作为耐热材料，其潜力很大。

高分子材料也称聚合物，在工程应用中，根据性能和使用状态，高分子材料可分为塑料、橡胶和纤维。高分子材料由许多相对分子质量很大的大分子所组成。每个大分子由大量结构相同的单元(链节)相互连接而成。有机物质中含有的碳或氢元素作为其主要的结构组成。在大多数情况下，碳元素形成大分子的主链，大分子内的原子之间由很强的化学键(共价键)结合，而大分子与大分子之间为物理键(分子键)结合，结合力较弱，因此材料的耐热性较差。但由于大分子链很长，分子之间的接触面较大，特别是分子链交缠时，这种结合力不可小视，它对材料的强度有较大的作用。高分子材料按其分子链排列是否有序，可以分为结晶高分子和无定形高分子。高分子材料的结晶度取决于分子链排列的有序程度。高分子材料具有较高的强度、良好的塑形、强耐酸性、绝缘性、密度小等优良性能，在工程上是发展较快的一类新型结构材料。由于组成高分子材料的主要组成元素是周期表右上方的非金属元素，具有吸引或共有额外电子的亲和力，每个电子都与特定原子(或原子对)相联系，全部热能必须依靠原子振动从热区传到冷区，这比金属中发生的自由电子传到能量的过程要缓慢许多，因此高分子材料是电和热的不良导体。

复合材料就是由两种或两种以上固体物质组成的材料。由于复合材料组成的多样化，其结合键也非常复杂，通常在刚度、强度、韧性、耐蚀性等方面表现出比单一的金属、陶瓷和聚合物都优越。例如玻璃钢，是由玻璃纤维布与热固性高分子材料复合而成的，它的性能既不同于玻璃纤维，也不同于组成它的高分子材料。复合材料由于设计性强，性能优越，因此在建筑、机械制造、交通和国防等领域的发展前景非常广阔。

3.2.6 结合键与材料性能的关系

1．结合键与物理性能的关系

1) 熔点

熔点的高低反映了材料热稳定性的程度。材料加热时，若原子振动足以破坏原子之间的结合键，便会发生熔化，因此材料的熔点与其结合能有较好的对应关系。表 3-6 给出了几种材料的结合能和熔点。

表 3-6 几种材料的结合能和熔点

结合键类型	材料	结合能/(kJ/mol)	熔点/℃	结合键类型	材料	结合能/(kJ/mol)	熔点/℃
离子键	NaCl	640	801	金属键	Fe	406	1538
	MgO	1000	2800		W	849	3410
共价键	Si	450	1410	分子键	Ar	7.7	−189
	金刚石	713	3550		Cl_2	3.1	−101
金属键	Hg	68	−39		NH_3	35	−78
	Al	324	660		H_2O	51	0

由此可见,具有共价键、离子键的化合物的熔点较高,其中纯共价键的金刚石的熔点最高,而金属的熔点相对较低。金属中过渡族金属具有较高的熔点,特别是钨、钼、钽等难熔金属的熔点更高,这是由于这些金属原子的内壳层电子没有填满,使结合键中有一定比例的共价键造成的。具有二次键的材料如高分子聚合物等,其熔点偏低。

2) 热膨胀系数

在原子堆积致密度相似的材料中,熔点越高,热膨胀系数就越小。汞的熔点为$-39℃$,线膨胀系数为40×10^{-6} m/(m·℃);铅的熔点为327℃,线膨胀系数为29×10^{-6} m/(m·℃);铝的熔点为660℃,线膨胀系数为22×10^{-6} m/(m·℃);铜的熔点为1083℃,线膨胀系数为17×10^{-6} m/(m·℃);铁的熔点为1539℃,线膨胀系数为12×10^{-6} m/(m·℃);钨的熔点为3410℃,线膨胀系数为4.2×10^{-6} m/(m·℃)。

3) 密度

材料的密度与其结合键类型有关。大多数金属有较高的密度,如铂、钨、金的密度在工程材料中的最高,其他如铅、银、铜、镍、铁等的密度也相当高。

金属的高密度有两个原因:

(1) 金属原子有较高的相对原子质量;

(2) 金属键的结合方式没有方向性,金属原子趋于密集排列,经常得到致密度较高的晶体结构。

在离子键、共价键结合的材料中,原子排列不可能非常致密,因为共价键结合时相邻原子的个数要受到共价键数目的限制,离子键结合时则要满足正、负离子之间电荷平衡的要求,所以它们相邻的原子数目不如金属的多。

聚合物中的分子链之间是通过二次键结合的,分子之间堆垛不紧密,另外组成分子的原子质量较小(氢、碳、氮、氧等),因此其密度很低。

4) 电导率和热导率

电导率与原子键的性质密切相关。离子键和共价键的材料都是极不良导体,因为电子不能自由离开它们所属的原子。半导体材料的电导率也受电子运动的自由程度所控制。金属键材料的热导率高,因为自由电子既是电的有效载体,也是热的有效载体。陶瓷和高分子材料等非金属材料都是热的不良导体。三大类材料中,高分子材料的热导率最低,约为0.3 W/mK,其中结晶高分子的热导率比无定形高分子的高一些。反过来,高分子材料是良好的绝热材料,其中泡沫塑料或泡沫橡胶的绝热效果更加,已被广泛应用于绝热系统中。

2. 结合键与力学性能的关系

一般来说,以共价键或离子键结合的无机非金属材料比以金属键结合的金属材料的硬度高,以二次键结合的聚合物的硬度最低。

材料的弹性模量是原子间结合力的反映和度量,与材料内部的结合键密切相关。从微观结构看,在没有外力作用时,晶体中相邻原子间相互吸引又相互排斥,综合的结果是原子之间将保持恒定的距离,此时原子相互作用力(内力)为零,晶体处于最低的能量状态,也是最稳定状态。当晶体在外力作用下,原子将离开平衡位置,原子间距增大时将产生吸力,原子间距减小时将产生斥力,此时在内部产生一个与外力相平衡的力,晶体处于较高的能量状态，也是最不稳定状态，即在吸力或斥力的作用下，原子都力图恢复到原来位置。这种性质与弹簧很相似，故可把原子结合比喻成许多弹簧的连接。结合键能是影响弹性模量的主要因素，结合键能越大，"弹簧"越"硬"，原子之间距离的移动所需要的外力就越大，即弹性模量越大。很显然，发生弹性变形的难易程度取决于原子间作用力-原子间距的一阶导数斜率或原子结合能-原子间距曲线的二阶导数。

结合键能与弹性模量之间有着很好的对应关系。金刚石具有最高的弹性模量，约为 1000 GPa，这由其空间高度对称的三维强大共价键所致。工程陶瓷如碳化物、氧化物、氮化物等的结合能也比较高，它们的弹性模量为 250～600 GPa，其原因在于这些材料的结合键主要是共价键和离子键，故键合力大。

金属键结合的金属材料弹性模量要低一些，常用金属材料的弹性模量约为 70～350 GPa，过渡族金属因其 d 层电子参与键合，引起较大的结合力，故弹性模量较高。需要强调的是，金属材料弹性模量主要由晶体中原子的本性、晶格类型以及晶格常数等因素决定，而对内部组织不太敏感，由于加工方法、热处理状态以及少量合金元素都不显著改变晶格常数，因此也不能使金属的弹性模量发生显著变化。

高分子材料的弹性模量很低，且在相当大的范围内变化(0.7～3.5 GPa)，这与其结合键的性质有关。高分子材料多为长链状结构，长链分子间的弱结合键性质(二次键)决定了高分子材料的弹性模量很低。然而，有时长分子链间存在少量共价键交联结合，这会对弹性模量产生影响，并且随着交联数的增加，弹性模量迅速升高。

原子间键合方式影响材料性能的最典型的例子就是碳元素的两种自然状态——石墨与金刚石的差异。

金刚石是共价键晶体结构，因此具有极高的硬度，故用做刀具材料；石墨具有六方排列的片层状结构，尽管层内有强大的共价键，但层与层之间则以很弱的分子间力结合，而且层间距大，所以层与层容易相对滑动，故可用做润滑材料。键合方式的不同导致它们物理性能的巨大差异，金刚石晶体完全依靠共价键结合，没有自由移动的电子，因此对电、热的绝缘性很好。

石墨的每一层内的每一个碳原子以 3 个价电子与邻近的 3 个碳原子以共价键结合，另一个价电子则为该层内所有的碳原子所共有，形成金属键，因此，石墨的碳原子层具有可以在层内容易移动的电子，从而使石墨具有一定的金属性质，其导电性是沿层间进行的，故具有明显的各向异性。正因为石墨晶体具有多种性质的结合键，从而使得石墨表现出固体物质的多种性质：质地柔软光滑，易磨碎，密度轻，熔点高，导电率高，有光泽，不透明等。

3.3　原子的排列方式

3.3.1　晶体与非晶体

在研究了结合键后，下一步就是从原子或分子的排列方式上考虑材料的结构。当原子或分子通过结合键结合在一起时，依结合键的不同以及原子或分子的大小可在空间组成不同的排列,即形成不同的结构。即使材料类型和化学键都相同,但是原子排列结构不同,其性能也有很大的差别。

固体材料根据原子(原子团或分子)的排列可分成两大类:晶体与非晶体(见图3-13)。

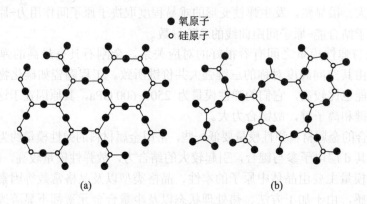

● 氧原子
○ 硅原子

图 3-13 二氧化硅结构示意图
(a) 晶体;(b) 非晶体

自然界中绝大多数固体都是晶体。晶体中原子排列是有序的,即构成材料的原子在三维空间按一定规律作周期性排列。非晶体(如松香、玻璃)内原子排列是无序的,更严格地说,非晶体的不存在长程的周期排列(即在微观尺寸上可能存在有序的原子团)的,仅有局部区域为短程规则排列。

晶体与非晶体原子排列方式的不同造成二者在性能上的差异:晶体由于其空间不同方向上的原子排列特征(原子间距及周围环境)不同,因而沿不同方向所测得的性能数值也不同(如电导率、热导率、弹性模量、强度及外表面化学性质等),这种性质称为晶体的各向异性;非晶体在各方向上的原子排列可视为相同,因此沿任何方向测得的性能是一致的,故表现为各向同性。表3-7列出了常用金属单晶体沿不同方向测得的力学性能。

表 3-7 常用金属的各向异性数据

类别	弹性模量/GPa		抗拉强度/MPa		延伸率/(%)	
	最大	最小	最大	最小	最大	最小
Cu	191	66.7	346	128	55	10
α-Fe	293	125	225	158	80	20
Mg	50.6	42.9	840	294	220	20

当物质从液态转变为晶体和非晶体时,这两者表现的行为也是不同的。

对于晶体,如图 3-14 所示,从液态冷却凝固(或固态加热熔化)时具有确定的熔点,并发生体积的突变,而从液态到非晶体时,是一个渐变过程,既无确定的熔点,又无体积的突变。这一现象说明,非晶态转变只不过是液态的简单冷却过程,随着温度的下降,液体的黏度越来越高,当其流动性完全消失时则呈固态,所以没有确定的熔点及体积变化,其原子排列只是保留了液态的特点,无长程的有序排列,故非晶态实质上只是一种过冷的液体,只是其性能不同于通常的液体而已。

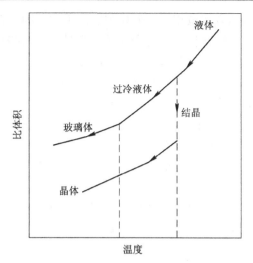

图 3-14 从液态转变为晶体及非晶体的比体积变化

　　液体向晶体的转变不是一个简单的冷却过程，而是有结构转变(称为结晶)的。通过理论研究和实验观察证明，结晶过程分两个步骤，即结晶核心的形成和晶核的长大，如图 3-15 所示。形核是在熔点以下过冷液体中通过结构起伏和能量起伏形成有序排列的小晶核的过程，晶核形成后结晶，靠晶核长大形成，它是液态原子向晶核的聚集过程。结晶的充分和必要条件是必须过冷，以促使晶核的形成几率，但液态的温度也不能过低，否则原子会丧失活动能力，从而抑制晶核的长大。

　　结晶过程中，液态内部常形成许多晶核，如图 3-15(a)的方形网格所示，它们的结晶取向各不相同，各自生长直到相互接触为止(见图 3-15(b)、(c))。

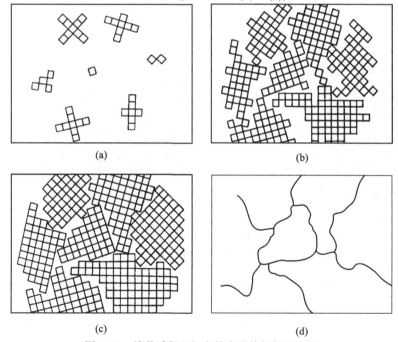

图 3-15 结晶过程及相应的多晶体组织示意图

(a) 晶核形成；(b) 晶核生长；(c) 晶体生长结束；(d) 多晶体

相邻小晶体的原子排列方式虽相同，但排列取向不同，因此在邻接区域，原子处于过渡位置，或者说存在原子的错配情况，这个区域称为晶界，这些小晶体称为晶粒。实际晶体材料都是由许多晶粒组成的，称为多晶体，在显微镜下观察到的多晶体形貌如图 3-15(d)所示。在钢铁中，晶粒的典型尺寸一般为 $10^{-2} \sim 10^{-1}$ mm。

通常，金属与合金、大多数陶瓷(如氧化物、碳化物、氮化物等)以及少数高分子材料等都是晶体材料。多数高分子材料及玻璃等原子或分子结构较为复杂的材料则为非晶体材料，其中玻璃为复杂氧化物，是典型的非晶体，因此常把玻璃态作为非晶态的代名词。不少陶瓷和聚合物材料常是晶体和非晶体的混合物，两者的比例取决于材料的组成及成型工艺。

晶体和非晶体在一定条件下可以相互转化，例如，急冷可以获得高强度、高韧性的非晶态金属，非晶态玻璃通过热处理可以转变为微晶或准晶玻璃。

3.3.2　晶体结构与晶胞

1．晶格与晶胞

晶体的基本特征是原子排列具有规则性。这些由实际原子、离子、分子或各种原子集团，按照一定几何规律的具体排列方式称为晶体结构，或称为晶体点阵。为了便于描述晶体内部在三维空间按一定规律作周期性排列的规律，我们假定这些原子(或离子)都是固定不动的刚球，则晶体可被认为是由这些刚球堆积而成的，如图 3-16(a)所示。为了清楚地表明原子在空间的位置，将代表原子的小球简化成几何点，若用平行直线将这些几何点连接起来，就构成了一个三维的空间格架(见图 3-16(b))。这种用以描述晶体中原子(或离子)排列规律的空间格架称之为晶格。

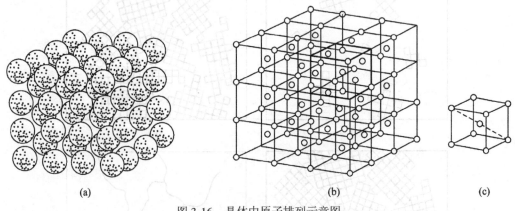

图 3-16　晶体中原子排列示意图
(a) 原子堆垛模型；(b) 晶格；(c) 晶胞

由于晶体中原子排列具有周期性的特点，为简便起见，可从晶格中选取一个能够完全反映晶格特征的最小几何单元用于分析晶体排列的规律。我们把这个能够完全反映晶格特征的最小几何单元称为晶胞(见图 3-16(c))。整个晶格就是由许多大小、形状和位相相同的晶胞在空间重复堆垛而成的。晶胞的棱边长度及其夹角称为晶格常数，见图 3-17。

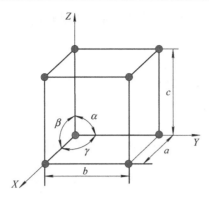

图 3-17　晶胞与晶格常数

2．常见金属的晶体结构

工业上使用的金属约 40 种，这些金属除少数具有复杂的晶体结构外，大多数金属的晶体结构比较简单。最常见的有三种，即体心立方结构、面心立方结构及密排六方结构。前两种属于立方晶系，后一种属于六方晶系。属于体心立方结构的金属有碱金属、难熔金属(V、Nb、Ta、Cr、Mo、W 等)、α-Fe 等，其晶胞结构如图 3-18(a)所示；属于面心立方结构的金属有 Al、γ-Fe、Ni、Pb、Pd、Pt 及贵金属等，晶胞结构如图 3-18(b)所示；属于密排六方结构的金属有 Mg、Zn、Cd、Be、α-Ti 等，晶胞结构如图 3-18(c)所示。通常用晶胞中的原子数 n、点阵常数 a、配位数 CN、致密度 k 以及晶胞中的间隙半径等参数来反映晶体结构的特征。配位数 CN 和致密度 k 反映了原子排列的紧密程度。密排六方结构金属和面心立方金属的配位数均为 12，体心立方金属的配位数为 8，故密排六方结构金属和面心立方金属是密排堆积结构，体心立方金属是次密排堆积结构。

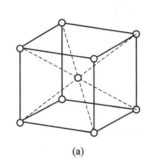 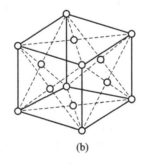 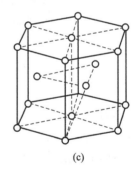

(a)　　　　　　　　　　　(b)　　　　　　　　　　　(c)

图 3-18　常见金属晶体晶胞

(a) 体心立方；(b) 面心立方；(c) 密排六方

固态下有些金属(如 Fe、Ti、Mn、Co、Sn、Zr 等)在不同温度或不同压力范围内具有不同的晶体结构，这种性质称为晶体的多晶型性。具有多晶型性的金属固体在同温度或同压力变化时，由一种结构转变为另一种结构的过程称为多晶型转变，也称同素异构转变(重结晶)。当发生同素异构转变时，金属的许多性能将发生突变。铁是典型的具有同素异构转变的金属晶体，常压下，纯铁在 1538℃时开始结晶，形成具有体心立方结构的 δ-Fe；当冷却至 1394℃时，发生同素异构转变，δ-Fe 转变为面心立方结构的 γ-Fe；继续冷却至 912℃时，面心立方结构的 γ-Fe 转变为体心立方结构的 α-Fe，直至室温，其晶体结构也不再发生变化。同素异构转变对于金属能否通过热处理来改变其性能具有重要意义。

3. 合金的晶体结构

两种或两种以上的金属或金属与非金属经一定方法合成的具有金属特性的物质称为合金。合金中各种元素的原子也和金属一样，在空间按一定的几何规律排列。根据合金中各组成元素相互作用所形成的晶体结构。合金的结构分为以下三类。

1) 固溶体

一种组元(溶质)溶解在另一组元(溶剂，一般为金属)的晶体中所形成的融合体称为固溶体。其结构特点如下：

(1) 溶剂(或称基体)的点阵类型不变，溶质原子或是代替溶剂原子而形成置换式固溶体，或是进入溶剂组元点阵的间隙中而形成间隙固溶体。

(2) 一般来说，固溶体都有一定的成分范围，故不能用化学式表示。

(3) 具有比较明显的金属性质，例如，具有一定的导电和导热性、一定的塑性、正的电阻温度系数。这表明，固溶体中的结合键主要是金属键。

根据溶质原子在溶剂点阵中所占位置的不同，固溶体又可分为置换固溶体和间隙固溶体两种，如图 3-19 所示。

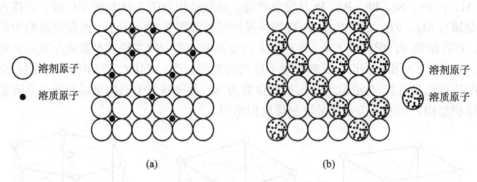

○ 溶剂原子
· 溶质原子

○ 溶剂原子
⊙ 溶质原子

(a)   (b)

图 3-19 固溶体晶体结构示意图

(a) 间隙固溶体；(b) 置换固溶体

置换固溶体是指溶质原子占据了溶剂晶格的正常位置，替代了部分溶剂原子所形成的固溶体。一般金属与金属形成的固溶体都是置换固溶体，例如铜锌合金、铜镍合金等。置换式固溶体中，溶质原子在溶剂原子晶格中的固溶度主要取决于两者原子半径的差异、电负性的差异及两者的晶体结构。一般来说，两者原子半径和电负性相差越小，则溶解度越大。若两者的晶体结构也相同，则溶质和溶剂可能无限互溶，形成无限固溶体；若两者的晶体结构不相同，则溶质在溶剂中的溶解度是有限的，只能形成有限固溶体。

将溶质原子不占据溶剂晶格的正常位置，而是位于溶剂原子晶格的间隙所形成的固溶体称为间隙固溶体。由于溶剂晶格的间隙尺寸有限，故只有小尺寸的溶质原子(如 H、N、B、C 等非金属元素)才能形成间隙固溶体。由于溶剂晶格的间隙尺寸是有限的，故间隙固溶体均为有限固溶体。

由于各种元素的原子大小不同，因此无论组成哪种类型的固溶体，都会使合金的晶格发生畸变，从而使合金抵抗塑性变形的能力增强，硬度和强度有不同程度的提高。这种因溶入溶质元素而形成固溶体，从而使金属材料的强度、硬度升高的现象称为固溶强化。它是提高金属材料力学性能的重要途径之一。工业上所使用的金属材料，绝大多数以固溶体为基体。

2) 金属化合物

合金中的两个元素按一定的原子数目之比相互化合，形成具有与这两种元素完全不同晶体结构的化合物称为金属化合物。金属化合物的晶体结构比较复杂，通常具有较高的硬度、熔点和脆性，因此不能直接使用。一般分布于合金的固溶体中，起强化作用。

4. 陶瓷的晶体结构

陶瓷的晶体结构与金属的晶体结构有较大的不同，陶瓷的晶体具有结构复杂，原子排列紧密，配位数较低等特性。其结构可分为两类：一类是按离子键结合的陶瓷，如 MgO、CaO、ZrO_2、Al_2O_3 等金属氧化物；一类是按共价键结合的陶瓷，如 SiC、Si_3N_4、金刚石及纯 SiO_2 等。

1) 离子键晶体陶瓷

离子键晶体陶瓷的结构很多，最常见的有 AB 型、AB_2 型及 A_2B_3 型晶体结构，如图 3-20 中的 MgO、ThO_2、Al_2O_3 所示。

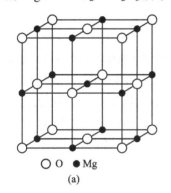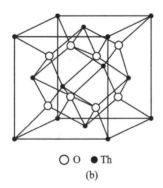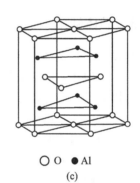

○ O ● Mg　　　　　　○ O ● Th　　　　　　○ O ● Al
(a)　　　　　　　　　　　(b)　　　　　　　　　　　(c)

图 3-20　几种典型氧化物的晶体结构

(a) MgO 的结构(岩盐型结构)；(b) ThO_2 的结构(萤石型结构)；(c) Al_2O_3 的结构(刚玉型结构)

属于 AB 型结构的化合物有几百种，如 MgO、FeO、CaO、TiC、ZrN、TiN、BaO、MnO、CdO、CoO 等。MgO 结构中，O^{2-} 位于面心立方结构的结点，Mg^{2+} 镁离子位于面心立方结构的八面体间隙(即晶棱的中心)，单胞有 4 个 Mg^{2+} 和 4 个 O^{2-}，Mg^{2+} 和 O^{2-} 的配位数均为 6。在离子晶体中，两个异号离子半径的比值决定了离子的配位数，而配位数的大小直接影响着晶体结构。

ThO_2 结构中，Th^{4+} 占据面心立方结构的结点位置，O^{2-} 占据面心立方结构中四面体间隙位置，Th^{4+} 和 O^{2-} 的配位数分别为 8 和 4，单位晶胞内有 8 个 O^{2-} 和 4 个 Th^{4+}。类似的晶体有 ZrO_2、CaF_2、ThO_2、CeO_2、BaF_2、PbF_2、SrF_2 等。

刚玉(α-Al_2O_3)晶体结构属于三方晶系简单六方点阵，氧离子按六方紧密堆积排列，而铝离子填充于 2/3 的八面体空隙，氧离子和铝离子的配位数均为 4。

2) 共价键晶体陶瓷的结构

共价键晶体陶瓷多属金刚石结构，如图 3-21(a)所示。该结构中，碳原子除位于面心立方结构的结点上外，还有 4 个碳原子位于四面体间隙，每个晶胞中共 8 个原子，属于面心立方。因该晶体结构中配位数为 4，与面心立方金属配位数相差很大，故不是密排堆垛结构。

　　SiC 的晶体结构和金刚石相似，如图 3-21(b)所示。图 3-21(c)是 SiO₂ 高温时的一种晶型，它也是面心立方结构，单胞中每一个硅原子被 4 个氧原子所包围，而每个氧原子则位于两个硅原子之间，起着连接两个四面体的作用，这个单胞共有 24 个原子，即 8 个硅原子和 4 个氧原子。

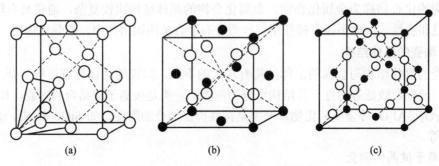

図 3-21　共价键晶体陶瓷结构
(a) 金刚石； (b) SiC； (c) 高温 SiO₂

3.3.3　晶体缺陷

　　晶体缺陷是在理想完整的晶体中，原子按一定次序严格地处在空间有规则的、周期性的格点上。但在实际的晶体中，由于晶体形成条件、原子的热运动或受应力作用的影响，原子的排列不可能那样完整和规则，往往存在偏离了理想晶体结构的区域。这些晶体中质点不按严格的点阵排列，偏离了理想结构的规律周期排列，称之为晶体结构缺陷。一般按照尺度范围，即按照偏离理想结构的周期性有规律排列的区域大小的不同，晶体结构缺陷可分为以下四种主要类型。

1. 点缺陷

　　由于各种原因使晶体内部质点有规则的周期性排列遭到破坏，引起质点间势场畸变，产生晶体结构不完整性，但其尺度仅仅局限在 1 个或若干个原子级大小的范围内，这种缺陷就称为点缺陷(零维缺陷)。按照点缺陷位置和成分不同，可分为三种情况。第一种情况是晶格中正常结点没有被原子(或离子)所占据，成为空结点或空位。第二种情况是原子(或离子)进入晶体中正常结点之间的间隙位置，成为间隙原子或填隙质点。从成分上看，填隙质点可以是晶体自身的质点，即同质间隙原子；也可以是外来的质点，即异质间隙原子。第三种情况是外来的质点占据晶体中正常结点位置，成为置换原子或杂质缺陷，如图 3-22 所示。

　　当晶体的温度高于 0 K 时，由于晶格上质点热振动，使一部分能量较高的质点离开平衡位置而造成的缺陷称为热缺陷。若在晶格热振动时，一些能量较大的质点离开平衡位置后，进入到间隙位置，形成间隙质点，而在原来位置上形成空位，形成弗仑克尔缺陷；若在晶格热振动时，一些能量较大的质点离开平衡位置后，进入到间隙位置，形成间隙质点，而在原来位置上形成空位，即所谓的弗仑克尔缺陷。如果正常格点上的质点，在热起伏过程中获得能量离开平衡位置而迁移到晶体的表面，并在晶体内部正常格点上留下空位，即形成肖特基缺陷。

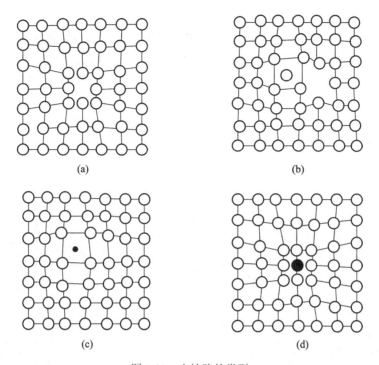

图 3-22　点缺陷的类型

(a) 空位；(b) 同质间隙原子；(c) 异质间隙原子；(d) 置换原子

2. 线缺陷

晶体中的线缺陷指各种类型的位错。它是晶体中某处一列或若干列原子发生了有规律的错排现象，错排区是细长的管状畸变区域，长度可达几百至几万个原子间距，宽度仅几个原子间距。位错概念早在 1934 年就被提出，直到 1956 年利用电子显微镜薄膜投射法观察到位错后，才完全为人们所接受。目前，人们已提出许多较为合理的位错模型，其中最基本、最简单的类型有两种：一种是刃型位错，另一种是螺型位错。

1) 刃型位错

如图 3-23(a)所示，在 *ABCD* 水平面上，多出一个 *EFGH* 半原子面，它如刀刃一样插入晶体，故称为刃型位错。*EF* 称为刃型位错线。通常称晶体上半部多出原子面的位错为正刃型位错，用符号"⊥"表示；反之为负刃型位错，用"⊤"表示，如图 3-23(b)所示。

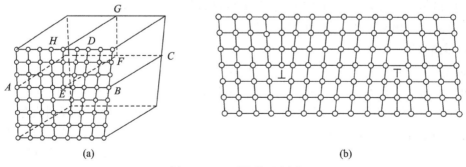

图 3-23　刃型位错示意图

(a) 立体图；(b) 平面图

2) 螺型位错

螺型位错的模型如图 3-24(a)所示。设想在简单立方晶体右端施加一切应力，使右端 *ABCD* 滑移面上下两部分晶体发生一个原子间距的相对切变，在已滑移区与未滑移区的交界处，*AB* 线两侧的上下两层原子发生了错排和不对齐现象，它们围绕着 *AB* 线连成了一个螺旋线，而被 *AB* 线所贯穿的一组原来是平行的晶面则变成了一个以 *AB* 线为轴的螺旋面。此种晶格缺陷被称为螺型位错(线)，图 3-24(b)给出了位错线附近的原子排列。螺旋位错分为左旋和右旋。以大拇指代表螺旋面前进方向，其他四指代表螺旋面的旋转方向，符合右手法则的称右旋螺型位错，符合左手法则的称左旋螺型位错。

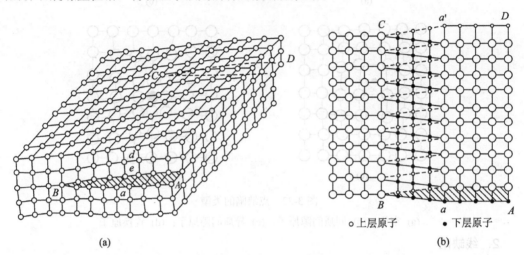

(a)　　　　　　　　　　　　　　　　　　　(b)

图 3-24　螺型位错示意图

(a) 立体图；(b) 平面图

在位错线和其周围的原子都处于畸变状态时，它们的周围有应力场存在，比点缺陷的强化作用范围更大，对金属的性能有重要影响。因为位错是一条线，可用单位面积中的位错线的根数或单位体积中位错线的长度来表示金属晶体位错密度。例如，高纯度单晶体：$0 \sim 10^3$ 根/cm^2 或 $0 \sim 10^3$ cm/cm^3，普通单晶体：$10^5 \sim 10^6$ 根/cm^2 或 $10^5 \sim 10^6$ cm/cm^3；退火多晶体：$10^7 \sim 10^8$ 根/cm^2 或 $10^7 \sim 10^8$ cm/cm^3，冷压力加工多晶体：$10^{11} \sim 10^{12}$ 根/cm^2 或 $10^{11} \sim 10^{12}$ cm/cm^3。

位错在晶体中可以移动，金属材料的塑性变形的微观机理主要是通过位错的运动来实现的。位错是一种极为重要的缺陷，它对于材料的塑性变形、强度、断裂等起着决定性的作用，对扩散、相变等过程也有较大影响。

3. 面缺陷

面缺陷主要是晶界、亚晶界、相界、堆垛层的位错等。如前所述，多晶体由许多细小晶粒组成，每个晶粒就是一个单晶，相邻的晶粒由于位向不同，其交界面叫晶粒界，简称晶界，如图 3-25(a)所示。晶界只有几个原子层厚，在晶界上原子处于不规则状态，这使得晶界能量高于晶粒内部，因此，晶界与晶内性质不同。实验表明，在常温下的细晶粒金属比粗晶粒金属有更高的强度、硬度、塑性和韧性。故工业上将通过细化晶粒以提高材料强度的方法称为细晶强化。

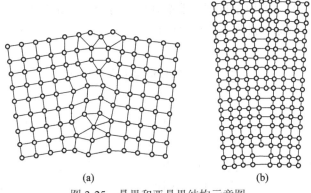

(a)　　　　　　　　　　　　(b)

图 3-25　晶界和亚晶界结构示意图

(a) 晶界；(b) 亚晶界

　　一个晶粒内部的原子排列也并非十分整齐，而是存在许多尺寸更小、位相差也很小的小晶块(亚晶)。亚晶内部的晶格取向一致，两相邻亚晶的边界称为亚晶界，如图 3-25(b)所示。亚晶界实际上是由一系列刃型位错所组成的，它对金属材料性能的影响与晶界相似。室温下，亚晶粒越细小，材料的强度越好。

　　此外，室温下晶界或亚晶界上原子的扩散速率较快、更容易被腐蚀、更容易吸附溶质原子或杂质原子等。

4．体缺陷

　　体缺陷主要是沉淀相、晶粒内的气孔和第二相夹杂物等。

3.3.4　原子排列结构的研究方法

　　原子的尺寸很小，用常规的光学显微镜和电子显微镜很难直接观察到材料内部的原子及其排列方式。材料研究中采用 X 射线衍射来进行研究物相分析。1913 年，英国物理学家布拉格父子提出了作为晶体衍射基础的著名公式，即布拉格方程：

$$2d \sin\theta = n\lambda$$

式中，λ 为 X 射线的波长，n 为任何正整数，θ 为入射角的余角(也称掠角)。

　　当 X 射线以掠角 θ 入射到某一点阵晶格间距为 d 的晶面上时，在符合上式的条件下，将在反射方向上得到因叠加而加强的衍射线。布拉格方程简洁直观地表达了衍射所必须满足的条件。当 X 射线波长 λ 已知时(选用固定波长的特征 X 射线)，采用细粉末或细粒多晶体的线状样品，可从一堆任意取向的晶体中，从每一 θ 角符合布拉格方程条件的反射面得到反射，测出 θ 后，利用布拉格方程即可确定点阵晶面间距、晶胞大小和类型；根据衍射线的强度，还可进一步确定晶胞内原子的排布。图 3-26 是 SiO$_2$ 晶体在不同掠角 θ 下的衍射强度分布图，在某些角度获得尖锐的衍射峰，分别对应于某些原子面的衍射，这是晶体衍射的基本特

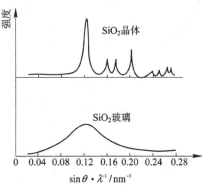

图 3-26　SiO$_2$ 晶体在不同掠角 θ 下的衍射强度分布图

征，根据它可以分析晶体的原子排列。非晶体的衍射分布则完全不同，SiO_2 玻璃就不存在尖锐的衍射峰，表明其原子排列无长程有序特征。

3.4　晶体材料的组织

实际晶体材料大都是多晶体，由很多晶粒组成。所谓晶体材料的组织，是指各种晶粒的组合特征，即各种晶粒的相对量、尺寸大小、形状及分布等组成关系的构造情况。按照材料加工方法的不同，材料的组织有铸态组织、冷变形组织、锻造组织、焊接接头及热处理组织等。按照热力学状态不同，材料的组织可分为平衡组织和非平衡组织。晶体的组织比原子结合键及原子排列方式更容易随成分及加工工艺的不同而变化，是一个影响材料性能的极为敏感而重要的结构因素。

3.4.1　组织的显示与观察

以肉眼或借助于放大镜观察到的组织称为宏观组织，也称低倍组织。宏观组织的分析方法简单方便，观察前只需要对金属和合金的金相磨面经过适当处理，常用于观察和分析金属及合金的铸件、焊接接头中的微裂纹、气孔、缩孔等宏观组织缺陷。

在光学显微镜或电子显微镜下观察到的组织称为显微组织，显微组织分析主要涉及晶粒形状显示和晶粒度大小等问题。

光学显微镜是在微米尺度下观察材料组织(形貌)最常用的方法。由于金属不透明，观察组织前，首先把样品待观察面经过反复磨光和抛光，制成光滑如镜的平面，然后经过一定化学浸蚀。化学浸蚀的目的是将金属晶界显示出来，由于晶界处原子往往处于错配位置，它们的能量较晶内高，因此在化学浸蚀下，晶界比晶内容易腐蚀，形成沟槽(见图 3-27)，进入沟槽区的光线以很大的角度反射，因而不能进入显微镜，于是沟槽在显微镜下成为黑色的晶界轮廓(见图 3-28)。把多晶体内所有的晶界显示出来就相当于勾画出一幅组织图像，这便于研究材料的组织。

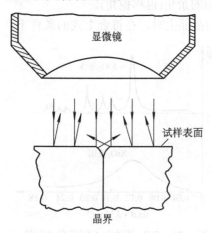

图 3-27　利用显微镜观察材料的组织

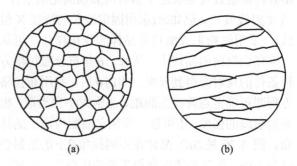

图 3-28　单相组织的两种晶粒形状

(a) 等轴晶；(b) 柱状晶

扫描电子显微镜和透射电子显微镜把观察显微组织的尺度推进到亚微米甚至纳米级层次。扫描电子显微镜已成为材料断口形貌分析的主要工具。透射电子显微镜能够观察如亚晶界、位错网络等精细的显微组织。

场离子显微镜的分辨率达到 0.2 nm，可以观察晶界或位错露头处原子排列及气体原子在表面的吸附行为。20 世纪 80 年代中期发展起来的扫描隧道显微镜，其纵、横向分辨率分别达到 0.01 nm 和 0.22 nm，可以直观显示表面原子分布的图像，为材料表面表征及纳米结构制备技术开拓了崭新的领域。与此技术有关的利用近程作用力发展出来的原子力显微镜也扩大了应用。

3.4.2　单相组织

具有单一相的组织称为单相组织，即所有晶粒的化学成分相同、晶体结构也相同。显然，纯组元如 Fe、Al 或纯 Al_2O_3 等的组织一定是单相组织。此外，有些合金元素可以完全溶解到基体中形成均匀的合金相，也可形成单相固溶体组织，如不锈钢 1Cr18Ni9Ti 的室温组织就是单相奥氏体，工业纯铁也可视为单相铁素体组织。

描述单相组织特征的主要参数有晶粒尺寸及形状。晶粒尺寸对材料性能有重要影响，理论和实验研究表明，材料的屈服强度与晶粒尺寸倒数的平方根成正比。因此，晶粒细化既能提高材料的强度，又能改善材料的塑性和韧性。细化晶粒是控制金属材料组织最重要、最基本的方法，目前人们采用各种措施来细化晶粒。例如采用增大过冷度、变质处理、振动与搅拌等方法细化铸态组织；通过退火、正火热处理工艺细化晶粒；向基体中添加合金元素以形成第二相来抑制基体晶粒长大；等等。

在单相组织中，晶粒的形状取决于各个晶核的长大条件，如果每个晶核在各个方向上的生长条件接近，最终得到的晶粒在空间三维方向上的尺度相当，这一晶粒称为等轴晶。观察在任何方向上切削的磨制面的组织，会发现它接近于图 3-28(a)。相反，如果在特定的条件下，晶粒沿空间某一个方向的生长条件明显优于其他两个方向，那么将得到拉长的晶粒，我们称之为柱状晶。观察在沿着柱状方向上切削的磨制面的组织，会发现它接近于图 3-28(b)。例如液态金属凝固时，在容器的底部进行强制冷却，大的热流形成明显的温度梯度，于是得到垂直于底部的柱状晶，这一技术称为定向凝固。等轴晶使材料各方向上的性能接近，而柱状晶则表现为各向异性。在有些情况下，沿着"柱"的方向性能很优越，因此定向凝固技术在工业中已得到应用，例如采用连续定向凝固的方法可以制备具有连续柱状晶的纯铜杆坯，这种杆坯具有优良的塑性加工延伸性能和导电性能，将其进行后续低温塑性加工，可制备电车线、高保真导线、超细丝电磁线等；通过球磨的方法向初始原料氢氧化铝中添加晶种，并采用热压烧结方式，使氧化铝生长成长柱状晶粒结构，会产生明显的增韧效果。此外，晶粒的形状也会随压力加工工艺的不同而变化。例如金属板材在冷加工中，等轴晶可能被压成饼状；金属丝材在冷拔过程中，等轴晶被拉成杆状或条状。这些饼状或杆状材料在重新加热时，又可能再次转变为等轴晶，并伴随有尺寸的变化。

3.4.3　多相组织

单相多晶体材料的强度一般很低，因此在工程上更多应用的是两相或两相以上的晶体材料，各个相具有不同的成分和晶体结构。由于是多相组织，组织中各个相的组合特征及形态要比单相组织复杂得多。后续课程将介绍各种条件下组织的形成过程及组织的细节。这里仅以两相合金中一些基本的组织形态为例，说明多相合金组织的含义及组织与性能之间的关系。

图 3-29(a)是两相合金的一种典型组织，两相(或两种组织组成物)的晶粒尺度相当或属于同一数量级，两相的晶粒各自成为等轴状，两相晶粒均匀地交替分布，此时合金的力学性能取决于两个相或两种组织组成物的相对量及各自的性能，即符合混合定律。若以强度为例，则材料的强度

$$\sigma = \sigma_1 \varphi_1 + \sigma_2 \varphi_2$$

式中，σ_1、σ_2 分别为两个相的强度值，φ_1、φ_2 分别为两个相的体积分数。

在更多的情况下，组织中两个相晶粒尺度相差甚远，其中较细的相以球状、点状、片状或针状等形态弥散分布于另一相的基体中(见图 3-29(b))。如果弥散相的硬度明显高于基体相，则将显著提高材料的强度，与此同时，其塑性与韧性下降。增加弥散相的相对量，或者在相对量不变的情况下细化弥散相尺寸(即增加弥散相的个数)，都会大幅度地提高材料的强度。通过粉末冶金、热处理等各种工艺使超细的第二相硬质颗粒均匀分布于基体相中，以提高材料强度的方法称为弥散强化。第二相一般为高熔点的氧化物或碳化物、氮化物，其强化作用可保持到较高温度。弥散强化是强化效果较大的一种强化合金的方法，很有发展前途。

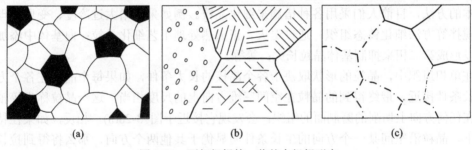

(a)　　　　　　　　　　(b)　　　　　　　　　　(c)

图 3-29　两相组织的一些基本组织形态

(a) 等轴状两相组织；(b) 第二相以球状、片状或针状分布于基体；(c) 第二相非连续分布于晶界

另一种常见的组织特征是第二相分布在基体相的晶界上。如果第二相不连续地分布于晶界，它对性能的影响并不大。一旦第二相连续分布于晶界并呈网状，则会对性能产生非常不利的影响。当第二相很脆时，那么不管基体相的塑性有多好，材料将完全表现为脆性；如果第二相的熔点低于材料的热变形温度，则热变形时由于晶界熔化，会使晶粒之间失去联系，导致"热脆性"。

从上述组织特征的分析中可以归纳出：所谓组织，就是指材料中两个相(或多相)的体积分数为多少，各个相的尺寸、形状及分布特征如何。多相组织的实际组织形态可能比上述情况更复杂，但在分析时还是离不开上述基本点。

习　题

1. 材料结构的具体涵义是什么？它与性能的关系如何？

2. 核外电子的运动状态是如何确定的?

3. 写出决定原子轨道的量子数的取值规定,并说明其物理意义。

4. 从原子外层电子相互作用的角度来分析各种结合键的具体特征。

5. 原子间有哪两种力相互作用? 材料为何具有一定的体积?

6. 说明三大类材料的键性及与其性质的关系。

7. 对比金刚石与石墨并讨论为何它们的性质会如此截然不同。

8. 解释下列名词:

晶体　单晶体　多晶体　晶粒　晶界　晶格常数　晶胞　显微组织

9. 为什么单晶体具有各向异性,而一般多晶体是各向同性?

10. 常见的金属晶体结构有哪几种?

11. 晶体缺陷有哪几种? 它们对力学性能有什么影响?

12. 什么叫固溶体? 什么叫金属化合物? 它们有何特征?

13. 什么是单相组织? 什么是两相组织? 以它们为例说明显微组织的含义以及显微组织对性能的影响。

14. 归纳并比较原子结构、原子结合键、原子排列方式以及晶体的显微组织等四个结构层次对材料性能的影响。

第4章　金属材料

金属材料是以金属元素为基的材料，包括纯金属及其合金。合金是以某一金属元素为基，添加一种以上金属或非金属元素(视性能要求而定)，经过冶炼、加工而成的材料，如钢、钛合金、铝合金、镁合金等。纯金属很少直接应用，因此金属材料绝大多数以合金的形式出现。工程上，金属材料可分为钢铁材料、非铁金属材料和特殊用途金属材料。

4.1　钢　铁　材　料

钢铁材料是目前工业上应用较广泛的金属材料，包括纯铁、钢和铸铁。纯铁也称工业纯铁，是指含碳量小于 0.02%的铁碳合金，它延展性好、强度和硬度很低，产量极少，除供研究外，还用于制造电磁材料如电动机铁芯等。钢是以铁为主要元素，含碳量一般在 0.02%～2%之间，并含有其他元素的材料。根据对钢的工艺性能和使用性能的特定要求，用不同化学元素对钢进行合金化，按钢中化学元素规定含量的界限值，分别把钢分为低合金钢和合金钢，未经合金化的钢称为非合金钢(碳钢)。铸铁是指含碳量大于 2%的铁碳合金。大部分用于炼钢，少部分用于生产铸铁件。本节重点介绍非合金钢、合金钢和铸铁。

4.1.1　碳素钢

碳素钢是指含碳量一般在 0.02%～1.35%，并有少量的硅、锰、硫、磷以及残余元素的铁碳合金，简称碳钢。一般来说，碳钢中的含硅量小于 0.50%，含锰量小于 1.00%，含硫量小于 0.0555%，含磷量小于 0.045%，有时会残留少量的镍、镉、铜等元素。

碳钢广泛应用于建筑、桥梁、铁道车辆、汽车、船舶、机械制造、石油化工等工业部门，它们还可制造切削工具、模具、量具和轻工民用品。

碳钢一般由转炉和平炉冶炼，而由电炉冶炼的不多。少数碳钢浇注成铸件使用，绝大多数碳钢浇注成铸锭或连轧坯，经轧制成钢板、钢带、钢条和各种断面形状的型钢。碳钢一般在热轧状态下直接使用。当用于制造工具和各种机器零件时，则需根据使用要求进行热处理；至于铸钢件，绝大多数都要进行热处理。

1. 碳钢的分类

1) 按质量等级分类

(1) 普通质量碳钢。普通质量碳钢是指不规定生产过程中需要特别控制质量要求的，并应满足规定条件的钢种。规定的条件包括：钢为非合金化的，规定了钢的性能，不规定化学成分、热处理等。普通质量碳钢主要包括一般用途碳素结构钢、碳素钢筋钢、铁道用一般碳钢和一般钢板桩型钢。

(2) 优质碳钢。优质碳钢是指普通质量碳钢和特殊质量碳钢以外的非合金钢，在生产过程中需要特别控制质量(例如控制晶粒度及碳含量的范围，降低硫、磷含量，改善表面质量或增加工艺控制等)，以达到比普通质量碳钢特殊的质量要求(例如良好的抗脆断性能，良好的冷成型性等)，但这种钢的生产控制不如特殊质量碳钢严格(如不控制淬透性)。优质碳钢主要包括机械结构用、工程结构用、锅炉和压力容器用、造船用碳钢。

(3) 特殊质量碳钢。特殊质量碳钢是指在生产过程中需要特别严格控制质量和性能(例如控制淬透性及严格控制硫、磷含量)，并同时满足规定条件的非合金钢。特殊质量碳钢主要包括铁道用特殊碳钢，航空、兵器等专用碳钢，核能用碳钢、碳弹簧钢等。

2) 按主要特性分类

碳钢按其主要特性分为七类：以规定最高强度为主要特性的碳钢，如冷成型用薄钢板；以规定最低强度为主要特性的碳钢，如造船、压力容器、管道等用的钢；以限制碳含量为主要特性的碳钢，如造船、压力容器、管道等用的钢；碳钢易切削钢；碳钢工具钢；具有专门规定磁性或电性能的碳钢；其他碳钢。

3) 按含碳量分类

(1) 低碳钢。低碳钢是指含碳量低于 0.25%的碳钢。因其强度和硬度都低，所以较软，又称软钢。它包括大部分普通碳素结构钢和一部分优质碳素结构钢。低碳钢大多不经热处理用于工程结构件，有的经过渗碳和其他热处理后用于要求耐磨的机械零件。

(2) 中碳钢。中碳钢是指含碳量为 0.25%～0.6%的碳钢。它包括大部分优质碳素结构钢和一部分普通碳素结构钢。中碳钢大多用于制作各种机械零件，有的用于制作工程结构件。正火和不经热处理的中碳钢，用于制作体积不大的拉杆、套筒、紧固件、垫圈和手柄等；中碳钢经调质处理后，主要用于各种传动轴、连杆、离合器、轴销、螺栓等；中碳钢经高频淬火和低温回火后，用于受冲击载荷且要求耐磨的齿轮、车床主轴、花键槽、凸轮轴和半轴等。

(3) 高碳钢。高碳钢是指含碳量为 0.65%～1.35%的碳钢。它包括碳素工具钢和一部分碳素结构钢。高碳钢强度高、弹性好、硬度高、耐磨性好，但是其塑形和韧性低、热加工性和切削加工性差。高碳钢主要用于制作各种木工工具、锉刀、锯条、丝锥、刨刀、小进刀量车刀、钻头等金属切削工具以及卡规、卡尺等量具和简单模具，还可用于制作各种类型的弹簧、钢丝和负荷不大的轧辊。

4) 按脱氧方式或程度分类

(1) 沸腾钢。沸腾钢是一种脱氧不完全的钢，钢液含氧量较高，当钢水注入钢锭模后，碳氧反应产生大量气体，造成钢液呈沸腾状态而得名。沸腾钢含碳量低，且由于不用硅铁脱氧，故钢中含硅量常低于 0.07%。沸腾钢的外层是在沸腾状态下结晶的，所以其表层纯净、致密，表面质量好，加工性能良好。沸腾钢没有大的集中缩孔，所用的脱氧剂少，钢材成本低。沸腾钢心部杂质多，偏析较严重，力学性能不均匀，钢中气体含量较多，韧性低，冷脆和时效敏感性较大，焊接性能较差，故不适用于制造承受冲击载荷、在低温下工作的焊接结构件和其他重要结构件。

普碳沸腾钢钢板是由普通碳素结构钢沸腾钢坯热轧制成的钢板，沸腾钢大量用于制造各种冲压件、建筑及工程结构和一些不太重要的机器结构和零件。沸腾钢板材质的牌号、化学成分和力学性能符合 GB 700—79(88)(普通碳素结构钢技术条件)中沸腾钢的规定。厚钢板厚度为 4.5～200 mm。普碳沸腾钢板由鞍钢、武钢、马钢、太钢、重庆钢厂、邯郸钢铁总厂、新余钢厂、柳州钢厂、安阳钢铁公司、营口中板厂和天津钢厂等生产。

(2) 镇静钢。镇静钢是脱氧完全的钢，钢液在注锭前用锰铁、硅铁和铝等进行充分脱氧，钢液在钢锭模中较平静，不产生沸腾状态，故得名为镇静钢。镇静钢的优点是化学成分均匀，所以各部分的机械性能也均匀，焊接性能和塑性良好、抗腐蚀性较强，但表面质量较差，有集中缩孔，成本也较高。

镇静钢板是由普通碳素结构钢镇静钢坯热轧制成的钢板，主要用于生产在低温下承受冲击的构件、焊接结构及其他要求较高强度的结构件，它的牌号、化学成分和力学性能符合 GB 700—79(88)(普通碳素结构钢技术条件)中对镇静钢的规定，其规格尺寸热轧厚板厚度为 4.5～200 mm。我国的镇静钢板主要由鞍钢、武钢、舞阳钢铁公司、马钢、太钢、重庆钢厂、邯郸钢铁总厂、新余钢厂、柳州钢厂、安阳钢铁公司、天津钢厂、营口中板厂、上钢一厂、上钢三厂、韶关钢铁厂和济南钢铁厂等生产。

2．碳钢常用钢号表示方法

根据国标 GB/T 221—2000《钢铁产品牌号表示方法》，碳钢的常用钢号表示方法见表 4-1。

表 4-1　中国常用碳钢钢号表示方法举例

类　别		编号举例	简要说明
碳素结构钢	优质	10～60	以两位阿拉伯数字表示钢中平均含碳量的万分数。如 10 号钢中的含碳量为 0.10%
	高级优质	10A～60A	在牌号后加符号"A"。例如，平均含碳为 0.20%的高级优质碳素结构钢，其牌号表示为 20A
	特别优质	10E～60E	在牌号后加符号"E"。例如，平均含碳量为 0.45%的高级优质碳素结构钢，其牌号表示为 45E
	普通(专用)	Q345R、Q420q	用代表钢屈服点的符号"Q"、屈服点数值和代表产品用途的符号表示。例如，Q345R 表示压力容器用钢，屈服点为 345 MPa。Q420q 表示桥梁用钢
碳素工具钢	普通锰量	T7～T12	在表示工具钢符号"T"后，以一位阿拉伯数字表示钢中平均含碳量的千分数。如平均含碳量为 0.9%的碳素工具钢牌号为 T9
	较高锰量	T8Mn	较高含锰量碳素工具钢，在工具钢符号"T"和阿拉伯数字后加锰元素符号。如平均含碳量为 0.8%、含锰量为 0.4%～0.6%的碳素工具钢牌号为 T8Mn
	高级优质	T10A	在牌号尾部加符号"A"。如平均含碳量为 1.0%的碳素工具钢牌号表示为 T10A
优质碳素弹簧钢		65	表示方法同优质碳素结构钢

4.1.2　低合金钢和合金钢

在钢液中特意添加不同化学元素的过程称为合金化。合金化所用的化学元素称为合金元素，常用的合金元素有十多种，如铝、硅、锰、铬、钛、镍、矾、钼、铌、钨、钴、锆、氮、硼等，以及铱、镧等稀土元素。钢合金化的主要目的在于研制出工艺性能(如铸造性、焊接性、热处理性、切削性、压力加工性等)和使用性能(如强度、硬度、韧性、耐热性、耐蚀性、耐磨性或其他性能等)稳定、优良的合金钢。合金元素在钢中的作用原理是钢的合金化原理，它属于物理冶金学(金属学)的范畴。钢的物理冶金学研究钢的成分、组织和性能之间的关系。钢的合金化原理侧重研究合金元素对构成钢中不同组织的合金相的形成规律的影响。其理论涉及钢中相转变，钢的淬透性，钢的脆性，钢的物理和化学性能以及钢的强硬化，等等。

1. 低合金钢和合金钢的分类

钢的分类方法很多，如按化学成分分类、按质量等级分类、按主要特性分类等。

1) 按化学成分分类

1981 年至 1982 年，国际标准(ISO 4948/1)和(ISO 4948/2)按化学成分不同把钢分成两大类：非合金钢和合金钢。按我国国家标准(GB/T 13304—1991)，参照上述国际标准，结合国情，把钢分成三大类：非合金钢、低合金钢和合金钢。

2) 按质量等级分类

根据 GB/T 13304—1991，低合金钢按质量等级可分成三类：普通质量低合金钢、优质低合金钢、特殊质量低合金钢；合金钢按质量等级可分成两类：优质合金钢、特殊质量合金钢。具体如下：

(1) 普通质量低合金钢：指不规定需要特别控制质量要求的供一般用途的低合金钢。主要包括一般用途低合金结构钢等。其抗拉强度不大于 690 MPa，屈服点不大于 360 MPa，延伸率不大于 26%。普通低合金结构钢的优点是强度较高、性能较好、能节省大量钢材、减轻结构重量等，主要用于机械制造、建筑、桥梁、车辆等结构金属结构件。

(2) 优质低合金钢：指除普通质量低合金钢和特殊质量低合金钢以外的低合金钢。主要包括可焊接的高强度结构钢，锅炉和压力容器用低合金钢，造船用低合金钢，汽车用低合金钢等。规定的屈服点为 360～420 MPa。这类钢具有较高的强度、韧性以及抗冲击载荷性能，且具有良好的抗疲劳性、一定的低温韧性、耐大气腐蚀性以及有良好的焊接性能和低的缺口敏感性。

(3) 特殊质量低合金钢：指在生产过程中需要特别严格控制质量(特别是硫、磷等杂质含量和纯洁度)和性能的低合金钢，主要包括核能用低合金钢、舰船与兵器用低合金钢等，其屈服点不低于 420 MPa。规定钢材进行无损检测和特殊质量控制要求。

(4) 优质合金钢：指在生产过程中需要特别控制质量和性能，但其生产控制和质量要求不如特殊质量合金钢严格，主要包括一般工程结构用合金钢、铁道用合金钢、地质、石油钻探用合金钢、硅锰弹簧钢等。

(5) 特殊质量合金钢：指在生产过程中需要特别严格控制质量和性能的合金钢，主要包括压力容器用合金钢、合金结构钢、合金弹簧钢、不锈耐酸钢、耐热钢、合金工具钢、高速工具钢、轴承钢、无磁钢、永磁钢等。

3) 按主要特性和用途分类

低合金钢按其主要特性和专门用途分为以下十类：

(1) 可焊接低合金高强度结构钢。可焊接低合金高强度结构钢的优点是强度较高、性能较好、能节省大量钢材、减轻结构重量等，广泛用于机械制造和建筑、桥梁、车辆等结构。

(2) 焊接结构用耐候钢。耐候钢即耐大气腐蚀钢。焊接结构用耐候钢是在钢中加入少量的合金元素，如钢、铬、镍、钼、铌、钛、锆和钒等，使其在金属基体表面形成保护层，以提高钢材的耐候性，以及良好的焊接性能，主要用于桥梁、车辆、建筑、塔架及其他结构。

(3) 桥梁用钢。桥梁钢是专用于架造铁路或公路桥梁的钢，要求有较高的强度、韧性，能承受机车车辆的载荷和冲击，且要有良好的抗疲劳性、一定的低温韧性和耐大气腐蚀性。拴焊桥梁用钢还应具有良好的焊接性能和低的缺口敏感性，主要用于铁路桥和公路桥其跨度在 46～160 mm 之间的结构件。

(4) 船体结构用钢。船体结构用钢简称船用钢。由于船舶工作环境恶劣，船外壳要受海水的化学腐蚀、电化学腐蚀和海生物、微生物的腐蚀，船体承受较大的风浪冲击和交变负荷，船舶形状使其加工方法复杂等，因此船体结构用钢的要求较严格。首先铜材具有良好的韧性是最关键的要求；此外，要求有较高的强度，良好的耐腐蚀性能、焊接性能，加工成型性能以及表面质量。为此，要求钢中 MnC 含量的比值在 2.5 以上，且对碳当量也有严格要求，并由船检部门认可的钢厂生产。船体结构用钢主要用于制造远洋、沿海和内河航运船舶的船体、甲板等。

(5) 锅炉用钢。锅炉用钢可细分为工业锅炉和电站锅炉用钢两大类。工业锅炉用钢通常用于工业企业供热，属小型锅炉，其所用钢材为普通碳素结构钢和低合金结构钢。电站锅炉用钢属大、中型锅炉，对钢材质量有特殊要求，一般要求用具有优良综合性能的合金钢来制造。锅炉用钢主要用于制作固定锅炉、船体锅炉及其他锅炉的重要部件。

(6) 容器用钢。容器用钢所制造的容器要能够承受不同的压力与强度，一般压力为 31.4 MPa 或更高，工作温度常在 -20～450℃ 之间，也会低于 -20℃。根据容器的工作条件与加工工艺，要求容器用钢必须具有良好的冷弯和焊接性能，有良好的塑性和韧性，有高温短时强度或长期强度性能。为了使容器承受更高的压力，减轻结构自身重量，容器用钢材质除用优质碳钢之外，目前大多采用低合金结构钢。容器钢分为压力容器用碳钢和低合金钢、多层压力容器用低合金钢等。压力容器钢系专用钢材，主要用于制造石油、化工、气体分离和储运等容器或其他类似设备，如各种塔式容器、热交换器、储罐和罐车等。

(7) 焊接气瓶用钢。焊接气瓶用钢的材质采用优质碳素结构钢和低合金结构钢。由于焊接气在承受一定压力下使用，因此对化学成分含量和力学性能控制也较严格。焊接气瓶钢的牌号在其后加上 "HP"(焊瓶的汉语拼音缩写)以示区别。焊接气瓶用钢主要用于生产气压较低的气瓶，如石油气瓶等。

(8) 复合钢钢板。为了节省不锈耐酸耐热钢用量，有些容器及结构件采用复合钢钢板制造。复合钢钢板即在普通碳素结构钢、优质碳素结构钢和低合金钢作基体(基层)的表面以不锈耐酸耐热钢作表层(复层)形成的双金属板材，主要用于制造耐酸碱、大气及腐蚀介质等的结构件和容器。

(9) 汽车用钢。汽车用钢主要用于制造汽车大梁(纵、横梁)、车架等结构件。汽车大梁不但要承受较大的静载荷，而且要承受一定的冲击、振动等，因此要求钢板有一定强度和耐疲劳性能，且要求有较好的冲压性能和冷弯性能，以适合冷冲成型加工要求。我国现大都采用含碳较低的低合金结构钢作材质，主要用于制造汽车大梁及车架等结构件。

(10) 其他用钢。其他用钢包括矿用合金钢、铁道用合金钢、特殊物理性能钢等。

合金钢按其主要特性分为七类：工程结构用合金钢、机械结构用合金钢、不锈钢、耐热钢、耐酸钢和耐碱钢、工具钢、轴承钢等。其中不锈钢和耐热钢属于特殊性能钢。耐热钢在高温下具有耐高温抗氧化性和高温强度。

此外，还可以根据不同目的，人为地规定其他一些钢的分类方法。例如按热处理方式和主要特性可分为渗碳钢、调质钢等。渗碳钢用于制造汽车、拖拉机齿轮、凸轮、活塞销、轴等要求表面硬度高、耐磨性好、接触疲劳抗力高，而心部在保证塑性、韧性的前提下应用有较高强度和硬度的零件。渗碳钢中含碳量为 0.1%～0.25%，合金渗碳钢中一般加入 Cr、Mn、Ni、B 等元素。调质钢用于制作服役条件为弯曲、扭转、拉压、冲击等复杂应力的重要零件，如机床主轴、汽车后桥半轴、连杆、曲轴、齿轮、高强螺栓等要求具有良好的综合力学性能和高的淬透性的零件。调质钢中含碳量为 0.3%～0.5%，合金调质钢中加入 Cr、Ni、Mn、Si、B 等。

2. 低合金钢和合金钢产品牌号表示方法

各国钢产品牌号表示方法不同，大致有四种。我国钢铁产品牌号表示方法(GB 221—2000)的原则是钢中元素用国际化学元素符号或汉字表示，产品用途、冶炼和浇注方法等用汉语拼音字母缩写或汉字表示。

(1) 低合金高强钢又称普通低合金高强度钢，一般分为通用型结构钢和专用型结构钢两类。通用型结构钢一般采用代表屈服点的拼音字母"Q"、屈服点数值(单位 MPa)和规定的质量等级表示，如屈服点为 345 MPa 的 C 级通用型低合金高强钢牌号为 Q345C；专用型结构钢一般采用代表屈服点的拼音字母"Q"、屈服点数值(单位 MPa)和规定的代表产品用途的符号表示，如耐候钢是耐大气腐蚀用的低合金高强钢，其牌号为 Q340NH。根据需要，通用低合金高强度结构钢的牌号也可以表示钢中平均含碳量万分数的两位阿拉伯数字加合金元素符号，按顺序表示；专用低合金高强度结构钢的牌号也可以表示钢中平均含碳量万分数的两位阿拉伯数字、合金元素符号和规定的代表产品用途的符号，按顺序表示。

(2) 合金结构钢和合金弹簧钢。合金结构钢和合金弹簧钢的编号原则是依据国家标准的规定，采用"数字＋化学元素＋数字"的方法表示的。前面的数字表示钢的平均含碳量，以百分之几表示。例如，平均含碳量为 0.25%，则以 25 表示；合金元素直接用化学符号(或汉字)表示，后面的数字表示合金元素的含量，以平均含量的百分之几表示。合金元素的含量小于 1.5% 时，编号中只标明元素，一般不标明含量；如果平均含量大于或等于 1.5%、2.5%、3.5%…… 则相应地以 2、3、4…表示，例如，16Mn、20CrMnTi、16MnCu、35CrMo、40Cr、40CrNiMo、65Mn、60Si2Mn、50CrVA 等。钢中起特殊作用的元素，虽然其含量通常很少(如铌、硼、稀土元素等)，但同样也需标注出元素的化学符号，一般标在主要元素之后，例如 15MnB、15MnVN、40MnB 等。此外，所有高级优质合金钢，都在钢号的末尾加注符号"A"，例如 18Cr2Ni4WA、40CrNiMoA、30CrMnSiA、20Cr2Ni4A 等。所有特级优质合金钢，都在钢号的末尾加注符号"E"，例如 30CrMnSiE。

(3) 滚动轴承钢。滚动轴承钢简称轴承钢。牌号的最前面标注用途缩写"G"("滚"字的汉语拼音字首)。高碳铬轴承钢中平均铬含量用千分之几表示。含碳量不标注，其他合金元素按合金结构钢的合金含量表示；如平均含铬量为 1.5%轴承钢牌号为 GCr15。渗碳轴承钢合金元素含量表示方法与合金结构钢相同，如平均含碳量为 0.20%、含 Cr 量为 0.35%～0.65%、含 Ni 量为 0.40%～0.70%、含 Mo 量为 0.10%～0.35%的渗碳轴承钢牌号为

G20CrNi Mo。高级优质渗碳轴承钢，在牌号尾部加符号"A"，如 G20CrNi MoA。高碳铬不锈轴承钢和高温轴承钢采用不锈钢和耐热钢的牌号表示方法，牌号头部不加"G"。如平均含碳量为 0.90%、含 Cr 量为 18%的高碳铬不锈轴承钢牌号为 9Cr18，平均含碳量为 1.02%、含 Cr 量为 14%、含 Mo 量为 4%的高温轴承钢牌号为 10Cr14Mo4。

(4) 合金工具钢和高速钢。合金工具钢和高速钢的表示方法与合金结构钢的相同，但一般不标明含碳量。例如，平均含碳量为 1.60%、含 Cr 量为 11.75%、含 Mo 量为 0.50%、含 V 量为 0.22%的合金工具钢牌号为 Cr12MoV；平均含碳量为 0.85%、含 W 量为 6.00%、含 Mo 量为 5.00%、含 Cr 量为 4.00%、含 V 量为 2.00%的高速工具钢牌号为 W6Mo5Cr4V2。

(5) 不锈钢和耐热钢。当含碳量上限小于 0.01%时，合金含量表示方法与合金结构钢相同，如含碳量上限为 0.01%、含 Cr 量为 19%、含 Ni 量为 11%的极低碳不锈钢牌号为 01Cr19Ni11；当含碳量大于 0.01%而小于 0.03%时，合金含量表示方法与合金结构钢相同，如含碳量上限为 0.03%、含 Cr 量为 19%、含 Ni 量为 10%的超低碳不锈钢牌号为 03Cr19Ni10；当含碳量上限小于 0.1%时，以"0"表示含碳量，合金平均含量表示方法与合金结构钢相同，如平均含碳量上限为 0.08%、含 Cr 量为 18%、含 Ni 量为 9%的铬镍不锈钢牌号为 0Cr18Ni9；当含碳量大于 0.1%而小于 1.00%时，用一位阿拉伯数字表示平均含碳量的千分数，合金平均含量表示方法与合金结构钢相同，如平均含碳量为 0.2%、含 Cr 量为 13%的不锈钢牌号为 2Cr13；当含碳量大于等于 1.00%时，用两位阿拉伯数字表示平均含碳量的千分数，主要合金平均含量表示方法与合金结构钢相同，如平均含碳量为 1.1%、平均含 Cr 量为 17%的高碳铬不锈钢牌号为 11Cr17。

4.1.3　铸铁

铸铁是指含碳量在 2%以上的铁碳合金。工业用铸铁一般含碳量为 2%~4%。碳在铸铁中多以石墨形态存在，有时也以渗碳体形态存在。除碳外，铸铁中还含有 1%~3%的硅，以及锰、磷、硫等元素。合金铸铁还含有镍、铬、钼、铝、铜、硼、钒等元素。碳、硅是影响铸铁显微组织和性能的主要元素。铸铁是工业中应用最广泛的一种金属材料，它比其他金属材料便宜，加工工艺简单；其次铸铁还有良好的消振性、耐磨性、耐蚀性以及优良的铸铁工艺和切削加工性等。

1. 铸铁的分类与特点

1) 按断口颜色分类

(1) 灰(口)铸铁。这种铸铁中含碳量较高(为 2.7%~4.0%)，碳大部分或全部以自由状态的片状石墨形式存在，其断口呈暗灰色，有一定的力学性能和良好的被切削性能，普遍应用于工业中。

(2) 白(口)铸铁。这种铸铁中碳、硅含量较低。白铸铁是组织中完全没有或几乎完全没有石墨的一种铁碳合金，即碳主要以渗碳体形态存在，其断口呈白亮色，硬而脆，不能承受冲击载荷，不能进行切削加工，很少在工业上直接用来制作机械零件，多用作可锻铸铁的坯件。由于其具有很高的表面硬度和耐磨性，又称激冷铸铁或冷硬铸铁。

(3) 麻(口)铸铁。麻铸铁是介于白铸铁和灰铸铁之间的一种铸铁，其断口呈灰白相间的麻点状，性能不好，极少应用。

2) 按化学成分分类

(1) 普通铸铁。这种铸铁不含任何合金元素，如灰铸铁、可锻铸铁、球墨铸铁等。

(2) 合金铸铁。这种铸铁是在普通铸铁内加入一些合金元素，用以提高某些特殊性能而配制的一种高级铸铁，如各种耐蚀、耐热、耐磨的特殊性能铸铁。

3) 按生产方法和组织性能分类

(1) 普通灰铸铁。这种铸铁中的碳主要以片状石墨形态存在，断口呈灰色。其熔点低(为1145~1250℃)，凝固时收缩量小，抗压强度和硬度接近碳素钢，减振性好，用于制造机床床身、汽缸、箱体等结构件。普通灰铸铁的典型牌号有 HT200、HT350 等。

(2) 孕育铸铁。这种铸铁在灰铸铁基础上，采用"变质处理"而制成，又称变质铸铁。其强度、塑性和韧性均比一般灰铸铁好得多，组织也较均匀，主要用于制造力学性能要求较高，而截面尺寸变化较大的大型铸件。

(3) 可锻铸铁。这种铸铁是由一定成分的白铸铁经石墨化退火而制成的，碳主要以团絮状石墨形态存在，比灰铸铁具有较高的韧性，又称韧性铸铁。它并不可以锻造，常用来制造承受冲击载荷的铸件，如车轮壳差速器壳等。可锻铸铁的典型牌号有 KTH370-12、KTH450-06。

(4) 球墨铸铁(球铁)。这种铸铁通过在浇铸前往铁液中加入一定量的球化剂和墨化剂，以促进呈球状石墨结晶的获得，碳主要以球状石墨形态存在。它和钢相比，除塑性、韧性稍低外，其他性能均接近，是兼有钢和铸铁优点的优良材料，在机械工程上应用广泛。球墨铸铁的典型牌号有 QT600-02。

(5) 特殊性能铸铁。这种铸铁是一种具有某些特殊性能的铸铁。根据用途的不同，可分为耐磨铸铁、耐热铸铁、耐蚀铸铁等，大都属于合金铸铁，在机械制造上应用较广泛。

2. 铸铁的石墨化过程及其影响因素

1) 石墨化过程

Fe_3C 与石墨(G)相比较，前者属亚稳态，后者属稳态。因此，Fe_3C 在一定条件下发生以下分解：$Fe_3C \rightarrow 3Fe+C$。可将石墨的形成过程分为三个阶段：第一阶段石墨化，包括从铸铁液相中直接析出一次石墨(过共晶成分的铸铁)以及在共晶温度析出共晶石墨($G_{共晶}$)；第二阶段石墨化，在 1154~738℃温度范围内的冷却过程中，从奥氏体中析出二次石墨(G_{II})；第三阶段石墨化，奥氏体在共析温度(738℃)下析出共析石墨($G_{共析}$)。

2) 影响石墨化的因素

影响石墨化的因素主要有合金元素、温度、保温时间、冷却速度等内外因素。温度越高，保温时间越长，石墨化越易进行。合金元素对石墨化过程有比较强烈的影响。按元素对石墨化的影响可分两大类：一类是促进石墨化的元素，有 C、Si、Al、Cu、Ni；另一类是阻碍石墨化的元素，有 Cr、W、Mo、V、S。冷却速度越大，越不利于石墨化的进行；相反，降低冷却速度则有利于石墨的析出。

3. 铸铁的热处理

铸铁的性能主要取决于石墨的形态，由于热处理不能改变石墨的形态，因此对灰铸铁采用强化型热处理的效果不大，灰铸铁的热处理仅限于消除应力退火、软化退火以及为了提高某些铸件的表面硬度、耐磨性及疲劳强度而采用表面淬火等。对于球墨铸铁，由于石墨对基体组织的分割作用小，因此钢的一些热处理方法可用在球墨铸铁上。

对于要求表面耐磨或抗氧化、耐腐蚀的铸件，可以采用类似于钢的化学热处理工艺，如气体软氯化、氯化、渗硼、渗硫等处理。

4.2　有色金属及其合金

非铁金属材料习惯上称为有色金属，一般包括轻金属材料、重金属材料、贵金属材料和难熔金属材料。轻金属材料(轻合金)通常是指密度小于 3.5 g/cm^3 的金属材料，如铝、镁、铍、锂及其合金等。轻合金的比强度高，综合性能好，是航空航天飞行器的主要结构材料。我国通常把铝和镁算做轻金属，把钛看做稀有金属，而国外把密度为 4.5 g/cm^3 的钛也称为轻金属。重金属材料是指铜、镍、铅、锌、锡、铬、镉等重有色金属及其合金，以及以这些金属和合金经熔铸、压力加工或粉末冶金方法制成的材料。以金、银、铂、钯、铑、钌、铱、锇等贵金属及其合金为主要原料或在某些材料中加入相当数量的贵金属制成的有色金属材料，由于其产量少，价格昂贵，统称为贵金属材料。贵金属材料在空气中加热时不易氧化并保持金属光泽。熔点超过 1650℃的难熔金属，如钨、钼、钽、铌、钛、锆、铪、钒、铬、铼及其合金制成的材料称为难熔金属材料，它们通常可加工成板、带、条、箔、管、棒、线、型材及粉末冶金材料与制品。下面重点介绍铝、镁、钛等在航空航天、船舶、兵器和核能等领域广泛应用的轻金属材料。

4.2.1　铝及铝合金

1. 铝及铝合金的性能特点

铝具有面心立方结构，无同素异构转变，熔点为 660℃。铝的主要特性是轻，密度为 2.7 g/cm^3，相对密度只有钢铁的 1/3，强度不高，但比强度高；铝的延展性很好，易于加工，可压制成薄板或铝箔、拉拔成铝线、挤压成各种型材，即使温度降低到-198℃，铝也不变脆；铝具有优良的导电、导热性能及良好的光热的反射能力；具有银白色的金属光泽；抗大气腐蚀能力好。铝可用一般的方法进行切割、钻孔、铸造和焊接。

铝合金是指以铝为基加入铜、镁、锌、锰和硅等元素组成的合金。它保持了纯铝的主要优点，又具有合金的具体特性能。铝合金的密度为 2.63～2.85 g/cm^3，具有良好的导电、导热性能，强度范围较宽(σ_b 为 110～700 MPa)，比强度(抗拉强度比密度)接近合金钢，比刚度超过钢，易冷成型，易切削加工，铸造性能好，可焊接，耐腐蚀，价格低。长期以来，铝合金就是航空航天工业的重要结构材料，至今仍被大量用于飞机机体和运载火箭箭体结构。

2. 铝合金的分类、用途与牌号

铝合金一般分为变形铝合金和铸造铝合金(ZL)两大类。变形铝合金又称为可压力加工铝合金。变形铝合金是先将合金配料熔炼成坯锭，再通过轧制、挤压、拉伸、锻造等塑性加工方法制成各种形状和尺寸的半成品制品的铝合金，可分为防锈铝合金(LF)、硬铝合金(LY)、超硬铝合金(LC)、锻铝合金(LD)。铸造铝合金是将合金配料熔炼后用砂模、铁模、熔模和压铸模等铸造工艺直接获得所需零件的毛坯的铝合金。此外，变形铝合金还按其能否热处理来进行沉淀强化，分为不能热处理强化的铝合金和可以热处理强化的铝合金。铝合金的分类和用途如图 4-1 所示。

图 4-1　铝合金的分类和用途

防锈铝合金在大气、水和油等介质中具有较好的耐腐蚀性能，不能热处理强化，只能冷作硬化，适合于制造承受轻载荷的深拉伸零件、焊接零件和腐蚀介质中工作的零件。硬铝合金属于热处理强化类铝合金，具有较高的力学性能，如铝-铜-镁系的 LY12 普通硬铝和铝-铜-锰系的 LY16 耐热硬铝。超硬铝合金也称高强度铝合金，目前在铝合金中具有最高的力学性能，一般抗拉强度为 500～700 MPa，如铝-铜-镁-锌系的 7A04(LC4)、7A09(LC9) 等。锻铝合金在锻造温度范围内具有优良的塑性，可制造形状复杂的锻件，如铝-镁-硅系的 6B02(LD2)、铝-镁-硅-铜系的 2A50(LD5) 和铝-铜-镁-铁-镍系的 2A70(LD7) 等。

我国变形铝及铝合金的牌号表示方法自 1997 年 1 月 1 日开始执行新标准，变形铝及铝合金状态代号的表示方法也自 1997 年 1 月 1 日开始执行新标准。新国家标准接近国际通用的状态代号命名方法，合金的基础状态分为 5 级，见表 4-2。热处理状态细分为 5 级，见表 4-3。

表 4-2　变形铝及铝合金

代号	名　称
F	自由加工状态
O	退火状态
H	加工硬化状态
W	固溶处理状态
T	热处理状态

表 4-3　常见的热处理状态

代号	名　称
T3	固溶、冷作、自然时效
T4	固溶、自然时效
T6	固溶、人工时效
T7	固溶、过时效
T8	固溶、冷作、人工时效

铸造铝合金要求具有理想的铸造性能，具体包括良好的流动性，较小的收缩、热裂及冷裂倾向性，较小的偏析和吸气性。铸造铝合金的元素含量一般高于相应变形铝合金的元素，多数合金成分接近共晶成分。

我国铸造铝合金的牌号由 ZAl、主要合金元素符号以及表明合金化元素名义百分含量的数字组成。当合金元素多于两个时，合金牌号中应列出足以说明合金主要特性的元素符号以及名义百分含量的数字。合金元素符号按其名义百分含量递减的次序排列。除基体元素的名义百分含量不标注外，其他合金元素的名义百分含量均标注于该元素符号之后。对那些杂质含量要求严格、性能高的优质合金，在牌号后面标注大写字母"A"，以表示优质，如 ZAlSi7MgA。

按主要加入的元素，铸造铝合金可分为四个系列：铝硅系、铝铜系、铝镁系和铝锌系。采用 ZL+3 位数字标记法：第一位数字表示合金系，其中 1 表示铝硅系(ZL1 系)，2 表示铝铜系(ZL2 系)、3 表示铝镁系(ZL3 系)、4 表示铝锌系(ZL4 系)；第二、三位数字表示合金序号；对于优质合金，在其代号后面标注大写字母"A"，如 ZAlSi7MgA 铝合金的代号是 ZL101A。

我国铸造铝合金的铸造方法、变质处理代号如下：

  S—砂型铸造　　　　　　　　　　J—金属型铸造
  R—熔模铸造　　　　　　　　　　B—变质处理

铸造铝合金的状态代号如下：

  F—铸态　　　　　　　　　　　　T1—人工时效
  T2—退火　　　　　　　　　　　　T4—固溶时效 + 自然时效
  T5—固溶处理 + 不完全人工时效　　T6—固溶处理 + 完全人工时效
  T7—固溶时效 + 稳定化处理　　　　T8—固溶时效 + 软化处理

根据合金的使用特性，铸造铝合金可分为：耐热铸造铝合金、气密铸造铝合金、耐蚀铸造铝合金和可焊接铸造铝合金。

耐热铸造铝合金具有较高的高温持久强度、抗蠕变性能和良好的组织热稳定性，如 ZL201 合金。气密铸造铝合金能承受高压气体或液体作用而不渗漏，用于制造高压阀门、泵壳体等零件和在高压介质中工作的部件，如 ZL102、ZL104、ZL105 等。耐蚀铸造铝合金兼有良好的耐蚀性和足够高的力学性能，用于制造在腐蚀条件下工作的焊接结构零部件，如 ZL301 等。可焊接铸造铝合金具有良好的焊接性能，同时具有良好的气密性和强度，如 ZL102、ZL103、ZL106、ZL111 等。

4.2.2　铜及铜合金

1. 铜

铜是人类最早发现的古老金属之一，早在三千多年前人类就开始使用铜。自然界中的铜分为自然铜、氧化铜矿和硫化铜矿。自然铜及氧化铜的储量少，现在世界上 80% 以上的铜是从硫化铜矿精炼出来的。

纯铜呈紫红色，又称紫铜，其密度为 8.96 kg/cm^3，熔点为 1083℃。纯铜具有许多可贵的物理化学特性，例如优良的导电性、热导性、塑性、耐蚀性，主要用于制作电导体及配制合金。工业纯铜分为 4 种：T1、T2、T3、T4。编号越大，纯度越低。纯铜的强度低，不宜用作结构材料。

工业上使用的纯铜有电解铜量为(含铜量为 99.9%～99.95%)和精铜量为(含铜量为 99.0%～99.7%)两种。前者用于电器工业上，用于制造特种合金、金属丝及电线；后者用于制造其他合金、铜管、铜板、轴等。铜的冶炼仍以火法冶炼为主，其产量约占世界铜总产量的 85%，现代湿法冶炼的技术正在逐步推广，湿法冶炼的推出使铜的冶炼成本大大降低。

2. 铜合金

在纯铜中加入某些合金元素(如锌、锡、铝、铍、锰、硅、镍、磷等)，就形成了铜合金。铜合金具有较好的导电性、导热性、塑性和耐腐蚀性，同时具有较高的强度和耐磨性。

根据成分不同，铜合金可分为黄铜、青铜和白铜。

1) 黄铜

以锌作主要合金元素的铜合金，具有美观的黄色，统称黄铜。黄铜具有良好的加工性能，优良的铸造性能和耐腐蚀性能。黄铜包括普通黄铜和特殊黄铜。

普通黄铜是铜锌二元合金，适于制造板材、棒材、线材、管材及深冲零件，如冷凝管、散热管及机械、电器零件等。普通黄铜具有良好的性能，易加工成型，对大气、海水有较好的抗蚀能力。如含锌 30% 的黄铜常用来制作弹壳，俗称弹壳黄铜或七三黄铜。

普通黄铜的编号方法是：H(黄的汉语拼音字首)+含铜量。普通黄铜可分为压力加工黄铜(以黄铜加工产品供应)和铸造黄铜两类，其中铸造黄铜在编号前加"Z"。例如：H80 表示平均成分为含铜 80%、含锌 20% 的黄铜；ZH62 表示平均成分为含铜 62%、含锌 38% 的铸造黄铜。

为了获得更高的强度、抗蚀性和良好的铸造性能，在铜锌合金中加入铝、硅、锰、铅、锡等元素，就形成了特殊黄铜，如铅黄铜、铝黄铜、硅黄铜、锰黄铜、锡黄铜等。铅能改善切削加工性能，并能提高耐磨性，铅黄铜主要用于要求有良好切削加工性能及耐磨的零件(如钟表零件)或制作轴瓦和衬套。硅能显著提高黄铜的机械性能、耐磨性和耐蚀性，硅黄铜具有良好的铸造性能，并能进行焊接和切削加工，主要用于制造船舶及化工机械零件。锰能提高黄铜的强度、在海水中及过热蒸汽中的抗蚀性，且不降低塑性，锰黄铜常用于制造海船零件及轴承等耐磨部件。铝能提高黄铜的强度、硬度和耐蚀性，但使塑性降低，铝黄铜适合做海轮冷凝管及其他耐蚀零件。锡能提高黄铜的强度和对海水的耐腐性，故称海军黄铜，主要用于制造船舶热工设备和螺旋桨等。铅能改善黄铜的切削性能，这种易切削黄铜常用做钟表零件。

特殊黄铜的编号方法是：H+主加元素符号+铜含量+主加元素含量。特殊黄铜可分为压力加工黄铜(以黄铜加工产品供应)和铸造黄铜两类，其中铸造黄铜在编号前加"Z"。例如：HPb60-1 表示平均成分为 60%Cu、1%Pb、剩余为 Zn 的铅黄铜；ZCuZn31Al2 表示平均成分为 31%Zn、2%Al、剩余为 Cu 的铝黄铜。

2) 青铜

青铜原指铜锡合金，但工业上都习惯称含铝、硅、铅、铍、锰等的铜合金为青铜，主要有锡青铜、铝青铜和铍青铜。青铜的编号方法是：Q("青"的汉语拼音字首) + 主加元素符号 + 主加元素含量。

锡青铜是以锡为主要合金元素的铜基合金，工业中使用的锡青铜含锡量大多在 3%～14% 之间。锡青铜的铸造性能、减摩性能、机械性能好，抗腐蚀性比黄铜好，适合于制造轴承、蜗轮、齿轮等。锡青铜的编号方法是：Q+Sn+Sn 元素的含量+其他元素含量。

铝青铜是以铝为主要合金元素的铜基合金。铝青铜的力学性能比黄铜和锡青铜都高。实际应用的铝青铜的含铝量在 5%～12% 之间，含铝量为 5%～7% 的铝青铜塑性最好。铝青铜强度高，耐磨性和耐蚀性好，适用于铸造高载荷的齿轮、轴套、船用螺旋桨等。铝青铜的编号方法是：Q + Al + Al 元素的含量+其他元素含量。

铍青铜是以铍为基本元素的铜合金。铍青铜的含铍量为 1.7%～2.5%。铍青铜的弹性极限高，导电性好，适于制造精密弹簧和电接触元件，铍青铜还用来制造煤矿、油库等使用的无火花工具。铍青铜的编号方法是：Q+Be+ Be 元素的含量+其他元素含量。

按材料成型方法划分，青铜有压力加工青铜和铸造青铜两类。压力加工青铜常见牌号有青铜 QSn6.5-0.1、铝青铜 QAl9-4、铍青铜 QBe2 等；铸造青铜常见牌号有 ZCuSn10Pb1、ZCuAl9Mn2、ZCuPb30 等。

3) 白铜

以镍为主要合金元素的铜合金称为白铜。白铜具有较好的强度和塑性，能进行冷加工变形，抗腐蚀性能也好。铜镍二元合金称普通白铜，加有锰、铁、锌、铝等元素的白铜合金称为复杂白铜。

工业用白铜按功能可划分为结构白铜和电工白铜两大类。结构白铜具有较好的强度和优良的塑性，能进行冷、热成型，抗蚀性很好，色泽美观。这种白铜广泛用于制造精密机械、化工机械、船舶构件及医疗器械等。电工白铜一般有良好的热电性能。锰白铜是制造精密电工仪器、变阻器、精密电阻、应变片、热电偶等用的材料。

白铜的编号方法是：B("白"的汉语拼音字首)+主加元素符号+主加元素含量+其他元素含量。常用牌号有 19 白铜(代号为 B19)、15-20 锌白铜(代号 BZn15-20)、3-12 锰白铜(代号 BMn3-12)等。

3. 铜及其合金的应用

铜广泛用于电力、电器和电子市场，约占总数的 28%。例如，电力输送中动力电缆、汇流排、变压器、开关、接插元件和连接器等需要大量消耗高导电性的铜，在电机制造中广泛使用高导电和高强度的铜合金，通信技术中把电能转化为光能以及输入用户的线路均需使用大量的铜电线，电真空器件主要是高频和超高频发射管、波导管、磁控管等需要高纯度无氧铜和弥散强化无氧铜，铜印刷电路、集成电路和在微电子器件中需用各种铜材料以及价格低廉、熔点低、流动性好的铜基钎焊材料。

交通设备是铜的第三大市场，约占总数的 13%。由于铜具有良好的耐海水腐蚀性能，许多铜合金，如铝青铜、锰青铜、铝黄铜、炮铜(锡锌青铜)、白铜以及镍铜合金(蒙乃尔合金)已成为造船的标准材料。一般军舰和商船的发动机、电动机、通信系统等几乎完全依靠铜和铜合金来工作，铜和铜合金占其自重的 2%～3%。汽车的散热器、制动系统管路、液压装置、齿轮、轴承、刹车摩擦片、配电和电力系统、垫圈以及各种接头、配件和饰件等都用铜合金制造，每辆汽车需要铜约 10～21 kg，约占小轿车自重的 6%～9%。铁路电气化对铜和铜合金的需要量很大，每公里的架空导线需用 2 吨以上的异型铜线。此外，列车上的电机、整流器，以及控制、制动、电气和信号系统等都要依靠铜和铜合金来工作。飞机中的配线、液压、冷却和气动系统需使用铜材，轴承保持器和起落架轴承采用铝青铜管材，导航仪表应用抗磁钢合金，众多仪表中使用破铜弹性元件，等等。

工业机器和设备是另外一个主要的应用市场。例如，用于制造火箭发动机的燃烧室和推力室的内衬，可以利用铜的优良导热性来进行冷却，以保持温度在允许的范围内；再如用于制造空调器、冷冻机、化工及余热口收等装置中的热交换器；使用于计时器和有钟表机构的装置以及造纸、印刷、医疗器械、计算机设备等。

4.2.3 钛及钛合金

1. 钛

钛在地壳中含量较丰富，远高于 Cu、Zn、Sn、Pb 等常见金属。我国的钛资源极为丰富，仅四川攀枝花地区发现的特大型钒钛磁铁矿中，钛金属的储量约达 4.2 亿吨，接近国外探明钛储量的总和。

钛是 20 世纪 50 年代发展起来的一种重要的结构金属。纯钛的密度低，熔点高，线膨胀系数小，导电和导热性差但塑性好，强度高，可以加工成细丝和薄片。钛在大气、海水及酸碱环境中的抗腐蚀性能好。纯钛的性能与所含碳、氮、氢、氧等杂质含量有关，99.5%工业纯钛的性能为：密度为 4.51 g/cm^3，熔点为 1725℃(1678℃)，热膨胀系数为 7.35×10^{-6}/K，导热系数 λ 为 15.24 W/(m·K)，抗拉强度 σ_b 为 539 MPa，伸长率 δ 为 25%，断面收缩率 ψ 为 25%，弹性模量 E 为 1.078×10^5 MPa，硬度为 HB195。

钛有两种同素异构结构，882.5℃以下为密排六方晶体结构，称为 α-Ti；882.5℃以上至熔点为体心立方晶体结构，称为 β-Ti。

工业纯钛可制成板、棒、管材和锻件、铸件和焊接件。工业纯钛的牌号有 TA1、TA2、TA3 等三种，其中 TA2 应用最多。主要用于工作温度在 350℃以下、受力不大但要求高塑性的冲压件和耐蚀结构零件，如飞机的骨架、蒙皮，船舶用耐蚀管道，化工用热交换器等。

2. 钛合金

钛合金是指以钛为基加入其他合金元素组成的合金，钛合金与铝合金、镁合金被称为轻合金。钛合金具有以下性能特点：密度低、比强度高；耐高温、耐腐蚀性能、低温韧性好；导热系数小、弹性模量小；加工条件复杂，成本较高。

1) α 钛合金

钛中加铝、硼等 α 稳定元素即可获得 α 钛合金。这种合金不能进行热处理强化，故室温抗拉强度并不高(大多在 1000 MPa 以下)，但它在高温(500～600℃范围内)仍能保持其强度，抗氧化、抗蠕变性以及焊接性能良好。α 钛合金的典型代表是 Ti-5Al-2.5Sn 合金。

2) β 钛合金

钛中加入钼、铬、钒等元素后即可获得 β 钛合金。这种合金的强度高，冲压性能好，并可通过淬火和时效获得强化。热处理后的强度约比退火状态下的高 50%～100%；高温强度高，可在 400～500℃的温度下长期工作，其热稳定性次于 α 钛合金。

3) α+β 钛合金

α+β 钛合金的耐热性一般不及 α 钛合金，最高耐热温度为 450～500℃，但其热加工性能优良，变形抗力小，容易锻造、压延和冲压，并可通过固溶和时效进行强化，热处理后的强度可提高 50%～100%。α+β 钛合金是目前应用最广泛的钛合金，可作为发动机零件盒等航空结构用的锻件，各种容器、泵、低温部件。α+β 钛合金的典型代表是 Ti-6Al-4V。

4.2.4 镁及镁合金

1. 镁

镁的密度只有 1.749 kg/cm^3，仅为铁的 1/4、铝的 2/3，在工程金属中是最轻的，比强度高，电极电位较低，抗腐蚀性能差。镁属于密排六方结构，因此塑性变形能力差。

2. 镁合金

以镁为基加入其他元素(铝、锌、锰以及少量锆或镉等)组成的合金称为镁合金。镁合金是最轻的工程金属材料之一，具有很好的比强度、比刚度等性能，特别适合制造要求重量轻、强度高、减振降噪的工程结构部件和要求一定强度的壳类零件。镁合金具有低熔点、低比热及充型速度快等优点，极其适合于用现代压铸技术进行成型加工。随着技术的进步及对镁可贵性的认识，镁合金产品广泛用于航空、航天、汽车配件、电子及通信等领域，前景广阔。

目前使用最广的是镁铝合金，其次是镁锰合金和镁锌锆合金。

1) 镁合金的分类

镁合金一般按三种方式进行分类：化学成分、成型工艺和是否含变质剂锆。

根据化学成分，镁合金以五个主要合金元素 Mn、Al、Zn、Zr 和稀土为基础，以组成合金系：Mg-Mn，Mg-Al-Mn，Mg-Al-Zn-Mn，Mg-Zr，Mg-Zn-Zr，Mg-Re-Zr，Mg-Ag-Re-Zr，Mg-Y-Re-Zr。

根据成型工艺，镁合金可分为铸造镁合金和变形镁合金两大类。两者在成分、组织性能上存在很大的差异。铸造镁合金多用压铸工艺生产，其特点是生产效率高、精度高、铸件表面质量好、铸态组织优良、可生产薄壁及复杂形状的构件。变形镁合金指可用挤压、轧制、锻造和冲压等塑性成型方法加工的镁合金。与铸造镁合金相比，变形镁合金具有更高的强度、更好的塑性和更多样式的规格。

锆对镁合金具有强烈的细化晶粒作用，根据镁合金是否含锆可将其划分为无锆镁合金和含锆镁合金两类。

2) 镁合金的性能与应用

镁合金是迄今在工程应用中最轻的金属工程结构材料，具有密度小，比刚度、比强度高，抗冲击、阻尼，减振、降噪能力强，在汽油、煤油和润滑油中很稳定，压铸成型性能优越，尺寸稳定性好，机械加工性能好，导热性能好(虽然不及铝合金，但比塑料高出数十倍)，电磁屏蔽性能和防辐射性能好等优点，可代替塑料、铝合金及钢制零件。镁合金的应用范围越来越广，需求也越来越大，适合于汽车、摩托车等交通工具和计算机、通信、仪器仪表、家电、轻工、军事等领域的应用，例如飞机发动机齿轮机匣、油泵、油管以及摇臂、襟翼、舱门和舵面等活动零件，计算机散热风扇的风叶，电脑和投影仪等的外壳，汽车的方向盘、坐垫，等等。此外，80%以上的镁合金还可再回收利用，对环境污染小，被誉为"21世纪绿色结构材料"。根据有关研究，汽车所用燃料的60%消耗于汽车自重，汽车自重每减轻10%，其燃油效率可提高5%以上；汽车自重每减轻100 kg，每百公里油耗可减少0.7 L左右，每节约1 L燃料可减少CO_2排放2.5 g，年排放量减少30%以上。所以减轻汽车重量对环境和能源的影响非常大，汽车的轻量化成必然发展趋势。但镁合金的强度较低，只有200～300 MPa，主要用于制造低承力的零件。此外，镁合金在潮湿空气中容易被氧化和腐蚀，因此零件使用前，表面需要经过化学处理或涂漆。

4.2.5 轴承合金

用于制造滑动轴承(轴瓦)的材料，通常附着于轴承座壳内，起减摩作用，又称轴瓦合金。

常用的有巴比特合金、青铜、铸铁等。

轴承合金应具有如下性能：① 良好的减摩性能。要求由轴承合金制成的轴瓦与轴之间的摩擦系数要小，并有良好的可润滑性能。② 一定的抗压强度和硬度。要求能承受转动着的轴施加的压力，但硬度不宜过高，以免磨损轴颈。③ 良好的塑性和冲击韧性。以便能承受振动和冲击载荷，使轴和轴承配合良好。④ 良好的表面性能，即良好的抗咬合性、顺应性和嵌藏性。⑤ 良好的导热性、耐腐蚀性和小的热胀系数。

最早的轴承合金是 1839 年美国人巴比特(I.Babbitt)发明的锡基轴承合金(Sn-7.4Sb-3.7Cu)，以及随后研制成的铅基合金，因此称锡基和铅基轴承合金为巴比特合金(或巴氏合金)。巴比特合金呈白色，又常称"白合金"。巴比特合金已发展到几十个牌号，是各国广为使用的轴承材料，相应合金牌号的成分十分相近。中国的锡基轴承合金牌号用"Ch"符号表示。牌号前冠以"Z"，表示是铸造合金。如含有 Sb11% 和 Cu6% 的锡基轴承合金牌号为 ZChSnSb11Cu6。

轴承合金的组织是在软相基体上均匀分布着硬相质点，或硬相基体上均匀分布着软相质点。锡基轴承合金是以锡为主，加入 Sb、Cu、Pb 等元素的合金。锡基轴承合金中，软相基体为固溶体，硬相质点是锡锑金属间化合物(SnSb)。合金元素铜和锡形成星状和条状的金属间化合物(CuSn)，可防止凝固过程中因最先结晶的硬相上浮而造成的比重偏析。巴氏合金具有较好的减摩性能。这是因为在机器最初的运转阶段，旋转着的轴磨去轴承内极薄的一层软相基体以后，未被磨损的硬相质点仍起着支承轴的作用。继续运转时轴与轴承之间形成连通的微缝隙。典型牌号是 ZSnSb11Cu6 锡基轴承合金属软基体硬质点类型轴承合金，用于制作汽轮机、发动机的高速轴瓦。铅基轴承合金是在以 Pb-Sb 为基的合金中加入 Sn 和 Cu 组成的合金，也具有软基体硬质点类型的组织。典型牌号是 ZPbSb16Sn16Cu2 铅基轴承合金，可制作汽车、拖拉机曲轴的轴承。

可作轴承材料的合金还有铜基合金、铝基合金、银基合金、镍基合金、镁基合金和铁基合金等。在这些轴承材料中，铜基合金、铝基合金使用得最多。铜基轴承合金有铅青铜、锡青铜等。铅青铜(ZCuPb30)属硬基体软质点类型轴承合金，用来制作航空发动机、高速柴油机轴承。使用铝基轴承合金时，通常是将铝锡合金和钢背轧在一起，制成双金属应用，即通常所说的钢背轻金属三层轴承。其他合金只在特殊情况下使用，若为减轻重量，有些航空发动机用镁基合金作轴承；若要求耐高温，则用镍基合金作轴承；若要求高度可靠性的机器，则用银基合金作轴承。用粉末冶金方法制成的烧结减摩材料也越来越多地被用来制作轴承。

4.3 金属材料的制备

1. 冶金工艺概述

绝大多数金属(除金、银、铂外)都以氧化物、碳化物等化合物的形式存在于地壳中。因此要获得金属及其合金材料，首先必须通过各种方法将金属元素从矿物中提取出来，接着对粗炼金属产品进行精炼提纯和合金化处理，然后浇铸成锭，加工成型，才能得到所需成分、组织和规格的金属材料。

　　金属的冶炼工艺可以分为火法冶金、湿法冶金和电冶金三大类。

　　1) 火法冶金

　　火法冶金是指用燃料、电能或其他能源产生高温，在高温下从矿石中提取金属或其化合物的方法。它是最古老，现代应用规模最大的金属冶炼方法。目前钢铁及大多数有色金属(铝、铜、镍、铅、锌等)材料主要应用火法冶金生产，此法因没有水溶液参加，故又称干法冶金。火法冶金的主要化学反应是还原-氧化反应。火法冶金存在的主要问题是污染环境。但综合来看，用火法冶金提取金属的成本较低，所以火法冶金是生产金属材料的主要方法。

　　(1) 火法冶金的基本过程。火法冶金的典型工艺过程有矿石准备、冶炼、精炼提纯三个步骤。

　　① 矿石准备：采掘的矿石含有无用的脉石，需要经过选矿以获得含有较多金属元素的细粒精矿。经过选矿后，还需要焙烧、球化或烧结等。

　　② 冶炼：将处理好的矿石，用气体或固体还原剂还原为金属的过程称为冶炼。冶炼方式有三种：还原冶炼、氧化吹炼和造锍熔炼。金属冶炼所采用的还原剂包括焦炭、氢和活泼金属(钠、钙、镁、铝等)等。例如，利用 Al 可以从 Cr_2O_3 还原出金属 Cr；利用 Mg 可以从 $TiCl_4$ 还原出金属 Ti。

　　③ 精炼提纯：冶炼所得到的金属含有少量杂质，需要进一步处理以去除杂质，这种对冶炼的金属进行去除杂质提高纯度的处理过程称为精炼。如炼钢是对生铁的精炼，在炼钢过程中去气、脱氧，并去除非金属夹杂物，或进一步脱硫等；对粗铜则在精炼反射炉内进行氧化精炼，然后铸成阳极进行电解精炼；对粗铅用氧化精炼除去所含的砷、锑、锡、铁等，并可用特殊方法如派克司法以回收粗铅中所含的金及银。

　　对高纯金属则可用区域熔炼等方法进一步提炼。

　　(2) 火法冶金的主要方法。火法冶金包括提炼冶金、氯化冶金、喷射冶金和真空冶金等四种方法。

　　① 提炼冶金：指由焙烧、烧结、还原冶炼、氧化冶炼、造渣、造锍、精炼等单元过程按照需要所构成的冶金方法。提炼冶金是火法冶金中应用最广泛的方法。

　　② 氯化冶金：通过添加氯化剂(Cl_2、NaCl、$CaCl_2$ 等)使欲提取的金属转变成氯化物，为制取纯金属作准备的冶金方法。氯化冶金借助金属和金属的氧化物、硫化物或其他化合物容易与氯生成熔点低、挥发性高、较易被还原、常温下易溶于水及其他溶剂的金属氯化物，并且各种金属氯化物的生成难易和性质上存在着明显的差异的特性，来有效实现金属的分离、富集、提取与精炼。氯化冶金具有以下优点：对原料的适应性强，可处理各种不同类型的原料，甚至液态粗金属；作业温度比其他火法冶金过程低；分离效率高，综合利用好。在高品位矿石资源逐渐枯竭的情况下，对储量很大的低品位、成分复杂难选的贫矿来说，氯化冶金将发挥它的作用。但是尚有三个问题待解决：提高氯化冶金的经济效益，其中提高氯化剂的利用效率和氯化剂的再生返回利用是关键性问题；继续解决氯化冶金设备的防腐蚀、环境保护问题。

　　③ 喷射冶金：利用气泡、液滴、颗粒等高度弥散系统来提高冶金反应效率的冶金过程称为喷射冶金。喷射冶金工艺是 20 世纪 70 年代由钢包中喷粉精炼发展起来的新工艺。其主要特点是：载气强烈搅动熔池，使加入的物料在几分钟内达到均匀混合；喷入的粉料具

有很大的比表面(表面积/容积)，而金属熔体内的组分与粉料的反应速度将随接触面积的增大而显著提高；粉料与金属熔体组分间的反应区处于熔体内部，这就大大地减轻了炉衬、炉渣和大气对反应过程的影响；在粉料颗粒上浮时，它与金属的接触为瞬时接触，在顶面渣能够吸收反应产物的条件下，这种接触方式可以使冶金反应在短时间内进行得相当充分，并有可能进行不同程序、不同粉料的喷吹，以控制反应及产物的组成和形态。

④ 真空冶金：在真空条件下进行金属和合金的熔炼、提纯、精炼、重熔、铸造等冶金操作，以及研究金属液在真空下脱气、挥发、二次沾污、镀膜、烧结、热处理等反应的工艺原理和方法称为真空冶金。真空冶金是真空技术与冶金技术的交叉，是一种清洁冶金新技术，是提高金属材料质量、制备技术所必需的特殊材料生产的重要方法。

2) 湿法冶金

湿法冶金是指利用某种溶剂(酸、碱、盐的水溶液或非水溶液)，借助化学作用(包括氧化、还原、中和、水解及络合等反应)，对金属矿物原料、中间产物或二次再生资源中的金属进行提取和分离的冶金过程，又称水法冶金。湿法冶金包括以下四个主要过程：

(1) 将原料中的有用成分转入溶液，即浸取。

(2) 浸取溶液与残渣分离，同时将夹带于残渣中的冶金溶剂和金属离子洗涤回收。

(3) 浸取溶液的净化和富集，常采用离子交换和溶剂萃取技术或其他化学沉淀方法。

(4) 从净化液提取金属或化合物。在金属材料生产中，常用电解提取法从净化液制取金、银、铜、锌、镍、钴等纯金属。铝、钨、钼、钒等多数以含氧酸的形式存在于水溶液中，一般先以氧化物析出，然后还原得到金属。20 世纪 50 年代发展起来的加压湿法冶金技术可自铜、镍、钴的氨性溶液中，直接用氢还原(例如在 180℃，25 个大气压下)得到金属铜、镍、钴粉，并能生产出多种性能优异的复合金属粉末，如镍包石墨、镍包硅藻土等。这些都是很好的可磨密封喷涂材料。

目前，许多金属或化合物都可以用湿法冶金生产。这种冶金方法在锌、铝、铜、铀等有色金属、稀有金属及贵金属生产中占有重要地位。目前世界上全部的氧化铝和氧化铀，约 74% 的锌，近 12% 的铜都是用湿法冶金生产的。与火法冶金相比，湿法冶金的优点在于：对原料中有价金属综合回收程度高，有利于环境保护；既能从低品位的矿石(金、铀)提取金属，也能分离相似金属(铪与锆)。

3) 电冶金

利用电能从矿石或其他原料中提取、回收和精炼金属的冶金过程称为电冶金。

电冶金主要包括电热熔炼、水溶液电解和熔盐电解等冶金方法。① 电热熔炼是直接电加热生产金属的一种冶金方法。铁合金冶炼及用废钢炼钢主要采用电热熔炼。电热熔炼包括电弧熔炼、等离子熔炼和电磁熔炼等。如电弧炉炼钢是通过石墨电极向电弧炼钢炉内输入电能，以电极端部和炉料之间发生的电弧为热源进行炼钢，可获得比用燃料供热更高的温度，且炉内气氛较易控制，对熔炼含有易氧元素较多的钢种极为有利。② 水溶液电解是利用电能转化的化学能使溶液中的金属离子还原为金属析出，或使粗金属阳极经由溶液精炼沉积于阴极，如铜、锌的电积和铜、铅的电解精炼。③ 熔盐电解是利用电能加热并转化为化学能，将某些金属的盐类熔融并作为电解质进行电解，自熔盐中还原金属，以提取和提纯金属的冶金过程，如铝、镁、钠、钽、铌的熔盐电解生产。

电冶金成为大规模工业生产的先决条件是廉价电能的大量供应。电冶金方法的采用，特别是电弧炉炼钢和熔盐电解炼铝是近代冶金技术的重大进步。

2．钢铁冶炼

铁在地壳中的含量在 5% 左右，在金属中仅次于铝，除陨石外，纯铁在地壳中还未见到。铁容易与其他元素化合，特别是与氧化合，因此铁矿石多以氧化物形式存在。铁矿石中除铁的氧化物外，还有一些其他元素的氧化物(CaO、Al_2O_3、SiO_2、MnO_2 等)，这些统称为脉石。炼铁的目的就是使铁从铁的氧化物中还原，并使还原出来的铁与脉石分离。

工业生产的铁根据含碳量分为生铁(含碳量 2% 以上)和钢(含碳量低于 2%)。钢铁冶炼是钢、铁冶金工艺的总称。它包括从开采矿石到使之变成供制造零件使用的钢材和铸造生铁为止的全过程。钢铁冶炼的基本生产过程是：先在炼铁炉内把铁矿石炼成生铁，再以生铁为原料，用不同方法炼成钢，之后铸成钢锭或连铸坯，如图 4-2 所示。

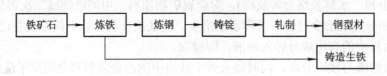

图 4-2　钢铁生产基本流程

1) 生铁的冶炼

炼铁的原料主要包括铁矿石、熔剂及焦炭。常见的铁矿石包括赤铁矿、褐铁矿、磁铁矿、菱铁矿等。为了除去矿石中的脉石和燃料中的硫，需要加入冶金熔剂，如石灰石，炼铁时熔剂与脉石反应生成熔点低、相对密度小的熔渣，浮于铁水上面，便于去除。

现代炼铁绝大部分采用的是高炉炼铁。高炉炼铁的目的是将铁矿石炼成生铁。因此，冶炼过程就是对矿石进行铁的还原过程和去除脉石的造渣过程。在炼铁时，炉料(矿石、燃料和熔剂)从炉顶进入炉内，在自身重力作用下，自上而下运动；同时，热风从炉子下部进入，使燃料燃烧，产生的热炉气不断向上运动。在炉气和炉料之间不断进行热交换的条件下，它们之间进行了一系列的物理化学作用，矿石逐步被还原，并熔化成铁水，从炉子下部的出铁口流出。在铁的氧化物被还原的同时，矿石中所含的其他金属氧化物也被还原，还原出来的锰、硅等元素熔于铁水中。

高炉炼铁的产品是生铁，副产品为炉渣和煤气。生铁是由 Fe、C($>2\%$)、Si、Mn、P、S 等组成的铁碳合金。生铁除部分用于铸件外，大部分用做炼钢原料。炉渣属于含 SiO_2、CaO 和 Al_2O_3 的铝硅酸盐，是生产水泥的重要原料，炼 1 吨生铁产 500～800 kg 炉渣。煤气的主要成分是：CO(约 26%)、CO_2、CH_4、H_2 和 N_2，用做燃料，炼 1 吨生铁一般产 200 m^3 的高炉煤气。

高炉炼铁法操作简便，能耗低，成本低廉，可用于大量生产。

由于适应高炉冶炼的优质焦炭煤日益短缺，相继出现了不用焦炭而用其他能源的非高炉炼铁法，如直接还原炼铁法和电炉炼铁法。直接还原炼铁法是将矿石在固态下用气体或固体还原剂还原，在低于矿石熔化温度下，炼成含有少量杂质元素的固体或半熔融状态的海绵铁、金属化球团或粒铁，作为炼钢原料(也可作高炉炼铁或铸造的原料)。电炉炼铁法多采用无炉身的还原电炉，可用强度较差的焦炭(或煤、木炭)作还原剂。电炉炼铁的电加热代替部分焦炭，并可用低级焦炭，但耗电量大，只能在电力充足、电价低廉的条件下使用。

2) 钢的冶炼

炼钢的目的是去除生铁中多余的碳和大量杂质元素(S、P、O 等)，使其化学成分达到钢的要求。因此，炼钢过程就是碳元素的氧化，铁元素的还原，造渣除 S、P，脱氧以及合金化的过程。

炼钢的原料是生铁、直接还原炼铁法炼成的海绵铁以及废钢。钢铁冶炼过程中，为了去除磷、硫等杂质，造成反应性好、数量适当的炉渣，需要加入冶金熔剂如石灰石、石灰或萤石等；为了控制出炉钢水温度不致过高，需要加入冷却剂如氧化铁皮、铁矿石、烧结矿或石灰石等；为了去除钢水中的氧，需要加入脱氧剂如锰铁、硅铁等铁合金等。上述材料统称为辅助原料。

主要的炼钢方法有碱性平炉炼钢法、电弧炉炼钢法和氧气顶吹转炉炼钢法三种。

碱性平炉炼钢法以液态生铁和废钢为原料，利用炉气和矿石供氧，以气体或液体燃料供热。平炉炼钢的容纳通常为 50～200 吨。

电弧炉炼钢法利用石墨电极和金属炉料之间形成的电弧高温(通常 5000～6000℃)加热和熔化金属，金属熔化后加入铁矿石、溶剂等，并吹氧，以加速钢中 C、Si、Mn、P 等元素的氧化。当 C、P 含量合格时，除去氧化性炉渣，再加入石灰、萤石、电石、硅铁等造渣剂，形成高碱度还原渣，脱去钢中的氧和硫。电弧炉炼钢温度和成分易于控制，是冶炼优质合金钢的重要方法。

氧气顶吹转炉炼钢法以液态生铁为原料，利用喷枪直接向熔池吹高压工业纯氧，在熔池内部造成强烈搅拌，使钢液中的碳和杂质元素迅速被氧化去除。同时，元素氧化放出的热，使钢液迅速被加热到 1600℃以上，以达到精炼的目的。

氧气顶吹转炉炼钢的生产率高，仅 20 分钟就能炼出一炉钢；炼钢不用外加燃料；基建费用低。因此，氧气顶吹转炉炼钢已成为现代冶炼碳钢和低合金钢的主要方法。

以上三种炼钢工艺可满足一般用户对钢质量的要求。为了满足更高质量、更多品种的高级钢，便出现了多种钢水炉外处理(又称炉外精炼)的方法。如吹氩处理、真空脱气、炉外脱硫等，对转炉、平炉、电弧炉炼出的钢水进行附加处理之后，都可以生产高级的钢种。对某些特殊用途，要求特高质量的钢，用炉外处理仍达不到要求，则要用特殊炼钢法炼制。如电渣重熔，是把转炉、平炉、电弧炉等冶炼的钢，铸造或锻压成为电极，通过熔渣电阻热进行二次重熔的精炼工艺；真空冶金，即在低于 1 个大气压直至超高真空条件下进行的冶金过程，包括金属及合金的冶炼、提纯、精炼、成型和处理。

钢液在炼钢炉中冶炼完成之后，必须经盛钢桶(钢包)注入铸模，凝固成一定形状的钢锭或钢坯才能进行再加工。钢锭浇铸可分为上铸法和下铸法。上铸钢锭一般内部结构较好，夹杂物较少，操作费用低；下铸钢锭表面质量良好，但因通过中注管和汤道，使钢中夹杂物增多。近年来，在铸锭方面出现了连续铸钢、压力浇铸和真空浇铸等新技术。

3. 有色金属冶炼

有色金属的种类较多，这里仅介绍有代表性的、用量较大的铝和铜的冶炼。

1) 铝的冶炼

铝在地壳中的含量为 7.65%，由于铝的化学性质活泼，不能经过各种化学处理直接还原得到粗金属铝，因此长期以来铝的价格极高。后来，由于人们发现电解法很容易制备金属铝，于是铝的价格大约降低了 20 倍。

氧化铝主要存在于铝土矿(Al_2O_3 含量 47%～65%)、明矾石(Al_2O_3 含量 40%～60%)和高岭石(Al_2O_3 含量 40%～60%)中。其中，铝土矿是炼铝的主要原料。

电解法制备金属铝必须包括两个环节：一是从含铝的矿石中制取纯净的氧化铝，二是采用熔盐电解氧化铝得到纯铝。铝的生产流程图如图 4-3 所示。

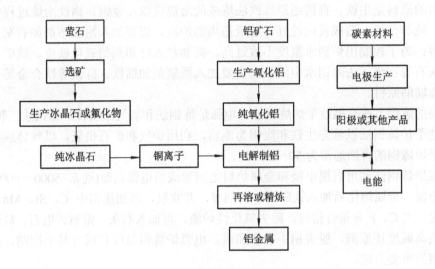

图 4-3　铝的生产流程图

氧化铝的制备方法有湿碱法和干碱法两种。

湿碱法，也称拜耳法，是将铝矿石磨细，在 160～170℃、0.3～0.4 MPa 的高压锅内和 NaOH 溶液或含有大量游离苛性碱的循环母液反应，生成铝酸钠溶液；然后加入氢氧化铝种子(晶种)至铝酸钠溶液中，使其沉淀出氢氧化铝，经沉淀、过滤、洗涤后得到得到氢氧化铝，最后将氢氧化铝在 950～1000℃煅烧，即得 Al_2O_3。

用干碱法生产氧化铝时，先将铝矿石粉、石灰石和纯碱按比例混合均匀加热至 1100℃，会发生下列反应：

$$Al_2O_3 + Na_2CO_3 \rightarrow Al_2O_3 \cdot Na_2O + CO_2$$
$$Fe_2O_3 + Na_2CO_3 \rightarrow Fe_2O_3 \cdot Na_2O + CO_2$$
$$SiO_2 + CaCO_3 \rightarrow CaO \cdot SiO_2 + CO_2$$

再将熔融烧结的产物磨细后与稀 NaOH 溶液发生以下反应：

$$Al_2O_3 \cdot Na_2O + NaOH \rightarrow 4NaAlO_2 + H_2O$$

$NaAlO_2$ 进入溶液，而 $Fe_2O_3 \cdot Na_2O$ 生成 $Fe(OH)_3$ 沉淀，$CaO \cdot SiO_2$ 本身为不溶物。经过滤得铝酸钠溶液。向过滤液内通入 CO_2，即得 $Al(OH)_3$，即

$$NaAlO_2 + CO_2 \rightarrow Al(OH)_3 \downarrow + Na_2CO_3$$

$Al(OH)_3$ 经过滤、清洗和煅烧后可得 Al_2O_3。

干碱法制备氧化铝工艺复杂、能耗高、产品质量和成本不及拜耳法，但它可以处理低品位的铝土矿。

氧化铝的电解：

将 Al_2O_3 置于电解液中，Al_2O_3 在 900℃左右离解为 Al^{3+} 和 AlO_3^{3-} 离子，在电流作用下，Al^{3+} 离子移向阴极，AlO_3^{3-} 离子移向阳极。其电解反应为：

$$AlO_3^{3-} - 6e \rightarrow Al_2O_3$$

$$Al^{3+} + 3e \rightarrow Al$$

电解析出的铝呈液态沉淀于电解槽底部，可定期放出。电解的一次产品中，铝含量为 99.7%，还含有少量的铁、硫等杂质。工业上通常还需要进一步对其通过精炼提纯，然后浇铸成锭。

2) 铜的冶炼

铜在地壳中的含量只有 0.01%，在自然界中大多数以硫化物和氧化物的形式存在于各种共生矿石中。铜矿石中含铜量一般为 0.4%～0.5%。根据矿石的类型不同，从铜矿石中提取铜的方法有火法冶金和湿法冶金两种。一般硫化铜矿采用火法冶金，氧化铜矿采用湿法冶金。目前，火法冶炼是冶炼铜的主要方法，其产量约占铜总产量的 85%。

火法冶炼铜的基本生产流程如图 4-4 所示。

图 4-4 火法冶炼铜的基本生产流程

火法冶炼一般是先将含铜百分之几或千分之几的原矿石，通过选矿使其含铜量提高到 20%～30%，作为铜精矿，在密闭鼓风炉、反射炉、电炉或闪速炉进行造锍熔炼，产出的熔流(冰铜)接着送入转炉进行吹炼成粗铜，再在另一种反射炉内经过氧化精炼脱杂，或铸成阳极板进行电解，获得含量高达 99.9%的电解铜。该流程简短、适应性强，铜的回收率可达 95%，但因矿石中的硫在造锍和吹炼两阶段作为二氧化硫废气排出，不易回收，所以易造成污染。近年来出现了如白银法、诺兰达法等熔池熔炼以及日本的三菱法等，火法冶炼逐渐朝着连续化、自动化方向发展。

现代湿法冶炼铜主要有两个基本过程：一是在溶剂作用下，矿石中的铜溶解到溶液中；二是用置换、电沉积或氢还原等方法将溶液中的铜分离出来。湿法冶炼铜的基本流程如图 4-5 所示。

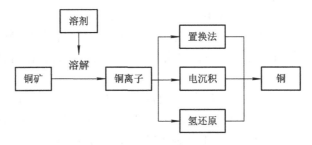

图 4-5 湿法冶炼铜的生产流程

以前，湿法炼铜主要处理不适合火法冶炼的低品位氧化铜矿、废矿堆和浮选尾矿。近年来，基于环保的要求，湿法冶金的发展出现了新的契机，正在积极从湿法冶金中寻求处理硫化矿的新途径。

4.4 金属材料的加工工艺

4.4.1 铸造

1. 概述

铸造是人类掌握得比较早的一种金属热加工工艺，已有约 6000 年的历史。中国约在公元前 1700 年至公元前 1000 年之间已进入青铜铸件的全盛期，工艺上已达到相当高的水平。

铸造是指将材料(金属、合金及复合材料)熔化成为液体，浇入具有特定型腔的铸型中，经过冷却、凝固和清理后，获得一定形状、尺寸和性能的铸件的成型方法。

铸造成型工艺具有以下特点：对工件的尺寸形状几乎不受任何限制；铸件材料不受限制；铸件的尺寸、重量和生产批量不受限制；铸件的成本较低，经济性好。因此，铸造的应用非常广泛，已成为获得机械产品毛坯的主要方法之一，在许多机械产品中，铸件占整机质量的比例很高，例如，在内燃机中占 80%，拖拉机中占 65%~80%，液压、泵类机械中占 50%~60%。

2. 铸造方法

铸造种类很多，按造型方法习惯上分为砂型铸造和特种铸造两大类。

1) 砂型铸造

砂型铸造是指用型砂制备铸型来生产铸件的铸造方法，又称砂铸或翻砂。

(1) 砂型铸造的工艺过程。砂型铸造的基本工艺过程包括：制模、配砂型、造型、造芯、合箱、熔炼、浇注、落砂、清理和检验。砂型铸造的工艺过程如图 4-6 所示。

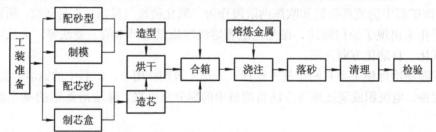

图 4-6　砂型铸造的工艺过程

① 造型材料。制造铸型用的材料称为造型材料。造型材料包括型砂和芯砂。型砂和芯砂应具备如下性能：具有一定的强度；具有一定的透气性；具有较高的耐火性；具有一定的容让性等。

型(芯)砂的原材料通常由原砂(石英砂、石英—长砂石、黏土砂等)、粘结剂(黏土、矿物油和植物油、水玻璃等)和辅助材料(锯木屑、煤粉、石墨粉和煤油等)组成。

② 造型方法。用型砂及模样等工艺装备制造铸型的过程称为造型。造型时，用模样形成铸型的型腔，用型腔形成铸件的外部轮廓。造型方法分为手工造型和机器造型两大类。全部用手工或手动工具完成造型过程的造型方法称为手工造型。手工造型方法有整模造型、分模造型、挖砂造型、活块造型、刮板造型、三箱造型等，具体介绍如下：

整模造型。整模造型的模样是整体的，分型面是平面，铸型型腔全部在半个铸型内，其造型简单，铸件不会产生错型缺陷。整模造型适用于铸件最大截面在一端，且为平面的铸件，如图 4-7(a)所示。

分模造型。分模造型将模样沿最大截面处分成两半，型腔位于上、下两个砂箱内，造型简单省工。常用于最大截面在中部的铸件，如图 4-7(b)所示。

挖砂造型。挖砂造型的模样是整体的，但铸件分型面为曲面。为便于起模，造型时用手工挖去阻碍起模的型砂，其造型费工、生产率低，工人技术水平要求高，常用于分型面不是平面的单件、小批生产铸件，如图 4-7(c)所示。

活块造型。活块造型是在制模时将铸件上的妨碍起模的小凸台、肋条等这些部分作成活动的(即活块)。起模时，先起出主体模样，然后再从侧面取出活块。其造型费时、工人技术水平要求高，主要用于单件、小批生产带有突出部分、难以起模的铸件，如图 4-7(d)所示。

刮板造型。刮板造型用刮板代替实体模样造型，可降低模样成本，节约木材，缩短生产周期，但生产率低，工人技术水平要求高，常用于有等截面或回转体的大、中型铸件的单件、小批生产，如带轮、铸管、弯头等，如图 4-7(e)所示。

三箱造型。三箱造型是用三个砂箱制造铸型的方法，如图 4-7(f)所示。

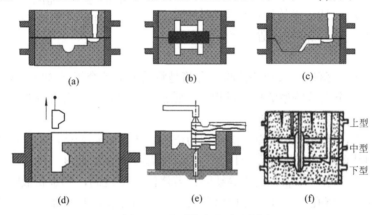

图 4-7　砂型铸造造型示意图

(a) 整模造型；(b) 分模造型；(c) 挖砂造型；(d) 活块造型；(e) 刮板造型；(f) 三箱造型

③ 造芯。型芯用来获得铸件的内腔，有时也可作为铸件难以起模部分的局部铸型。制造型芯的过程称为造芯。与型砂相比，芯砂必须具有更高的强度、耐火性、透气性、退让性和溃散性。造芯方法分为手工造芯和机器造芯。手工造芯时，主要采用芯盒造芯，如图 4-8 所示，它可以造出形状比较复杂的型芯。单件、小批生产大中型回转体型芯时，可采用刮板造芯。

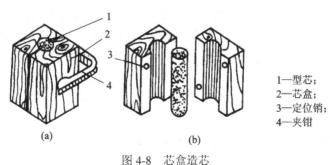

1—型芯；
2—芯盒；
3—定位销；
4—夹钳

图 4-8　芯盒造芯

(a) 芯盒闭合；(b) 芯盒打开

在造芯过程中应注意：为了提高型芯的刚度和强度，需在型芯中放入芯骨；为了提高型芯的透气性，需在型芯的内部制作通气孔；为了提高型芯的强度和透气性，一般型芯需烘干使用。

④ 浇注系统。为了使金属液进入型腔而开设在铸型中的一系列通道称为浇注系统。浇注系统设计得不合理，铸件易产生夹砂、砂眼、夹渣、浇不足、气孔和缩孔等缺陷。浇注系统由浇口杯、直浇道、横浇道和内浇道组成，如图4-9所示。

⑤ 熔炼。铸铁的熔炼是用铸造生铁和铸造车间的回炉料(浇、冒口和废品等)，经过配料计算后在化铁炉中进行的。熔炼的要求是：金属液的化学成分合格；金属液的温度合格；熔炼效率高；能耗低；无污染。常用的熔炼设备有：冲天炉(适于熔炼铸铁)、电弧炉(适于熔炼铸钢)、坩埚炉(适于熔炼有色金属)、感应加热炉(适于熔炼铸钢和铸铁等)。

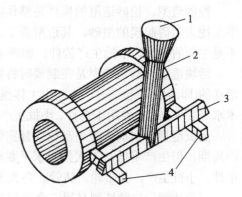

1—浇口杯；2—直浇道；3—横浇道；4—内浇道
图 4-9　浇注系统的组成

⑥ 合箱、浇注、落砂、清理和检验。合箱是将铸型的各个组元(如上型、下型、型芯、浇口杯等)组合成一个完整铸型的操作过程。合箱后要保证铸型型腔几何形状、尺寸的准确性和型芯的稳定性。

浇注将金属液由浇包注入铸型的操作称为浇注。为了获得合格的铸件，需要根据合金的种类、铸件的结构和铸型的特点选择合适的浇注温度和浇注速度。浇注时，若浇注温度过低，就会产生浇不足、冷隔、夹渣等缺陷；若浇注温度过高，则金属液吸气过多，液体收缩大，又容易产生气孔、缩孔、缩松以及裂纹，同时会使晶粒变粗，铸件机械性能因而下降。浇注时，适当增加浇注速度，金属液易充满型腔，同时可减少氧化。但速度过快，金属液对铸型的冲击加剧，会因此造成型(芯)砂冲落的现象，即冲砂。

用手工或机械使铸件和铸型、型芯(芯砂)、砂箱分离的操作过程称为落砂。清除铸件表面的型砂，内部砂芯，飞边毛刺，浇、冒口以及修补缺陷一等系列工作，叫做铸件的清理。人工清理时劳动强度大，卫生条件差，费工、费时。目前，有很多清理工作已由机械来完成。

铸件的质量检验方法分为外部检验和内部检验。通过眼睛观察，找出铸件的表面缺陷，如铸件外形尺寸不合格、砂眼、黏砂缩孔、浇不足、冷隔等，称为外部检验。利用一定设备找出铸件的内部缺陷，如气孔、缩松、渣眼、裂纹等，称为内部检验。常用的内部检验方法有化学成分检验、金相检验、力学性能检验、耐压试验、超声波探伤等。

(2) 砂型铸造的特点。砂型铸造的优点：可以铸造外形和内腔十分复杂的毛坯，如各种箱体、床身、机架等；适用性广泛，从几克到几百吨的铸件都可以；原材料来源广泛，成本低廉；铸件形状与零件尺寸比较接近，减少切削加工余量。

砂型铸造的缺点：工序较多，一些工序质量难以保证，质量不稳定，容易形成废品；铸件中容易出现缩孔和气孔，性能不如锻件，因此对于承载较大载荷的重要零件一般不用铸件。

3) 特种铸造

除砂型铸造之外的其他铸造方法称为特种铸造。特种铸造的种类很多，常用的有金属型铸造、熔模铸造、离心铸造、压力铸造等。

(1) 金属型铸造。金属型铸造是指在重力作用下，将液态金属浇入用金属制成的铸型中而获得铸件的方法。金属型铸造可重复使用几百次甚至几万次，所以又称永久型铸造。金属型铸造根据分型面位置的不同可分为：垂直分型式、水平分型式和复合分型式等。其中，垂直分型式的金属型具有开设浇口和取出铸件方便，也易于实现机械化等优点，所以应用较多。

与砂型铸造相比，金属型铸造在技术上与经济上有许多优点。采用金属型铸造生产的铸件，其机械性能比砂型铸件的高。相同合金，其抗拉强度平均可提高约 25%，屈服强度平均提高约 20%，其抗蚀性能和硬度亦显著提高；铸件的精度和表面光洁度比砂型铸件高，而且质量和尺寸稳定；铸件的工艺收得率高，液体金属耗量减少，一般可节约 15%～30%；不用砂或者少用砂，一般可节约造型材料 80%～100%。此外，金属型铸造的生产效率高，使铸件产生缺陷的原因减少，工序简单，易实现机械化和自动化。

金属型铸造也有不足之处。如：金属型制造成本高；金属型不透气而且无退让性，易造成铸件洗不足、开裂或铸铁件白口等缺陷。金属型铸造时，铸型的工作温度、合金的浇注温度和浇注速度，铸件在铸型中停留的时间，以及所用的涂料等，对铸件的质量的影响甚为敏感，需要严格控制。

(2) 熔模铸造。熔模铸造是指利用易熔材料(例如蜡)制成模型和浇注系统，并在(蜡)模型表面粘结一定厚度的耐火材料，经过硬化后，将模型加热熔化，制成无分型面的硬壳型，再在铸型中浇注液态合金而制成铸件的一种铸造方法。由于模型广泛采用蜡质材料制造，所以熔模铸造又称失蜡铸造。这种铸造方法相对于砂型铸造所获得的铸件精度和表面质量较高，因此又称为精密铸造。

熔模铸造的主要工序包括蜡模制造、制壳、脱蜡、焙烧和浇注等。

同其他铸造方法和零件成型方法相比，熔模铸造有以下优点：① 铸件尺寸精确、表面光滑。目前，精铸件的尺寸精度可超过 ±0.005 cm/cm，表面粗糙度 R_a 可达 0.63～1.25 μm，因而可以大大减少铸件的切削加工余量，并可实现无余量铸造。② 可铸造形状复杂的铸件。铸造最小壁厚可达 0.5 mm、重量小至 1 g 的铸件，还可以铸造组合的、整体的铸件，以代替几个零件的焊接或装配件，并减轻零件重量，所以熔模铸造能最大限度地提高毛坯与零件之间的相似程度，为零件的结构设计带来很大方便。③ 不受合金材料的限制熔模铸造法不仅可以铸造碳钢、合金钢、球墨铸铁、铜合金和铝合金铸件，还可以铸造高温合金、镁合金、钛合金以及贵金属等材料的铸件。对于难以锻造、焊接和切削加工的合金材料，特别适宜于用精铸方法铸造。④ 生产灵活性高、适应性强。熔模铸造既适用于大批量生产，也适用小批量生产甚至单件生产，生产过程无需复杂的机械设备。

熔模铸造在应用上还具有一定的局限性。例如，铸件尺寸不能太大，铸件冷却速度慢，熔模铸造在所有毛坯成型方法中，工艺最复杂，铸件成本也很高。

(3) 离心铸造。离心铸造是将金属液浇入绕水平、倾斜或垂直轴旋转的铸型中，在离心力的作用下充型并凝固成铸件的铸造方法。

离心铸造主要用于生产圆筒形铸件，铸造所用的机器称为离心铸造机。按照铸型的旋转轴方向不同，离心铸造机分为立式和卧式两种。立式离心铸造机机上的铸型绕垂直轴旋轴(见图 4-10(a))，主要用于生产各种高度小于直径的环形铸件和较小的非圆形铸件。卧式离心铸造机上的铸型绕水平轴旋轴(见图 4-10(b))，主要用于浇注各种管状铸件，如灰铸铁球墨铸铁的水管和煤气管，管径最小为 75 mm，最大可达 3000 mm。此外，可浇注造纸机用大口径铜辊筒，各种碳钢、合金钢管以及要求内外层有不同成分的双层材质钢轧辊。

离心铸造所用的铸型，根据铸件形状、尺寸和生产批量不同，可选用非金属型(如砂型、壳型或熔模壳型)、金属型或在金属型内敷以涂料层或树脂砂层的铸型。铸型的转数是离心铸造的重要参数，既要有足够的离心力以增加铸件金属的致密性，又不能太大，以免阻碍金属的收缩。尤其是对于铅青铜，过大的离心力会在铸件内外壁间产生成分偏析。一般转速在每分钟几十转到 1500 转左右。

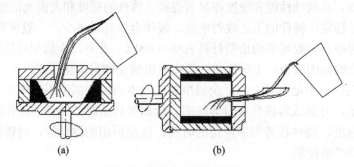

图 4-10 离心铸造示意图

(a) 立式离心铸造机；(b) 卧式离心铸造机

离心铸造的特点是：金属液在离心力作用下充型和凝固，金属补缩效果好，铸件外层组织致密，非金属夹杂物少，机械性能好；不用造型、制芯，节省了相关材料及设备投入。铸造空心铸件不需浇冒口，金属利用率可大大提高。因此对某些特定形状的铸件来说，离心铸造是一种节省材料、节省能耗、高效益的工艺。但离心铸造铸出的筒形零件内孔尺寸不准确，有较多气孔、夹渣，因此需增加加工余量，而且不适宜浇注容易产生比重偏析的合金。还要特别注意采取有效的安全措施。

(4) 压力铸造。在高压作用下，使液态或半液态金属以较高的速度充填压铸型(压铸模具)型腔，并在压力下成型和凝固而获得铸件的方法，称为压力铸造。高压和高速充填压铸型是压铸的两大特点。常用压力铸造的压力为 5～70 MPa；金属液的充型速度为 5～10 m/s，有些时候甚至可达 100 m/s 以上，一般在 0.01～0.2 s 范围内。压铸时所用的模具叫压型。压型与垂直分型的金属型相似，由定型(或静模)、动型(或动模)、拔出金属型芯的机构和自动顶出铸件的机构组成。

与其他铸造方法相比，压铸有以下三方面优点：① 产品质量好。铸件尺寸精度高，一般相当于 6～7 级；表面光洁度好；强度和硬度较高，强度一般比砂型铸造提高 25%～30%；尺寸稳定，互换性好；可压铸薄壁复杂的铸件。例如，当前锌合金压铸件最小壁厚可达 0.3 mm，铝合金铸件可达 0.5 mm，最小铸出孔径为 0.7 mm，最小螺距为 0.75 mm。② 生产效率高，每个工作周期短，易于实现机械化和自动化。例如国产 JⅢ3 型卧式冷空压铸机平均 8 小时可压铸 600～700 次，小型热室压铸机平均每 8 小时可压铸 3000～7000 次。③ 成本低。压铸件一般加工余量很小，甚至不再进行机械加工而直接使用，所以既提高了金属利用率，又减少了大量的加工设备和工时；压铸型寿命长，一付压铸型的寿命可达几十万次，甚至上百万次。

压铸虽然有许多优点，但也有一些缺点尚待解决。如：① 压铸时由于液态金属充填型腔速度高，流态不稳定，故采用一般压铸法，铸件易产生气孔，不能进行热处理；② 对内凹复杂的铸件，压铸较为困难；③ 高熔点合金(如铜、黑色金属)，压铸型寿命较低；④ 不宜小批量生产，其主要原因是压铸型制造成本高，压铸机生产效率高，小批量生产不经济。

3. 铸造方法的选择

以上已对砂型铸造和各种特种铸造方法的基本原理及其特点进行了介绍，在选择这些方法时，可根据零件或毛坯设计与选择原则，按照工件要求选择具体工艺方法。表4-4列出了本节所述的较为常用的铸造方法和未讨论的其他铸造方法的主要技术特性和应用特性，以供选择铸造方法时参考。

表 4-4 常用铸造方法的特点比较

铸造方法	砂型铸造	熔模铸造	金属型铸造	压力铸造	实型铸造	离心铸造	陶瓷型铸造	低压铸造	连续铸造
工艺过程复杂程度	较复杂	复杂	简单、一般	简单	较复杂	一般、简单	较复杂	简单、一般	简单
铸铁材料	各种合金	各种合金	常用铸造合金以有色合金为主	有色合金	铸钢、铸铁、铝合金、铜合金	各种合金	以合金钢为主	各种合金以有色合金为主	常用铸造合金
铸件大小	不受限制	几克到几十千克	几十克到几百吨	几克到几十吨	几公斤到几吨	几克到几十吨	几十克到几吨	几克到几十千克	
铸件复杂程度	复杂	复杂	较复杂	复杂	复杂	简单或较复杂	较复杂	较复杂	简单
铸件最小壁厚/mm	≥3	0.3 孔∅0.5	铝合金>3 铸铁>5	铜合金2 其他合金0.3	2	最小内径8	2	2	3～5
尺寸精度	CT11～7	CT7～4	CT9～6	CT8～4	CT8～5	取决于铸型教材	CT7～4	CT9～6	
表面粗糙度 R_a/μm	50～12.5	6.3～1.6	12.5～3.2	3.2～0.8	12.5～3.2	12.5～1.6	12.5～3.2		
工艺出品率/(%)	30～50	40～60	40～60	60～80	40～50	85～95	50～60	80～90	90左右
毛坯利用率/(%)	60～70	80～90	70～80	90～95	70～90	70～100	90	70～100	90～100
生产批量	各种批量均宜	以成批大量为宜	以成批大量为宜	以大量为宜	以成批大量为宜	以成批大量为宜	单件、小批	以成批大量为宜	以大量为宜
生产率	随机械化程度增加而增高	随机械化程度增加而增高	较高	最高	较高	较高	低	较高	高

4.4.2　金属压力加工

利用外力的作用使金属产生塑性变形，从而获得具有一定形状、尺寸和力学性能的原材料、毛坯或零件的成型工艺，称为金属压力加工(也称为塑性成型、固态成型)工艺。

在塑性成型过程中，作用在金属坯料上的外力主要有两种：冲击力和压力。锤类设备产生冲击力使金属变形，轧机与压力机对金属坯料施加压力使金属变形。

钢和大多数有色金属及其合金都具有一定的塑性，因此可以在热态或冷态下进行压力加工，获得所需形状和尺寸的型材。通过压力加工，可使金属晶粒细化、组织均匀致密，并可使之具有连贯的纤维组织，从而获得强度高的零件。因此，金属压力加工在金属原材料生产和机械制造业的毛坯或制品(零件)生产中占有重要的地位。

金属压力加工的主要方法包括：锻造、板料冲压、轧制、挤压、拉拔等。金属压力加工的优点是材料利用率高、产品质量好；缺点是设备和模具费用昂贵，工件的形状、尺寸、材料受到限制。

1. 锻造

锻造是将固态金属加热到再结晶温度以上，在压力作用下产生塑性变形，把坯料的某一部分体积转移到另一部分，从而获得一定形状、尺寸和内部质量的锻件的工艺方法。锻造的主要任务有两个：一是解决零件的形状要求，二是通过形变而改善其内部的组织与性能。因此，锻造成型是生产受力复杂机械零件毛坯的重要方法。按所用工具的不同，锻造可分为自由锻造和模锻造两大类。

1) 自由锻造

自由锻造是指借助于锻压设备上下砧铁的压力(冲击力或静压力)而使金属坯料成型的加工方法。在锻造过程中，金属坯料在沿垂直于作用力的方向上能够自由变形，所以称为自由锻造(简称自由锻)，包括手工自由锻、锤上自由锻和液压机上自由锻。

自由锻的基本工艺过程包括：设计锻件图、下料、加热、锻造变形、冷却及热处理、锻件清理与检验等过程。

自由锻变形工序由基本工序、辅助工序和修正工序组成。基本工序包括镦粗、拔长、冲孔、扩孔、弯曲、扭转和错移等。辅助工序是为基本工序操作方便而对坯料进行的预变形，如钢锭倒棱、分段压痕等。修正工序是为减少锻件表面缺陷，使锻件更好地符合规定的要求，如修正外形、弯曲较直等。常见自由锻件分类及锻造基本工序见表4-5。

自由锻造的设备有空气锤、蒸汽—空气锤和压力机。空气锤吨位较小，一般以其落下部分的质量表示(包括锤头、锤杆、上砧、活塞等)吨位，通常在 $65 \sim 750 \, kg$ 之间，主要用于小型锻件的镦粗、拔长、冲孔、弯曲等工序。蒸汽—空气锤以蒸汽和压缩空气为动力，吨位通常在 5 吨以下，主要用于锻造中型工件。压力机吨位一般在 $5 \sim 15$ 吨之间，是巨型锻件(数百吨)的唯一成型设备。没有振动，锻透性好，可获得整个截面都是细晶粒的锻件。

自由锻的特点与应用：设备的通用性强，操作工具简单；锻件的质量范围大；大型锻件(冷轧辊、船用发动机主轴、大型曲轴等)只能用自由锻方法生产毛坯。在自由锻过程中，锻件的形状和尺寸通过锻工翻动坯料改变其受压力的部位及控制压力的大小来保证，因此对工人的技术水平要求高。锻件形体相对简单，金属损耗大，生产率低，适合于单件小批量生产。

表 4-5 自由锻件分类及锻造基本工序

锻件类型		图 例	锻造工序
I	实心圆截面光轴及阶梯轴		拔长(镦粗及拔长)、切割和锻台阶
II	实心方截面光杆及阶梯杆		拔长(镦粗及拔长)、切割、锻台阶和冲孔
III	单拐及多拐曲轴		拔长(镦粗及拔长)、错移、锻台、切割和扭转
IV	空心光环及阶梯环		镦粗(拔长及镦粗)、冲孔、在心轴上扩孔
V	空心筒		镦粗(拔长及镦粗)、在心轴上拔长
VI	弯曲件		拔长、弯曲

2) 模型锻造

模型锻造是将金属坯料放在锻模模膛内,然后施加冲击力或压力,使坯料充满模膛而成型的方法,简称模锻。模锻主要用于中小型锻件的成批生产。

模锻的基本工艺过程包括:设计模锻件图、设计锻模及模膛、下料、加热、模锻变形、冷却及热处理、切边与校正、清理与检验等过程。

常见模锻件的分类及主要变形工步见表 4-6。

表 4-6 自由锻件的分类及锻造基本工序

锻件分类	形状特征	变形工步示例	主要变形工步
盘类	在水面上的投影为圆形或长度接近宽度的锻件		锻粗、(预锻)终锻
直轴类	水平面上的投影长度与宽度之比较大,轴线是直线		拔长、滚压、(预锻)终锻
弯轴类	水平面上的投影长度与宽度之比较大,轴线是弯曲线		拔长、滚压、弯曲、(预锻)终锻

模锻变形在模锻模膛中变形，锻件的形状和尺寸依靠模膛来控制。锻造模膛通常由带有燕尾槽的上模和下模两部分组成，下模固定在模垫上，上模固定在锤头上，随锤头一起上下往复运动。上下模面合拢后，形成一定形状的模膛。模锻模膛有预锻模膛和终锻模膛。弯曲连杆模锻件的变形工步和锻模如图 4-11 所示。

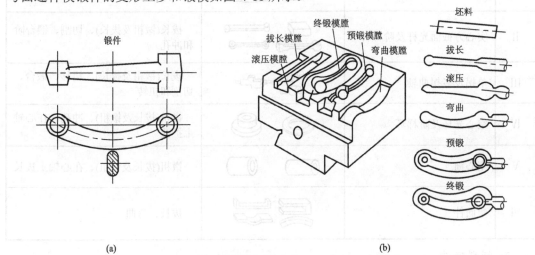

图 4-11　弯曲连杆模锻件的变形工步和锻模
(a) 锻件；(b) 锻模结构

锤上模锻以压缩空气或蒸汽为动力，吨位为 1～16 吨，锻件质量为 0.5～150 kg，适应性强。压力机模锻一般在摩擦压力机、旋转压力机、平锻机、水压机上进行。

模锻的特点：生产率高；精度高，节约材料；锻件形状复杂。适合于中小型锻件的大批量生产。

2. 板料冲压

板料冲压是利用装在冲床上的设备(冲模)使板料产生分离或变形的一种塑性成型方法。它主要用于加工板料(厚度 10 mm 以下，包括金属及非金属板料)类零件，故称为板料冲压。

冲压加工要求被加工材料具有较高的塑性和韧性，较低的屈强比和时效敏感性，一般要求碳素钢伸长率 $\delta \geqslant 16\%$、屈强比 $\sigma_s/\sigma_b \leqslant 70\%$，低合金高强度钢 $\delta \geqslant 14\%$、$\sigma_s/\sigma_b \leqslant 80\%$。否则，冲压成型性能较差，工艺上必须采取一定的措施，从而提高了零件的制造成本。低碳钢板、不锈钢板、铜、铝、镁、钛及其合金板均可进行冲压加工。

冲压既能制造尺寸很小的仪表零件，又能制造诸如汽车大梁、压力容器封头一类的大型零件，还能制造精密(公差在微米级)和复杂形状的零件。占全世界钢产量 60%～70%以上的板材、管材及其他型材，其中大部分经过冲压制成成品。冲压在汽车、机械、家用电器、日常用品、电机、仪表、航空航天、兵器等制造中，都有广泛的应用。典型板料冲压件如图 4-12 所示。

图 4-12　典型板料冲压件

常用板料冲压的方法有剪切、冲裁、拉深、弯曲等，用于各种板材零件的成批生产。根据板料温度的不同，冲压分为冷冲压和热冲压(板料厚度大于 20 mm)。有时也将剪切与冲裁归类于冲压。

冲压加工的主要设备有：冲床、压力机和模具。模具分为单工序模、级进模和复合模三种。单工序模在冲压的一次行程过程中，只能完成一个冲压工序的模具。在冲压的一次行程过程中，在不同的工位上同时完成两道或两道以上冲压工序的模具称为级进模。复合模是在冲压的一次行程过程中，在同一工位上同时完成两道或两道以上冲压工序的模具。

冲压加工包括分离和成型工序两大类。坯料的一部分和另一部分相互分离的工序称为分离，分离包括切断、切口、切边、冲裁、剖切和整修等基本工序。切断是用剪刃或模具切断板料或条料的部分周边，并使其分离。切口是用切口模将部分材料切开，但并不使它完全分离，切开部分材料发生弯曲。切边是用切边模将坯件边缘的多余材料冲切下来。冲裁分为冲孔和落料，前者是用冲孔模沿封闭轮廓冲裁工件或毛坯，冲下部分为废料，后者落料是用落料模沿封闭轮廓冲裁板料或条料，冲下部分为制件。剖切是用剖切模将坯件(弯曲件或拉深件)剖成两部分或几部分。整修是用整修模去掉坯件外缘或内孔的余量，以得到光滑的断面和精确的尺寸。

成型工序包括弯曲、拉深、局部成型、翻边、缩口以及整形与校平等工艺。

弯曲：把平面毛坯料制成具有一定角度和尺寸要求的一种塑性成型工艺。又可分为压弯、扭弯、卷边等形式。压弯是用弯曲模将平板(或丝料、杆件)毛坯压弯成一定尺寸和角度，或将已弯件作进一步弯曲。扭弯是用扭曲模将平板毛坯的一部分相对另一部分扭转成一定的角度。卷边是用卷边模将条料端部按一定半径卷成圆形。

拉深：将一定形状的平板毛坯通过拉深模冲压成各种形状的开口空芯件，或以开口空芯件为毛坯通过拉深，进一步使空芯件改变形状和尺寸的冷冲压加工方法。变薄拉深也是一种拉深方式，它用变薄拉深模减小空芯件毛坯的直径与壁厚，以得到底厚大于壁厚的空芯件。

局部成型：指通过板料的局部变形来改变毛坯的形状和尺寸的工序的总称，包括胀形和起伏成型两种。胀形指从空芯件内部施加径向压力，强迫局部材料厚度减薄和表面积增大，获得所需形状和尺寸的冷冲压工艺方法；而起伏成型是平板毛坯或制件在模具的作用下，产生局部凸起(或凹下)的冲压方法。

翻边：指利用模具将工件上的孔边缘或外缘边缘翻成竖立的直边的冲压工序。

缩口：指将预先拉深好的圆筒或管状坯料，通过模具将其口部缩小的冲压工序。

整形：利用模具将弯曲或拉深件局部或整体产生不大的塑性变形的冲压工序。

校平：指利用模具将有拱弯、翘曲的平板制件压平的冲压工序。

3. 轧制

轧制也称压延，是借助于摩擦力和压力使金属坯料通过两个旋转的轧辊之间的空隙，承受压缩变形，而在长度方向产生延伸的过程，如图 4-13 所示。轧制的目的与其他压力加工方法一样，一方面是为了得到所需要形状的材料，例如板材、带材、管材、线材、型材以及特殊品种材料等(见图 4-14)；另一方面是为了改善金属材料的内部质量，提高材料的力学性能。近年来还用来生产各种形状的毛坯或零件。轧制在机械制造业中得到广泛应用，在钢的生产总量中，除少部分用铸件法和锻件法制成器件外，其余 90%以上的钢都需经轧制成材，铝及其合金材料的 35%～45%、铜及其合金材料 60%～70%以及大量钛合金材料是用轧制方法成型的。轧制具有生产率高、产品品种多、材料消耗少、成本低等优点,适合于大批量生产。轧制水平是衡量一个国家现代化水平的重要标志。

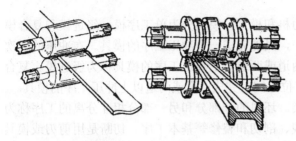
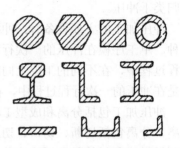

图 4-13 轧制过程示意图　　　　　图 4-14 轧制产品的截面形状

按轧制温度不同,轧制可分为热轧和冷轧两种方式。热轧一般以铸锭或开坯为原料在 1100～1200℃ 下进行轧制,变形抗力小。冷轧以热轧半成品或成品为原料在室温下轧制,轧制精度高,力学性能好。

按轧制产品的不同,轧制可分为半成品轧制和成品轧制。半成品轧制是将大型铸锭轧制成各种尺寸坯料的过程,也称开坯。成品轧制是将小型铸锭轧直接轧制成型材或将半成品轧制轧制成型材的过程。

根据轧辊轴线与坯料轴线方向的不同,轧制分为纵轧、横轧、斜轧闸盒楔横轧等几类。纵轧时,轧辊的纵轴线相互平行,轧间运动方向与轧辊的纵轴线垂直,主要轧制板带、线材和一般型材。斜轧时,轧辊的纵轴线倾斜互成一定角度,轧件边旋转边前进,前进方向与轧辊的纵轴线成一定角度,主要轧制管材及变截面型材。横轧时,轧辊的纵轴线相互平行,轧件沿横轴线方向前进,与轧辊的纵轴线垂直,主要轧制齿轮、车轮和轴类等回旋体。

按产品的成型特点,轧制可分为一般轧制、特殊轧制、周期轧制、旋压轧制、弯曲轧制等。

4. 挤压

挤压是将金属坯料放入容器(挤压筒)内,在压力作用下使坯料从挤压模的模孔中挤出而成型的压力加工方法,其基本原理如图 4-15 所示。目前,挤压加工已成为重要的金属塑性加工方法之一,尤其是在有色金属及其合金的塑性加工中具有广泛的应用。采用挤压法可以生产管、棒、型、线材等材料(半成品),也可以直接成型各种零部件(成品),如图 4-16 所示。

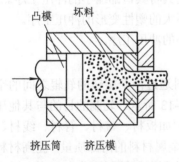
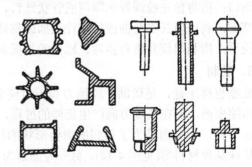

图 4-15 挤压过程示意图　　　　　图 4-16 挤压产品的截面形状

挤压加工具有以下特点:

① 可挤压的材料很广泛。这是由于材料在挤压变形中处于强烈的三向压应力状态,有

利于提高其塑性变形能力，获得大变形量。挤压材料不但有铝、铜等塑性好的金属及其合金，而且碳钢、合金钢、不锈钢等也可以用挤压来成型。在一定的变形量下，某些高碳钢、轴承钢甚至高速钢也可以挤压。如采取适当的工艺措施，还可对难熔合金进行成型。

②挤压产品种类多。挤压加工可以生产管、棒、线材，以及截面形状非常复杂的实芯和空芯型材；制品(零件)截面外接圆直径可大到 500～1000 mm，也可小到几毫米以下。

③挤压制品综合质量好，生产率和材料利用率高。挤压变形可以改善金属材料的组织，提高其力学性能。同时，挤压制品具有较高的尺寸精度和表面质量，达到少屑、无屑加工的目的。挤压加工的材料利用率可达 70%，生产率也大幅提高，比锻造方法提高了好几倍。

④生产灵活，设备投资少。挤压加工具有很大的灵活性，只需要更换模具就可以在同一台设备上生产不同形状、尺寸规格的产品。

⑤挤压模具工作条件恶劣，模具易磨损、破坏。

⑥对挤压设备要求较高，吨位要大。

挤压的方法有许多，可以按照不同的特征进行分类，如按照挤压方法、挤压温度、润滑状态或制品的种类等。根据挤压时金属流动方向与凸模运动方向的不同，挤压主要有正挤压、反挤压和复合挤压三种，如图 4-17 所示。

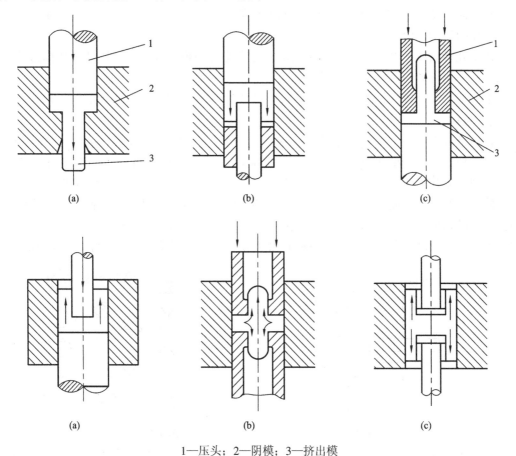

1—压头；2—阴模；3—挤出模

图 4-17　正挤压、反挤压和复合挤压示意图

(a) 实芯件正挤压；(b) 空芯件正挤压；(c) 实芯件反挤压；(d) 空芯件反挤压；(e)、(f) 复合挤压

1) 正挤压

金属的流动方向与凸模的运动方向相同。正挤压以其技术成熟、工艺操作简单、生产灵活度大等特点，成为铝及其合金、铜及其合金、钛及其合金、钢铁材料等许多部门与建筑材料成型加工中最广泛使用的方法之一。

正挤压的基本特征是：挤压时，坯料与挤压筒之间产生相对滑动，存在很大的外摩擦，它使金属流动不均匀，导致挤压制品头尾组织不均匀、外层和心部的组织不均匀，使挤压能耗增大。强烈的摩擦发热作用限制了挤压速度的提高，加快了挤压模具的磨损。

2) 反挤压

反挤压时，金属的流动方向与凸模的运动方向相反。反挤压法主要用于各种铝合金、铜合金、钛合金、钢铁材料零部件的冷挤压变形。例如子弹壳、牙膏、颜料等软管常用反挤压方法进行加工。

反挤压时，金属坯料与挤压筒之间无相对滑动，挤压能耗较低(所需挤压力小)，因而在同样吨位的设备上，反挤压时金属流动主要集中在模孔附近区域，因而制品的组织性能沿长度方向是均匀的。但是，挤压操作较为复杂，挤压制品质量的稳定性仍需要进一步提高。

3) 复合挤压

挤压时，毛坯一部分金属流动方向与凸模的运动方向相同，而另一部分金属流动方向则与凸模的运动方向相反，如图 4-17 所示。

以上几种挤压的共同特点是：金属流动方向都与凸模轴线平行，因此可统称为轴向挤压法。另外还有径向挤压和镦挤法。

根据挤压时金属坯料的温度不同，挤压可分为热挤压、温挤压和冷挤压三种。

5. 拉拔

拉拔是利用拉力，将金属坯料拉过拉拔模的模孔而成型的压力加工方法，如图 4-18 所示。对于拉拔量较大的拔制件，常需经多次拉拔，依次通过形状和尺寸逐渐变化的模孔，才能得到所需截面的产品。拉拔工艺主要用于制造各种细线材(如电缆等)、薄壁管及各种特殊几何形状的型材，如图 4-19 所示。由于拉拔通常是在室温下进行的，故又称为冷拔，所得到的产品精度高，表面质量较好，且由于加工硬化效应使之强度较高，因此常用于对轧制件的再加工，以提高产品质量。低碳钢及大多数有色金属及其合金都可通过拉拔成型。

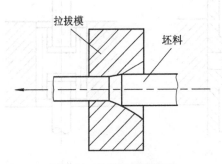　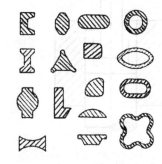

图 4-18　拉拔过程示意图　　　　　图 4-19　拉拔产品的截面形

由于在拉拔过程中有加工硬化效应，故每道拉拔过程的变形量不能太大，否则会出现拔裂甚至拔断的现象。在多道拉拔过程中，要在两道拉拔中间进行再结晶退火。为保证质量，坯料在拔制前要经过酸洗等表面处理。拉拔模具通常用硬质合金或工具钢制成，模孔小于 0.2 mm 的要用金刚石制成。拔制时要使用润滑剂，以减少摩擦，延长模具寿命。

4.4.3　焊接

焊接是指通过加热或加压等方法，依靠原子间的结合力或扩散作用，将两块或两块以上的母材(待焊接的工件)连接成一个整体的工艺方法。焊接应用广泛，既可用于金属，也可用于非金属。

两个或两个以上同质或异质的零件，通过焊接形成具有确定功能的部件，不同功能的部件通过焊接构成各式各样的工业产品。这些产品包括飞机、火箭、各式各样的航天器、各种车辆，甚至大到十万吨级的油轮，小到几克重的计算机芯片。焊机技术与工艺涉及现代文明的每一个角落，广泛用于机械制造、冶金、电子、化工、交通、能源、航空航天、船舶、桥梁、通信、医疗及食品机械等国民经济的各个领域。随着科学技术的进步，各种新型材料不断出现，要求与之相适应的焊接技术与工艺也随着发展。

1. 焊接方法

焊接技术主要应用在金属母材上，常用的有电弧焊、氩弧焊、CO_2 气体保护焊、氧气—乙炔焊、激光焊、电渣焊等多种，塑料等非金属材料亦可进行焊接。金属的焊接方法有 40 种以上，但根据被焊材料(母材)是否熔化，焊接方法大致可分为三类：熔化焊、压力焊和钎焊，详见图 4-20。

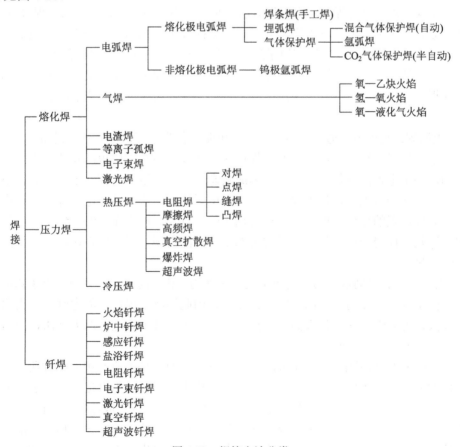

图 4-20　焊接方法分类

1) 熔化焊

熔化焊，也称熔焊，是指在焊接过程中待焊处(两工件的接口)的母材加热至熔化状态，但不加压力而完成焊接的方法。

熔焊的基本原理是利用热源将填充材料(焊条或焊丝)和工件的连接区基体材料(母材)共同加热至熔化状态，在连接区形成熔池，熔池随热源向前移动，熔池中的液体金属冷却凝固后形成连续焊缝而将两工件连接成为一体。

为了获得优质的焊接接头或焊缝，在熔焊过程中，需要对焊接区域进行保护，阻止大气与高温熔池金属的直接接触，否则，大气中的氧就会氧化金属和各种合金元素；大气中的氮、水蒸气等进入熔池，还会在随后的冷却过程中在焊缝中形成气孔、夹渣、裂纹等缺陷，并恶化焊缝的质量和性能。为此，人们研究出了各种保护方法。例如，气体保护电弧焊就是用氩气、二氧化碳等气体隔绝大气，以保护焊接时的电弧和熔池率；又如在手工电弧焊焊接钢材时，在焊条药皮中加入对氧亲和力大的钛铁粉进行脱氧，就可以保护焊条中有益元素锰、硅等免于氧化而进入熔池，冷却后可获得优质焊缝。

根据焊接热源的种类(准确地讲是根据热源能量来源的不同)，熔焊又细分如下：

(1) 电弧焊：利用空气持续放电产生的电弧作为热源，电弧中心的温度可达 5000 K 以上。电弧焊的主要方法有熔化极电弧焊与非熔化极电弧焊。其中，熔化极电弧焊又有焊条焊(手工焊)、埋弧焊、气体保护焊等，这些方法也是目前广泛使用的熔焊方法。其中，焊条焊是用手工操纵焊条进行焊接的电弧焊方法，是生产中应用最多、最普遍的焊接方法。

(2) 气焊：利用可燃气体(乙炔、氢气、液化石油气等)与氧气混合燃烧生成的火焰为热源，熔化焊件和焊接材料使之达到原子间结合的一种焊接方法。气焊设备主要包括氧气瓶、燃气瓶、减压器、焊枪、胶管等。气焊的特点是：设备简单，操作灵活；对铸铁和某些有色金属的焊接有较强的适应性；生产效率较低，工件焊后变形和热影响区较大；较难实现自动化。

(3) 电渣焊：利用电流通过熔渣所产生的电阻热作为热源，将填充金属和母材熔化，凝固后形成金属原子间牢固连接。在开始焊接时，使焊丝与起焊槽短路起弧，不断加入少量固体焊剂，利用电弧的热量使之熔化，形成液态熔渣，待熔渣达到一定深度时，增加焊丝的送进速度，并降低电压，使焊丝插入渣池，电弧熄灭，从而转入电渣焊焊接过程。主要用于厚板立焊位置的焊接。但由于焊接时输入的热量大，接头在高温下停留时间长、焊缝附近容易过热，焊缝金属呈粗大结晶的铸态组织，冲击韧性低，焊件在焊后一般需要进行正火和回火热处理。

(4) 等离子焊：借助水冷喷嘴对电弧的约束作用，获得高能量密度的等离子弧进行焊接的方法。由于等离子弧的温度高、能量密度大，因此等离子焊熔透能力强，可用比氩弧焊更高的焊接速度施焊，这不仅提高了焊接生产率，也可减小熔宽，增大熔深，因而可减少热影响区的宽度和焊接变形。

(5) 电子束焊：利用加速和聚焦的电子束轰击置于真空或非真空中的焊件所产生的热能进行焊接的方法。电子束焊接的基本原理是电子枪中的阴极由于直接或间接加热而发射电子，该电子在高压静电场的加速下再通过电磁场的聚焦就可以形成能量密度极高的电子束，用此电子束去轰击工件，巨大的动能转化为热能，使焊接处工件熔化，形成熔池，从而实现对工件的焊接。电子束焊接因具有不用焊条、焊丝和电极，不易氧化，工艺重复性好及热变形量小的优点，广泛应用于航空航天、原子能、国防及军工、汽车和电气电工仪表等众多行业。

(6) 激光焊：利用以聚焦的激光束作为能源轰击焊件所产生的热量进行焊接的方法。电子束焊接的优点有：① 热输入最小，热影响区范围最小，变形亦最低；② 不需要填料金属，不需使用电极，没有电极污染或受损的顾虑；③ 激光束可聚焦在很小的区域，可焊接小型且间隔相近的部件；④ 易于以自动化进行高速焊接，亦可以数位或电脑控制；⑤ 可焊材质种类范围大，亦可相互接合各种异质材料；⑥ 不受磁场所影响(电弧焊接及电子束焊接则容易受影响)，能精确地对准焊；⑦ 焊接薄材或细径线材时，不会像电弧焊接般易有回熔的困扰。电子束焊接存在以下不足：① 焊件位置需非常精确，务必在激光束的聚焦范围内；② 焊件需使用夹治具时，必须确保焊件的最终位置需与激光束将冲击的焊点对准；③ 最大可焊厚度受到限制，渗透厚度超过 19 mm 的工件在生产线上不适合使用激光焊接；④ 高反射性及高导热性材料如铝、铜及其合金等，焊接性能会因激光而改变；⑤ 能量转换效率太低，通常低于 10%；⑥ 焊道快速凝固，可能有气孔及脆化的顾虑；⑦ 设备昂贵。

2) 压力焊

焊接过程中，必须对焊件焊接区施加一定压力(加热或不加热)而完成焊接的方法称为压力焊。不加热的压力焊称为冷压焊，加热的压力焊称为热压焊。压力焊有两种形式：一是将被焊金属接触部分加热至塑性状态或局部熔化状态，然后施加一定的压力，以使金属原子间相互结合形成牢固的焊接接头，如锻焊、电阻焊(点焊、缝焊和对焊)、摩擦焊、气压焊等就是这种类型的压力焊方法；二是不进行加热，仅在被焊金属接触面上施加足够大的压力，借助于压力所引起的塑性变形，以使原子间相互接近而获得牢固的压挤接头，这种压力焊的方法有冷压焊、爆炸焊等。压力焊时，加热只是为了使焊件接头处更容易产生塑性变形。因此，压力焊属于固相焊接方法，也称固相焊，可通过调节温度、压力和时间，使待焊表面充分进行扩散而实现原子间结合。

各种压力焊方法的共同特点是在焊接过程中施加压力而不加填充材料。多数压力焊方法如扩散焊、高频焊、冷压焊等都没有熔化过程，因而没有像熔焊那样的有益合金元素烧损及有害元素侵入焊缝的问题，从而简化了焊接过程，也改善了焊接安全卫生条件。同时由于加热温度比熔焊低、加热时间短，因而热影响区小。许多难以用熔化焊焊接的材料，往往可以用压力焊焊成与母材同等强度的优质接头。对于异种材料的连接，压力焊具有一定优势，如金属与陶瓷的连接常用扩散焊方法，爆炸焊最早用于制造复合钢板，而钻头与钻杆的连接可用摩擦焊的方法。除真空扩散焊外，压力焊的多数方法属于高效连接方法，如机器人在汽车制造业中的应用。

压力焊是焊接科学技术的重要组成之一，广泛应用于航空航天、原子能、信息工程、汽车制造等工业部门。统计资料表明，用压焊完成的焊接量，每年约占世界总焊接量的 1/3，并有继续增加的趋势。

3) 钎焊

钎焊是指利用熔点比工件(也称母材)熔点低的金属作钎料，将钎料与工件一起加热到钎料熔化(工件不熔化)状态，借助毛细管作用将其吸入到固态间隙中，使液态钎料与固体工件表面发生原子间的相互扩散、熔解和化合而连接成整体的焊件方法。

钎焊时用做填充金属的材料称为钎料。熔点低于450℃的钎料称为软钎料，主要有锡基钎料、铅基钎料、镉基钎料和锌基钎料。熔点高于450℃的钎料称为硬钎料，硬钎焊的钎料种类繁多，以铝、银、铜、锰和镍为基的钎料应用最广。

钎焊分为软钎焊和硬钎焊两种。选用软钎料的钎焊称为软钎焊。软钎焊的接头强度较低，通常不超过70 MPa，所以只适用于受力不大，工作温度较低的工件。多数软钎焊适合的焊接温度在200～400℃。软钎焊广泛用于焊接受力不大的室温工作的仪表、电子元件和气密、水密容器等。选用硬钎料的钎焊称为硬钎焊。硬钎焊的接头强度高，可达500 MPa，适用于钎焊受力较大、工作温度较高的工件。

按加热方式的不同，钎焊可分为烙铁钎焊、火焰钎焊、电阻钎焊、感应钎焊、炉内钎焊、盐浴钎焊、真空钎焊、超声波钎焊、电子束钎焊、激光钎焊等十几种钎焊方法。烙铁钎焊操作便利，加热温度低，广泛用于电子行业中，适用于细小简单或很薄零件的软钎焊。波峰钎焊用于大批量印刷电路板和电子元件的组装焊接。施焊时，250℃左右的熔融焊锡在泵的压力下通过窄缝形成波峰，工件经过波峰实现焊接。这种方法生产率高，可在流水线上实现自动化生产。火焰钎焊是用可燃气体与氧气或压缩空气混合燃烧的火焰作为热源进行焊接，其设备简单，通用性强，操作方便，工艺过程较简单。这种方法可用于铝基钎料钎焊铝合金或Cu、Ag基钎料钎焊碳钢、铜合金小型工件的焊接，但加热温度难以控制、热应力较大。电阻钎焊加热迅速，易于实现自动化，加热集中，对周围母材影响小，但对钎焊接头的形状和尺寸要求严格，因此应用受到局限。感应钎焊是利用高频、中频或工频感应电流作为热源的焊接方法。高频加热适合于焊接薄壁管件。采用同轴电缆和分合式感应圈可在远离电源的现场进行钎焊，特别适用于某些大型构件，如火箭上需要拆卸的管道接头的焊接。感应钎焊热效率高，广泛用于钢、高温合金等具有对称形状的焊件，但难以准确控制钎焊温度，对壁厚不均或非对称的焊件，加热不易均匀。盐浴钎焊将工件部分或整体浸入覆盖有钎剂的钎料浴槽或只有熔盐的盐浴槽中加热焊接。这种方法加热均匀、迅速，温度控制较为准确，生产效率高，适合于大批量生产和大型构件的焊接。盐浴槽中的盐多由钎剂组成，焊后工件上常残存大量的钎剂，清洗工作量大，不适于钎焊有深孔、盲孔和封闭型的焊件，单件小批量生产成本较高。炉内钎焊是将装配好钎料的工件放在炉中进行加热焊接，常需要加钎剂，也可用还原性气体或惰性气体保护。炉内钎焊加热比较均匀，焊件不易变形，大批量生产时可采用连续式炉，生产效率高，但空气炉中钎焊焊件氧化严重。真空钎焊时，工件加热在真空室内进行，主要用于要求质量高的产品和易氧化材料的焊接。真空炉中钎焊成本高，且不能使用含P、Cd、Na、Zn、Mg、Li等蒸气压高的元素。

钎焊常用的工艺方法很多，可根据钎料种类、工件形状与尺寸、质量要求与生产批量等因素综合考虑加以选择。

较之熔化焊，钎焊时母材不熔化，仅钎料熔化；较之压力焊，钎焊时不对焊件施加压力。钎焊具有以下特点：① 工件加热温度低，组织性能受焊接过程的影响较小，变形也小；② 可焊接不同材质、不同厚度、不同大小的工件；③ 表面质量好，无需机加工；④ 设备简单，生产投资小；⑤ 钎焊设备简单，生产投资费用小。钎焊的不足是：① 钎焊的接头强度较低，尤其动载荷强度低，耐热性、耐蚀性比较差；② 焊前对工件的清理以及装配间隙要求较高，且钎料价格较贵。

钎焊是一种古老的具有上千年历史的焊接方法，近几十年来得到了较快的发展。目前，钎焊可以用于焊接碳钢、不锈钢、高温合金、铝、铜、钛等金属材料，也可以连接异种金属、金属与非金属。尤其适合于制造精密仪表、电器零部件以及某些复杂薄板结构，如夹层构件、蜂窝结构，也常用于钎焊各类导线与硬质合金刀具等。

2. 焊接材料

所谓焊接材料，广义上讲是指焊接过程所消耗材料的总称，包括焊条、焊丝、焊剂、电极和各种气体。作为填充材料的焊条、焊丝对焊缝成分、组织性能有重要影响，这里对焊条作一介绍。

焊条由焊芯和药皮两部分组成。

焊芯的作用是与焊件之间产生电弧并熔化作为焊缝的填充金属。焊芯的化学成分将直接影响焊缝质量，且对其各合金元素含量有一定的限制，保证焊缝的性能不低于母材。焊芯的牌号以"焊"字(代号是"H")表示焊接用钢丝，其后的表示法与钢号表示法完全相同。质量不同的焊芯在最后标以一定符号以示区别：A 表示高级优质钢，其 S、P 的质量分数不超过 0.03%；E 表示特级优质钢，其 S、P 的质量分数不超过 0.02%。常用的牌号有 H08、H08MnA、H15Mn 等。

药皮是压涂在焊芯表面上的涂料层。药皮对保证焊缝金属的质量和力学性能极为重要，在焊接过程中有如下作用：① 改善焊接工艺性。药皮易于引弧，稳定电弧燃烧，减少飞溅，并使焊缝成型美观。② 机械保护作用。空气中的氮、氧等气体对焊接熔池的冶金反应有不良影响。药皮熔化后产生的气体和熔渣可隔绝空气，保护熔滴和熔池金属。③ 冶金处理作用。药皮中添入 Mn、Si 等合金化元素，能脱氧、脱硫、脱磷、去氢、渗合金，从而改善焊缝质量。

焊条的分类方法很多。按用途分有碳钢焊条、低合金钢焊条、不锈钢焊条、铸铁焊条、铜及铜合金焊条、铝及铝合金焊条、镍及镍合金焊条、堆焊焊条，特殊用途焊条等。焊条按药皮熔化后的熔渣特性可分为酸性焊条和碱性焊条。熔渣中以酸性氧化物为主的焊条称为酸性焊条，酸性焊条优点是容易脱渣，具有良好的工艺性能，熔渣飞溅小，电弧稳定，焊缝成型美观，抗气孔能力较强，交、直流弧焊机均可使用。缺点是酸性焊条施焊后，焊缝的力学性能和抗裂性比碱性焊条差，尤其是塑性和韧性较差，故多用于焊接一般结构。碱性焊条熔渣中的主要成分是碱性氧化物，其工艺性能稍差，电弧不稳定，不易脱渣，焊接时烟尘较多，对油、锈、污敏感，只能采用直流电源焊接。但因其抗裂性好、去氢性较强，故又称为低氢型焊条，且焊缝金属力学性能高，一般用于焊接重要结构。

焊条型号是国家标准中的焊条代号按 GB 5117—1995 和 GB/T 5118—1995 规定表示，碳钢焊条和低合金钢焊条型用一个大写拼音字母和四位数字表示。首位字母"E"表示焊条，后面紧接的两位数字表示熔敷金属抗拉强度的最小值，第三位数字表示焊条的焊接位置。第三位数字如果为"0"或"1"，则表示焊条适用于全位置焊接(平焊、立焊、仰焊、横焊)；为"2"则表示焊条适用于平焊及平角焊，为"4"则表示焊条适用于向下立焊。第三位和第四位数字组合表示焊接电流种类及药皮类型。如 E4315 表示焊缝金属的 $\sigma_b \geq$ 43 kgf/mm^2，适用于全位置焊接，药皮类型是低氢钠型，电流种类是直流反接。

焊条牌号是焊条行业中现行的焊条代号，通常用一个大写的汉语拼音字母和三位数字表示，拼音字母表示焊条的类别，牌号中前两位数字表示焊缝金属抗拉强度的最低值，单位为 kgf/mm^2，最后一位数字表示药皮类型和电流种类。如 J422，"J" 表示结构钢焊条，"42" 表示焊缝金属抗拉强度不低于 42 kgf/mm^2，"2" 表示钛钙型药皮，电流种类为直流或交流。

选用的焊条是否恰当将直接影响焊接质量、劳动生产率和产品成本，一般按以下原则选用焊条：① 焊接如低碳钢、普通低合金钢构件时，一般选用与工件母材的强度等级相同的焊条。② 对于耐热钢和不锈钢的焊接应选用与工件化学成分相同或相近的焊条，如母材中碳、硫、磷质量分数较高时，宜选用抗裂性好的碱性焊条；若焊件在腐蚀性介质中工作，宜选用相应的耐腐蚀焊条。③ 若工件承受交变载荷或冲击载荷、结构复杂或要求刚度大，宜选用碱性焊条。

3. 焊接工艺

焊接时形成的连接两个被连接体的接缝称为焊缝。焊缝的两侧在焊接时会受到焊接热作用而发生组织和性能变化，这一区域被称为热影响区。焊缝区和热影响区构成焊接接头。焊接时，一方面因工件焊接材料、焊接电流等不同，焊后在焊缝和热影响区可能产生过热、脆化、淬硬或软化现象，也使焊件性能下降，从而使焊接性恶化；另一方面，因焊接是一个局部的迅速加热和冷却过程，焊接区由于受到四周工件本体的拘束而不能自由膨胀和收缩，冷却后在焊件中便产生焊接应力和变形。这就需要选择合适的焊接方法、焊接材料和接头形式，调整焊接规范参数，采取必要的工艺措施，以改善焊件的焊接质量。

焊接工艺是指与制造焊接有关的加工方法和实施要求，包括焊前准备、焊接材料选用、焊接方法选定、焊接参数、操作要求等。焊接工艺的制定，不仅要考虑焊件的制造性能，即最大限度地发挥所用材料、加工方法的优势，保证产品质量；同时还要考虑焊件的使用性能，保证产品在服役期内安全运行。

1) 金属材料的焊接性

金属材料的焊接性是在一定的焊接工艺条件下(焊接方法、焊接材料、工艺参数及结构型式等)，获得优质焊接接头的难易程度。它包括两方面的内容：一是结合性能，即在一定的焊接工艺条件下，焊接接头产生焊接缺陷的敏感性；二是使用性能，即焊接接头对使用要求的适应性。

影响金属材料的焊接性的因素很多，主要有材料(化学成分、组织状态、力学性能等)、设计(结构)、工艺(焊接方法、焊接规范等)及工作条件(工作温度、负荷条件、工作环境等)等四个方面。

化学成分是影响金属材料焊接性的主要因素。生产上，常根据钢材的化学成分来评定其焊接性。由于钢中含碳量对其焊接性的影响最为明显，通常把钢中合金元素含量对焊接性的影响，按其作用换算成碳元素的相当含量，即用碳当量(CE)法评定金属材料的焊接性。

铸铁的含碳量较高，含硫、磷等杂质较多，塑性差，焊接性也极差。因此，铸铁不宜作为焊接结构材料。

碳素钢中的低碳钢塑性好、淬硬倾向小，不易产生裂纹。但是还是应注意在低温环境下焊接厚度大、刚性大的结构时，应进行预热，否则容易产生裂纹；重要结构焊后要进行去应力退火以消除焊接应力；中碳钢有一定的淬硬倾向，焊接接头容易产生低塑性的淬硬组织和冷裂纹，焊接性较差，应采取焊前预热焊后缓冷等措施减小淬硬倾向，减少焊接应力；高碳钢的焊接性较差，大多用于维修一些损坏件，需注意焊前预热焊后缓冷。

低合金结构钢焊接的特点有两个：一是热影响区有较大的淬硬倾向，且随强度等级的提高，淬硬倾向也随着显著增大；二是热影响区的淬硬倾向，也随强度等级的提高而增大，在刚性较大的接头中，其至会出现所谓的"延迟裂纹"。

铜及其合金采用一般的焊接方法焊接性差的原因是：裂纹倾向大，气孔倾向大，容易产生焊不透缺陷及合金元素易氧化。通常采用氩弧焊、气焊、手工电弧焊和钎焊等方法，其中以氩弧焊质量最好。

铝及其合金采用一般的焊接方法焊接性差的原因是：极易氧化，易产生气孔，易产生裂纹。通常采用氩弧焊、电阻焊、钎焊、手工电弧焊和气焊等方法。

金属钛、钼、铌等由于焊接性较差，加热时会强烈吸收氧、氢、氮等气体，并由气体杂质污染引起性能变化和热循环造成显微结构的变化。通常采用氩弧焊、等离子焊和电子束焊等焊接方法。

2) 焊接接头、焊接参数的选择

焊接接头工艺的含义如下：

(1) 焊接接头形式。常用接头形式有对接、搭接、角接和 T 形等。对接接头的应力集中相对较小，能承受较大载荷，在焊接结构中常用；搭接接头应力分布不均，承载能力低，适用于被焊结构狭小处及密封的焊接结构；角接接头承载能力不高，一般用在不重要的结构件中；T 形接头整个接头承受载荷，承载能力强，生产中应用也很普遍。

(2) 坡口。根据设计或工艺需要，在焊件的待焊部位加工并装配成一定几何形状的沟槽称为坡口。开坡口的目的是为了得到在焊件厚度上全部焊透的焊缝。常见对接接头的坡口形式有 I 形坡口、V 形坡口、X 形坡口、U 形坡口等四种。

(3) 焊缝的空间位置。焊接时，按焊缝在空间位置的不同可分为平焊、立焊、横焊和仰焊。平焊操作方便，劳动条件好，生产效率高，焊缝质量易于保证。因此，一般应尽可能将工件放在平焊位置进行施焊。

焊接参数包括以下几方面：

(1) 焊条直径的选择。焊条直径主要取决于工件厚度、接头形式、焊缝位置、焊层数等因素。厚度大的工件，应选用直径较大的焊条。当用细焊条焊厚度大的工件时，常会出现焊不透缺陷；用粗焊条焊厚度小的工件时，则容易出现烧穿缺陷。T 形接头、搭接接头散热条件比对接接头好，可选用较粗直径的焊条。平焊时所用的焊条直径可大些；立焊时的焊条直径不超过 5 mm；仰焊或横焊时焊条直径不超过 4 mm。多层焊时，为防止焊不透，第一层焊道应采用较小直径焊条进行焊接，其余各层可根据工件厚度，选用较大直径焊条。

(2) 焊接电流的选择焊接电流是焊条电弧焊的主要焊接参数。焊接电流太大时，焊条尾部要发红，部分药皮的涂层要失效或崩落，机械保护效果变差，容易产生气孔、咬边、烧穿等焊接缺陷，并使焊接飞溅加大。焊接电流太小时，会造成未焊透、未熔合等缺陷，并使生产率降低。选择焊接电流首先应在保证焊接质量的前提下，尽量选用较大的电流，以提高劳动生产率。

3) 焊接变形及预防措施

焊接构件因焊接而产生的内应力称焊接应力，焊件因焊接而产生的变形称焊接变形。焊接时，由于工件是不均匀的局部加热或冷却，造成焊件的热胀冷缩速度和组织变化先后不一致，从而导致焊接应力和变形的产生。变形是焊件自身降低其应力状态的结果，变形的表现形式与工件的截面尺寸、焊缝布置、焊接元件的组合方式及焊接接头的形式等因素有关。

　　焊接变形的基本形式有弯曲变形、角变形、波浪变形和扭曲变形等。焊接变形不但影响结构尺寸的准确性和外形美观，严重时还可能降低承载能力，甚至造成事故。为了防止和减少焊接变形，设计时应尽可能采用合理的结构形式和必要的焊接工艺措施。具体如下：

　　(1) 采用合理的结构。设计焊接结构时，在保证结构有足够承载能力的情况下，采用尽量小的焊缝尺寸、数量；焊缝尽量对称布置；焊缝分散，避免集中。

　　(2) 反变形法。先用经验和计算方法估计焊后可能发生的变形大小和方向，焊前将工件安放在与焊接变形方向相反的位置上。

　　(3) 刚性固定法。焊前将工件各部分用夹具、刚性支撑、专用夹具或定位点焊强制固定，以防止和加小变形。刚性固定法只适用于工件塑性较好、结构刚度较小的结构，对于淬硬性较大的金属不能使用，以免焊后断裂。

　　(4) 焊接顺序变换法。安排焊接顺序时应尽可能考虑焊缝自由伸缩，对称截面梁焊接次序要交替进行。

　　(5) 焊前预热，焊后处理。焊前对工件预热可以减少焊件各部位温差，降低焊后冷却速度，减小残余应力。在允许的条件下，焊后进行去应力退火或用锤子对红热状态下的焊缝进行均匀迅速的敲击，均可有效地减小焊接变形。

4.5　金属材料的热处理

　　热处理是将金属材料以一定速度加热到预定温度并保持预定的时间，再以预定的冷却速度进行冷却的综合工艺方法。在对金属材料进行热处理的过程中，尽管材料的形状没有发生变化，但在加热和冷却过程中，其内部质量(组织)发生了变化，因此相应的性能也发生了变化。

　　为使金属材料具有所需要的力学性能、物理性能和化学性能，热处理工艺往往是必不可少的。材料在制备合成、加工成材后，为了充分发挥材料的性能潜力，保证材料具有良好的继续加工工艺和使用性能，往往需要通过热处理来改善材料的组织和性能。在铸造、压力加工和焊接成型过程中，不可避免地存在组织缺陷。为了消除这些缺陷，也需要通过热处理改善材料的组织和性能。热处理过程还是赋予工件最终性能的关键工序，许多重要零件加工成型以后，都需要进行最终热处理，以获得最优异的使用性能。

　　钢铁是机械工业中应用最广的材料，钢铁显微组织复杂，可以通过热处理予以控制，所以钢铁的热处理是金属热处理的主要内容。另外，铝、铜、镁、钛等及其合金也都可以通过热处理改变其力学、物理和化学性能，以获得不同的使用性能。

4.5.1　钢的热处理

　　钢铁材料热处理是通过加热、保温和冷却方式借以改变合金的组织与性能的一种工艺方法。

钢铁材料热处理工艺大体可分为整体热处理、表面热处理和化学热处理三大类。整体热处理是对工件整体加热，然后以适当的速度冷却，获得需要的金相组织，以改变其整体力学性能的金属热处理工艺。钢铁整体热处理大致有退火、正火、淬火和回火四种基本工艺。根据加热介质、加热温度和冷却方法的不同，整体热处理又可区分为若干不同的热处理工艺。同一种钢材采用不同的热处理工艺，可获得不同的组织，从而具有不同的性能。表面热处理和化学热处理将在 10.2 节和 10.3 节中介绍。

1. 退火

退火是将工件加热到适当温度，根据材料和工件尺寸采用不同的保温时间，然后进行缓慢冷却，其目的是使金属内部组织达到或接近平衡状态，获得良好的工艺性能和使用性能，或者为进一步淬火作组织准备。钢的退火工艺种类很多，根据加热温度可分为两大类：一类是在临界温度(T_{c1} 或 T_{c3})以上的退火，又称为相变重结晶退火，包括完全退火、不完全退火、球化退火和扩散退火等；另一类是在临界温度以下的退火，包括再结晶退火及去应力退火等。

完全退火又称重结晶退火，一般简称为退火，这种退火主要用于亚共析成分的各种碳钢和合金钢的铸、锻件及热轧型材，有时也用于焊接结构。一般常作为一些较轻工件的最终热处理，或作为某些工件的预先热处理。

球化退火主要用于过共析的碳钢及合金工具钢(如制造刃具、量具、模具所用的钢种)，其主要目的在于降低硬度，改善切削加工性，并为以后淬火做好准备。

去应力退火又称低温退火(或高温回火)，这种退火主要用来消除铸件、锻件、焊接件、热轧件、冷拉件等的残余应力。如果这些应力不予消除，将会引起钢件在一定时间以后，或在随后的切削加工过程中产生变形或裂纹。

2. 正火

正火是将工件加热到适宜的温度后在空气中冷却，正火的效果同退火相似，只是得到的组织更细，常用于改善材料的切削性能，也有时用于对一些要求不高的零件作为最终热处理。

3. 淬火

淬火是将工件加热保温后，在水、油或其他无机盐、有机水溶液等淬冷介质中快速冷却。淬火后钢件变硬，但同时变脆。经过退火或正火的工件只能获得一般的强度和硬度，对于许多需要高强度、高硬度、高耐磨条件下工作的零件则必须淬火。

最常用的冷却介质是盐水、水和油。盐水淬火的工件容易得到高的硬度和光洁的表面，不容易产生淬不硬的软点，但却易使工件变形严重，甚至发生开裂。油一般用作合金钢和某些小型复杂碳素钢件的淬火。为了减少零件淬火时的变形，盐浴也常用作淬火介质，主要用于分级淬火和等温淬火。

4. 回火

淬火后钢件变硬，同时会变脆，因此必须进行回火处理。为了降低钢件的脆性，将淬火后的钢件在高于室温而低于 650℃ 的某一适当温度进行长时间的保温，再进行冷却，这种工艺称为回火。回火的目的是：

(1) 降低脆性，消除或减少内应力，钢件淬火后存在很大内应力和脆性，如不及时回火往往会使钢件发生变形甚至开裂。

（2）获得工件所要求的机械性能，工件经淬火后硬度高而脆性大，为了满足各种工件的不同性能的要求，可以通过适当回火的配合来调整硬度，减小脆性，得到所需要的韧性、塑性。稳定工件尺寸。

（3）对于退火难以软化的某些合金钢，在淬火（或正火）后常采用高温回火，使钢中碳化物适当聚集，将硬度降低，以利切削加工。

退火、正火、淬火、回火是整体热处理中的"四把火"，其中的淬火与回火关系密切，常常配合使用，缺一不可。"四把火"随着加热温度和冷却方式的不同，又演变出不同的热处理工艺。为了获得一定的强度和韧性，把淬火和高温回火结合起来的工艺称为调质。某些合金淬火形成过饱和固溶体后，将其置于室温或稍高的适当温度下保持较长时间，以提高合金的硬度、强度或电性磁性等。这样的热处理工艺称为时效处理。

热处理是机械零件和工模具制造过程中的重要工序之一。大体来说，它可以保证和提高工件的各种性能，如耐磨、耐腐蚀等，还可以改善毛坯的组织和应力状态，以利于进行各种冷、热加工。

4.5.2　固溶处理与时效处理

固溶处理是指将合金加热至高温单相区恒温保持，使过剩相充分溶解到固溶体中，然后快速冷却，以得到过饱和固溶体的热处理工艺。固溶热处理中的快速冷却似乎像普通钢的淬火，但此时的"淬火"与普通钢的淬火是不同的，固溶处理是软化处理，其目的是使合金中各种相充分溶解，强化固溶体并提高韧性及抗蚀性能，消除应力与软化，以便继续加工成型。普通钢的淬火的目的是淬硬。

时效是指合金经固溶热处理或冷塑性形变后，在室温放置或稍高于室温保持时，其性能随时间而变化的现象。时效处理是指合金工件经固溶处理，冷塑性变形或铸造。锻造后，在较高的温度放置或在室温下保持其性能、形状、尺寸随时间而变化的热处理工艺。若采用将工件加热到较高温度，并在较短时间进行时效处理的时效处理工艺，称为人工时效处理；若将工件放置在室温或自然条件下长时间存放而发生的时效现象，称为自然时效处理。时效处理的目的是消除工件的内应力，稳定组织和尺寸，改善机械性能等。

习　题

1. 指出下列材料的类别、代号的意义和主要用途：

Q235、45、65、T8、T10A、20CrMnTi、W18Cr4V、HT100、QT500-07、ZL102、LF21、LC4、LD7、ZAlSi7Cu4、H70、TC4

2. 低碳钢、中碳钢和高碳钢是如何根据含碳量区分的？

3. 钢中的常存杂质有哪些？它们对钢的性能有何影响？

4. 简述铝合金的特性和用途。

5. 铜合金有何性能特点？它在工业上的主要用途是什么？

6. 与其他有色金属相比，钛合金的性能的主要特点是什么？

7. 何谓火法冶金、湿法冶金和电冶金？它们的主要特点是什么？

8. 简述炼铁和炼钢的基本过程。

9. 简述高炉炼钢的原料、产品和副产品以及它们的作用或用途。

10. 简述碱性平炉炼钢、电弧炉炼钢和氧气顶吹转炉炼钢的特点和应用范围。

11. 简述工业上从铝土矿中提取金属铝的过程。

12. 铸造生产的实质是什么？它具有哪些优缺点？

13. 简述砂型铸造的基本工艺过程。

14. 什么是特种铸造？与砂型铸造相比，它有何特点？

15. 金属的压力加工方法主要有哪几类？各有何特点？

16. 试比较铸造和锻造生产的优缺点，两者在应用上有何区别？

17. 简述板料冲压的基本工序。

18. 金属挤压有哪几种形式？挤压的主要工艺特点是什么？

19. 焊接工艺的实质是什么？具有哪些优缺点？

20. 焊接方法主要有哪三类？各有什么特点？

21. 焊条的药皮有何作用？为什么药皮中含有锰铁？在各种自动焊中，用什么代替药皮的作用？

22. 分别叙述手工电弧焊、电焊和钎焊的焊缝形成过程。

23. 钢的退火和正火的目的是什么？如何冷却？

24. 钢淬火后为什么要进行回火？

第5章　无机非金属材料

　　无机非金属材料简称无机材料，在人类发展史上起着重要作用。随着现代科学技术的发展，无机非金属材料也取得了惊人的进展，许多新型无机非金属材料的成分远远超出硅酸盐的范畴，通过控制材料的成分与微观结构，许多不同功能的新型无机材料相继研制成功，并在国防、机械、化工等工业部门获得广泛应用。现在，无机材料同金属、聚合物材料一起成为现代工程材料的主要支柱。

5.1　陶瓷材料

5.1.1　概述

1．陶瓷的概念

　　陶瓷(Ceramics)是一类历史悠久的无机非金属材料。陶瓷在国际上并没有统一的定义。德国陶瓷协会认为，陶瓷是将原料在室温或在高温下成型，通过800℃以上的高温处理而获得具有陶瓷制品性质的广义无机非金属制品。英国将成型、加热硬化而得到的无机材料所构成的制品总称为陶瓷。法国则认为陶瓷是由离子扩散或者玻璃相结合起来的晶粒聚集体构成的物质。美国和日本等国家认为，陶瓷是用无机非金属物质为原料，在制造或使用过程中经高温煅烧而成的制品和材料，它是包括各种硅酸盐材料和制品在内的无机非金属材料的通称，不仅指陶瓷，还包括水泥、玻璃、搪瓷等材料。我国一般将陶瓷定义为以无机非金属天然矿物或化工原料为原料，经原料处理、成型、干燥、烧结等工序制成的多晶、多相的聚合体。

2．陶瓷的原料

　　大多数传统陶瓷的主要原料有黏土、石英和长石。黏土是细颗粒的含水硅酸盐，如高岭土($Al_2O_3 \cdot 2SiO_2 \cdot 2H_2O$)、蒙脱土($Al_2O_3 \cdot 4SiO_2 \cdot nH_2O$)等，它们具有层状的晶体结构，属于可塑性原料。当与水混合时，黏土有很好的可塑性，在坯体中起塑化和粘合作用，赋予坯体以塑变或注浆成型能力，并保证干坯的强度及烧结后的性能，如机械性能、热稳定性和化学稳定性等。石英是无水二氧化硅或硅酸盐，具有质硬、化学稳定性高、难熔等性质，属于瘠性原料，能降低坯体黏度，缩短干燥时间，防止坯体变形，是传统陶瓷中玻璃相的主要来源，同时也影响釉的强度、硬度、耐磨性和化学稳定性。长石($K_2O \cdot Al_2O_3 \cdot 6SiO_2$或$Na_2O \cdot Al_2O_3 \cdot 6SiO_2$)是含$K^+$、$Na^+$或$Ca^{2+}$的无水铝硅酸盐，属于熔剂或助熔剂原料，高温下熔融后可以溶解部分石英和高岭土分解物，可以起高温胶结作用。

　　与传统材料采用天然矿物原料不同，特种陶瓷一般不使用天然原料，也不直接使用工业原料，而是使用人工合成的陶瓷粉体。陶瓷粉体的原料是具有较高纯度要求的化学试剂和化学原料。常用的陶瓷粉体及其合成原料如表 5-1 所示。

表 5-1 常用的陶瓷粉体及其合成原料

陶瓷材料	化 学 试 剂
氧化铝	煅烧氧化铝、氯化铝、硫酸铝氨、氢氧化铝、有机氯盐(醇盐)
氧化锆	氧氯化锆、硫酸锆、硝酸锆、有机锆盐(如醇盐、醋酸盐)
氧化钇	氯化钇、有机钇盐(如醇盐)
钛酸钡	碳酸钡、草酸钡、硝酸钡、氧化钛、钛酸盐、有机钡(钛)盐(如醇盐)
氧化镁	煅烧氧化镁、氯化镁、有机镁盐
锆钛酸铅(PZT、PLZT)	相关组分氧化物、草酸盐、硝酸盐、有机盐(醇盐、柠檬酸盐等)
锰锌铁氧体	氧化物、硝酸盐、有机盐等

3. 陶瓷的分类

陶瓷制品是多种多样的。从微细的单晶晶须、细小的磁芯和衬底基板到几吨重的耐火炉炉衬材料，从严格控制组成的单相制品到多相多组分制品，以及从无气孔而透明的各类晶体到轻质绝缘的泡沫制品(多孔陶瓷)等，由于其品种如此之多、范围如此之广，目前对陶瓷尚无统一的分类方法。

一般来说，按照原料及坯体性质的不同，陶瓷可以分为陶器和瓷器两大类。陶器是一种结构疏松、致密度差的制品，断面粗糙、无光泽，具有一定吸水率，通常又有粗陶和精陶之分，常作为建筑陶瓷和卫生陶瓷。瓷器的坯体基本不吸水，断面呈石状或贝壳状，有一定半透明性，可分为日用瓷、工艺美术瓷、建筑卫生瓷、工业用瓷。

陶瓷按原料(是否为硅酸盐)可分为传统陶瓷(也称普通陶瓷)和特种陶瓷。按照用途进行分类，传统陶瓷可以分为日用陶瓷、建筑陶瓷、卫生陶瓷、化工陶瓷(包括耐酸砖、酸洗槽、电解槽、瓷坩埚、研钵等)、电工陶瓷(包括各种绝缘子、电极套管等电工陶瓷等)和艺术陶瓷等。人们习惯上将特种陶瓷分为两类，即结构陶瓷和功能陶瓷。结构陶瓷指具有力学、热学、部分化学性能的陶瓷；功能陶瓷指具有电、磁、声、热、光、化学和生物特性且具有相互转换功能的陶瓷。

5.1.2 陶瓷的结构与性能

1. 陶瓷的结构

陶瓷是由金属元素和非金属元素的化合物组成，主要成分是 SiO_2、Al_2O_3、Fe_2O_3、TiO_2、CaO、MgO、Na_2O、PbO 等。一般是以天然硅酸盐(如黏土、长石和石英等)或人工合成化合物(如氧化物、氮化物、碳化物、硅化物、硼化物等)为原料，经粉碎—配制—制坯—成型—烧结而制成的，是多相的固体材料。陶瓷的晶体结构比金属复杂得多，可以是以离子键为主的离子晶体，也可以是以共价键为主的共价晶体。大多数陶瓷晶体是离子键和共价键的混合键。如以离子键结合的 MgO，离子键结合比例占 84%，有 16%是共价键结合；而共价键为主的 SiC，仍有 18%的离子键结合。

陶瓷的显微组织由晶体相、玻璃相和气相(气孔)组成。各组成相的结构、数量、大小、形状对陶瓷的性能有显著影响。

1) 晶体相

晶体相是陶瓷材料最主要的组成相，而且是多相多晶体，又分为主晶相、次生相和第三相等。晶体相主要由离子键和共价键结合而成，所以晶体相大多数是离子晶体(如 CaO、MgO、Al_2O_3 和 ZrO_2 等)，也有共价晶体(如 Si_3N_4、SiC、BN 等)。陶瓷晶体相的晶体结构一般有两类：一类是氧化物，特点是由尺寸较大的氧负离子(O^{2-})密集堆积形成密排六方、面心六方等，而尺寸较小的金属正离子(如 Al^{3+}、Mg^{2+}、Ca^{2+}等)填充在空隙内；另一类是含氧酸盐(如硅酸盐、钛酸盐等)，它的基本单元都是硅氧四面体$[SiO_4]$，其特点是不论何种硅酸盐，硅总是存在于四个氧原子组成的四面体的中心，如图 5-1 所示。按照硅氧四面体在结构中的连接方法的不同，所形成硅酸盐的结构也不同，如岛状、链状、层状和网状等，如图 5-2 所示。

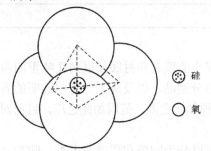

图 5-1　硅酸盐的基本结构单元　　　　　　　　图 5-2　链状连接$[SiO_4]$四面体结构

陶瓷的性能主要取决于主晶相的结构和它们的分布形态，特别是机械性能；晶体相中晶粒细化和亚结构的出现，都可使陶瓷的强度提高。

硅酸盐陶瓷的主要原料中都有 SiO_2，例如长石 (Na₂O · Al₂O₃ · 6SiO₂)、黏土($Al_2O_3 \cdot 2SiO_2 \cdot 2H_2O$)、滑石($3MgO \cdot 4SiO_2 \cdot 2H_2O$)等，而且它在加热和冷却时有同素(质)异构转变，这必然要引起晶体密度和体积的变化，会产生很大的内应力，从而导致陶瓷材料的开裂。因此，在生产中常利用这个特性来粉碎石英岩石。具有同质异构转变的陶瓷晶体还有 Al_2O_3、TiO_2 和 ZrO_2 等。

2) 玻璃相

玻璃相是一种非晶态固体，是陶瓷材料中 SiO_2 在烧结处于熔化状态后冷却时原子不能规则排列形成的非晶态玻璃相。玻璃相是陶瓷材料中不可缺少的组成相，其作用是：将分散的晶体相粘结起来，填充晶体之间的空隙，提高材料的致密度；降低烧成温度，加快烧结过程；阻止晶体转变、抑止晶粒长大。由于玻璃相的熔点低、热稳定性差，在较低温度下便开始软化，对陶瓷强度、介电常数、耐热性能等不利，因此工业陶瓷中的玻璃相必须控制在一定范围内，一般陶瓷的玻璃相为 20%～40%。能成为玻璃相的无机物还有 Se、S 元素和 B_2O_3、P_2O_5、GeO_2 等氧化物、硫化物、氯化物、硒化物和卤化物等。

3) 气相

气相是陶瓷中坯体各成分在加热过程中单独或互相发生物理、化学作用所生成的空隙或气孔，常以孤立状态分布在玻璃相中，或以细小气孔分布在晶界和晶内，是陶瓷生产工艺中不可避免地形成而保留下来的。气孔使陶瓷密度减小，并能吸收振动能量，但它容易产生应力集中或者形成裂纹源，使陶瓷强度降低，电击穿能力下降，绝缘性能降低，因此一定要控制工业陶瓷中的气相。一般希望尽量降低气孔率,通常,普通陶瓷的气孔率为5%～10%,特种陶瓷的气孔率在5%以下,并力求气孔呈球形,且分布均匀。在轻质和保温陶瓷中,当要求密度小和绝热性好时,则需要增加气孔量,有时气孔率高达60%。

2. 陶瓷的性能

1) 高弹性模量、高硬度

陶瓷主要以离子键和共价键结合,其弹性模量和硬度在各类材料中是最高的。通常,陶瓷的弹性模量比金属的高数倍,比聚合物的高2～4个数量级。各种陶瓷的硬度多为1000～5000 HV(淬火钢为500～800 HV,而聚合物最硬也不超过20 HV)。陶瓷的硬度随温度的升高而降低,但在高温下仍维持较高的数值。

2) 低抗拉强度和较高抗压强

由于陶瓷材料结合键的结合力很高,因此具有很高的理论强度,但其微观结构又具有复杂性和不均匀性(原料粉碎、混合和烧结成型过程中产生的杂质、气孔及各种缺陷的影响),则容易产生裂纹,致使陶瓷材料的实际抗拉强度值(约为E/1000～E/100或更低)远低于理论值(约为 E/10～E/5),比金属的要低得多。陶瓷在受到压力时,气孔等缺陷不易扩展成宏观裂纹,故其抗压强度较高,约为抗拉强度的10～40倍。显然,减少陶瓷中的杂质和气孔,细化晶粒,提高致密度和均匀度,可提高陶瓷的强度。

3) 塑性、韧性低,脆性大

由于陶瓷材料的滑移系非常少,同时共价键又有明显的方向性和饱和性、而离子键的同性离子接近时排斥力很大,所以在陶瓷材料受到外载荷时不发生塑性变形而直接断裂,即在低应力下脆断。陶瓷在室温下几乎没有塑性,但在高温慢速加载情况下,也能表现出一定的塑性。由于陶瓷材料是脆性材料,故其冲击韧性、断裂韧性都很低,其断裂韧性 K_{IC} 约为金属的1/100～1/60。

4) 优良的高温性能和低抗热振性

陶瓷的熔点远高于金属,因而具有优于金属的高温强度。多数金属在 1000℃左右就丧失强度,而陶瓷在高温下仍基本能保持其室温下的强度,具有高的抗蠕变性,同时也具有较好的抗氧化性能,故广泛用作耐高温材料。但是陶瓷承受温度急剧变化的能力(即抗热振性)差,当温度剧烈变化时容易破裂。

5) 热性能

热性能包括熔点、比热容、热膨胀系数、热导率等与温度有关的物理性能。陶瓷的熔点大多数在 2000℃以上,因而使陶瓷具有优于金属的高温强度和高温抗蠕变抗力。陶瓷的热膨胀系数小、热导率低、热容量小,且随着气孔率的增加而降低,故多孔或泡沫陶瓷可作为绝热材料。

6) 电性能与绝缘性好

大多数陶瓷具有很高的电阻率、很低的介电常数和介电损耗,因此可以作为绝缘材料。随着科学技术的发展,具有各种电性能的新型陶瓷材料如压电陶瓷、半导体陶瓷等也用作功能材料,为陶瓷的应用开拓了广阔的前景。

7) 化学稳定性

从陶瓷的晶体结构看,金属正离子被周围氧负离子所包围,屏蔽于其紧密排列的间隙之中,很难再与周围的氧发生反应,其至在 1000℃以上的高温下也是如此,所以陶瓷具有很好的耐火性或不燃烧性。陶瓷对酸、碱、盐等腐蚀性介质均有较强的抗蚀性,与许多熔融金属不发生作用,故可用作坩埚材料。例如,用 Al_2O_3 制作的坩埚在 1700℃高温下不沾污金属,保持了化学稳定性;又如透明 Al_2O_3 陶瓷可作钠灯,能承受钠蒸气的强烈侵蚀。

5.1.3 陶瓷的制备工艺

陶瓷材料的力学、电学、光学等性能与显微结构中的各要素及其性质存在着密切的关系,而显微结构又受原料制备及工艺过程的影响。

陶瓷种类繁多,工艺比较复杂,不同陶瓷的制备工艺存在差异,但其基本工艺包括:坯料的制备、坯体的成型、坯体的干燥、制品的烧成或烧结以及坯体的加工。

1. 陶瓷坯料的制备

1) 传统陶瓷坯料的制备

陶瓷坯料是指陶瓷原料经过配料和加工后得到的多成分混合物,一般指成型前按照要求配制好的供成型的物料。传统陶瓷由于含有较多的黏土类原料,加入一定量的水分之后便具有成型性能。根据成型方法不同,传统陶瓷坯料通常分为三类:注浆料、可塑料和压制粉料。通常以水分含量来区分不同的坯料,注浆料中一般含水量28%～35%,可塑料含水量 18%～25%,半干压粉料含水量 8%～15%,干粉料含水量 3%～7%。

在坯料的配料和加工过程中,一般要求坯料的组分应满足配方要求、各种组分混合物均匀、各组分的颗粒达到要求的细度以及坯料中的空气尽量少。不同品种陶瓷的坯料制备的具体过程有一定的差异,但主要的制备工艺过程大致相同。

(1) 原料精加工。为适应现代工业的发展,采用高纯原料制造陶瓷是制造高质量陶瓷的前提。一般矿物的杂质含量和质量波动较大,所以矿物要经过拣选才能得到所需物料,即采用物理方法、化学方法和物理化学方法对矿物原料进行分离、提纯及去除各种有害杂质。

(2) 原料煅烧与风化。煅烧后的石英原料结构变得疏松、易于破碎,杂质也易于找出,且晶型稳定;风化程度较高的黏土可以提高其成型性能,且其他工艺性能也较稳定。

(3) 原料破碎。原材料的颗粒尺寸会直接影响后续的成型、烧结工艺,以及材料的各种性能,因此原料先要经过破碎以得到所需颗粒,再经过混合、磨细等加工,得到规定要求的坯料。传统陶瓷普遍采用间歇式球磨机进行粉碎,球磨机既是粉碎工具又是混合工具。

(4) 过筛与除铁。通常用过筛去除大颗粒,采用磁选机和恒磁铁块去除含铁杂质。

(5) 泥浆储存、搅拌。磨好的浆料一般要存放 2～3 天,以改善和均匀化泥浆性能。

(6) 泥浆脱水与造粒。采用压滤或喷雾干燥的方法排除浆料中多余的水分,将水分含量降低至 22%～25%,即供可塑成型使用。一般粉料的制备称为造粒,常用喷雾干燥法,喷雾干燥后的水分可降至 8%以下,供压制成型使用。

(7) 练泥与陈腐。压滤后的泥饼通过练泥机使其均匀并尽量排出气体。经过练泥的泥料在一定温度和湿度下存放一定时间的过程称为陈腐。

2) 特种陶瓷坯料的制备

特种陶瓷在性能方面有着相对较高的要求,因而其原料采用高纯的化学试剂合成陶瓷粉末,以满足特种陶瓷原料高纯度的要求。一般制备特种陶瓷的粉料要有准确的化学成分配比与高的纯度,粉体颗粒尺寸细小、均匀,尽可能符合制备陶瓷所需的物相、颗粒细度、粒度分布等要求。

粉体制备是特种陶瓷坯料制备很重要的一步。粉体的制备方法有两种：一种是机械破碎法，即采用机械破碎的方式，把粗颗粒粉碎成细颗粒，但这种方法所获得粉料的纯度不能保证，且颗粒的粒度有限，一般用来制备 1 μm 以上的颗粒；另一种是化学法，即由离子、原子、分子通过反应、成核和生长获得细颗粒的方法，这种方法获得的粉体的纯度高、均匀性好、颗粒细小(1 μm 以下)且粒度可控，是特种陶瓷粉体的主要方法。根据化学反应进行的相态不同，化学法可分为液相法、气相法和固相法。

液相法一般将均相的溶液，通过各种途径使其溶质和溶剂分离，形成一定形状和大小的颗粒状前驱体，热解后得到陶瓷粉体。液相法主要有沉淀法、醇盐加水分解法、溶胶—凝胶法(Sol-Gel)、水热法、溶剂蒸发法、喷雾法等。

气相法主要有两种：一种是系统中不发生化学反应的蒸发—凝聚法(PVD)，另一种是化学气相沉积法(CVD)。蒸发—凝聚法是将原料加热到高温气化，在较大温度梯度下的低温区急冷，凝聚成微粒状物料的方法；化学气相沉积法是化合物的气体通过化学反应合成所需物质的方法。

固相法就是以固态物质为原料，通过固相反应获得粉体的方法。固相反应有许多类型，其中化合反应、热分解反应、氧化物还原反应是制备陶瓷粉末的主要方法。

2．陶瓷坯体的成型

陶瓷成型是将配制成的浆料、可塑泥团、半干粉料，经适当的方法和设备制成一定形状、体积和强度的块体的过程。陶瓷的成型方法很多，按坯料含水量的多少可分为三种：粉料成型法、塑性料团成型法、注浆成型法。

1) 粉料成型法

粉料成型法又称半干法成型，也称压制法，是将含有少量水分(一般不超过 5%)或塑化剂(包括黏土等无机塑化剂，聚乙烯醇、甘油和无水乙醇等有机塑化剂)的粉料装入金属模具中，施加足够高的压力将粉料压成密实而坚硬的坯件的方法。此方法应用范围较广，主要用于特种陶瓷和金属陶瓷。

2) 塑性料团成型法

塑性料团成型法又称可塑成型法，是指在坯料中加入水(在 16%左右)或塑化剂混合，形成具有充分可塑性的泥料团，然后在外力作用下发生塑性变形而成坯体的方法。根据成型操作的不同，可塑法可用手工、半机械和机械压制成型。半机械和机械压制成型包括挤制成型和轧模成型。

挤制成型是指将具有塑性的泥料置于挤制筒内，在压力作用下，通过机嘴挤出各种形状的坯件，例如棒材、管材等，产品的形状取决于挤制机的机嘴和型芯结构。挤制成型具有连续生产、效率高、污染小等优点，已在电子陶瓷工业中广泛使用；其缺点是：机嘴结构复杂，对其加工精度要求高、用料多，不宜小批量生产，且只能用于横截面形状相同的产品。

轧膜成型是一种非常成熟的薄片瓷坯成型工艺，大量用于以挤制瓷片电容及独石电容、电路基片等瓷坯。通常，将预烧过的电子瓷粉料过筛，拌以有机粘结剂(聚乙烯醇等)和溶剂(如水等)，置于两辊轴之间进行混炼，使粉料、粘结剂和溶剂等组分充分混合均匀，伴随着吹风，使溶剂逐步挥发，形成一层厚膜，称为粗轧。接下来进行细轧，即逐步调近轧辊间距，多次折叠，转向 90°，反复轧炼，以达到必需的均匀度、致密度、光洁度和厚度为止。

　　轧膜成型的特点是：炼泥与成型同时进行，但由于轧辊的工作方式，坯料只在厚度方向和前进方向受到碾压，而在宽度方向缺乏足够的压力，因而对胶体分子和粉粒度具有一定的定向作用，使得坯体的机械强度与致密度都具有各向异性，使瓷坯片容易从纵向撕裂，烧结时横向收缩较大。因此，在轧辊过程中必须将瓷坯片作 90°倒转，这样可将各向异性减至最小。

3) 注浆成型法

　　注浆成型法又称注浆法，是一种以水为溶剂、黏土为粘结剂的流态成型方法，即将一定水分的浆料注入多孔模具(一般为石膏模)中，借助模具的吸水能力而成型为坯体。常用注浆成型方法有空心注浆、实心注浆、压力注浆、离心注浆、真空注浆等。这种方法广泛用于形状复杂、精度要求不高的日用瓷、建筑瓷和美术瓷等工业中。电子陶瓷行业由于禁用黏土故很少用该方法成型，也有用有机粘结剂而不用黏土的注浆方法，但没有得到广泛应用。

　　除此之外，陶瓷成型方法还有热压铸成型、等静压成型和带式成型等方法。

3. 陶瓷坯体的干燥与排塑

　　成型后的坯件含有较多的水分，强度不是很高，而且成型体中含有一定量的有机添加剂和溶剂。为了便于运输和适应后续加工(如修坯、施釉等)要求，同时为了避免烧成时的热量损失及体积膨胀所带来的坯体开裂，成型后的坯体一般需要进行干燥和有机添加剂烧失处理。

4. 施釉

　　施釉是指通过高温方式，在陶瓷生坯上或烧好的瓷件上烧附一层近似玻璃态的物质，使其表面具有光亮、美观、致密、绝缘、不吸水、不透水及化学稳定性好等优异性能的一种工艺方法。一般釉层是一种硅酸盐玻璃，其性质和玻璃有许多相似之处，但它的组成较一般的玻璃复杂。按其功能的差别可以分为装饰釉、粘合釉、光洁釉等。釉料主要用于传统陶瓷，特种陶瓷一般不需要施釉。

　　釉的功能比较多，除了一些直观效果外，还可以提高瓷件的机械强度与耐热冲击性能，防止工件表面的低压放电，提高瓷件的防潮功能。此外，色釉料还可以改善陶瓷基体的热辐射特性。

　　施釉工艺包括釉浆制备、涂釉、烧釉三个过程。按配方称料后，加入适量的水先湿磨，出浆后采用浸蘸法、浇淋法、涂刷法或喷洒等方法使工件上覆上一层厚度均匀的釉料，待烘干后入窑烧成。

　　浸蘸法是将坯体浸入釉浆，利用坯体的吸水性或热素坯对釉的粘附而使釉料附着在坯体上。浇淋法是将釉浆浇于坯体上借助于离心力等形成釉层的方法，此方法适用于圆形盘类、单面上釉的扁平砖类及坯体强度较差等产品的施釉。喷洒法是利用压缩空气使釉浆通过喷枪或喷釉机喷成雾状，使之粘附于坯体上，适用于大型、薄壁及形状复杂的生坯，通过这种方法获得的釉层厚度均匀，易于机械化和自动化。

5. 烧成或烧结

　　烧成通常是指在高温下粉粒集合体(坯体)表面积减少、气孔率降低、致密度提高、颗粒间接触面积增大以及机械强度提高的过程。干燥后的陶瓷坯体必须经过高温烧成，才能获得坚固的外形并达到所要求性能。

　　日用陶瓷的烧成过程可分为四个阶段：低温阶段(常温至 300℃)、氧化分解阶段

(300～950℃的中温阶段)、高温成瓷阶段(950℃至烧成最高温度)、冷却阶段。日用陶瓷的烧成温度一般在 1250～1450℃，根据配方、原料、制品、厚度、炉窑等不同，各阶段的温度不尽相同。

传统陶瓷的烧成可分为一次烧成和二次烧成两种。一次烧成是将生坯施釉后入窑仅经一次高温过程；二次烧成一般在施釉前后各进行一次高温处理过程。二次烧成又可分为先高温成瓷后低温成釉和先低温素烧施釉后高温烧成两种。

对于高纯度、高密度、高均匀度的特种陶瓷，用普通烧成的方法通常很难获得理论密度为 95%以上的陶瓷。随着对陶瓷产品性能要求的提高和科学技术的进步，新的陶瓷烧结方法不断涌现。目前，应用较多的方法主要有以下几种。

1) 热压烧结

热压烧结是将干燥粉料充填入模型内，再从单轴方向边加压边加热，使成型和烧结同时完成的一种烧结方法。热压烧结的优点是：由于加热加压同时进行，粉料处于热塑性状态，有助于颗粒的接触扩散、流动传质过程的进行，因而成型压力仅为冷压的 1/10；能降低烧结温度，缩短烧结时间，从而抵制晶粒长大，得到晶粒细小、致密度高和机械、电学性能良好的产品；无需添加烧结助剂或成型助剂，即可生产超高纯度的陶瓷产品。热压烧结的缺点是：过程及设备复杂，生产控制要求严，模具材料要求高，能源消耗大，生产效率较低，生产成本高。

利用热压制造制品的实例有：氧化铝、铁氧体、碳化硼、氮化硼等工程陶瓷。

常用的热压机主要由加热炉、加压装置、模具和测温测压装置组成。加热炉以电作热源，加热元件有 SiC、MoSi 或镍铬丝、白金丝、钼丝等。加压装置要求速度平缓、保压恒定、压力灵活调节，有杠杆式和液压式。根据材料性质的要求，压力气氛可以是空气也可以是还原气氛或惰性气氛。模具要求高强度、耐高温、抗氧化且不与热压材料粘结，模具热膨胀系数应与热压材料一致或近似。根据产品烧结特征，可选用热合金钢、石墨、碳化硅、氧化铝、氧化锆、金属陶瓷等。最广泛使用的是石墨模具。

现以氮化硅为例。在氮化硅粉末中，加入氧化镁等烧结辅助剂，在 1700℃下，施以 300 kg/cm^2 的压力，则可达到致密化。在这种情况下，因为氮化硅与石墨模型发生反应，其表面生成碳化硅，所以在石墨模型内涂上一层氮化硼，以防止发生反应，并便于脱模。当使用这种脱模剂时，在热压情况下需时时注意。另外，模型材料与试料的膨胀系数之差在冷却时会产生应力，这一点极为重要。Si_3N_4-Y_2O_3-Al_2O_3 系物质在热压下也可获得高强度烧结体。

2) 气氛烧结

气氛烧结是指在炉膛内通入一定量的某种气体，将陶瓷坯体在这种特定的气氛下进行烧结的方法。

不同的材料应选择适宜的气氛烧结，有助于烧结过程，从而提高制品致密化程度，获得良好的性能的制品。

常用的烧结气氛有真空、氢、氧、氮和惰性气体(如氩)等。例如透明氧化铝陶瓷宜用氢气氛烧结，透明铁电陶瓷宜用氧气氛烧结，氮化物陶瓷如氮化铝等宜用氮气氛烧结。

有时为保护烧结调协也需在保护气氛中操作，如钼丝炉宜通氢、钨丝炉宜在真空条件下工作。

3) 反应烧结

通过添加物的作用，使反应与烧结同时进行的方法称为反应烧结，又称活化烧结或强化烧结。与普通烧结法比较，反应烧结具有如下三个主要特点：

(1) 提高制品质量，烧成的制品不收缩，尺寸不变化；

(2) 反应速度快，传质和传热过程贯彻在烧结全过程。

(3) 普通烧结法物质迁移过程发生在坯体颗粒与颗粒的局部，反应烧结法物质迁移过程发生在长距离范围内。

反应烧结分为液相反应烧结和气相反应烧结两类，通常采用前一类的居多。例如，烧结氮氧化硅坯件时添加硅、二氧化硅及氟化钙(氧化钙、氧化镁等玻璃相形成剂)，这样，氧化钙、氧化镁等与二氧化硅形成玻璃相，氮溶解在玻璃相中生成 Si_2ON_2，晶体从被氮饱和的玻璃相中析出。这样制出的氧氮化硅的密度相当于理论密度的 90% 以上。

4) 热等静压烧结

热等静压烧结(Hot Isostatic Pressing，HIP)是一种集高温、高压于一体的工艺生产技术，加热温度通常为 1000～2000℃，通过以密闭容器中的高压惰性气体或氮气为传压介质，工作压力可达 200 MPa。在高温、高压的共同作用下，被加工件的各向可均衡受压，故加工产品的致密度高、均匀性好、性能优异。同时，该技术具有生产周期短、工序少、能耗低、材料损耗小等特点。热等静压技术在特种陶瓷、硬质合金、难熔金属以及单相和复相纳米结构陶瓷方面得到了广泛应用。

5) 等离子体烧结

等离子体烧结是指利用气体电离形成的等离子体以及可控气氛对材料进行烧结。等离子体烧结的特点是：可瞬间达到高温(升温速率达到 1000℃/min)，快速烧结，降低烧结温度，细化晶粒，高效率，产量大，无需前期成型，直接应用，但设备昂贵，温度可控性差。

6) 微波烧结

微波烧结是利用微波直接参与物质粒子(分子、离子)的相互作用，及利用材料的介电损耗使样品直接吸收微波能量从而得以加热的烧结方法。它具有升温速度快、能源利用率高、加热效率高和安全卫生无污染等特点，并能提高产品的均匀性和成品率，改善被烧结材料的微观结构和性能，近年来已经成为材料烧结领域里新的研究热点。

6. 陶瓷的加工与表面改性

1) 陶瓷的加工

传统陶瓷在烧成后一般不需要加工，但烧结后的特种陶瓷制件，在形状、尺寸、表面状态等方面一般难以满足使用要求。陶瓷加工是将一定的能量供给陶瓷，使其达到一定形状、尺寸、表面光洁度、物性等要求的过程。常用的加工手段有磨削加工，激光加工，超声波加工等。

磨削加工是通过高速旋转的砂轮对工件进行磨削。根据砂轮中磨粒大小的不同，磨削可分为切削、刻划和抛光等。磨削加工的方式主要有外圆磨、内圆磨、平面磨、无心磨等。使用的磨料主要有碳化硅类和金刚石类。金刚石是目前已知的材料中硬度最大的一种，其刃角非常锋利，适合于加工一些难以加工的超硬材料，具有磨削性好、切削效率高、磨削力小、磨削温度低等优点。

激光的能量高，当照射到被加工表面时，激光能被吸收并转变为热能，使激光照射区的温度迅速升高以至于材料气化，而在表面形成凹坑。增加激光的照射时间就可以实现表面加工或切割作用。激光加工的用途主要有打孔、切割、焊接、表面热处理等。

超声波加工是利用超声波使磨料介质在加工部位的悬浮液中振动，撞击和磨削被加工表面。利用超声波可以加工各种脆性材料，如玻璃、陶瓷、石英、金刚石等。超声波加工切削力小，不会产生较大的切削应力和较高的切削温度，因此不易产生变形及烧伤，磨料的表面质量好，并可加工薄壁件。

其他的陶瓷加工方法还有化学刻蚀(化学加工)、放电加工、电子束加工等。

2) 陶瓷的表面改性

作为结构陶瓷，陶瓷是脆性材料，尤其是陶瓷表面，存在大量缺陷，易成为裂纹源，其抗拉强度明显低于抗压强度。通过表面改性使表面和近表面的缺陷尽量减少或改变材料的表面应力状态(使之处于压应力状态)，以达到表面强化和增韧的目的。例如单晶 Al_2O_3 经机械加工后抗拉强度只有 440 MPa，而经过化学抛光、火焰抛光后抗拉强度可达 686 MPa 和 735 MPa。

对功能陶瓷而言，可通过表面改性使其功能特性得到改善，甚至产生新的功能。例如，用 HheLiAr 等离子注入熔融石英(SiO_2)后，由于应力的存在导致注入层密度和折射率提高，使光被约束在高折射率的注入层中传播，具有较强的方向性，获得性能优异的波导材料。

目前已开发的陶瓷表面改性技术大致有：

(1) 通过抛光技术消除表面缺陷；

(2) 通过微弧氧化技术使表面裂纹愈合；

(3) 通过表面退火，消除表面残余拉应力；

(4) 激光热处理技术；

(5) 低温深冷表面处理技术；

(6) 离子注入技术等。

同时，为了满足电性能的需要或实现陶瓷与金属的封接，需要在陶瓷表面牢固地涂覆一层金属薄膜，该过程称为陶瓷的金属化。常见的陶瓷金属化方法有三种，即被银法、钼锰法和镀锡法。被银法一般用于制作电容器、滤波器、压电陶瓷等电子元器件的电极或电路基片的导电网络。

5.1.4　典型的陶瓷材料

1. 普通陶瓷

普通陶瓷是以黏土、长石、石英为原料，经配料—成型—烧结而制成的。普通陶瓷的组织以主晶相莫来石($3Al_2O_3 \cdot 2SiO_2$)为主，占 25%～30%；次生相为 SiO_2；玻璃相是以长石为溶剂，在高温下溶解一定量的黏土和石英而成的液相冷却后得到的，占 30%～60%；气相占 1%～3%。普通陶瓷质地坚硬，耐 1200℃高温，具有良好的耐蚀性、电绝缘性和加工成型性，且成本较低。

普通陶瓷的历史悠久、种类很多、产量大，除日用外，还广泛应用于电气、化工、建筑、纺织等工业部门，也用于制作使用温度低于 200℃的酸碱介质容器、反应塔管道、电绝缘用的电瓷和纺织机械中的导纱零件等。它的缺点是因含有较多的玻璃相，导致其强度低，在较高温度下易软化，故耐高温性能和绝缘性能不如特种陶瓷。普通陶瓷包括日用陶瓷、建筑陶瓷、卫生陶瓷、电器绝缘陶瓷和化工容器陶瓷等。日用陶瓷一般应具有良好的白度、光泽度、透光性、热稳定性和强度，主要用于茶具、餐具和工艺品等。建筑陶瓷是以黏土为主要原料而制得的用于建筑物的陶瓷，包括以难熔黏土为主要原料烧成的粗陶瓷(如砖、瓦、盆罐等)、以瓷土和高岭土为主要原料烧成的精陶瓷(如釉面砖、建筑卫生陶瓷等)以及以陶土和黏土为主要原料烧成的炻瓷(如地砖、外墙砖、耐酸陶瓷等)。卫生陶瓷是以高岭土为主要原料而制得的用于卫生设施的带釉陶瓷制品，有陶质、炻瓷质和瓷质等。电器绝缘陶瓷又称电瓷，是作为隔电、机械支撑及连接用的瓷质绝缘器件，分为低压电瓷、高压电瓷和超高压电瓷等。化工容器陶瓷要求耐酸、耐高温，且具有一定强度，主要用于化学、化工、制药、食品等工业。

2. 典型结构陶瓷

结构陶瓷一般具有良好的力学性能化学性质稳定性，它耐高温、耐磨损、耐腐蚀等。随着现代科学技术的发展，工业、能源、交通、航空航天等部门对材料的要求越来越苛刻，如不仅要求材料具有良好的耐高温性、耐磨性、耐腐蚀性和足够的机械强度等，还要求能在苛刻的条件下使用。在金属材料无法满足使用要求的情况下，陶瓷材料则较能胜任，例如氧化物陶瓷、碳化物陶瓷、氮化物陶瓷、硅化物陶瓷。

1) 氧化物陶瓷

氧化物陶瓷是研究较早、较成熟，应用较广泛的结构陶瓷，是由一种或两种以上的氧化物制成的陶瓷材料，其原子结合以离子键为主，共价键为辅。氧化物陶瓷具有优异的化学稳定性和抗氧化性，良好的电绝缘性，较高的熔点(2000℃左右)和高温强度。常见的氧化物陶瓷有 Al_2O_3 陶瓷、ZrO_2 陶瓷、BeO 陶瓷和 MgO 陶瓷。

(1) Al_2O_3 陶瓷。Al_2O_3 陶瓷又称高铝陶瓷，它是以 Al_2O_3 为主要成分的陶瓷，其中 Al_2O_3 含量约占45%以上，即 Al_2O_3 为主晶相，还有少量的 SiO_2，随着 SiO_2 质量百分数的增加，还出现莫来石和玻璃相。根据陶瓷中主晶相的不同，可分为刚玉瓷、刚玉-莫来石瓷和莫来石瓷等；也可按 Al_2O_3 的含量分为 70 瓷、95 瓷和 99 瓷。75 瓷属于莫来石瓷，95 瓷和 99 瓷属于刚玉瓷。氧化铝陶瓷中 Al_2O_3 含量愈高，玻璃相愈少，其性能愈好，但工艺复杂，成本高。

Al_2O_3 陶瓷的强度高于普通陶瓷 2~3 倍，甚至 5~6 倍。硬度很高，可达90HRC，仅次于金刚石、碳化硼、氮化硼和碳化硅。它们具有很好的耐磨性、较高的抗蠕变能力和耐高温性能，能在 1600℃ 的高温下长期工作；有很好的耐蚀性和良好的绝缘性，特别是对高频电流的电绝缘性很好。其缺点是脆性大、抗热振性差，不能承受环境温度的突然变化。

Al_2O_3 陶瓷主要应用于制作内燃机的火花塞、耐磨耐蚀的农用水泵、金属拉丝模、切削冷硬铸铁和淬火钢用的刀具、磨具和磨料、石油化工用密封环、纺织机上的导线器、热工设备的炉管、熔化金属的坩埚、高温热电偶套管、火箭和导弹的导流罩、人体关节和人工骨骼等。

(2) ZrO_2 陶瓷。ZrO_2 陶瓷是仅次于 Al_2O_3 陶瓷的另外一种重要的结构陶瓷。ZrO_2 陶瓷有三种晶型：常温下是单斜晶系，1000℃ 以上转变为四方晶系，到 2300℃ 以上又转变成立方晶系。由单斜向四方的转变是可逆的，并伴随7%的体积变化，导致陶瓷在烧结时容易开裂，为此，要加入适量的稳定剂，如 Y_2O_3。

ZrO_2 陶瓷具有硬度高、强度高、韧性好、耐腐蚀等特性，利用其高硬度可以制作冷成型工具、整形模、切削工具、耐磨材料等。ZrO_2 陶瓷的韧性是所用陶瓷中最高的，将其韧性与强度、硬度和化学腐蚀性结合起来，可使它应用于苛刻的环境，如发动机活塞帽、气缸内衬、轴承、连杆等。ZrO_2 陶瓷的热导率小，是理想的高温绝热材料。ZrO_2 陶瓷具有良好的化学稳定性，能抵抗酸性或中性熔渣的侵蚀，可用于制作惰性生物陶瓷和特种耐火材料，浇注口，熔炼铂、钯、铑等金属的坩埚等。

(3) MgO 陶瓷。除 AL_2O_3、ZrO_2 外，MgO 陶瓷也是一种常见的氧化物陶瓷。MgO 陶瓷是一种白色粉末，工业用 MgO 原料是主要是从含镁的矿物如菱镁矿($MgCO_3$)、白云水镁石 [$Mg(OH)_2$]、硫镁钒($MgSO_4 \cdot H_2O$)或从海水中提取。

烧结后的 MgO 陶瓷呈弱碱性、耐高温，对碱性介质和熔体有很好的稳定性，主要用于制作坩埚，来熔炼不能还原氧化镁的高纯金属，如 Fe、Zn、Al、Sn、Cu、稀土金属和贵金属 Ag、Pt 等。MgO 陶瓷可作为碱性耐火材料制作窑炉的内衬材料，也可用作高温热电偶保护套等。由于 MgO 陶瓷容易水解，在其他工程领域应用较少。

(4) BeO 陶瓷。BeO 晶体无色，属六方晶系，在固态下无晶型转变，结构稳定。BeO 陶瓷的导热系数大，线膨胀系数不大，抗热振性高，高温电绝缘性好，电导率低，介电常数高，硬度与 Al_2O_3 陶瓷相差不大，化学稳定性好，能抵抗碱性物质的侵蚀。此外，BeO 陶瓷还具有良好的核性能，对中子减速能力强，但 BeO 的毒性较大影响其应用。

2) 碳化物陶瓷

碳化物陶瓷的特点是：高耐火度、高硬度、高耐磨性。碳化物陶瓷的典型代表是碳化硅陶瓷。碳化硅陶瓷的主晶相是 SiC，也是共价键结合晶体，键能高，很稳定。按晶体结构分，SiC 可以分为 α-SiC 和 β-SiC 两种。α-SiC 属六方晶系，是高温稳定相；β-SiC 属等轴晶系，是低温稳定相。按成型方法也有热压烧结和反应烧结两种。碳化物陶瓷最突出的优点是高温强度高，其中热压碳化硅陶瓷是目前耐高温强度最高的陶瓷；其次是导热性好，仅次于氮化铍陶瓷；热稳定性、抗蠕变能力、耐磨性和耐酸腐蚀性都很好；抗热振性能好；还耐放射性元素的放射。

碳化物陶瓷主要用于制作火箭尾喷管的喷嘴，浇注金属的浇道口、热电偶套管、炉管、燃气轮机叶片、高温轴承、热交换器、核燃料包封材料以及各种泵的密封圈等。

3) 氮化物陶瓷

氮化物陶瓷的特点是：高耐火度、高硬度、高耐磨性。常见的氮化物陶瓷有氮化硅陶瓷和氮化硼陶瓷。

(1) 氮化硅陶瓷。氮化硅陶瓷是以 Si_3N_4 为主要成分的陶瓷，Si_3N_4 为主晶相，是强共价键化合物，原子结合力很强，属六方晶系。Si_3N_4 陶瓷具有良好的化学稳定性，硬度高。按其制备工艺的不同，分为热压烧结氮化硅陶瓷和反应烧结氮化硅陶瓷两种。热压烧结的氮化硅陶瓷组织致密，气孔率接近零，故强度高；而反应烧结氮化硅陶瓷中有 20%～30%的气孔率，故强度低于热压烧结氮化硅陶瓷，但和 95 瓷相近。氮化硅陶瓷的摩擦系数小，只有 0.1～0.2，相当于过油金属表面的摩擦系数，而且有自润滑性能，可以在没有润滑剂的条件下使用，是一种极优的耐磨材料；其耐蚀性好，除氢氟酸外，能耐硫酸、硝酸、盐酸和王水等无机酸和碱溶液的腐蚀，也能抵御熔融金属的浸蚀；具有优良的电绝缘性；抗蠕变能力强；热膨胀系数小，热导率高，抗热振性能在陶瓷中是最好的；室温强度虽然不高，但高温强度较高。

热压烧结氮化硅陶瓷主要用于制作形状简单的耐磨、耐高温零件，切削刀具，转子发动机刮片等。

反应烧结氮化硅陶瓷主要用于制作耐磨、耐蚀、耐高温、绝缘、形状复杂及尺寸精度高的制品，如石油化工的密封环、高温轴承、热电偶套管、耐蚀水泵密封环、电硅泵管道和阀门等。

近年来，在 Si_3N_4 中加入一定量的 Al_2O_3 而制成的新型陶瓷称为赛伦陶瓷。它可用常压烧结方法达到热压烧结氮化硅陶瓷的性能，是目前强度最高，且具有优良的耐蚀性、耐磨性和热稳定性等的陶瓷。

(2) 氮化硼陶瓷。氮化硼陶瓷的主晶相是 BN，也是强共价键化合物，属六方晶系，其结构与石墨相似，故有白"石墨"之称。它具有良好的耐热性、高温绝缘性，是理想的高温绝缘材料，在 2000℃ 仍是绝缘体；导热性好，其热导率与不锈钢相当，是良好的散热材料；热膨胀系数小，比金属和其他陶瓷低得多，故其抗热振性、热稳定性和化学稳定性好，能抵抗 Fe、Al、Ni 等熔融金属的浸蚀；硬度较其他陶瓷低，可进行切削加工，并具有自润滑性。

氮化硼陶瓷可用于制作熔炼半导体的坩埚、冶金用的高温容器、半导体散热绝缘零件、高温绝缘材料、高温轴承、热电偶套、玻璃成型模具等。

六方晶系的 BN 晶体用碱金属或碱土金属(如 Mg)等为触媒，在 1500～2000℃、6000～9000 MPa 压力下转变为立方晶系的 BN，其结构牢固，硬度和金刚石相近，是优良的耐磨材料。目前，立方晶系的 BN 只用于磨料和金属切削刀具。

3. 典型功能陶瓷

功能陶瓷是一类具有机、电、光、声、热、磁及其之间的耦合以及部分生物功能的多晶无机固体材料，其功能的实现主要来自于它所具有的特定的电绝缘性、半导体性、导电性、压电性、铁电性、磁性、生物适应性等。功能陶瓷是现代信息、自动化等工业的基础材料，在耐热性、化学稳定性方面优于金属和有机聚合物材料。功能陶瓷包括压电陶瓷、光电陶瓷、超导陶瓷、磁性陶瓷、光学陶瓷、生物陶瓷、敏感陶瓷等。

(1) 压电陶瓷。压电陶瓷是具有压电效应的陶瓷材料。当外力作用于晶体时，发生与应力成比例的介质极化，同时在晶体两端将出现正负电荷，这种由于形变而产生的电效应称为压电效应；反之，当在晶体上施加电场引起极化时，将产生与电场成比例的变形或压力，称之为逆压电效应。材料的压电效应取决于晶体结构的不对称性，晶体必须有极轴，才有压电效应。

压电陶瓷主要有钛酸钡、钛酸铅、锆钛酸钡(PZT)、改性 PZT 等。

压电陶瓷的晶体结构随温度的变化而变化。对钛酸钡和钛酸铅，当温度高于居里温度 T_c 时，为立方晶体，具有对称性，无压电效应；低于 T_c 时，为四方晶体，具有非对称性，有压电效应。

压电陶瓷的优点是价格便宜，可以批量生产，能控制极化方向，添加不同成分，可改变压电特性。压电陶瓷既可用作超声波发生源的振子或水下测声聘仪器上的振子，也可用作声转换器。当压电陶瓷收到机械应力的作用时，由压电效应发生的电能可用于煤气灶的点火器和打火机等。压电陶瓷还可用于滤波器等。

(2) 光电陶瓷。光电陶瓷是具有光电导效应的陶瓷材料。当光电陶瓷受到光照射时，由于能带间的迁移和能带与能级间的迁移而引起光的吸收现象时，能带内产生自由载流子，而使电导率增加，这种现象称为光电导现象。

利用光电导效应检测光强度的元件称为光敏元件。检测从波长很短的 X 射线到波上很长的紫外线的光敏元件主要是烧结 GdS 多晶；如果在 GdS 中添加 Cu 杂质，可以用作检测可见光的光敏元件。

(3) 超导陶瓷。1986 年超导陶瓷的出现，使超导体的临界温度 T_c 有了很大提高，出现了高温超导体。超导陶瓷主要有：镧系高温超导陶瓷，以 La_2CuO_3 为代表；钇系高温超导陶瓷，以 YBa_2Cu_2Oy 为代表；铋系高温超导陶瓷，以 Bi-Sr-Cu-O 为代表；铊系高温超导陶瓷，以 Ta-Ba-Ca-Cu-O 为代表。

超导陶瓷主要应用于以下几方面：

① 在信息领域：用作高速转换元件、通信元件和连接电路。

② 在生物医学领域：用于核磁共振断层摄像仪、量子干涉仪、粒子线治疗装置等。

③ 在交通运输领域：用于完全抗磁体制造的磁悬浮列车、电磁推进器、飞机航天飞机发射台等。

④ 在电子能源领域：用于超导磁体发电、超导输电、超导储能等。

⑤ 在宇宙开发、军事领域：用于潜艇的无螺旋桨无噪声电磁推进器、超导磁炮等。

(4) 磁性陶瓷。磁性陶瓷主要指铁氧体材料。铁氧体是铁和其他金属的复合氧化物，即 $MO-Fe_2O_3$，其中 M 代表一价或二价金属。铁氧体属半导体，电阻率在 $1\sim1010\ \Omega\bullet m$。由于电阻率高，涡流损失小，介质耗损低，故磁性陶瓷广泛用于高频和微波领域。

铁氧体分为软磁铁氧体和硬磁铁氧体两类。软磁铁氧体主要有：尖晶石型的 Mn-Zn 铁氧体、Ni-Zn 铁氧体、Mg-Zn 铁氧体、Li-Zn 铁氧体和磁铅石型的甚高频铁氧体 $(Ba_3Co_2Fe_{24}O_{41})$。软磁铁氧体要求起始磁化率高，磁导率温度系数小，矫顽力小，比损耗因数小。软磁铁氧体主要用于无线电电子学和电信工程等弱电技术中，如各种电感线圈的磁芯、天线磁芯、变压器磁芯、滤波器磁芯以及录音与录像磁头等。

硬磁铁氧体主要有两类：一类是 $CoFe_2O_4-Fe_2O_3$；另一类是 $BaO-xFe_2O_3$。硬磁铁氧体要求具有较大的矫顽力 H_c、较高的剩余磁 B_r 和较高的最大磁积能 $(BH)_{max}$。硬磁铁氧体可用作永磁体，用于高频磁场领域。由于 H_c 值较大，硬磁铁氧体可制成片状或粉末状，应用在与橡胶和树脂混合制成的复合磁铁上。

(5) 光学陶瓷。光学陶瓷是指能够透光的陶瓷材料，其要求有：具有优良的耐热性、耐风化性、耐膨胀性；除了能透过可见光外，还能够透过波长更长或波长更短的光；光损耗低，能在远距离进行光传播；经光的照射，其性质发生可逆或不可逆变化。光学陶瓷有透明陶瓷、红外光学陶瓷、激光陶瓷三大类。

① 透明陶瓷有两种：一种是氧化物透明陶瓷，诸如 Al_2O_3、Gd_2O_3、CaO、$LiAl_5O_8$、MgO、HfO、BeO 等；另一种是非氧化物透明陶瓷，如 $GaAs$、ZnS、$ZnSe$、MgF_2、CaF_2 等。在各向同性晶体构成的多晶体中，晶界不产生散射，且不存在气孔等缺陷时，是透明的；在各向异性的晶体中，光从一个晶粒向邻近的晶粒入射时，由于双折射现象而产生散射，是不透明的。若要得到透明多晶体，双折射必须很小。因此，制造透明陶瓷的关键是消除气孔和控制晶粒异常长大。消除气孔和控制晶粒异常长大的常用方法是：添加微量或

少量的添加剂；改变烧结气氛；改变原料；采用先进的烧结技术。

② 红外光学陶瓷：随着红外技术的发展，出现了很多新型的材料和器件，这些材料包括滤光材料、红外接收材料和红外探测材料。以往这类材料主要采用单晶或玻璃，最近已开始使用多晶陶瓷，这样的陶瓷材料就称为红外光学陶瓷。氧化钇是一种优良的高温红外材料，主要用于红外导弹的窗口和整体罩、天线罩、微波基板、绝缘支架、红外发生器管壳、红外透镜和其他高温窗口

③ 激光陶瓷：激光陶瓷的实质是具有适当的能级结构，通过激励，使粒子从低能级向高能级跃迁。激光晶体通常包括两部分：组成晶格的称为基质晶体，其主要作用是为激活离子提供适当的晶格场；另一部分是发光中心，即少量的掺杂离子。典型的激光陶瓷材料有两种：红宝石激光晶体，α-Al_2O_3 单晶为基质，掺入 Cr^{3+}；掺钕的钇铝石榴石晶体。

(6) 生物陶瓷。用于人体器官替换、修补以及外科矫形的陶瓷材料称为生物陶瓷。生物陶瓷应具有良好的力学性能，在人体内难以溶解，不易氧化，不易腐蚀变质，热稳定性好，耐磨且有一定的润滑性，和人体组织的亲和性好，组成范围宽，易于成型等。生物陶瓷可分为生物惰性陶瓷和生物活性陶瓷两类。前者的物理、化学性能稳定，在生物体内完全呈惰性状态；后者具有优异的生物相容性，能与骨骼形成结合面，结合强度高，稳定性好，参与代谢。

生物惰性陶瓷包括氧化铝陶瓷、氧化锆陶瓷和碳素类陶瓷等三类。其中，氧化铝陶瓷是传统的生物陶瓷，稳定性好，纯度高，可制成单晶、多晶或多孔材料；氧化锆陶瓷的生物相容性好，稳定性高，具有更高的断裂韧性和更耐磨；碳素类陶瓷与血液相容性、抗血栓性好，与人体组织亲和性好，耐蚀、耐疲劳、量轻。

生物活性陶瓷包括具有生物降解性且能被人体吸收的磷酸钙陶瓷、生物活性玻璃陶瓷、Na_2O-K_2O-MgO-CaO-SiO_2-P_2O_5 陶瓷和 BCG 人工骨头。

(7) 敏感陶瓷。敏感陶瓷是指某些性能随外界条件(温度、湿度、气氛)的变化而发生改变的陶瓷材料，包括热敏电阻陶瓷、压敏电阻陶瓷、磁敏电阻陶瓷、气敏电阻陶瓷和湿敏电阻陶瓷五大类。

电阻随温度发生明显变化的陶瓷材料称为热敏电阻陶瓷。热敏电阻陶瓷包括正温度系数陶瓷(PCT)、负温度系数陶瓷(NCT)和临界温度系数陶瓷(PCT)三种。钛酸钡陶瓷或以钛酸钡为主晶相的陶瓷属于正温度系数陶瓷，主要应用于马达的过热保护、液面深度测量、温度控制和报警、非破坏性保险丝、晶体管过热保护、温度电流控制器等，彩色电视机自动消磁、马达启动器、自动开关等，等温发热件、空调加热器等。负温度系数陶瓷多为尖晶石型氧化物，有二元和三元等，如 MnO-CuO_2-O_2、Mn-Co-Ni 等。

压敏电阻陶瓷是指电阻值对外加电压敏感(例如电压提高，电阻率下降)的陶瓷材料。压敏陶瓷有 SiC、Si、Ge、ZnO 等。ZnO 的性能最优，具有高非线性、大电流和高能量承受能力，主要用于微型马达电噪声、彩色显像管放电吸收、继电器节点保护、汽车发动机异常输出功率吸收、电火花、稳压元件等。

将磁性物理量转化成电信号的陶瓷材料称为磁敏电阻陶瓷。磁敏电阻陶瓷可用来检测磁场、电流、角度、转速、相位等，例如汽车工业中的无触点汽车点火开关，计算机工业中的霍尔键盘，家用电器和工业的无刷电机和无触点开关等。

将气体参量转化成电信号的陶瓷材料称为气敏电阻陶瓷，它能以物理或化学吸附的方式吸附气体分子。气敏陶瓷有氧化铁系气敏陶瓷、氧化锌系气敏陶瓷、氧化锡系气敏陶瓷等，应用于可燃气体和毒气的检测、检漏、报警、监控等。气敏陶瓷的灵敏度高，对被测气体以外的气体不敏感。

将湿度信号转化成电信号的陶瓷材料称为湿敏电阻陶瓷，用于湿度指示、记录、预报、控制自动化等。例如 $MgCr_2O_4$-TiO_2 陶瓷、ZnO-Cr_2O_3 陶瓷和 Zn-Cr_2O_3-Fe_2O_3 陶瓷。

5.2　水泥和玻璃

5.2.1　水泥

1. 水泥的概况

水泥为粉状水硬性无机胶凝材料，加水搅拌后成浆体，能在空气中硬化或者在水中更好地硬化，并能把砂、石等材料牢固地胶结在一起。水泥是重要的建筑材料，用水泥制成的砂浆或混凝土坚固耐久，广泛应用于土木建筑、水利、国防等工程。

水泥的历史可追溯到古罗马人在建筑工程中使用的石灰和火山灰的混合物。1796 年，英国人 J. 帕克用泥灰岩烧制一种棕色水泥，称罗马水泥或天然水泥。1824 年，英国人阿斯普丁(Joseph Aspdin)用石灰石和黏土烧制成水泥，硬化后的颜色与英格兰岛上波特兰地方用于建筑的石头相似，被命名为波特兰水泥，并取得了专利权。20 世纪初，随着人民生活水平的提高，对建筑工程的要求日益提高，在不断改进波特兰水泥的同时，研制成功了一批适用于特殊建筑工程的水泥，如高铝水泥、硫铝酸盐水泥等，水泥品种已发展到 100 多种。

2. 水泥的分类

(1) 按用途及性能分类，可分为：① 通用水泥，指一般土木建筑工程采用的水泥，包括六大类：硅酸盐水泥、普通硅酸盐水泥、矿渣硅酸盐水泥、火山灰质硅酸盐水泥、粉煤灰硅酸盐水泥和复合硅酸盐水泥；② 专用水泥，专门用途的水泥，如 G 级油井水泥、道路硅酸盐水泥；③ 特性水泥，某种性能比较突出的水泥，如快硬硅酸盐水泥、低热矿渣硅酸盐水泥、膨胀硫铝酸盐水泥。

(2) 按其主要水硬性物质名称分类，可分为：① 硅酸盐水泥，即国外通称的波特兰水泥；② 铝酸盐水泥；③ 硫铝酸盐水泥；④ 铁铝酸盐水泥；⑤ 氟铝酸盐水泥；⑥ 以火山灰或潜在水硬性材料及其他活性材料为主要组分的水泥。

(3) 按其主要技术特性分类，可分为：① 按凝结时间分为快硬水泥和特快硬水泥两类；② 按水化热值分为中热水泥和低热水泥两类；③ 抗硫酸盐性分中抗硫酸盐腐蚀水泥和高抗硫酸盐腐蚀水泥两类；④ 按膨胀性分为膨胀水泥和自应力水泥两类。

3. 水泥的生产工艺和性质

水泥以石灰石和黏土为主要原料，经破碎、配料、磨细制成生料，喂入水泥窑中煅烧成熟料，加入适量石膏(有时还掺加混合材料或外加剂)磨细而成。水泥的性质与组成水泥的矿物成分，颗粒细度，硬化时的温度、湿度，以及水泥中加水的比例等因素有关。

　　衡量水泥性质和质量的指标有强度、密度、凝结时间、水化热、容重、安定性、细度、标号等。水泥的强度是确定水泥标号的指标，也是选用水泥的主要依据。

　　水泥的标号是水泥强度大小的标志。水泥的强度是表示单位面积受力的大小，是指水泥加水拌和后，经凝结、硬化后的坚实程度。测定水泥标号的抗压强度，系指水泥砂浆硬结 28D 后的强度。例如检测得到 28D 后的抗压强度为 310 kg/cm^2，则水泥的标号定为 300 号。抗压强度为 300～400 kg/cm^2 者均算为 300 号。普通水泥有 200、250、300、400、500、600 六种标号。200～300 号的可用于一些房屋建筑。400 号以上的可用于建筑较大的桥梁或厂房，以及一些重要路面和制造预制构件。

5.2.2　玻璃

1．玻璃的概念和通性

　　玻璃是一种较为透明的固体物质，在熔融时形成连续网络结构，冷却过程中黏度逐渐增大并硬化却不结晶的硅酸盐类非金属材料。

　　玻璃具有以下通性：

　　(1) 各向同性，玻璃因原子排列的无序和宏观的均匀性。与晶体不同，玻璃在各个方向的性质如折射率、硬度、弹性模量、热膨胀系数等性能相同。

　　(2) 介稳性，当熔体冷却成玻璃体时，由于黏度大，质点来不及有序规则排列，它能在较低温度下保留高温时的结构而不变化，体系能量较高，是一种亚稳定状态，有自发向稳定状态转变的趋势。

　　(3) 可逆渐变性，熔融态向玻璃态转化是可逆和渐变的。

　　(4) 连续性，熔融态向玻璃态转变时物理化学性质随温度变化是连续的。

　　(5) 化学稳定性，在日常环境中呈化学惰性，亦不会与生物起作用，玻璃一般不溶于酸(氢氟酸除外)，但溶于强碱(例如氢氧化铯)。

　　(6) 抗压强度高，抗拉强度低，硬度高，脆性大。

　　(7) 透光性好，能透可见光和红外线。

　　玻璃的性能与组成及制备工艺(热历史)有着密切的关系。

2．玻璃的类别及应用

　　1) 按主要成分分类

　　按主要成分分类，玻璃可分为氧化物玻璃和非氧化物玻璃。

　　(1) 非氧化物玻璃。非氧化物玻璃的品种和数量很少，主要有硫系玻璃和卤化物玻璃。硫系玻璃的阴离子多为硫、硒、碲等，可截止短波长光线而通过黄、红光，以及近、远红外光，其电阻低，具有开关与记忆特性。卤化物玻璃的折射率低，色散低，多用作光学玻璃。

　　(2) 氧化物玻璃。氧化物玻璃又分为硅酸盐玻璃、硼酸盐玻璃、磷酸盐玻璃等。硅酸盐玻璃指基本成分为 SiO_2 的玻璃，其品种多，用途广。通常按玻璃中 SiO_2 以及碱金属、碱土金属氧化物的不同含量，又分为：① 石英玻璃。SiO_2 含量大于 99.5%，热膨胀系数低，耐高温，化学稳定性好，透紫外光和红外光，熔制温度高、黏度大，成型较难。多用于半导体、电光源、光导通信、激光等技术和光学仪器中。② 高硅氧玻璃。SiO_2 含量约 96%，其性质与石英玻璃相似。③ 钠钙玻璃。以 SiO_2 含量为主,还含有 15%的 Na_2O 和 16%的 CaO,其成本低廉,易成型,适宜大规模生产,其产量占实用玻璃的 90%。可生产玻璃瓶罐、平板玻璃、器皿、灯泡等。④ 铅硅酸盐玻璃。主要成分有 SiO_2 和 PbO,具有独特的高折射率和高体积电阻,与金属有良好的浸润性,可用于制造灯泡、真空管芯柱、晶质玻璃器皿、火石光学玻璃等。含有大量 PbO 的铅玻璃能阻挡 X 射线和 γ 射线。⑤ 铝硅酸盐玻璃。以 SiO_2 和 Al_2O_3 为主要成分,软化变形温度高,用于制作放电灯泡、高温玻璃温度计、化学燃烧管和玻璃纤维等。⑥ 硼硅酸盐玻璃。以 SiO_2 和 B_2O_3 为主要成分,具有良好的耐热性和化学稳定性,用以制造烹饪器具、实验室仪器、金属焊封玻璃等。硼酸盐玻璃以 B_2O_3 为主要成分,熔融温度低,可抵抗钠蒸气腐蚀。含稀土元素的硼酸盐玻璃折射率高、色散低,是一种新型光学玻璃。磷酸盐玻璃以 P_2O_5 为主要成分,折射率低、色散低,用于光学仪器中。

2) 按性能特点分类

按性能特点,玻璃又分为以下几类:

(1) 钢化玻璃,是普通平板玻璃经过再加工处理而成一种预应力玻璃。相对于普通平板玻璃来说,钢化玻璃具有两大特征:钢化玻璃强度是普通平板玻璃的数倍,抗拉度是普通平板玻璃的 3 倍以上,抗冲击是普通平板玻璃 5 倍以上;钢化玻璃不容易破碎,即使破碎也会以无锐角的颗粒形式碎裂,对人体伤害大大降低。

(2) 多孔玻璃,即泡沫玻璃,孔径约 40,用于海水淡化、病毒过滤等方面。

(3) 导电玻璃,通过在普通玻璃表面镀上一层导电膜(ITO 膜),使其具备导电性能,用于电极和飞机风挡玻璃。

(4) 微晶玻璃,又称结晶玻璃或玻璃陶瓷,是在普通玻璃中加入金、银、铜等晶核制成,代替不锈钢和宝石,作雷达罩和导弹头等。

(5) 中空玻璃,是采用胶接法将两块玻璃保持一定间隔,间隔中是干燥的空气,周边再用密封材料密封而成,主要用于有隔音要求的装修工程中。

(6) 乳浊玻璃,主要用于照明器件和装饰物品等。

(7) 压花玻璃,是采用压延方法制造的一种平板玻璃。其最大的特点是透光不透明,多用于洗手间等装修区域。

(8) 夹层玻璃,一般由两片普通平板玻璃(也可以是钢化玻璃或其他特殊玻璃)和玻璃之间的有机胶合层构成,当受到破坏时,碎片仍粘附在胶层上,避免了碎片飞溅对人体的伤害。

(9) 防弹玻璃,实际上就是夹层玻璃的一种,只是构成的玻璃多采用强度较高的钢化玻璃,而且夹层的数量也相对较多,多用于对安全要求非常高的装修工程之中。

(10) 磨砂玻璃,它也是在普通平板玻璃上面再磨砂加工而成的。

(11) 防护玻璃,它在普通玻璃制造过程加入适当辅助料,使其具有防止强光、强热或辐射线透过而保护人身安全的功能。如灰色——重铬酸盐,氧化铁吸收紫外线和部分可见光;蓝绿色——氧化镍、氧化亚铁吸收红外线和部分可见光;铅玻璃——氧化铅吸收 X 射线和 γ 射线;暗蓝色——重铬酸盐、氧化亚铁、氧化铁吸收紫外线、红外线和大部分可见光;加入氧化镉和氧化硼吸收中子流。

此外,玻璃主要分为平板玻璃和特种玻璃。平板玻璃主要分为三种,即引上法平板玻璃(分有槽/无槽两种)、平拉法平板玻璃和浮法玻璃。浮法玻璃生产的成型过程是在通入保护气体(N_2 及 H_2)的锡槽中完成的，由于浮法玻璃由于厚度均匀、上下表面平整平行，再加上劳动生产率高及利于管理等方面的因素影响，浮法玻璃正成为玻璃制造方式的主流。

特种玻璃是特殊用途的玻璃，包括有耐高压玻璃、耐高温高压玻璃、耐高温玻璃、壁炉玻璃、波峰焊玻璃、烤箱玻璃、耐温耐高压玻璃、紫外线玻璃、光学玻璃、蓝色钴玻璃、玻璃视筒、高铝玻璃、铝硅酸盐玻璃、陶瓷玻璃、微晶玻璃、高硼硅玻璃、电控变色玻璃、防火玻璃、船用防火玻璃、管道视镜、钢化玻璃、夹丝玻璃、防弹玻璃等。

3. 玻璃的结构和形成

玻璃的结构非常复杂，没有一致的结论，目前被普遍接受的玻璃结构理论有微晶学说和无规则网络学说。

微晶学说认为，玻璃结构是一个不连续的原子集合体，即无数"微晶"分散在无定形介质中；"微晶"的化学性质和数量取决于玻璃的化学组成，可以是独立原子团或一定组成的化合物和固溶体等微观多相体，与该玻璃体系的相平衡有关；"微晶"不同于一般微晶，而是晶格极度变形的微小有序区域，在"微晶"中心质点排列较为有序，愈远离中心则变形程度愈大；从"微晶"部分到无定形部分没有明显分界线。

无规则网络学说认为，玻璃的结构与相应的晶体结构相似，同样形成连续的三维空间网络结构。但玻璃的网络与晶体的网络不同，玻璃的网络是不规则的、非周期的，因此玻璃的内能比晶体的内能要大。由于玻璃的强度与晶体的强度属于同一个数量级，玻璃的内能与相应晶体的内能相差并不大，因此它们的结构单元(四面体或三角体)应是相同的，不同之处在于排列的周期性。如石英玻璃和石英晶体的基本结构都是硅氧四面体[SiO_4]，各硅氧四面体都通过顶点连接成为三维空间网格，但在石英晶体中硅氧四面体[SiO_4]有着严格的规则排列；而在石英玻璃中，硅氧四面体[SiO_4]排列是无序的，缺乏对称性和周期性的重复。

微晶学说和无规则网络学说分别反映了玻璃结构的两个方面，近程有序和远程有序是玻璃结构的基本特征。

玻璃一般是指从液态凝固下来的、结构与液态连续的非晶态固体。形成玻璃的内部条件是黏度，外部条件是冷却速度。

如果材料熔融态时黏度很大，即流体层间的内摩擦力很大，冷却时原子迁移比较困难，则组成晶体的过程很难进行，于是形成过冷液体。随着温度的继续下降，过冷液体的黏度急剧增大，当达到一定温度时，即固化成玻璃。

对于黏度较小的物质，当冷却速度很快时也可以得到非晶态结构。研究表明，当冷弯、冷却速度达 $10^5 \sim 10^{10}$ K/s 时，能使一些很难得到非晶态结构的材料玻璃化。例如，铁基非晶磁性材料就是这样获得的。这类非晶态合金也称金属玻璃。

4. 玻璃的制备与成型

玻璃制备过程主要包括：原料预加工。将块状原料(石英砂、纯碱、石灰石、长石等)粉碎，使潮湿原料干燥，将含铁原料进行除铁处理，以保证玻璃质量；配合料制备；熔制；玻璃配合料在池窑或坩埚窑内进行高温(1550～1600℃)加热，使之形成均匀、无气泡，并符合成型要求的液态玻璃；成型；将液态玻璃加工成所要求形状的制品，如平板、各种器皿等；热处理；通过退火、淬火等工艺，消除或产生玻璃内部的应力、分相或晶化，以及改变玻璃的结构状态。

玻璃成型的方法有压制成型、吹制成型、拉制成型、加工纤维等。

5.3　矿物材料简介

5.3.1　概论

1. 矿物和矿物材料的定义

矿物是指在自然状态下通常由无机作用所形成的单质或化合物，具有特定的(但一般并非固定的)化学成分内部晶体结构的均匀固态，在一定的物理化学条件范围内稳定，是组成岩石或矿石的基本单元。

目前，已知地球上的矿物约有 3000 种。自然界的矿物除极少数呈液态(如自然汞)和气态(如天然气)外，绝大多数矿物都呈固态。

矿物材料是 20 世纪 70 年代末由地质学工作者提出的一个新概念，并很快发展成为一门相对独立的学科。

我们可以将矿物材料定义为：在工农业生产和日常生活中具有应用价值的天然矿物、岩石及其制成品和仿制品。其含义包括以下几方面：能被直接利用或经过简单的加工处理(如破碎、选矿、切割、改性等)即可利用的天然矿物、岩石；以天然的非金属矿物、岩石为主要原料，通过物理化学反应(焙烧、熔融、烧结、胶结等)制成的成品或半成品材料；人工合成的矿物或岩石。

矿物材料不是以提取矿物中所含的有用元素为目的，它的利用目的与冶金、化学工业中的矿物原料的利用目的不同。例如，金红石作为矿物原料，从其中提取钛；作为矿物材料，可利用它的高介电常数和低介电损耗来制作微波介质基片材料，高纯的合成金红石微粉——钛白粉。由于钛白粉白度高、遮盖能力强，可制作颜料，用于油漆、涂料、搪瓷等工业；金红石人工晶体以其高双折射率用作近红外偏光晶体。矿物材料大多为非金属矿物，也包括某些金属矿物。

2. 矿物材料的分类

矿物材料种类很多，不同地区、不同位置的矿物成因、结构、组成都有很大不同，其应用几乎遍及所有工业领域。目前矿物材料的分类方法很多，具体如下：

1) 按单质化合物类型分

按单质化合物类型可将矿物材料分为五大类。

(1) 自然元素矿物材料包括自然金、自然硫、石墨、金刚石等。

(2) 硫化物及其类似化合物，如方铅矿、闪锌矿、黄铜矿、辉锑矿、辉钼矿、雄黄雌黄、辰砂、黄铁矿等。

(3) 卤族化合物可分为两类，即氟化物，如萤石；氯化物，如石盐。

(4) 氧化物和氢氧化物主要包括刚玉、赤铁矿、石英、钙钛矿、尖晶石、水镁石、金红石等。

(5) 含氧盐可分为八类：硝酸盐；碳酸盐，如孔雀石、方解石；硫酸盐，如石膏、重晶石；铬酸盐；钨酸盐和钼酸盐；磷酸盐、砷酸盐和钒酸盐，如磷灰石、绿松石；硅酸盐，如橄榄石、红柱石、蓝晶石、云母、石榴石、长石；硼酸盐。

2) 按常用矿物材料类型分

按最常用的矿物材料的用途进行分类，可将其分为矿物结构材料和矿物功能材料。

(1) 矿物结构材料用于很多部门。在建筑工业中，石膏制品可在强度要求较低的情况下代替水泥制品，用作隔墙板和装饰板；用蛭石、浮石、火山渣、珍珠岩和膨胀页岩可加工制成含有大量孔隙、具有保温和隔热等性能的轻质建筑材料。在化学工业中，制造塑料、橡胶和粘合剂时都需大量添加矿物，以制成复合材料。塑料中加入石棉或高岭石、滑石等矿物，可增加强度、减振、隔音、阻燃和抗老化。冶金工业中利用膨润土的黏结性加工铁精矿球团。在耐火材料中除了传统的黏土、硅石、铝土矿和菱镁矿等，还发展了蓝晶石族矿物、石墨和锆石为主的新型耐火材料。在机械工业中，矿物可用作磨削材料、保护涂层、固体润滑剂、摩擦剂、密封剂、焊接材料等。用作磨料的，从软的硅土、方解石到最硬的金刚石，有 30 多种矿物。应用最多的天然和合成矿物磨削材料有金刚石、石榴子石、金刚砂(合成碳硅石)、合成刚玉和刚玉砂等。陶瓷工业中使用硅灰石、透辉石和透闪石等节能型原料，降低烧成温度，缩短烧成时间。在造纸中片状高岭石、滑石和轻质碳酸钙以其高白度和强遮盖能力，用作纸张涂料、填料和增白。石油钻探中矿物用作造浆和加重剂。膨润土、海泡石和坡缕石用作水基泥浆，而有机膨润土可制油基泥浆。比重较大的重晶石和赤铁矿等用作泥浆加重剂，可防止井喷。食品加工中，硅藻土和活性膨润土等用作饮料和食品的过滤、脱色。这类矿物也常用于水和放射性废弃物的处理。农业中，沸石、膨润土、海泡石和硅藻土等用作土壤改良剂，以改善土壤结构，调节水分，吸附有毒物质和改善肥料特性。膨润土、沸石和皂石等用作畜禽的饲料添加剂，可使畜禽减少疾病，明显增加体重。

(2) 矿物功能材料主要用于电子、激光和仪表工业。电子工业用的功能材料很多。例如，石英用作谐振器，作为频率标准和制造电子表。彩色显像管使用荧光粉，发蓝光和黄光的是硅锌矿型和闪锌矿型晶体荧光粉，要发出红光可以使用钪钇矿型晶体。日光灯所用荧光粉则为磷灰石型晶体。红锑矿可以把可见光能转换为电能，用作卫星摄像管靶面。在激光工业中，矿物功能材料用于激光的发射、传导、调制、偏转和存储。例如，固体激光晶体有 14 个矿物类型，常用的有红宝石等。

5.3.2　典型矿物材料

1. 膨润土

膨润土又名膨土岩、斑脱石，俗名观音土，由凝灰岩或其他火山岩在碱性介质下蚀变而成。膨润土的主要矿物成分是蒙脱石，含量在 85%～90%，另含少量石英、方解石及火山玻璃。

膨润土具有良好的黏性、膨胀性、吸附性、可塑性、分散性、润滑性、阳离子交换性、悬浮性、脱色性等，因此它可制成各种粘结剂、悬浮剂、吸附剂、脱色剂、增塑剂、催化剂、净化剂、消毒剂、增稠剂、除垢剂、洗涤剂、填充剂、增强剂等。膨润土的化学成分相当稳定，被誉为万能石。

世界上的膨润土资源主要分布在中国、美国和俄罗斯，三国探明储量约占世界总储量的 4/5。中国储量居世界首位，占世界总量的 60%。中国膨润土矿以分布广，埋藏浅，易采掘及品种齐全为特点。其中,大型、中型矿床共计 43 个,占全部矿床数的 50%,据 43 个矿床统计,平均蒙脱石含量为 63%,明显高于规范所要求的平均工业品位(大于或等于 50%),而其保有储量则占绝大部分,表明矿床规模之大。中国膨润土矿床多位于丘陵区,埋藏较浅,覆盖层厚度一般为 1~15 m,适于露天开采,少数矿可用地下开采。

膨润土在以下领域有着广泛的应用:

(1) 铸造型砂粘结剂、快干涂料:钠基膨润土具有很强的黏结性和可塑性、透气性,广泛应用于湿模铸造。锂基膨润土由于胶质价和膨胀容相当高,故用于醇基快干涂料。

(2) 铁矿球团粘结剂:钠基膨润土由于具有很强的黏结性和高温稳定性,在铁精矿粉中加入 1%~2%的钠基膨润土,造粒干燥后成球团,可大幅提高高炉生产能力,现已被各钢厂广泛采用。

(3) 涂料:由于膨润土具有优良的悬浮性、黏结性、分散性。在水溶性涂料、防水涂料、乳化沥青涂料、保温涂料、防腐、防火等各类涂料中作悬浮剂。

(4) 钻井泥浆:在油、气钻探中,膨润土是配制泥浆的主要原料,起有效保护井壁、上返岩屑、冷却润滑钻头等作用。

(5) 食用油脱色脱脂:强吸附性,广泛用于各种动、植物油的脱色去脂,是精炼食用油的最佳脱色剂。

(6) 石化工业:优良的脱色性、可塑性、触变性,在石油工业中被广泛应用于炼油催化剂、脱色剂、废油再生剂等。

(7) 动物饲料:含大量微量元素(铁、铜、锌、锰),且本身无毒、颗粒较细,可作为矿物饲料配于动物饲料中。

(8) 农药:优良的悬浮性、分散性,在水性农药中作悬浮剂。

(9) 农肥:其黏结性可将肥料制成颗粒肥,既提高农肥效力又改良土壤。

(10) 植树造林:利用膨润土制成高吸水材料,用于植树造林,其成本低、保水效果相当优良,吸水倍数可达 100~1000 倍/克。

(11) 建筑:用于大坝防渗墙体材料,建筑地基灌浆材料,地下室、停车场、地铁等防渗漏材料。

(12) 建材:可用其他非金属材料制成各种装饰板材,泡沫绝热材料,无机隔音、隔墙板材,各类面砖、地砖、陶瓷釉料、涂料等。

(13) 纺织、丝绸印染:可代替淀粉作纺织纱浆粉、印染糊料等。

(14) 食品工业:可用作啤酒澄清过滤剂,降低啤酒中的高分子蛋白质,延长保质期。

(15) 日化产品:利用膨润土的吸附性、增稠、增塑性等,可用于液固体洗涤产品,软化织物增强洗涤效果,降低生产成本。比如用于化妆品,具有去污、解毒、止痒、美容、保温等性能。

(16) 防雷接地:在接地降阻剂中加入膨润土,能提高接地性能,减弱金属的腐蚀性,成本低、性能好。

(17) 医药用品:利用膨润土的强吸附性对若干毒品有解毒作用,用于治癣药物及其他药物,有一定的辅助疗效。

(18) 污水处理:利用膨润土的吸附性、分散性、悬浮性,可用于各类污水处理剂,有较强的污水处理能力。

2. 高岭土

高岭土又称瓷土，主要由小于 2 μm 的微小片状、管状、叠片状等高岭石簇矿物组成，理想的化学式为 $Al_2O_3 \cdot 2SiO_2 \cdot 2H_2O$，其主要矿物成分除高岭石和多水高岭石外，还有蒙脱石、石英和长石等其他矿物(含 Fe_2O_3、TiO_2、微量的 K_2O、Na_2O、CaO 和 MgO 等)。

高岭土质软，具有强吸水性且易分解悬浮于水中，有良好的可塑性和较强的黏结性，优良的电绝缘性，良好的抗酸溶性，强的离子吸附性和离子交换性，以及良好的烧结性和较高的耐火度等性能。

中国高岭土分布广泛，遍布全国六大区 21 个省(市、区)，但又相对集中，广东省是探明高岭土储量最多的省，占全国总量的 30.9%，其次为陕西、福建、江西、广西、湖南、江苏和云南等省。

高岭土的应用涉及陶瓷、造纸、橡胶、塑料、石油化工、涂料、油墨、光学玻璃、玻璃纤维、化纤、建材、化肥、农药和杀虫剂载体、胶水、耐火材料等几十个行业，约六七十个品种。

日本用高岭土代替钢铁，制造切削刀具、车床钻头和内燃机外壳等。近些年，随着现代科学技术的飞速发展，一些高新技术领域开始大量运用高岭土，甚至用于原子反应堆、航天飞机和宇宙飞船的耐高温瓷器部件。

3. 硅藻土

硅藻是最早在地球上出现的原生单细胞植物生物之一，生存在海水或者湖水中。硅藻土是硅藻的死亡后经过 1 至 2 万年左右的堆积期，形成的一种化石性的硅藻堆积土，主要化学成分是 SiO_2，还有少量的 Al_2O_3、P_2O_3、CaO、MgO 等。

由于硅藻土具有细腻、松散、质轻、多孔、吸水和渗透性强、对人无毒无害等特点，其特殊的结构构造使得它具有许多特殊的技术和物理性能，因此被广泛应用于轻工、化工、建材、石油、医药、卫生等部门，近些年也被广泛应用于水处理行业。

世界上有 20 多个国家产出硅藻土矿，主要分布在中国、美国、丹麦、法国、俄罗斯、罗马尼亚等国。我国硅藻土矿资源较丰富，硅藻土储量 3.2 亿吨，资源量在 20 亿吨以上，位居世界前列，主要集中在华东及东北地区，其中规模较大、开采工作做得较多的有吉林、浙江、云南、山东、四川等省。其中，吉林省矿床数最多(18 个)，保有储量也最多，达 21 119 万吨；其次是云南省，保有储量达 7752 万吨。

硅藻土的具体用途：

(1) 作玻璃钢、橡胶、塑料的填料，能明显增强制品的钢性和硬度，提高制品的耐热、耐磨、抗老化等性能，大幅度降低成本。

(2) 作造纸填料，能够改进纸张的不透明度和亮度，提高平滑度和印刷质量，减少纸张因湿度而引起的伸缩。

(3) 作为涂料的消光剂，能够降低涂膜的表面光泽，增加涂膜的耐磨性和抗划痕性。

(4) 作农药粉剂、颗粒剂的理想载体，可使制剂稳定，药效延长，毒性缓角，剂量易于掌握。

(5) 作为高效复合肥的理想载体，其本身就具有一定肥效，而且对可溶性的氮、磷、钾吸附能力强，在土壤中具有一定的缓释作用，利于作物生长。

(6) 作生产茶色玻璃、微孔玻璃、微孔玻璃微珠、玻璃纤维的原料，因其熔点(1600℃)比石英熔点(1700℃)低，故可节约能源，延长窑龄，降低成本。

(7) 作水泥的填料，用以配制高硅质和波特兰水泥，能够提高混凝土的流动性和可塑性，提高产品的耐磨和腐蚀性。

(8) 作高沥青含量的路面和防水卷材的填料，能有效解决泛油和挤浆现象，提高防滑性、耐磨性、抗压强度、耐浸蚀能力，大幅度地提高使用寿命。

(9) 作保温材料，由于其具有气孔率高、容重小、保温、隔热、不燃、隔音、耐腐蚀等优良性，故应用较广泛。作为钻井冲洗隔离液的载体，若硅藻的用量为 30%的话效果会很好。

4. 云母

云母是含钾、铝、镁、铁、锂等层状结构铝硅酸盐的总称。云母族矿物中最常见的矿物种有黑云母、白云母、金云母、锂云母等。

云母的特性是绝缘、耐高温、有光泽、物理化学性能稳定，具有良好的隔热性、弹性和韧性。在工业上用得最多的是白云母，其次为金云母，广泛应用于建材行业、消防行业、灭火剂、电焊条、塑料、电绝缘、造纸、沥青纸、橡胶、珠光颜料等化工工业。超细云母粉作塑料、涂料、油漆、橡胶等功能性填料，可提高其机械强度，增强韧性、附着力抗老化及耐腐蚀型等。除具有极高的电绝缘性、抗酸碱腐蚀、弹性、韧性和滑动性、耐热隔音、热膨胀系数小等性能外，还具有表面光滑、径厚比大、形态规则、附着力强等特点。工业上主要利用它的绝缘性和耐热性，以及抗酸、抗碱性、抗压和剥分性，用作电气设备和电工器材的绝缘材料；其次用于制造蒸汽锅炉、冶炼炉的炉窗和机械上的零件。云母碎和云母粉可以加工成云母纸，也可代替云母片制造各种成本低廉、厚度均匀的绝缘材料。

习　题

1. 陶瓷具有什么样的结构？它与性能有什么关系？
2. 简述陶瓷的概念、特性与分类。
3. 传统陶瓷与特种陶瓷有何不同？
4. 简述传统陶瓷与特种陶瓷的制备工艺。
5. 简述玻璃的通性、用途及分类。
6. 简述玻璃的结构。
7. 何谓矿物材料？简述矿物结构材料的用途。
8. 简述膨润土的性能和用途。

第6章　高分子材料

6.1　概　述

6.1.1　高分子材料的基本概念

高分子化合物是由成千上万个原子通过化学键连接而成的具有相当大的分子量的化合物,简称为高分子或聚合物。通常认定分子量在 $10^4 \sim 10^6$ 之间的化合物为高分子。高分子的性能通常与其分子量有密切关系。高分子可分为有机高分子、无机高分子和半无机高分子材料,本章主要介绍人工合成的有机高分子材料。

大多数高分子是由许许多多结构相同、简单的小分子通过共价键或配位键重复连接而成的化合物,所以高分子又叫聚合物(Polymer)或者高聚物(Highpolymer)。生成高分子的化学反应叫做聚合反应(Polymerization),构成高分子的小分子原料称为单体(Monomer)。

例如,氯乙烯(单体)聚合成聚氯乙烯(高分子或聚合物)。聚氯乙烯的结构式为

$$nH-\underset{\underset{H}{|}}{\overset{\overset{H}{|}}{C}}-\underset{\underset{Cl}{|}}{\overset{\overset{H}{|}}{C}}-H \longrightarrow \left[\begin{array}{c} | \\ C \\ | \end{array} \underset{\underset{Cl}{|}}{\overset{|}{C}} \right]_n$$

表示有 n 个结构单元重复连接形成一根聚氯乙烯分子链,故又称为重复结构单元或者链节。n 为链节数或重复结构单元数,重复结构单元的数目也称聚合度。这个单元与其原料氯乙烯相比,除了电子结构有所改变外,原子的类型和个数以及原有原子间的碳胳完全相同,故又称为单体单元。

只有一种单体单元的高分子为均聚物,含有两种或两种以上单体单元的高分子为共聚物。如尼龙-66 由己二酸和己二胺两种单体共同聚合而成,其结构式为

$$\left[\begin{array}{c} O \\ \| \\ C(CH_2)_4 \end{array} \begin{array}{c} O \\ \| \\ CNH(CH_2)_6NH \end{array} \right]_n$$

低分子化合物一般有固定、均一的分子量,如水的分子量为 18,但高分子却是分子量不等的同系物的混合物。这种高分子分子量大小不均一的特性称为高聚物分子量的多分散性。如分子量为 10 万的聚氯乙烯,可能是由分子量从 2 万至 20 万的不同大小的聚氯乙烯的高分子混合组成的。因此高分子的分子量或聚合度是一平均值,分别用平均分子量 $\overline{M}_n$ 和

平均聚合度 $\overline{DP}$ 表示，也可以用基本结构单元数表示，写成 $\overline{Z}_n$。分子量分布是影响高分子性能的重要因素之一；不同材料应有其合适的分子量分布，合成纤维的分子量分布较窄，而合成橡胶的分子量分布较宽。

6.1.2　高分子材料发展简史

高分子材料是人类最早利用的天然材料之一，无论是用于制造工具和建筑房屋的木材或草，还是用于御寒和装饰的棉、麻等都是由为数众多的葡萄糖形成的高分子材料——纤维素组成。丝、毛、皮和生物体本身也是由生物高分子材料构成的。

人们研究高分子材料是从天然材料的改性开始的。1839 年，美国的 Charles Goodyear 发现将黏性的天然橡胶和硫黄一起加热，得到具有一定强度和弹性的硫化橡胶，才使其广泛应用于制造工具、轮胎和雨具。随后人们对天然纤维素进行改性得到硝酸纤维素和乙酸纤维素，前者添加樟脑就变成赛璐珞(塑料)，而后者用于制造人造丝。

1838 年，初次发现氯乙烯在阳光下形成聚氯乙烯；1839 年，经合成和提纯得到聚苯乙烯。因为加工稳定性问题，这些现在广泛使用的塑料在当时并没有立即得到应用。最早得到应用的塑料是于 1909 年投入工业化生产的酚醛树脂和塑料(电木)。1912 年，甲基橡胶投入工业化生产，随后，丁钠橡胶(1912 年)、醇酸树脂(1926 年)、脲醛树脂(1929 年)等高分子材料相聚问世。

1926 年，德国化学家 Hermann Staudinger 提出"链式大分子"的概念，并于 1936 年予以证实，至此高分子科学正式诞生。20 世纪 30～40 年代，美国化学家 W.H.Cartothers 等人在研究聚酰胺和聚酯的合成反应基础上，建立起缩聚反应理论，1938 年，聚酰胺纤维尼龙-66 投入工业化生产。同期，自由基聚合理论也取得了突破，聚氯乙烯、聚苯乙烯、聚甲基丙烯酸甲酯、聚四氟乙烯、ABS 树脂等相继进入工业化。

20 世纪 50 年代，美国化学家 P.J.Flory 提出高分子溶液的格子模型，建立起高分子溶液的统计热力学和高分子构象的统计力学基础理论；德国化学家 K.M.Ziegler 和意大利化学家 G.Natta 发明了新型配位催化剂，在较低的压力和温度下制备了高密度聚乙烯和据有立构规整性的聚丙烯，使得高分子科学正式独立并在随后的 50～60 年代，蓬勃发展，聚甲醛、聚碳酸酯、聚醚、聚酰亚胺等工程塑料大批问世，通用高分子材料走向成熟。

20 世纪 70～80 年代，合成聚合物的重点转移到了大力开展具有特殊功能的高分子材料方面的研究，诸如光敏高分子、光导体、高分子分离膜、高分子试剂和催化剂、高分子药物等方面的研究应用都取得巨大进展，功能高分子、生物医用高分子材料取得巨大发展。90 年代以后，延续上述功能材料开发的同时，高分子材料沿着环境友好化和智能化两条路线，向着分子设计、能量交换、信息传递等新兴领域不断前进。

合成高分子材料经过近 150 年的发展，已经成为我们生活中不可缺少的物质材料。高分子材料品种繁多、原料丰富、制造方便、成型简单、易于加工，具有质轻、比强度大、弹性好、耐腐蚀、光电性能优良等特性，因而已广泛地用于工业、农业、国防、交通和民用等国民经济的各个部门。事实上，合成高分子材料已经渗透到每一科学技术和经济领域。

我国的高分子研究起步于 20 世纪 50 年代初。50 年代末，国内第一套高分子材料聚氯乙烯生产设备正式投产；至 1976 年，我国塑料年产量仅 37.5 万吨；80 年代，随着改革开放政策的实施，高分子材料工业迅速发展；1982 年，全国塑料年产量 99.8 万吨；1990 年产 360 万吨；1999 年产 1960 万吨；2009 年产 4480 万吨。但是，我国高分子工业走的是"引进"、"消化"、"吸收"的道路，自主创新的生产设备和工艺任重道远。

6.1.3　高分子材料的分类和命名

1. 命名

高分子的命名主要采用习惯命名方法和 IUPAC 命名法。

1) 习惯命名法

习惯命名法有以下四种：

(1) 在单体名称前面冠以"聚"字来命名。如：由单体氯乙烯聚合而成的高分子叫做聚氯乙烯，由单体乙烯聚合得到的高分子称为聚乙烯，由己内酰胺聚合得到的高分子称为聚己内酰胺等。

(2) 在单体名称或简名后缀"树脂"二字来命名。如：由单体苯酚与甲醛形成的高分子叫做苯酚甲醛树脂(简称酚醛树脂)，由尿素与甲醛形成的高分子叫做尿素甲醛树脂(或脲醛树脂)，由环氧氯丙烷与双酚-A 形成的高分子简称环氧树脂。

(3) 在单体的名称中取代表字后附"橡胶"二字来命名。如：由丁二烯与丙烯腈形成的共聚物简称丁腈橡胶，由二甲基二氯硅烷形成的聚二甲基硅氧烷简称硅橡胶。

(4) 以高分子的结构特征来命名。如：对苯二甲酸与乙二醇形成的高分子叫做聚对苯二甲酸二乙二醇酯，己二酸和己二胺形成的高分子称为聚己二酰己二胺。

2) IUPAC 命名法

IUPAC(国际纯粹与应用化学联合会)提出了以结构为基础的系统命名法。其命名规则是：

(1) 确定结构重复单元，该单元即最小重复单元。

(2) 划出次级单元并排列次序，排序规则为：① 杂原子先排；② 带取代基的先排。

(3) 以"聚"为前缀，依次写出次级单元的名称，即 IUPAC 名。

表 6-1 中列举了重要聚合物的中、英文名称，编写符号和商品名称。

表 6-1　重要聚合物的中、英文名称，缩写符号和商品名称

中文名称	英文名称	英文缩写	我国商品名称
聚乙烯	polyethylene	PE	乙纶(纤)
聚丙烯	polypropylene	PP	丙纶(纤)
聚氯乙烯	polyvinyl chloride	PVC	氯纶(纤)
聚苯乙烯	polystyrene	PSt	
聚甲基丙烯酸甲酯	polymethyl methacrylate	PMMA	有机玻璃
聚四氟乙烯	polytetrafluoro ethylene	PTFE	四氟(塑)、氟纶(纤)
聚乙烯醇	polyvinyl alcohol	PVA	
聚乙烯醇缩甲醛	polyvinyl formal	PVFM	维纶、维尼纶(纤)
聚丙烯腈	polyacrylonitrile	PAN	腈纶(纤)
聚丙烯酸	polyacrylic acid	PAA	
聚丙烯酰胺	polyacrylamide	PAAm	

中文名称	英文名称	英文缩写	我国商品名称
天然橡胶	natural rubber	NB	
丁苯橡胶	styrene-butadiene rubber	SBR	
丁基橡胶	isobutadiene-isoprene rubber	IIR	
氯丁橡胶	chloroprene rubber	CR	
丁腈橡胶	nitrile-butadiene rubber	NBR	
丁二烯橡胶	butadiene rubber	BR	
聚酰胺	polyamide	PA	锦纶(纤)尼龙(塑)
聚碳酸酯	polycarbonate	PC	
聚对苯二甲酸乙二醇酯	polyethylene terephthalate	PET	涤纶(纤)
聚酰亚胺	polyimide	PI	
聚甲醛	polyoxymethylene	POM	
聚氧化乙烯	polyethylene oxide	PEO	
聚砜	polysulfone	PSU	
聚苯砜	polyphenylene sulfone	PPSU	
聚苯醚	polyphenylene oxide	PPO	
聚醚醚酮	Polyetheretherketone	PEEK	
聚氨酯	polyurethane	PU	
聚硅氧烷	silicones	SI	
不饱和聚酯	unsaturated polyester	UP	
酚醛树脂	phenol-formaldehyde resins	PF	电木(塑)
脲醛树脂	urea-formaldehyde resins	UF	电玉(塑)
环氧树脂	epoxy resin	EP	
硝酸纤维素	cellulose nitrate	CN	赛璐珞
醋酸纤维素	cellulose acetate	CA	

2．分类

高分子的种类很多，主要有如下四种：

(1) 按高分子的来源分，可把高分子分成天然高分子和合成高分子。

(2) 按材料的性能分，可把高分子分成塑料、橡胶和纤维三大类。塑料按其热熔性能又可分为热塑性塑料(如聚乙烯、聚氯乙烯等)和热固性塑性塑料(如酚醛塑料、和环氧树脂等)两大类。

(3) 按材料的用途分，可分为通用高分子、工程材料高分子、功能高分子、仿生高分子、医用高分子、高分子药物、高分子试剂、高分子催化剂和生物高分子等。塑料中的聚乙烯、聚丙烯、聚氯乙烯和聚苯乙烯，纤维中的锦纶、涤纶、腈纶和维纶，橡胶中的丁苯橡胶、顺丁橡胶、异戊橡胶和乙丙橡胶都是用途很广的高分子材料，为通用高分子。工程材料是指具有特种性能(如耐高温、耐辐射)的高分子材料，如聚甲醛、聚碳酸酯、聚酰亚胺、聚芳醚、聚芳酰胺和含氟高分子等都是较为成熟的品种，已广泛地用于工程中。离子交换树脂、感光性高分子、高分子试剂和高分子催化剂都属于功能高分子。

(4) 按高分子主链的结构分，可将高分子分为碳链高分子、杂链高分子和元素有机高分子。碳链高分子的主链是由碳原子联结而成的；杂链高分子的主链中除碳原子以外，还含有像氧、氮、硫等原子；元素有机高分子的主链上一般不含有碳原子，而由硅、氧、铝、钛、硼等元素构成，但侧链是有机基团。

6.2　高分子材料合成原理与方法

由低分子单体合成高分子的化学反应叫做聚合反应。合成高分子的最基本的反应可分为两类：一类是不饱和化合物的加成聚合反应——加聚合反应；另一类是双官能团的化合物分子间相互缩合聚合的反应——缩聚反应。

6.2.1　加聚反应

加聚反应是指由一种或一种以上的不饱和化合物在催化剂的作用下，相互发生加成反应生成高分子的反应。

由两种或两种以上的单体共同聚合称为共聚反应，如由丙烯腈(A)、丁二烯(B)和苯乙烯(S)共聚得到一个很好的工程塑料 ABS 树脂。

高分子的生成是通过一连串的单体分子间的互相加成作用来实现的。生成的高分子与原料具有相同的化学组成，其相对分子量为原料相对分子量的整数倍。参加聚合的单体只有一种时得到均聚物，而参加聚合的单体为两种或两种以上时得到的是共聚物。应该指出的是，在绝大多数情况下，共聚物中各种单体的排列状况并无规则，即无规共聚。

根据加聚反应中所使用的催化剂的不同，反应通过不同的活性中心来进行。根据反应中活性中心的种类，聚合反应可分为自由基聚合、阳离子聚合、阴离子聚合和配位聚合，后三者又称为离子聚合。

1. 自由基聚合

自由基聚合是单体在引发剂或光、热、辐射等物理能量激发下转化成自由基而引起的聚合反应。

自由基是由共价键发生均裂反应产生的，自由基是一种非常活泼的物质，通常称做活性中间体。自由基一经产生便迅速地反应，很难单独、稳定地存在。由于未成对电子强烈地获取电子的倾向是造成自由基极其活泼的原因，自由基中心原子的种类及与中心原子相连的取代基的性质都将对自由基的反应活性产生很大的影响。在聚合反应中应用最多的是热解、氧化还原反应、光解、辐射等方法，从而产生自由基，自由基聚合反应是合成高分子的重要反应之一。许多高分子如高压聚乙烯、聚苯乙烯、聚氯乙烯、聚甲基丙烯酸甲酯、聚丙烯腈和丁苯橡胶等，都是由自由基聚合反应合成的。自由基聚合可以分为链引发、链增长、链终止和链转移等多个基元反应，如甲基丙烯甲酯的聚合。

$$CH_2=\overset{\displaystyle CH_3}{\underset{\displaystyle CH_3}{C}}-COOCH_3 \xrightarrow{BPO} \underbrace{CH_2-\overset{\displaystyle COOCH_3}{\underset{\displaystyle CH_3}{C}}}_{n}$$

由初级自由基与单体反应形成单体自由基的过程称做链引发反应；引发剂引发、热引发、光引发、高能辐射引发、等离子体引发等方法是自由基聚合反应通用的引发方法。引发剂引发在工业上应用最广泛。在加热情况下或通过化学反应容易分解生成自由基(即初级自由基)的一类化合物称做自由基聚合引发剂。通常加热温度在 50～150℃ 之间，即键的断裂能在 100～170 kJ/mol 范围内的化合物能够满足工业生产的要求，这些化合物主要是偶氮类化合物(如偶氮二异丁腈(AIBN))、过氧类化合物(如过氧化二苯甲酰(BPO)、过氧化二碳酸二环己酯(DCPD))以及其他无机氧化物(如过硫酸钾 $K_2S_2O_8$)。化学反应主要是氧化还原反应。氧化剂为过氧类化合物。

链引发反应形成的单体自由基可与第二个单体发生加成反应形成新的自由基。这种加成反应可以一直进行下去，形成越来越长的链自由基。这一过程称为链增长反应；链增长反应通常为自由基的加成反应，此时双键中的 π 键打开，形成一个 σ 键，因此是放热反应，即 $\Delta H = -55～-95$ kJ/mol，链增长反应的活化能为 20～34 kJ/mol。因此，链增长反应速率极快，一般在 0.01 秒至几秒内即可使聚合度达到几千，甚至上万，在反应的任一瞬间，体系中只存在未分解的引发剂、未反应的单体和已形成的大分子，不存在聚合度不等的中间产物。链增长反应是形成大分子链的主要反应，同时决定分子链上重复单元的排列方式。单体与链自由基反应时，可以按两种方向连接到分子链上：头—尾相接和头—头相接。按头—尾形式连接时，取代基与自由基中心原子连在同一碳原子上，可以通过共轭效应、超共轭效应使新产生的自由基稳定，因而容易生成。而按头—头形式连接时，无共轭效应，自由基比较不稳定。两者活化能差 34～42 kJ/mol，因此有利于头—尾连接。显然，对于共轭稳定较差的单体或在较高温度下聚合，头—头结构将增多。

链自由基活性中心消失，生成稳定大分子的过程称为链终止反应。终止反应绝大多数为两个链自由基之间的反应，也称双基终止。链终止反应非常迅速，反应的结果是两个链自由基同时消失，体系自由基浓度降低。双基终止分为偶合终止和歧化终止两类。两个链自由基的单电子相互结合形成共价键，生成一个大分子链的反应称为偶合终止。一个链自由基上的原子(通常为自由基的 β 氢原子)转移到另一个链自由基上，生成两个稳定的大分子的反应成为歧化终止。偶合终止和歧化终止分别对应于自由基的偶合反应和歧化反应。偶合终止的结果为大分子的聚合度约为链自由基重复单元数的两倍；歧化终止的结果，虽不改变聚合度，但其中一条大分子链的一端为不饱和结构。从能量角度看，偶合终止为两个活泼的自由基结合成一个稳定的分子，反应活化能低，甚至不需要活化能；歧化反应涉及共价键的断裂，反应活化能较偶合终止高一些。因此，高温时有利于歧化终止反应发生，低温时有利于偶合终止反应发生。链自由基的结构也对其终止方式产生影响，共轭稳定的自由基，如苯乙烯自由基，较易发生偶合终止反应；空间位阻较大的自由基，如甲基丙烯酸甲酯自由基，较易发生歧化终止反应。除了双基终止，在某些聚合过程中，也存在一定量的单基终止。对于均相聚合体系，双基终止是最主要的终止方式，但随着单体转化率的增加，单基终止反应随之增加，甚至成为主要终止方式。所谓单基终止，是指链自由基与某些物质(不是另外一个链自由基),如链转移剂、自由基终止剂反应失去活性的过程。聚合方式影响终止方式的选择性,沉淀聚合、乳液聚合较难发生双基终止。

在聚合过程中,链自由基除与单体进行正常的聚合反应外,还可能从单体、溶剂、引发剂或已形成的大分子上夺取一个原子而终止,同时使被抽取原子的分子转变成为新的自由基,该自由基能引发单体聚合,使聚合反应继续进行,称链转移反应。链转移反应并不改变链自由基的数目,仅是活性中心转移到另一个分子、原子或基团,并形成新的活性链,通常也不影响聚合速率,而是降低了聚合度,改变了分子量和分子量分布。链自由基与单体、溶剂、引发剂或已形成的大分子之间的链转移反应是自由基聚合过程中常见的转移反应。例如,采用自由基聚合方法合成的聚乙烯(高压低密度聚乙烯)含有许多长支链,平均可达 20~30 支链/500 单体单元。研究表明,支链的产生是由于发生了分子内链转移的结果。

在聚合物的工业生产中,自由基聚合所占的比例最大。高压聚乙烯、聚氯乙烯、聚苯乙烯、聚甲基丙烯酸甲酯、ABS 树脂、聚四氟乙烯、聚丙烯腈、聚醋酸乙烯酯、丁苯橡胶、丁腈橡胶、氯丁橡胶等通用树脂或橡胶都是通过自由基聚合生产出来的。

2. 阳离子聚合

阳离子聚合和自由基聚合过程相似,不同的是反应所用的催化剂和单体的种类不同。如乙烯基烷基醚的聚合式为

$$CH_2=CH-OCH_2CH(CH_3)_2 \xrightarrow{BPO} \begin{bmatrix} CH_2-\overset{\overset{\textstyle OCH_2CH(CH_3)_2}{|}}{CH} \end{bmatrix}_n$$

能够进行阳离子聚合的单体是双键碳原子上有强的供电子取代基的烯烃(如异丁烯、乙烯基乙醚),具有共轭烯烃(如苯乙烯、α-甲基苯乙烯、丁二烯、异戊二烯)、含氧、氮原子的不饱和化合物(如甲醛)和环状化合物(如四氢呋喃)等。给电子取代基使碳-碳双键电子云密度增加,有利于阳离子活性种(缺电子的原子或基团)的进攻;另一方面使生成的碳阳离子电荷分散而稳定。

乙烯无侧基,双键上电子云密度低,且不易极化,对阳离子活性种亲和力小,因此难以进行阳离子聚合。丙烯、丁烯上的甲基、乙基是推电子基,双键电子云密度有所增加,但一个烷基供电不强,聚合增长速率并不太快,生成的碳阳离子是二级碳阳离子,电荷不能很好地分散,不够稳定,容易发生重排等副反应,生成更稳定的三级碳阳离子。以 3-甲基 1-丁烯为例:

$$H^+ + CH_2=CH-CH(CH_3)-CH_3 \rightarrow CH_3-\overset{+}{C}H-CH(CH_3)-CH_3 \rightarrow CH_3-CH_2-\overset{+}{C}(CH_3)_2$$

重排的结果将导致支化。丙烯、丁烯经阳离子聚合只能得到低分子油状物。

异丁烯有两个甲基供电,使双键电子云密度增加很多,易受阳离子活性种进攻,引发阳离子聚合。生成的—$CH_2^+(CH_3)_2$ 是三级 C^+,较为稳定。链中—CH_2—上的氢,受两边四个甲基的保护,不易被夺取,减少了重排、支化等副反应,因而可以生成分子量很高的线型聚合物。更高级取代的α-烯烃,则因空间位阻,只能聚合成二聚体。异丁烯实际上是α-烯烃中唯一能阳离子聚合的单体。

能进行阳离子聚合的另一个乙烯基单体是烷基乙烯基醚 $CH_2=CH-OR$。虽然烷氧基具有吸电子的诱导效应,将使双键电子云密度降低,但氧上未共用电子对能和双键形成 p-π 共轭。共轭效应占主导地位,结果使双子云密度增加。烷氧基氧上未共用电子对的共轭效应

同样能使形成的碳阳离子电荷分散，结果乙烯基烷氧基醚只能使阳离子聚合。

阳离子聚合反应所用的催化剂有三类：质子酸(高氯酸、硫酸、三氯醋酸)，Lewis 酸(三氟化硼、三氯化铝、三氯化铁、四氯化钛等)，有机金属化合物(三乙基铝、二乙基氯化铝等)。在使用 Lewis 酸作为催化剂时，往往需要助催化剂。

阳离子聚合反应与自由基聚合类似，也包括链引发、链增长、链转移和链终止等基元反应。所不同的是，离子聚合的链增长活性中心带有相同电荷，不能双基终止，只能单基终止，包括向单体转移终止，向反离子转移终止，与反离子结合终止，外加终止剂终止等。虽然阳离子聚合的终止方式较多，但主要是转移终止，真正的动力学链终止可能不存在。阳离子聚合反应受到温度、溶剂和反离子等因素的影响，其聚合度活化能很小，甚至为负值($29\sim-31\ kJ\cdot mol\cdot L^{-1}$)。聚合反应速率活化能 E_R 通常亦很小，甚至为负值($41\sim-21\ kJ\cdot mol^{-1}$)，因此往往出现聚合反应速率随温度降低而增加的现象，阳离子聚合反应有所谓"低稳高速"之说。为制备高分子量的聚合产物，阳离子聚合一般要在相当低的温度下进行，工业上合成聚异丁烯时的温度是$-100℃$。

3. 阴离子聚合

当双键碳原子上有吸电子取代基时，双键上的电子云密度会降低，容易受亲核试剂的进攻，产生碳负离子，新产生的碳负离子又可以作为亲核试剂进攻另一个双键，从而引起聚合反应。这便是阴离子聚合反应。如苯乙烯的阴离子聚合即是此类：

$$CH_2=CHC_6H_5 \xrightarrow{\ n-C_4H_9Li\ } \left[CH_2-\overset{\displaystyle C_6H_5}{\underset{\displaystyle |}{CH}}\right]_n$$

可以参加阴离子聚合的单体有带吸电子取代基的烯类、共轭烯烃、羰基化合物等。烯类单体中取代基的吸电子能力越强，越容易发生阴离子聚合反应。其活性符合偏二氰基乙烯 $CH_2=C(CN)_2>\alpha$-氰基丙烯酸乙酯 $CH_2=C(CN)COOC_2H_5>$硝基乙烯 $CH_2=CHNO_3>$丙烯腈 $CH_2=CHCN>$甲基丙烯腈 $CH_2=C(CH_3)CN>$丙烯酸甲酯 $CH_2=CHCOOCH_3>$甲基丙烯酸甲酯 $CH_2=C(CH_3)COOCH_3>$苯乙烯 $CH_2=CHC_6H_5$、丁二烯 $CH_2=CH—CH=CH_2$ 这一活性顺序。

具有$\pi-\pi$共轭体系的非极性单体既能进行阳离子型聚合反应又能进行阴离子型聚合反应，还可以进行配位聚合反应及自由基聚合反应，如苯乙烯、丁二烯、异戊二烯等。极性单体丙烯腈 $CH_2=CHCN$、甲基丙烯酸甲酯 $CH_2=C(CH_3)COOCH_3$、丙烯酸甲酯 $CH_2=CHCOOCH_3$、硝基乙烯 $CH_2=CHNO_3$ 也存在$\pi-\pi$共轭体系，但由于取代基较强的吸电子效应，这类单体不能进行阳离子聚合。

各种亲核试剂(给电子体)都可以作为阴离子型聚合反应的引发剂。阴离子聚合中常用的催化剂主要有三类：碱金属(锂、钠、钾等)、碱金属的氨基化合物(氨基钠、氨基钾等)等电子直接引发体系；金属有机化合物(格氏试剂、三乙基铝等)电子转移间接引发体系以及ROH、R_3N 化合物、氢氧化物、吡啶、水等低活性亲核引发剂。对于活性高的单体可以用醇钠或氢氧化钠等作为催化剂。特别活泼的单体(如α-氰基丙烯腈)，甚至可以用水作为催化剂。事实上，α-氰基丙烯酸酯在微量水(甚至在潮湿的空气中)催化下便可聚合，它是一种新型快速的粘合剂，可用于粘合伤口、骨骼和血管。

阴离子聚合的一个特点是：负离子活性中心特别稳定，如果所用的单体、催化剂以及惰性溶剂都非常纯净，则通常无终止反应发生。因此负离子加聚反应一经引发，就一直反应到单体耗尽为止，在单体消耗结束后，高分子链仍具有活性被称为"活的高分子"。若再加入同一种或不同的单体，聚合反应仍可进行。

阴离子聚合提供了合成嵌段共聚物的方法。如先用苯乙烯聚合，当苯乙烯反应完全后，向体系中加入丁二烯便可得到一端是聚苯乙烯而另一端为聚丁二烯的共聚物。多次进行这种方法便可合成苯乙烯和丁二烯的嵌段共聚物。"活的高分子"既可以用来引发聚合反应，也可以发生碳负离子所能发生的反应，还可以用来合成功能高分子。

同阳离子聚合类似，阴离子聚合也受到温度、溶剂等因素的影响。一般情况下，阴离子聚合链增长活化能为正值，如聚苯乙烯基钠在 THF 中的链增长活化能为 $16.6\ kJ \cdot mol^{-1}$ (自由离子)~$36\ kJ \cdot mol^{-1}$(紧密离子对)，因此聚合速率对温度不敏感，随温度升高，会略有增加。由于温度影响各种离子对形式的共存平衡，在各种离子对形式共存的体系中，链增长活化能(表观活化能)会随温度的变化而变化，甚至为负值，即温度升高，聚合速率降低。溶剂方面，与阳离子聚合相似，极性溶剂使松散离子对及自由离子浓度增多，将使聚合速率增大。

需要指出的是，无论对于阳离子聚合还是阴离子聚合，由于离子聚合中反离子的存在，使得链增长末端不是自由的，这虽然会使聚合速率降低，但它也使得单体在插入到离子对中间而增长时，会以某个特定的空间构型进行，从而使得离子聚合有一定程度的立体结构控制能力。如常温下丁二烯自由基聚合只得到 10%~20% 的顺式 1,4 结构，在非极性溶剂戊烷中用正丁基锂聚合则可以得到 35% 的顺式 1,4 结构。

4. 配位聚合

由于取代基在空间的排列方式不同，使得在有机小分子中存在的立体异构现象，也存在于聚合物中，比如几何异构、旋光异构等现象。

几何异构：取代乙烯，即 CHX＝CHY，当两个取代基位于双键的同一侧时，为顺式结构；当两个取代基位于双键的两侧时，为反式结构。具体结构如下：

顺式结构　　　　　反式结构　　　　顺式 1,4-聚丁二烯　　　反式 1,4-聚丁二烯

旋光异构：由不对称碳原子引起(当碳原子与四个不同的基团相连时，该碳原子为不对称碳原子)。纳塔曾对结晶聚丙烯、聚苯乙烯以及其他 α- 烯烃的聚合物进行 X-射线衍射研究并将聚合物的不同构型分为三类：全同立构聚合物，即全部取代基分布在聚合物主链平面同一侧(上方或下方)；间同立构聚合物，即取代基在聚合物主链平面的上方和下方交替出现；无规立构，即取代基在聚合物主链平面的分布是无规的。如图 6-1 所示。

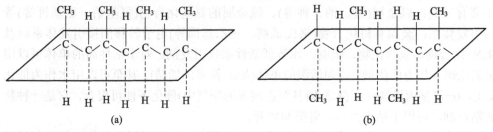

(a)　　　　　　　　　　　　　　　　(b)

图 6-1　不用立构的聚丙烯

(a) 全同立构聚丙烯；(b) 间同立构聚丙烯

　　后来的研究表明全同立构高分子并不是平面结构，而是一种螺旋式的立体柱形，此时高分子的立体构型可以根据每个不对称碳原子的构型来确定。若各个不对称碳原子(称做手性中心或手性碳原子)的构型相同，如—RRRR—或—SSSS—，就成为全同立构高分子；如相邻手性中心构型相反，而且交替出现，则成为间同立构高分子；若手性中心呈无规则排列，则为无规高分子。高度立构规整性的聚合物与无规立构聚合物的物理力学性能有显著差别，立构规整聚合物有高得多的力学强度。

　　1952 年，Ziegler 发现三乙基铝 $Al(C_2H_5)_3$ 与乙烯反应时，三乙基铝的三个 Al—C_2H_5 键可以插入乙烯链节单元，并得到三条长链的烷基铝，这一发现表明乙烯可以在碳-铝键之间插入。1953 年，经过进一步的实验发现，当将三乙基铝与四氯化钛配合使用时，则可得到聚乙烯的白色粉末。三乙基铝与四氯化钛的混合物就是著名的 Ziegler 催化剂。Natta 将 Ziegler 催化剂用于聚丙烯合成，结果得到的是橡胶状产物，将橡胶状产物用溶剂萃取得到一种白色粉末，熔点在 160℃以上，占全部产物的 40%。用 X 射线分析发现，这种白色粉末有高的结晶度。Natta 的研究小组认为高结晶度的产生是由于生成了立构规整性相当高的聚丙烯，从而提出了立构规整聚合的概念。Natta 发现立构规整性是基于固体催化剂表面的规则性而产生的，因此用在溶剂中不溶的结晶性三氯化钛 $TiCl_3$ 代替四氯化钛 $TiCl_4$，使高度结晶的聚丙烯白色粉末的含量达到了 85%，分析表明此聚丙烯为全同立构结构。$Al(C_2H_5)_3$ 与 $TiCl_3$ 的混合物被称做 Natta 催化剂。后来的研究表明周期表中各过渡金属的卤化物或卤氧化物与烷基铝或卤化烷基铝的混合物都有不同程度的定向聚合(立构有规聚合)能力，因此定向聚合引发体系是一大类体系。由于后来的研究表明，只有适当配比的烷基铝与过渡金属卤化物形成的络合物才有催化活性，所以这类催化剂又称络合催化剂，进一步的研究还发现只有当单体与络合催化剂发生配位反应时才有可能得到立构有规的聚合产物，因此采用 Ziegler-Natta 催化剂进行的聚合反应又叫做配位聚合反应。

　　配位聚合反应链的增长机理与自由基聚合或阴、阳离子聚合都不同。其反应首先是由烯烃单体的碳—碳双键与催化剂活性中心的过渡元素原子(如 Ti、V、Cr、Mo、Ni 等)的空 d 轨道进行配位，然后进一步发生移位，使单体插入到金属—碳键之间，此过程的重复使活性中心增长成高分子链。由于每一次增长反应必须首先进行配位，所以这类聚合反应称为配位聚合。用配位聚合方法能得到立构有规的聚合产物，合成的聚烯烃树脂是世界上最大品种的合成树脂。

　　配位聚合中常用的催化剂由过渡金属化合物和金属烷基化合物组成，统称为 Ziegler-Natta 催化剂(如 $Al(C_2H_5)_3$-TiCl4、$Al(C_2H_5)_2$Cl-VCl4 等)，即

$$CH_3CH = CH_2 \xrightarrow[\text{Et}_2\text{AlCl-Et}_3\text{AlCl}]{\text{TiCl}_3} \left[CH_2 - \underset{\underset{CH_3}{|}}{CH} \right]_n$$

　　配位聚合有两个突出的优点：其一，由配位聚合得到的高分子是没有支链的线型分子；其二，配位聚合得到的产物具有很好的立体规整性(即取代乙烯的配位聚合物中，取代基有规律地排列在高分子所在平面的两侧)。所以，配位聚合又称为定向聚合。

　　采用配位聚合能使乙烯在常压下聚合，得到基本上没有支链的低压聚乙烯。异戊橡胶和立体规整的聚丙烯均已在 20 世纪 50 年代实现工业化生产。从 60 年代开始，人们开始有意识地合成具有立体规整性的聚合物，许多过去一直认为难以聚合的烯烃，现在不但实现

了工业规模的生产，而且产物的立体规整性也很好。目前配位聚合反应已经成为生产立体规整性聚α-烯烃、聚双烯烃的重要聚合反应。

烯烃类的加聚反应绝大部分属于连锁反应机理，即一旦反应活性中心生成，单体就迅速加成到活性中心上去，瞬间形成高分子化合物，且一般都是放热反应。所以，加聚反应常被称做连锁加聚反应。

连锁聚合反应一般由链引发、链增长和链终止三个基本反应组成。在连锁聚合特别是自由基聚合过程中，活性链除与单体进行正常的聚合反应外，还可能与单体、溶剂、引发剂或已形成的大分子上进行而终止，同时使被反应的分子转变成为新的活性中心，从而引发单体聚合，使聚合反应继续进行，这称为链转移反应(chain transfer)。

6.2.2　缩合聚合反应

凡具有两个或两个以上的功能团的低分子化合物，通过多次缩合形成高分子并伴随有小分子产物生成的反应称为缩合聚合反应，简称缩聚反应。缩聚反应是合成聚合物的重要类型之一。日常生活中常见的合成纤维，如聚酯纤维(涤纶)、聚酰胺(锦纶)；许多具有优异力学性能的工程塑料、新型耐高温高分子材料(如聚碳酸酯、聚砜、聚苯并噻唑、聚酰亚胺；以及环氧树脂、酚醛树脂、醇酸树脂等)都是通过缩聚反应而制得的。如聚对苯二甲酸乙二醇酯(PET)结构式为：

$$HOOC \longrightarrow \bigcirc \longrightarrow COOH \xrightarrow{\overset{O}{\triangle}} \left[OCH_2CH_2OC \longrightarrow \bigcirc \longrightarrow \underset{\underset{O}{\|}}{C} \right]_n$$

进行缩聚反应时，单体的官能度(能够参加反应的官能团的数目)必须是 2 或 2 以上。通常缩聚反应的官能度构成为：2-2 官能度体系、2-3 官能度体系及 3-4 官能度体系。2-2 官能度体系得到的是线型缩聚产物，2-3 官能度体系及 3-4 官能度体系则生成体型缩聚产物。

缩聚反应又细分为均缩聚反应、混缩聚反应及共缩聚反应。均缩聚反应的单体只有一种，但单体带有两种不同的官能团。例如，结构为 HO—R—COOH 形式的单体，此单体为 2 官能度体系，可以发生均缩聚反应生成聚合物。含有不同官能团的两种单体分子间进行的缩聚反应则为混缩聚反应。例如，结构为 HO—R₁—OH + HOOC—R₂—COOH 形式的单体体系，在均缩聚反应、混缩聚反应体系中再加入另外一种单体而进行的缩聚反应则为共缩聚反应。具体过程为：

$$nHO—R_1—OH + mHO—R_2—OH + kHOOC—R_3—COOH \longrightarrow 聚合物$$

1. 线型缩聚反应

参加缩聚反应的单体都只含有两反应功能团，反应中分子沿着链端向两个方向增长，结果形成线型高分子，这类反应称为线型缩聚反应。

线型缩聚反应是可逆平衡反应，是官能团之间的反应，官能团的活性不受分子量的影响。当两种反应的官能团等当量时，聚合物的平均聚合度表示为

$$\overline{X}_n = \frac{1}{1-P}$$

其中，P 为官能团的反应程度。

　　根据缩聚反应的热力学特征，缩聚反应又可分为可逆(平衡)缩聚反应与不可逆(非平衡)缩聚反应。缩聚反应不同程度上都存在逆反应，平衡常数小于 10^3 的缩聚反应，聚合时必须充分除去小分子副产物，才能获得较高分子量的聚合产物，通常称做可逆缩聚反应，如由二元醇、二元胺与二元羧酸合成聚酯、聚酰胺的反应。平衡常数大于 10^3 的缩聚反应，官能团之间的反应活性非常高，聚合时几乎不需要除去小分子副产物，即可获得高分子量的聚合物，如由二元酰氯同二元胺生成聚酰胺的反应。

　　进一步的理论分析表明，缩聚反应中，升高温度使平衡常数和聚合度降低、聚合速度增加。缩聚产物的平均聚合度依赖于官能团的反应程度，也即参加了反应的官能团数与初始官能团数目的比值。反应过程中，除了有单体成环、脱水等副反应外，还会发生增长链裂解和交换反应。

　　线型缩聚反应调控的重点在于缩聚产物的聚合度，可以通过控制原料单体的摩尔配比，加入端基封锁剂等方法来控制。

2. 体型缩聚反应

　　当参加缩聚反应的单体之一含有多个反应功能基时，则反应中分子会向几个方向增长，结果形成体型结构聚合物，这类反应称为体型缩聚反应。

　　多官能团单体缩聚时，一开始生成侧链带有官能团的缩聚物，随着反应的进行，聚合物上支链增加，达到某一反应程度时，反应体系黏度会突然增大，由液体变成凝胶(gel)，从而失去流动性，这种现象称为凝胶化现象。这种现象是支化聚合物上的官能团相互反应，造成支化聚合物之间的交联，生成不溶不熔的分子量无限大的网络状分子的缘故。出现凝胶时的反应程度称为凝胶点，以 P_c 表示。交联的体型聚合物都具有力学强度和很高的耐热性，受热后不易软化更不能流动，不能反复塑制，因此也被称为热固性聚合物。

　　体型缩聚在凝胶点以前，体系中除了有体型聚合物网络外，还有部分分子量较小的支化型或者线型聚合物，聚合物体系还具有一定的可溶性和可流动性。此时如继续加热反应至凝胶点以上，整个体系将变成一个分子量无限大的体型大分子，聚合物不溶不熔，将无法加工成型。因此，反应必须在凝胶点以前终止，然后将反应物置于特定模具，在成型过程中进行交联反应，制备成品。所以，体型缩聚的重要需求是对凝胶点的预测。

　　理论上，可以预测凝胶点的方法有多种，较为常用的是 Carothers 法和 Flory 法，Carothers 法从反应程度的概念出发，提出了

$$P_c = \frac{2}{\bar{f}}$$

其中，$\bar{f}$ 为参加缩聚反应的各种单体所带的官能团数的平均值。

　　Flory 法从统计学的理论出发，提出了

$$P_c = \frac{1}{[r + r\rho(f-2)]^{1/2}}$$

其中，ρ 为支化单元中官能团 A 的摩尔数与反应体系中官能团 A 的总摩尔数之比，即多官能团单体的官能团摩尔数占体系中同种官能团的摩尔分率；r 为官能团摩尔系数；f 为多官能团单体的官能度。

　　通过缩聚反应不仅可在聚合主链中引进多种杂原子(如 O、S、N、Si 等)，还可以合成

环状、梯形、网状、体形和氢键结构的高分子。为高分子带来优良的耐热性、尺寸稳定性、高模量和高强度等。所以缩聚反应为合成具有各种优异性能的高分子提供了一条重要的途径。随着新的合成方法的不断出现，由缩聚反应制备的高分子越来越多，从而为人类提供了具有各种性能的高分子材料。

　　绝大部分的缩合聚合反应都具有逐步特征，属于逐步聚合机理，也就是通过官能团的相互作用，逐步形成大分子。与加成连锁聚合不同，逐步聚合反应没有特定的反应活性中心，每个单体的官能团都有相同的反应能力，在反应初期，形成二聚物、三聚物以及其他低聚物，分子量随着时间的推移而逐步增大。在增长过程中，每一步产物都可以独立存在，任何时间也都可以停止反应，又可以继续以同样活性反应下去。

6.2.3　聚合反应的工业实施方法

1. 适用于连锁聚合反应的工业实施方法

　　连锁聚合反应聚合过程一般由多个基元反应组成，各基元反应机理不同，反应速率和活化能差别大；单体只能与活性中心反应生成新的活性中心，单体之间不能反应；反应体系始终是由单体、聚合产物和微量引发剂及含活性中心的增长链所组成；聚合产物的分子量一般不随单体转化率而变(活性聚合除外)。

　　连锁聚合反应按照聚合配方、工艺特点，可以将实施方法分为四种：本体聚合、溶液聚合、悬浮聚合、乳液聚合。

　　1) 本体聚合

　　本体聚合是在不加溶液或分散介质情况下，只有单体在引发剂(有时不加)或光、热、辐射的作用下进行聚合的方法。依单体与聚合物溶解情况，可以分为均相聚合和非均相聚合；也可以依单体的状态分为固相、气相或液相聚合，其中液相本体聚合最为常用。工业生产商，如 PMMA、PSt、PVC 和 LDPE 均采用此方法生产。

　　2) 溶液聚合

　　溶液聚合是将单体和引发剂溶解于溶剂中进行聚合反应的方法。聚合反应体系由单体、溶剂、引发剂和部分助剂组成。溶液聚合具有均相反应、降低体系黏度、易导出反应热、对涂料、粘合剂等产品可直接使用的优点，但溶剂的加入易引起副反应，降低了单体浓度，增加了成本和工艺。工业生产中丙烯腈、醋酸乙烯酯、丙烯酸酯类、丁二烯多采用此方法生产。

　　3) 悬浮聚合

　　悬浮聚合是将不溶于水但溶于引发剂的单体，利用强烈的机械搅拌以小液滴的形式，分散在溶有分散剂的水相介质中而完成聚合的方法。聚合反应体系由单体、溶剂、引发剂、分散剂和部分助剂组成。分散剂(悬浮剂)主要有水溶性有机高分子和无机盐类两种类型，起保护或隔离作用。悬浮聚合单体浓度高、反应速率快；易移出反应热，工艺与技术成熟、方法简单、成本低，后处理简单，但分散剂在聚合后不易除去，影响了产品的质量；单体液滴不稳定，后期易出现结块；难于连续生产。

　　4) 乳液聚合

　　乳液聚合是单体和水在乳化剂作用下，并在形成的乳状液中进行聚合反应的方法，聚合反应体系由单体、溶剂、引发剂、乳化剂和部分助剂组成。乳化剂有阴离子型乳化剂、阳离子型乳化剂、非离子型乳化剂和两性乳化剂四类，具有降低水表面张力、降低油水界面张力、乳化、分散、增溶、发泡等作用。乳液聚合速率快、体系黏度低，利于连续化生产，产物可直接用做粘合剂及皮革处理剂，当其产物为固体时，成本高，且易残存乳化剂，工业生产中丁苯橡胶、丁腈橡胶、糊状聚氯乙烯、聚醋酸乙烯酯等多采用此方法。

其中自由基聚合适用全部四种，而离子和配位聚合仅适用本体聚合和溶液聚合。

2．适用于逐步聚合反应的工业实施方法

逐步聚合反应按照聚合配方、工艺特点，可以将实施方法分为五种：熔融缩聚、溶液缩聚、界面缩聚、固相缩聚、乳液缩聚。

1) 熔融缩聚

熔融缩聚是反应中不加溶剂，反应温度在单体和缩聚物熔融温度以上进行的缩聚反应。熔融缩聚工艺路线简单、成熟、成本低，反应温度高(200～300℃)，对单体纯度、配比要求高，反应可逆，需尽快、充分脱除低分子副产物。工业上聚酯、聚酰胺、聚氨酯都可以采用此方法生产。

2) 溶液缩聚

溶液缩聚是在适当的溶剂中进行的缩聚反应。溶液缩聚按产物溶解情况可分为均相缩聚和非均相缩聚，具有反应平稳、易控制，不需要高真空度，设备简单的优点，同时也因为使用溶剂后，工艺复杂，后处理繁琐。缩聚产物可直接制成清漆、成膜材料、纺丝，一般情况下，能用熔融缩聚生产的缩聚物不用溶液缩聚生产。工业实践上聚砜、聚酰亚胺、聚苯并咪唑多采用此方法。

3) 界面缩聚

界面缩聚是在多相体系中的相界面处进行(不可逆)的缩聚反应，按体系的相状态分类可以分为液-液界面缩聚和液-气界面缩聚，按工艺方法有动态界面缩聚和静态界面缩聚。界面缩聚属于不可逆反应，产物较之溶液缩聚纯净，工艺要求不像熔融缩聚那样要求严格，在生产过程中加入少量乳化剂，可以加快反应速率、提高产率。工业生产上，聚酰胺类等可以采用此方法生产。

4) 固相缩聚

固相缩聚是在原料熔点(或软化温度)以下进行的缩聚反应，表观活化能大、反应慢，动力学上有明显的自催化效应，对反应物的物理结构很敏感，对单体配比要求高，反应温度范围较窄，一般在熔点以下的 15～30℃。工业上，聚酰胺、聚酯、聚苯并咪唑采用此方法生产。

5) 乳液缩聚

反应体系由两个液相组成，而形成缩聚物的缩聚反应在其中一个相(反应相)的全部体积中进行，这种缩聚过程称为乳液缩聚。乳液缩聚体系由单体、水、溶剂组成，反应受到单体配料比、单体浓度、反应温度、搅拌速度、有机相种类等因素的影响，是多相体系中进行的均相反应。工业上，聚芳酯、聚酰胺采用此方法生产。

在操作方式上，无论是连锁聚合还是逐步聚合，都可以区分为间歇操作、连续操作和半连续操作。

6.3　高分子材料的结构与性能

6.3.1　高分子的链结构和凝聚态结构

1. 高分子链的结构

高分子链的结构包括近程结构和远程结构。近程结构又称为化学结构或一级结构，包括结构单元的化学组成、构成高分子主链的共价键的键长和键角，结构单元在高分子链中的链接方式(头—头和头—尾)、高分子链的构型、枝化和交联以及共聚物的序列结构(无规共聚物、交替共聚物、嵌段共聚物、接枝共聚物)等。

高聚物的单个高分子链的几何形状可以分为线型、支链型和交联型三种(见图 6-2)。线型高分子为线型的长链高分子，如低压聚乙烯、聚苯乙烯、涤纶、尼龙、未经硫化的天然橡胶和硅橡胶等。支链型高分子为主链上带有支链的高分子，如高压聚乙烯和接枝型的 ABS 树脂等。交联型高分子是线型或支链型高分子以化学键交联形成的网状或体型结构的高分子，如硫化后的橡胶、固化了的酚醛塑料等。

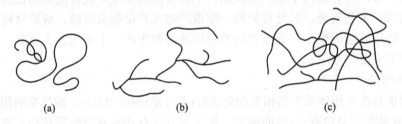

图 6-2　高分子链的几何形状

(a) 线型；(b) 支链型；(c) 交联型

高分子链的远程结构又称二级结构，是指整个高分子链范围内的分子结构状态，通常包括高分子链的长短即高分子的分子量和分子链的内旋转运动两方面。

高分子主链中有很多单键，特别是 α-烯烃，每个单键绕其相邻单键做不同程度的旋转，造成高分子的构象不断变化，使得高分子链不可能是一根直线，而是卷曲成无规则线团状。这种旋转运动越剧烈，构象数越多，分子链卷曲越厉害，分子链越柔顺。这种柔顺性，是高分子材料许多性能不同于小分子物质的主要原因之一，主要受高分子近程结构的影响，包括主链结构中主链的内旋转势能、侧基的极性、沿主链的排布、侧基的体积以及链的长短等。

高分子远程结构的另一个特点是分子链很长、分子量巨大且具有多分散性，高分子的分子量除极个别外，大部分只具有统计意义。巨大的分子量使得高分子在常温下无气态，绝大多数在室温下是固体，具有机械强度、弹性、成模性，并可抽丝。

2. 高分子的凝聚态结构

高分子的凝聚态结构是指聚合物材料本体内部高分子链相互之间的几何排列，又称超分子结构，是决定聚合物本体性能的直接因素。根据高分子分子间的排列状况，固体高分子的聚集态可以分为结晶态和无定形态(非晶态)。高分子被加热时，都可以转变成黏滞的液体。高分子的性能不仅和高分子的相对分子量和分子结构有关，也和分子间的相互作用即聚集状态密切相关。同是线型结构的高分子，有的具有弹性(如橡胶)，而有的则表现出刚性(如聚苯乙烯)，就是因为它们的聚集状态不同的缘故。即使是同一种高分子由于聚集状态不同，其性能也会有很大差别。如缓慢冷却的涤纶薄膜由于结晶而呈脆性，迅速冷却并经双轴拉伸的涤纶薄膜却是韧性非常好的材料。

1) 高分子的结晶态

温度较高时，高分子处于熔融的黏流态，这时高分子链成卷曲的、杂乱的状态，随着温度的降低，分子运动逐渐减慢，最后被"冻结"。这时可能出现两种情况：一种是分子链就按熔融时的无序状态(实际上是远程无序和近程有序)固定而成为无定型态，这些物质由熔融的黏流态凝固，基本上保持原来液体的结构；另一种是分子在其相互作用力的影响下，按严格的次序有规律地排列起来，成为有序的结构，这一过程叫做结晶。不过完全结晶的高分子还没有制备出来，一般得到的是无定型和结晶型两相共存的高分子。

结晶高分子的形态因结晶条件而异，主要有球晶(见图6-3)、枝状晶体、折叠链晶体、伸展链晶体、纤维状晶体和串晶。

图6-3 聚丙烯的球晶

结晶使高分子链呈三维有序，紧密堆积，增强了分子链间的作用力，使得高分子的密度、强度、硬度、熔点、耐溶剂性、耐化学腐蚀性等物理力学性能均有所提高，从而也改善了塑料的使用性能。如无规聚丙烯是一种不能结晶的黏稠液体或橡胶状高弹体，不能用作塑料，但由定向聚合制得的等规聚丙烯能结晶，不仅可用作塑料，而且能纺成丙纶。

结晶会使高分子的高弹性、断裂伸长率、抗张强度等性能下降。显然，结晶对以弹性和韧性为主要使用性能的材料是不利的，结晶会使橡胶失去弹性而爆裂。如在化工生产中，通常将聚三氟氯乙烯涂在容器表面以防腐蚀，为了保证它有足够的韧性，必须控制适当的结晶度，并要求在120℃以下的环境中工作。

2) 高分子的非晶态

线型高分子在冷却时可以得到另一种聚集状态——非晶态(无定形态)高分子，它在非晶态中以无规线团排列。线型非晶态高分子在恒定外力的作用下，随温度的改变可呈现三种力学状态，即玻璃态、高弹态和黏流态。高分子非晶态中存在微观有序性，可以用无规线团模型和折叠链缨状胶束粒子模型等描述其结构。无规则线团模型由 Flory 于 1949 年提出，他认为对于柔性非晶态高分子链，无论其处于玻璃态、高弹态或黏流态，分子链的构相都与在溶液中一样，呈无规则线团状；折叠链缨状胶束模型又称两相球粒模型，由 Tek 于 1972 年提出，他认为非晶态高分子中存在着一定程度的局部有序，由粒子相和粒间相两部分组成。粒子相又分为分子链段相互平行规整排列的有序区和由折叠链的弯曲部分、链端、连接链和缠结点构成的粒界区两部分(见图 6-4)。

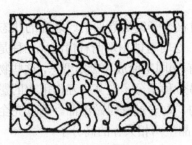　　　　　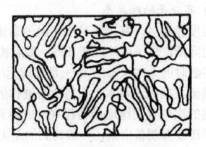

(a) 无规则线团模型　　　　　　　　　　　(b) 折叠链缨状胶束模型

图 6-4　聚合物非晶态结构模型

图 6-5 是非晶态聚合物的温度-形变曲线，当温度较低时，分子间作用力较大，这时整个高分子的活动以及分子中链段的运动被冻结，分子的状态和分子的相对位置被固定，此时高分子处于玻璃态。在玻璃态时，施加外力，只能引起键长和键角的变化，其形变较小而且可逆，应变较快。当外力撤销后，高分子立即恢复原状。

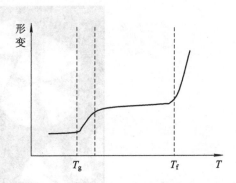

图 6-5　非晶态聚合物的温度-形变曲线

当温度逐渐上升时，分子的内能增加，当高分子的内能增加到一定程度时，虽然整个高分子链不能移动，但高分子内的某些链段因为碳—碳单键的内旋转作用，可以产生相对运动，温度的升高，使得自由体积增大，也给高分子的链段运动提供了空间。在外力的作用下，卷曲的链段可沿外力的方向取向，使高分子被拉长，当外力撤销后形变也可恢复，这就是高弹形变。产生高弹形变所对应的状态为高弹态。

当温度继续上升至某一温度时，高分子链的链段发生移动，高分子变成流动的黏性液体，此种状态为黏流态。在黏流态时，外力的作用将导致高分子间的相互滑动而产生分子重心的相对位移；当外力撤消后，不会恢复到原来的形状，产生不可逆形变。

从玻璃态向高弹态的转变温度为玻璃化温度，由高弹态转变为黏流态的温度称为黏流温度。玻璃化温度在室温以上的为塑料，玻璃化温度在室温以下而黏流温度在室温以上的为橡胶。

3) 高分子的液晶态

液晶既具有晶体的各向异性又具有液体的流动性，其有序性介于液体的各向同性和晶体的三维有序之间，结构上保持着一维或二维有序排列，这种状态称为液晶态，其所处状态的物质称为液晶。液晶性物质具有独特的温度效应、电光效应、磁效应和良好的机械性能。是 1956 年 Robinson 在聚-γ-苯基-L-谷氨酸酯(PBLG)的溶液体系中观察到了与小分子晶类似的双折射现象，从而揭开了液晶高分子研究的序幕。1965 年，Kwolek 发现了溶致型液晶高分子聚对氨基苯甲酸(PBA)，这一研究导致了高强度、高模量、耐热性的聚对苯二甲酰对苯二胺(Kevlar)纤维的商品化。

根据介晶基元在液晶高分子中的存在方式不同，可将其分为主链型液晶高分子、侧链型液晶高分子、腰接型侧链液晶高分子、混合型液晶高分子、星型液晶高分子和树枝型液晶高分子。常见的液晶态的织构有纹影织构、焦锥织构、扇形织构、镶嵌织构、指纹织构和条带织构等。

4) 高分子的取向态结构

高分子链在外力的作用下，容易发生取向，分子链、链段及结晶聚合物的晶片和晶带沿外力作用方向择优排列。未取向的聚合物材料是各向同性的，即各个方向上的性能相同；而取向后的聚合物材料是各向异性的，即方向不同，性能也不同。

取向结构对材料的力学、光学、热性能影响显著。力学性能：拉伸强度在取向方向增加，垂直方向降低；光学性能：双折射现象；取向使材料的玻璃化温度提高，对晶态聚合物，其密度和结晶度提高，材料的使用温度提高。

高分子材料的取向方式有两种：一是单轴取向，如纤维在纺丝过程中，从喷丝孔出来的丝其分子链已经有些取向了，再经牵伸若干倍，分子链沿轴向一维有序排列，纤维强度大大增加；二是双轴取向，又如薄膜经双轴拉伸后，取向单元在二维方向择优排列，分子链平行于薄膜平面的任何方向，使薄膜在各个方向上的强度均有所提高。聚合物可以取向，但取向是一种热力学不稳定状态，在一定的外力、时间、温度下又有解取向。

线型或支链型高分子所组成的高分子可以熔融和溶解，所以这两种高分子大多数是热塑性的，即加热可以塑化，冷却后又能凝固，并且该过程能反复进行。支链型高分子因分子间排列较为疏松，分子间作用力弱，它的柔软性、溶解度较线型高分子大，而密度、熔点和强度则低于线型高分子。

交联型高分子在交联程度较小时，有较好的弹性，受热可以软化，但不能熔融；加入适当溶剂后可溶胀，但不能溶解。当交联程度较大时，则不能软化，难以溶胀；有较高的刚性、尺寸稳定性、耐热性和抗溶剂性能。

橡胶只能是线型结构或交联程度很小的网状的分子；纤维只能是线型结构的高分子；塑料则可以是线型的、支链型的和交联的高分子。

6.3.2　高分子材料的主要性能

高分子材料最重要的性能是力学性能。非晶态聚合物的应力-应变曲线形状大致有图6-6 所示的五种类型。依据曲线中屈服点的高低有无、杨氏模量、伸长率和抗涨强度的大小，可将其分为硬而脆、硬而韧、硬而强、软而韧和软而弱。属于硬而脆的有聚苯乙烯、酚醛塑料等，它们无屈服点、模量高、抗张强度大，断裂伸长率一般小于 2%，能承受压力，可作工程塑料使用的材料。硬而韧的聚合物有尼龙、聚碳酸酯和硝化纤维素等，它们有屈服点、屈服强度、杨氏模量和抗张模量都高，断裂伸长率也较高，在拉伸过程中会出现颈缩，这是薄膜和纤维拉伸工艺的依据，这些材料适合用作纤维和工程塑料。硬而强的聚合物具有高杨氏模量、高抗张强度，屈服点较高，断裂伸长率不大(5%左右)，一些不同配方的聚氯乙烯和聚苯乙烯的共混物都属于此类，也能做工程塑料使用。软而韧的聚合物有低度硫化橡胶、增塑聚氯乙烯等，它们无屈服点或屈服点很低，杨氏模量低，抗张强度比较高，断裂伸长率大(20%～1000%)，用于制作橡胶制品、薄膜或者软管等。软而弱的材料无屈服点，模量和抗张强度都较低，有一定的断裂伸长率，未硫化的生胶、柔软的高分子凝胶等属于此类。晶态聚合物的应力-应变类似于非晶玻璃态(硬而韧)聚合物，两者的拉伸过程都经历弹性形变、屈服(颈缩)、大形变和应变硬化等阶段，断裂前的大形变室温下不能自发恢复，但加热可以恢复，本质上都为高弹形变，称做"冷拉"。这两者又有区别，玻璃态聚合物拉伸过程中只发生分子链的取向，不发生相变，而晶态聚合物拉伸过程中伴随着结晶破坏、取向和再结晶过程中复杂的分子聚集态结构的变化。

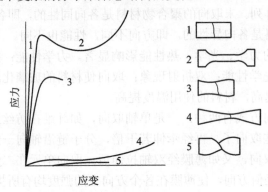

图 6-6　不同非晶态聚合物应力-应变曲线

高分子材料的另一个重要性能是黏弹性。高分子材料(包括高分子固体、熔体及浓溶液)的力学行为在通常情况下总是或多或少表现为弹性与黏性相结合的特性，而且弹性与黏性的贡献随外力作用的时间而异，这种特性称为黏弹性。黏弹性的本质是由于聚合物分子运动具有松弛特性。由于黏弹性的存在，高分子液体除了黏度特别大以外，其流动行为往往不服从牛顿定律；高分子固体的力学行为不服从胡克定律，当受力时，形变会随时间逐渐发展，因此弹性模量有时间依赖性，而除去外力后，形变是逐渐回复，而且往往残留永久变形。聚合物会发生蠕变和松弛，蠕变是指在一定温度、一定应力的作用下，形变随时间的变化而变化的过程。应力松弛是在一定温度、恒定应变的条件下，试样内的应力随时间的延长而逐渐减小的过程。

除力学性能外，聚合物还具有介电性、导电性等电学性能，具有光吸收、折射、反射等光学性质，具有电子顺磁共振和核磁共振等磁性质。

6.4　通用高分子材料

6.4.1　热塑性和热固性塑料

1. 聚乙烯

聚乙烯是聚合物中分子结构最为简单的一种，其结构式为

$$\text{+ CH}_2-\text{CH}_2\text{+}_n$$

最早出现的聚乙烯是 1939 年工业化生产的低密度聚乙烯。低密度聚乙烯是在高温和特别高的压力下由乙烯通过典型的自由基聚合过程得到的，故又称为高压聚乙烯。由于聚合反应中的链转移反应，使得聚乙烯分子中存在大量的支链结构，这种结构的存在使得低密度聚乙烯具有透明、柔顺、易于挤出等特性。

1953 年，Ziegler 在较低的压力、钛化合物和烷基铝为催化剂的情况下，将乙烯通过离子聚合得到聚乙烯，称低压聚乙烯。低压聚乙烯分子量较高、支链少而且短，因此密度较高，结晶度也较高。低压聚乙烯又称为高密度聚乙烯。

工业上低密度聚乙烯主要采用高压(110~200 MPa)、高温(150~300℃)自由基聚合，其他则用低压配位聚合。有时同一套装置可生产密度由 0.87~0.96 g/cm^3 的聚乙烯产品，称全密度聚乙烯工艺技术。高密度聚乙烯主要采用淤浆法制得，即在催化剂四氯化钛和一氯二乙基铝的存在下，控制压力为(1~5)×10^5 Pa，温度为 65~75℃，将 99%以上的乙烯及在溶剂汽油中聚合得到浆状物，再经醇解、中和、水洗、干燥、造粒而得的。

聚乙烯具有良好的光学性能、强度、柔顺性、封合性及化学惰性，且无毒、无味，可用于包装食品、纺织品，也可用作农用薄膜和收缩膜。聚乙烯用于制造中空吹塑和注塑生产容器，大量用于制造输油管、护套管、电线电缆等。超高分子量的聚乙烯耐磨性强，摩擦系数小，是用于制作人工髋关节、肘、指关节的理想材料。高密度聚乙烯还可用于制造人工肺、气管、喉、肾、尿道、矫形外科材料和一次性医疗用品。

2. 聚氯乙烯

聚氯乙烯是产量仅次于聚乙烯、排名第二位的塑料。聚氯乙烯是由氯乙烯在过氧化物、偶氮二异丁腈等引发剂作用下，在光、热的作用下经自由基聚合反应的机理聚合而成的。聚氯乙烯的结构式为

$$\text{+ CH}-\text{CH}_2\text{+}_n$$
$$\begin{array}{c}|\\\text{Cl}\end{array}$$

纯的聚氯乙烯加工困难，通常需要加入增塑剂、热稳定剂、光学稳定剂、润滑剂和填料等。和聚乙烯不同的是，聚氯乙烯制品都是多组分塑料。聚氯乙烯用来生产管材、板材、薄膜、人造革制品等。聚氯乙烯糊状树脂广泛用于生产地板革、人造革、手套、玩具和防水材料。聚氯乙烯制品的一般使用温度为-15~60℃，在医学上主要用于制造储血、输血袋，血液导管，人工腹膜，尿道，心导管及人工心脏等。

3. 聚苯乙烯

聚苯乙烯质地坚硬、化学性能和电绝缘性能优良、易于成型和着色，用于制造各类色彩鲜艳、表面光泽的制品，广泛用于电气、仪表和包装装潢以及日用品的制造。

苯乙烯工业生产均用连续本体聚合法。经悬浮聚合得到可发性聚苯乙烯珠粒，其经加热加压渗入戊烷等发泡剂，也可用于制造泡沫塑料。聚苯乙烯泡沫塑料广泛用于建筑、冷藏、化工设备的隔热材料、防震材料和包装材料。

因为聚苯乙烯的缺点是耐热性差、质脆，现在使用更为普遍的是经过改性的聚苯乙烯，如用橡胶改性得到的高抗冲聚苯乙烯、共聚物 ABS、ACS、SAN 等。

4. 聚四氟乙烯

聚四氟乙烯是由单体四氟乙烯经自由基聚合得到的。聚四氟乙烯具有优良的耐热性，使用温度为-200～260℃，甚至可以在300℃下使用，放置于室外环境中20年无任何变化。因其化学惰性及耐腐蚀性能好的特点，所以聚四氟乙烯有"塑料王"之称。

聚四氟乙烯因具有良好的生物相容性、血适应性、化学稳定性，对人体无损害性等，广泛应用于生物医学中，如制作人工血管、心、肺、气管等。

5. 有机玻璃

有机玻璃(PMMA)是由 2-甲基丙烯酸甲酯在热、光可引发剂作用下聚合得到的，其光学性能优异、透光率高(普通光线为90%～92%、紫外线为73%～76%)。

工业生产中，PMMA 主要有三种制备方法：

(1) 浇铸本体聚合。该法应用广泛。将单体和引发剂混合后加热预聚，制得的浆液浇铸在一定厚度的无机玻璃模型内，在确定风速的循环空气烘房内，于 40℃左右聚合至胶状；再在95～110℃高温聚合，最后降至室温脱模，即得到产品。若在混料时加入添加剂、共聚单体或交联剂，可改进某些性能。浇铸成型时需严格控制聚合速度，如引发剂用量、聚合温度和烘房风速，并及时排出释放的聚合热以使聚合均匀，聚合热为 54 kJ/mol，当转化率达到15%～20%时，出现自动加速。生产的有机玻璃越厚、单位面积释放的热量越大，如不及时排散热量、严格控制温度，就会造成聚合不均匀，甚至爆聚。

(2) 乳液聚合。该法是将单体在水中进行乳液聚合，经济、安全、工艺简便，操作黏度低，乳液固含量为30%～50%。该方法的关键是选用合适的乳化剂，常用乳化剂为非离子型。引发剂使用水溶性过硫酸钾或过硫酸铵等。

(3) 悬浮聚合。该法指将单体分散在水介质中，于搅拌下加热聚合，制得直径为 0.1～1.0 mm 的珠状体模塑粉，经挤出造粒为模塑料，供注射成型和挤出加工用。珠体直径和工艺稳定性取决于分散剂种类、用量和搅拌速度。

有机玻璃广泛用作透明材料(经过双轴拉伸的有机玻璃作为飞机的挡风玻璃)和装潢材料。有机玻璃具有良好的生物相容性、耐生物老化性，因此医学上常被用作颅骨修补材料，人工骨、人工关节、胸腔填充材料，人关节骨粘固剂，假牙、牙托。

6. 酚醛塑料

由酚类和醛类化合物经缩聚反应制备得到的树脂叫酚醛树脂，酚醛树脂是合成树脂中开发最早的并最先工业化生产的品种，其中最重要的是由苯酚和甲醛缩聚得到的树脂，这就是普通酚醛塑料的基本成分。

苯酚、甲醛的缩聚反应因催化剂的性质和原料配比不同，其所得产物的链结构也不同，通常在工业上分为甲、乙、丙三个阶段。不同阶段的酚醛树脂具有不同用途。甲阶段树脂适合于制造清漆的胶粘剂；甲阶段和乙阶段的树脂都可与添加剂混合制成酚醛塑料模型粉，根据不同需要在塑模中加热、加压成型，即得体型丙阶段酚醛塑料。

酚醛塑料是一种优良的热固性塑料，有较高的耐热性、硬度和良好的尺寸稳定性，较好的隔热、耐腐蚀、防潮等性能。因此至今仍广泛应用于多种工业和日常生活用品中，用以制造电器、开关、容器、仪器仪表外壳、汽车和火车的制动器、耐酸泵以及工业中的无声齿轮等。

7. 聚氨酯

凡在分子主链中含有重复的氨基甲酸酯基团(—NHCOO—)的一类聚合物统称为聚氨基甲酸酯,简称聚氨酯。生产聚氨酯的主要原料是多异氰酸酯、多元醇。由二异氰酸酯和二元醇通过逐步聚合制成线形分子的热塑性塑料用于制造合成革、弹性体、涂料、粘接剂等,而用二元和多元异氰酸酯和多元醇制成体型分子的热固性塑料用于制造各种软质、硬质、半硬质塑料。

多异氰酸酯总是含有两个或两个以上异氰酸基团,常见的有甲苯二异氰酸酯(TDI, 2, 4-甲苯二异氰酸酯和2, 6-甲苯二异氰酸酯的混合物)、二苯基甲烷二异氰酸酯和多甲基多苯基多异氰酸酯。常用的多元醇是聚醚型多元醇和聚酯型多元醇。前者主要有聚氧化丙烯醚二醇和聚四氢呋喃醚二醇,后者是各种二元酸和二元醇反应得到的酯。

8. 聚乙烯醇

聚乙烯醇的相对密度(25℃/4℃)为 1.27～1.31(固体)、1.02(10%溶液),熔点为 230℃,玻璃化温度为 75～85℃。在空气中加热至 100℃以上慢慢变色、脆化;加热至 160～170℃脱水醚化,失去溶解性;加热到 200℃开始分解;超过 250℃变成含有共轭双键的聚合物。

聚乙烯醇不能像其他高分子聚合物那样,直接由其相应的单体(乙烯醇)聚合而成,而是要通过某些酸的乙烯酯经过聚合形成聚乙烯醇,再用醇解的方法获得。在聚乙烯醇生产过程中有湿法和干法两种碱法醇解工艺。湿法醇解工艺是在原料聚醋酸乙烯甲醇溶液中含有 1%～2%的水,催化剂碱也配制成水溶液,碱摩尔比大。干法醇解就是聚醋酸乙烯甲醇溶液的含水率小于 1%,几乎是在无水的情况下进行醇解,碱摩尔比小。目前生产聚乙烯醇的主要方法是低碱醇解法(干法)。

聚乙烯醇常用作聚醋酸乙烯乳液聚合的乳化稳定剂,用于制造水溶性胶粘剂,用作淀粉胶粘剂的改性剂,还可用于制备感光胶和耐苯类溶剂的密封胶,也用作脱模剂、分散剂等。聚乙烯醇储存于阴凉、干燥的库房内,要注意防潮、防火。

9. 环氧树脂

环氧树脂是指大分子链上含有醚基而在两端含有环氧基团的一类聚合物,简称 EP。按组成可以分为双酚 A 型、双酚 F 型、双酚 S 型及脂环型,最常见的是双酚 A 型。

双酚 A 是二酚基丙烷的简称。生产双酚 A 环氧树脂时,先将双酚 A 溶解于碱液中,再滴加环氧氯丙烷,反应温度维持在 85～95℃的范围内,并保持 3～4 h。反应产物的相对分子质量取决于环氧氯丙烷的滴加速度,加料快,相对分子质量低;加料慢,相对分子质量高一些。反应结束后,反应物静置澄清吸去上层碱液,再用水洗数次,经常压和减压脱水后即得到成品树脂。

环氧树脂固化前属于线形结构,具有热塑性。中、低相对分子质量的环氧树脂多用于粘合剂和涂料。使用时必须加入固化剂交联固化后形成网状结构才可以应用,因此也称为热固性树脂。常用的环氧树脂固化剂有脂肪胺、脂环胺、芳香胺、聚酰胺、酸酐、树脂类、叔胺,另外在光引发剂的作用下,紫外线或光也能使环氧树脂固化。常温或低温固化一般选用胺类固化剂,加温固化则常用酸酐、芳香类固化剂。固化后的环氧树脂具有良好的物理化学性能,它对金属和非金属材料的表面具有优异的粘接强度,且介电性能良好,变定收缩率小,制品尺寸稳定性好,硬度高,柔韧性较好,对碱及大部分溶剂稳定,因而广泛应用于国防、国民经济各部门，作浇注、浸渍、层压料、粘接剂、涂料等用。

6.4.2　天然橡胶和合成橡胶

1．天然橡胶

今天人们所熟悉的橡胶的最初来源就是橡胶树上流出的树汁，树上流出的新鲜胶乳经过加工处理制备成浓缩胶乳和干胶。浓缩胶乳主要用于制造各种乳胶制品，干胶则按照制造方式的不同，得到用于制造轮胎和其他一般橡胶制品的烟片胶、绉片胶和颗粒胶。

尽管现在已经开发了几十种各具特色的合成橡胶，但却都不具有天然橡胶那么好的综合性能，所以天然橡胶的消耗量仍约占橡胶总消耗量的 40%。天然橡胶的主要成分是顺式 1,4-聚异戊二烯的线型高分子，分子量在 3 万至 3 千万之间。

2．丁苯橡胶

丁苯橡胶是产量和消耗量最大的合成橡胶，约占合成橡胶总消耗量的 55%，橡胶总消耗量的 34%。丁苯橡胶是丁二烯和苯乙烯的共聚物。丁苯橡胶主要用于制造轮胎，也用于制造胶管、胶带、胶鞋和其他工业制品，如鞋底、地板材料等。

3．氯丁橡胶

氯丁橡胶是通过 2-氯-1,3-丁二烯自由基聚合合成的。氯丁橡胶按其选择性和用途可分为通用型、专用型和氯丁乳胶三大类。氯丁橡胶具有优异的耐燃性、耐热性、耐氧化老化性。氯丁橡胶广泛用于制造耐热、耐燃输送带，制造耐油、耐化学腐蚀的胶管，电线外包皮和门窗封条等；氯丁橡胶还可用于制备胶粘剂，其粘接强度较高。

4．硅橡胶

硅橡胶既可以是一种由硅氧原子为主链，并且主链上含有侧链烷基的分子链，也可以是由硅、氧、碳组成的主链。硅橡胶主要有二甲基硅橡胶、甲基乙烯基硅橡胶、甲基乙烯基苯基硅橡胶、甲基乙烯基三氟丙基硅橡胶、苯撑硅橡胶和苯醚撑硅橡胶等。硅橡胶的力学性能较差，主要用于电气工业的防震、防潮罐封料，建筑工业的密封剂，汽车工业的密封件以及医疗制品等。

6.4.3　合成纤维

合成纤维主要有聚酯、聚酰胺、聚丙烯腈、聚丙烯。

1．聚酯

聚酯是主链上含有许多重复酯基的一大类高分子。由饱和二元酸与二元醇可制备热塑性的聚酯树脂。如用不饱和的二元酸混以一定量的饱和二元酸与二元醇反应，则可得到含有不饱和键的不饱和聚酯，它能在交联单体的存在下，进一步交联固化成体形聚合物。

饱和聚酯的典型代表是聚对苯二甲酯乙二醇酯(PET)，其链节为

$$\left[OCH_2CH_2O-\overset{O}{\overset{\|}{C}}-\underset{}{\bigcirc}-\overset{O}{\overset{\|}{C}}\right]_n$$

PET 主要用于制造纤维、薄膜，也可用作塑料。PET 的生产可以由对苯二甲酸二乙酯与乙二醇通过酯交换反应制备对苯二甲酸双β-羟乙酯，然后进行熔融缩聚；或由对苯二甲酸与乙二醇通过酯化反应直接缩聚。现在使用的工艺是对苯二甲酸与环氧乙烷的反应。

我国聚酯纤维的商品名称为涤纶，它是一种性能优良的合成纤维，熔点为255～260℃，能在-70～170℃环境下使用。涤纶的抗张强度是棉花的2倍，比羊毛高3～4倍；抗冲强度比棉花高4倍，比粘胶纤维高40倍；耐磨性仅将次于锦纶，是棉花的4倍。涤纶还具有弹性好、耐皱折、耐日晒、耐化学腐蚀、不怕虫蛀等优良性能，可大量用于织造衣料和针织品。涤纶可纯纺，也可以与棉花、蚕丝、麻锦纶、腈纶、羊毛混纺。

PET 薄膜是最为坚韧的热塑性塑料，抗张强度为钢材的1/3～1/2倍，可与铝膜媲美。PET薄膜的抗冲强度为其他塑料薄膜的3～5倍，可用于录音带、录像带、电影胶片的片基材料，绝缘薄膜、产品包装、表面材料等。

PET 塑料可制造各种聚酯瓶，还可作为工程塑料，用以制造电器零件和一般的耐磨零件，如轴承、齿轮。事实上，它是工程塑料的主要品种。

不饱和聚酯树脂也是聚酯中的一个重要品种，可以用作涂料、浇塑材料、胶粘剂等，但更重要的是，它作为玻璃钢的主要原料用于制造玻璃波纹板、下水管，玻璃钢船、玻璃钢冷却塔等。

以邻苯二甲酸酐和多元醇(如甘油、季戊四醇)为基础的聚酯树脂和称为醇酸树脂，广泛应用于涂料工业。

聚酯类的纺织物在医学上具有广泛的应用，可以用于制作缝线、创作覆盖保护材料和人工器官的制造。

2．聚酰胺

聚酰胺的主链上含有许多重复的酰胺基，用作塑料时称为尼龙，用作纤维时我国称为锦纶。聚酰胺既可由二元胺和二元酸制备，也可以用ω-氨基酸或环内酰胺来合成。根据二元胺和二元酸或氨基酸中所含碳原子的不同，可制备多种不同的聚酰胺，目前聚酰胺品种多达几十种，其中以聚酰胺-6(聚己内酰胺)、聚酰胺-66和聚酰胺-610的应用最为广泛。

聚酰胺主要用于合成纤维。其最为突出的优点是：耐磨性能高于其他所有纤维，比棉花的耐磨性高10倍，比羊毛高20倍。在混纺织物中稍加入聚酰胺纤维，可以大大提高其耐磨性；当聚酰胺纤维被拉伸到3%～6%时，弹性回复率可达100%；能经受上万次挠折而不断裂。聚酰胺纤维的强度比棉花高1～2倍、比羊毛高4～5倍，是粘胶纤维的3倍。但聚酰胺纤维的耐热性和耐光性较差，保型性也不佳，做成的衣服不如涤纶挺括。另外，用于衣着的锦纶-66和锦纶-6都存在吸湿性和染色性差的缺点，为此开发了聚酰胺纤维的新品种——锦纶-3和锦纶-4。

锦纶在民用上可以混纺或纯纺成各种衣料和针织品。锦纶长丝多用于针织及丝绸工业，如织单丝袜、弹力丝袜等各种耐磨结实的锦纶袜，锦纶纱巾、蚊帐等。锦纶短纤维大都用来与羊毛或其他化学纤维的毛型产品混纺，制成各种耐磨经穿的衣料。在工业上锦纶大量用来制造轮胎的帘子线、工业用布、缆绳、传送带、帐篷、渔网等。在国防上主要用作降落伞及其他军用织物。

尼龙作为塑料，具有强韧性、耐磨、耐化学腐蚀、耐寒、易成型、自润滑无毒以及可在100℃左右使用等性能，被广泛地用作工程塑料。尼龙用作塑料的主要品种有尼龙-6、尼龙-9、尼龙-12、尼龙-66、尼龙-610、尼龙-1010 等。

尼龙-6 塑料制品可采用金属钠、氢氧化钠等为主的催化剂，N-乙酰基己内酰胺为助催化剂，使己内酰胺直接在模型中通过阴离子聚合而制得，称为浇注尼龙(MC 尼龙)。用这种方法便于制造大型塑料制件。

3. 聚丙烯腈

丙烯腈的结构式为：$CH_2=CH-C\equiv N$。以丙烯腈为单体生产的聚丙烯腈纤维在国内称之为腈纶，因为纯的聚丙烯腈纺制纤维硬而脆、且难以染色，所以通常在聚丙烯腈中含有约 15%的其他单体。工业生产中主要以丙烯酸酯、甲基丙烯酸酯、醋酸乙烯酯等为第二单体，用量为 5%～10%，以带有酸性基团的乙烯基单体如乙烯基苯磺酸、甲基丙烯酸、甲叉丁二酸(又称衣康酸)等；或者以带有碱性基团的乙烯基单体如 2-乙烯基吡啶、2-甲基-5-乙烯基吡啶等作为第三单体，但用量很少，一般低于 5%。

丙烯腈的聚合原理属于自由基共聚合反应，采用的引发剂可以是有机化物、无机过氧化物和偶氮类化合物。工业上采用的聚合方法有溶液聚合法(又称"一步法")和水相沉淀聚合法(又称"二步法")。一步法采用油溶性引发剂，单体和聚合产物者溶解于溶剂之中，其优点在于，反应热容易控制，产品均一，可以连续聚合，连续纺丝，但溶剂对聚合有一定的影响，同时还要有溶剂回收工序。二步法采用水为介质，采用水溶性引发剂，聚合产物不溶解于水相而沉淀出来，其优点在于，反应温度低，产品色泽洁白；可以得到相对分子质量分布窄的产品；聚合速度快，转化率高，无溶剂回收工序等。缺点是在纺丝前，要进行聚合物的溶解工序。

聚丙烯腈具有优良的柔软性和保暖性，因为其外观和手感都很像羊毛而被广泛用来代替羊毛，制成毛制品。腈纶具有优良的耐霉菌和耐虫蛀性，故腈纶制品一般不会发生虫蛀现象。聚丙烯腈中空纤维膜具有透析、超滤、反渗透和微过滤等功能，可用于医疗器具、人工器官、超纯水的制造、污水处理等。

4. 聚丙烯

丙纶是聚丙烯纤维的商品名称，主原料为聚丙烯，即 PP。丙纶是丙烯经聚合、熔体纺丝制得的纤维。聚丙烯是一种半结晶的塑料材料，具有较高的强度及耐化学性，尤其是有机溶剂、非氧化还原性的强酸碱。丙纶于 1957 年正式开始工业化生产，是合成纤维中的后起之秀。丙纶常见的商品名称有赫库纶(Herculan)和霍斯塔纶(Hostalen)等。丙纶强度和初始模量较高，价格低廉，耐磨与弹性均好，保温性能好，化学稳定性好高，具有良好的加工性、应用范围广。聚丙烯的生产方法有淤浆法、气相聚合和液相聚合法三种。主要是采用淤浆法，工艺过程主要包括：引发剂悬浮液的配制、淤浆聚合、引发剂的洗除、干燥等。聚丙烯的纺丝方法主要是熔融纺丝。熔融纺丝的温度控制在 220～280℃，纺丝用聚丙烯相对分子质量约为 120 000，如纺制高强力丝和单丝，则相对分子质量约为 200 000。

丙纶分长丝和短纤维两种。长丝常用来制作仿丝绸织物和针织物；短纤维多为棉型，用于地毯或非织造织物。丙纶有蜡状手感和光泽，染色困难，一般为原液染色。丙纶的最大特点是轻，它的相对密度在常用纺织纤维中最小，比水还轻，是棉纤维的 3/5。丙纶吸湿性差，在使用过程中容易起静电和起球，但丙纶具有较强的芯吸作用，水气可以通过纤维中的毛细管来排除。用丙纶制成服装，其舒适性较好，尤其是超细丙纶纤维，由于表面积增大，能更快地传递汗水，使皮肤保持舒适感。由于纤维不吸湿且缩水率小，尤其是丙纶织物具有易洗快干的特点，因此特别适于制作水上运动的服装。

6.4.4　涂料及粘合剂

1. 涂料

涂料是一种保护、装饰物体表面的涂装材料，也就是涂布于物体表面后，经干燥可以形成一层薄膜，赋予物体以保护、美化或其他功能的材料。从组成上看，涂料一般包含四大组分：成膜物质、分散介质、颜(填)料和各类涂料助剂。

涂料的分类方法很多。按照涂料形态分，有粉末涂料、液体涂料；按成膜机理分，有热塑性涂料、热固性涂料；按施工方法分，有刷涂涂料、辊涂涂料、喷涂涂料、浸涂涂料、淋涂涂料、电泳涂涂料；按干燥方式分，有常温干燥涂料、烘干涂料、湿气固化涂料、光固化涂料、电子束固化涂料；按涂布层次分，有腻子、底漆、中涂漆、面漆；按涂膜外观分，有清漆、色漆；平光漆、亚光漆、高光漆；按使用对象分，有金属漆、木器漆、水泥漆，以及汽车漆、船舶漆、集装箱漆、飞机漆、家电漆；按性能分，有防腐漆、绝缘漆、导电漆、耐热漆、防火漆；按成膜物质分，有醇酸树脂漆、环氧树脂漆、氯化橡胶漆、丙烯酸树脂漆、聚氨酯漆、乙烯基树脂漆等。

成膜物质是涂料中的主要成膜材料，为高分子化合物，亦称涂料树脂，可分为天然高分子和合成高分子两大类。分散介质在涂料中起到溶解或分散成膜物质及颜(填)料的作用，以满足各种油漆施工工艺的要求，其用量在 50 vol%左右。溶剂(或分散介质)并非成膜物质，它可以帮助施工和成膜。溶剂的类别很多，按其化学成分和来源可分为下列几大类：萜烯溶剂、石油溶剂、煤焦溶剂、酯类溶剂、酮类溶剂、醇类溶剂，以及其他溶剂。颜填料是涂料中的次要成膜物质，但它不能离开主要成膜物质(涂料树脂)而单独构成涂膜。颜料是一种不溶于成膜物质的有色矿物质或有机物质。助剂在涂料中的用量很少，约 0.1 Wt%，但作用很大，不可或缺。现代涂料助剂主要有四大类：对涂料生产过程发生作用的助剂，如消泡剂、润湿剂、分散剂、乳化剂等；对涂料储存过程发生作用的助剂，如防沉剂、稳定剂、防结皮剂等；对涂料施工过程起作用的助剂，如流平剂、消泡剂、催干剂、防流挂剂等；对涂膜性能产生作用的助剂，如增塑剂、消光剂、阻燃剂、防霉剂等。

2. 粘合剂

通过界面的粘附和物质的内聚等作用，能使两种或两种以上的相同或不同的制件(或材料)强力持久地连接在一起的天然的或合成的、有机的或无机的一类物质统称为胶粘剂，又叫做粘合剂，习惯上称为胶(adhesives)。利用胶粘剂将各种性质、形状、大小、厚薄或软硬相同或不同的制件连接称为一个连续稳固整体的过程称为胶接技术。

天然粘合剂如骨胶、皮胶、树胶等早在数千年前就为人类所使用并沿用至今，20 世纪20 年代，随着高分子化学的发展出现了最早的合成粘合剂。截至目前，世界粘合剂品种已超过 5000 种，年产量 1500 万吨，应用更是已经渗透到包括航空航天、交通运输、建筑建材、石油化工、工艺美术、家居生活在内的各行各业，甚至成为日常消耗用品。

粘合剂的组成来源不同其差异也很大。天然粘合剂组成较为简单；合成粘合剂组成较为复杂，主要包括黏料、固化剂、促进剂、稀释剂、增稠剂、增韧剂、增塑剂、溶剂、填充剂、着色剂等。其中黏料是不可缺少的核心组分，其余组分视性能要求和市场需求可以调整。

粘料也称基料或胶料，主要有天然高分子化合物(淀粉、树胶、骨胶、皮胶、松香、天然橡胶等)，改性天然高分子化合物(硝酸纤维素、醋酸纤维素、羧甲基纤维素、改性淀粉、氯化橡胶等)，合成高分子化合物(热固性树脂、热塑性树脂、合成橡胶、热塑性弹性体等)。

热固性树脂是低分子量的液体或固体树脂，经固化交联后成为不溶不熔的体型结构，主要用于制造结构胶粘剂，常见的有环氧树脂、酚醛树脂、脲醛树脂、聚氨酯、有机硅树脂、不饱和聚酯树脂等。热塑性树脂为线型结构，主要用于制造非结构胶粘剂或作为热固性树脂的改性剂，常见的有聚乙烯醇缩甲醛、聚乙烯醇、聚氯乙烯、聚苯乙烯、ABS、聚砜、EVA、聚对苯二甲酸乙二醇酯、合成树脂胶乳等。合成橡胶是一种重要的弹性体材料，有固体和液体之分，硫化后有优异的弹性，耐受冲击振动，可用于制造橡胶型胶粘剂，也可以热固性树脂配合制备综合性能良好的结构胶粘剂，常见的有氯丁橡胶、丁腈橡胶、硅橡胶、氟橡胶、丁苯橡胶、聚异丁烯等。热塑性弹性体又称第三代橡胶，主要有聚苯乙烯类、聚氨酯类等，多用于制造接触型胶粘剂，如压敏胶、热熔胶、密封胶等。此外，有些无机化合物如磷酸盐、硅酸盐、硫酸盐、硼酸盐、氧化镁等也可以用作胶料，制造无机胶粘剂。

6.5　高分子材料成型加工

塑料、橡胶和纤维是三大高分子合成材料。目前，从原料树脂制成种类繁多、用途各异的最终产品，已形成了规模庞大、先进的加工工业体系，而且三大合成材料各具特点，又形成各自的加工体系。

6.5.1　塑料成型加工

塑料成型加工一般包括原料的配制和准备、成型及制品后加工等几个过程。成型是将各种形态的塑料，制成所需形状或胚件的过程。成型方法很多，包括挤出成型、注射成型、模压成型、压延成型、铸塑成型、模压烧结成型、传递模塑、发泡成型等。机械加工是指在成型后的制件上进行车、削、铣、钻等工作，它是用来完成成型过程中所不能完成或完成得不够准确得工作。

1. 成型物料的配制

塑料组成简单、性能单一，难于满足要求，通常通过配制手段，使添加剂和高分子形成一种均匀的复合物，从而能够满足对制品的多种需要。为了使用和加工的方便，成型加工用的物料主要是粒料和粉料，它们都是由树脂和添加剂配制而成的。主要的添加剂有：增塑剂、防老剂、填料、润滑剂、着色剂、固化剂等。聚合物或树脂是粉状塑料中的主要组分，其本身的性能对加工性能和产品性能影响很大，主要是表现在分子量、分子量分布、颗粒结构和粒度的影响上。

增塑剂通常是对热和化学试剂都很稳定的一类有机化合物。增塑过程可看成是高分子和低分子互相溶解的过程，能增加塑料的柔韧性、耐寒性。高分子在成型加工过程或长期使用过程中，会因各种外界因素的作用而引起降解或交联，并使高分子性能变坏而不能正常使用。为了防止或抑止这种破坏作用加入的物质统称防老剂。它主要包括稳定剂、抗氧剂、光稳定剂等，起抑制降解、氧化、光降解和消除杂质的作用。为了改善塑料的成型加工性能，提高制品的某些技术指标，以赋予某些新的特性，或为了降低成本和高分子单耗而加入的一类物质称为填料。为了改进塑料熔体的流动性能，减少或避免对设备的粘附，提高制品表面光洁度等，而加到塑料中的一类添加剂称为润滑剂。与润滑剂相似的但仅是为了避免对塑料金属设备的粘附和便于脱膜，而在成型时与塑料接触的模具表面的物质，则常称为脱膜剂，亦称润滑剂。为使制品获得各种鲜艳夺目的颜色，增进美观而加入的一种物质称为着色剂。某些着色剂还具有改进耐气候老化性，延长制品的使用寿命的作用。在热固性塑料成型时，有时要加入一种可以使树脂完成交联反应或加快交联反应的物质称为固化剂。

在塑料制品的生产中，只有少数高分子可单独使用，大部分都要与其他物料混合，进行配料后才能应用于成型加工。所谓配料，就是把各种组分互相混在一起，尽可能地成为均匀体系。为此必须采用混合操作，而混合、捏合、塑炼都是属于塑料配制中常用的混合过程，是靠扩散、对流、剪切三种作用来完成的。配制一般分为四步：原料的准备、初混合、初混物的塑炼、塑炼物的粉碎和粒化。

2. 塑料的成型

在大多数情况下，成型是通过加热使塑料处于黏流态的条件下，经过流动、成型和冷却硬化，而将塑料制成各种形状的产品的方法。塑料的成型主要包括挤出成型、注射成型、压延成型等。

1) 挤出成型

挤出成型又称挤压模塑或挤塑，即借助螺杆或柱塞的挤压作用，使受热熔化的塑料在压力推动下，强行通过口模而成为具有恒定截面的连续型材的一种成型方法，能生产管、棒、丝、板、薄膜、电线电缆和涂层制品等。这种方法的特点是生产效率高，适应性强，几乎可用于所有热塑性塑料及某些热固性塑料。挤出设备目前大量使用的是单螺杆挤出机和双螺杆挤出机，后者特别适用于硬聚氯乙烯粉料或其他多组分体系塑料的成型加工。通用的是单螺杆挤出机，主要包括：传动、加料装置、料筒、螺杆、机头与口模等五部分。

挤出的过程一般包括熔融、成型和定型三个阶段(见图 6-7)。熔融阶段，固态塑料通过螺杆转动向前输送，在外部加热和内部摩擦热的作用下，逐渐熔化最后完全转变成熔体，并用压力压实。在这个阶段中，塑料的状态变化和流动行为很复杂，塑料在进料段仍以固体存在，在压缩段逐渐熔化而最后完全转变为熔体。其中有一个固体与熔体共存的区域即熔化区，在该区，塑料的熔化是从与料筒表面接触的部分开始的，在料筒表面形成一层熔膜。随着螺杆与料筒的相对运动，熔膜厚度逐渐增大，当其厚度超过螺翅与料筒的间隙时，就会被旋转的螺翅刮下并将其强制积存在螺翅前侧形成熔体池，而在螺翅后侧则充满着受热软化和部分熔融后粘结在一起的固体粒子以及尚未熔化的固体粒子，统称为固体床。这样，塑料在沿螺槽向前移动的过程中，固体床的宽度就会逐渐减小，直到全部消失即完全熔化而进入均化段。在均化段中，螺槽全部为熔体充满。由旋转螺杆的挤压作用以及由机头、分流板、过滤网等对熔体的反压作用，熔体的流动有正流、逆流、横流以及漏流等不同形式。其中横流对熔体的混合、热交换、塑化影响很大。漏流是在螺翅和料筒之间的间隙中沿螺杆向料斗方向的流动，逆流的流动方向与主流相反。这两者均由机头、分流板、过滤网等对熔体的反压引起。挤出量随这两者的流量增大而减少。塑料的整个熔化过程是在螺杆熔融区进行的，塑料的整个熔化过程直接反映了固相宽度沿螺槽方向变化的规律，这种变化规律取决于螺杆参数、操作条件和塑料的物性等。挤出过程的第二阶段是成型，熔体通过塑模(口模)在压力下成为形状与塑模相似的一个连续体。第三阶段是定型，在外部冷却下，连续体被凝固定型。

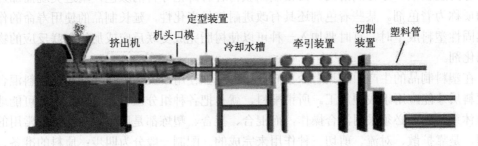

图 6-7　挤压成型工艺简图

适于挤出成型的塑料种类很多，制品的形状和尺寸有很大差别，但挤出成型工艺过程大体相同。其程序为物料的干燥、成型，制品的定型与冷却、制品的牵引与卷取(或切割)，有时还包括制品的后处理等。原料中的水分或从外界吸收的水分会影响挤出过程的正常进行和制品的质量，较轻时会使制品出现气泡、表面晦暗等缺陷，同时使制品的物理机械性能降低，严重时会使挤出无法进行。因此使用前应对原料进行干燥，通常控制水分含量在0.5%以下。

常见的管材、吹塑薄膜、双向拉伸薄膜成型各有特点，具体如下：

(1) 热塑性塑料管材挤出成型。管材挤出时，塑料熔体从挤出机口模挤出管状物，先通过定型装置，按管材的几何形状、尺寸等要求使它冷却定型。然后进入冷却水槽进一步冷却，最后经牵引装置送至切割装置切成所需长度。定型是管材挤出中最重要的步骤，它关系到管材的尺寸、形状是否正确以及表面光泽度等产品质量问题。定型方法一般有外径定型和内径定型两种，两种定型效果是不同的。外径定型是靠挤出管状物在定径套内通过时，其表面与定径套内壁紧密接触进行冷却实现的。为保证它们的良好接触，可采用向挤出管状物内充压缩空气使管内保持恒定压力的办法，也可在定径套管上钻小孔进行抽真空保持一恒定负压的办法，即内压外定径和真空外定径。内径定型采用冷却模芯进行，管状物从机头出来就套在冷却模芯上使其内表面冷却而定型。适用于挤出管材的热塑性塑料有 PVC、PP、PE、ABS、PA、PC、PTFE 等。塑料管材广泛用于输液、输油、输气等生产和生活的各个方面。

(2) 薄膜挤出吹塑成型。薄膜可采用片材挤出或压延成型工艺生产，更多的是采用挤出吹塑成型方法。这是一种将塑料熔体经机头口模间隙呈圆筒形膜挤出，并从机头中心吹入压缩空气，把膜管吹胀成直径较大的泡管状薄膜的工艺，冷却后卷取的管膜宽即为薄膜折径。薄膜的挤出吹塑成型工艺按牵引方向可分为上引法、平引法和下引法三种。上引法的优点是：整个泡管在不同牵引速度下均能处于稳定状态，可生产厚度尺寸范围较大的薄膜，且占地面积少，生产效率高，是吹塑薄膜最常用的方法。平引法一般适用于生产折径 300 mm 以下薄膜，下引法适用于那些熔融黏度较低或需急剧冷却的塑料如 PA、PP 薄膜。这是因为熔融黏度较低时，挤出泡管有向下流淌的趋向，而需急剧冷却、降低结晶度时需要水冷，下垂法易于实施之故。

(3) 双向拉伸薄膜。扁平机头挤出工艺通称平挤。薄膜的双向拉伸工艺是将由狭缝机头平挤出来的厚片经纵横两方向拉伸，使分子链或结晶进行取向，并且在拉伸的情况下进行热定型处理的方法。该薄膜由于分子链段定向、结晶度提高，各向异性程度降低，所以可使拉伸强度、冲击强度、撕裂强度、拉伸弹性模量等显著提高，并改进耐热性、透明性、光泽等。

(4) 挤拉成型纤维增强热。固性树脂基复合材料常用的成型方法主要有缠绕成型、叠层铺层成型、真空浸胶法、对模模压法、手糊法、喷射法、注射法、挤拉法等。一些长的棒材、管材、工字材、T 形材和各种型材主要采用挤拉成型方法，此法成型的产品可保证纤维排列整齐、含胶量均匀，能充分发挥纤维的力学性能。制品具有高的比强度和比刚度、低的膨胀系数和优良的疲劳性能，同时根据需要还可以改变制品的纤维含量或使用混杂纤维。此方法质量好、效率高，适于大量生产。成型原理是使浸渍树脂基体的增强纤维连续地通过模具，挤出多余的树脂，在牵伸的条件下进行固化。

2) 注塑成型

注塑成型简称注塑，是指物料在注射机加热料筒中塑化后，由螺杆或注塞注射入闭合模具的模腔中，经冷却形成制品的成型方法。它广泛用于热塑性塑料的成型，也用于某些热固性塑料(如酚醛塑料、氨基塑料)的成型。注射成型的优点是能一次成型外观复杂、尺寸精确、带有金属或非金属嵌件，甚至可充以气体形成空芯结构的塑料模制品，其生产效率高，自动化程度高。注射成型的原理是将粒料置于注射成型机(见图 6-8)的料筒内加热并在剪切力作用下变为黏流态，然后以柱塞或螺杆施加压力，使熔体快速通过喷嘴进入并充满模腔，冷却固化。其生产过程包括如下几个步骤，且周而复始进行。清理准备模具→合模→注射→冷却→开模→顶出制品。

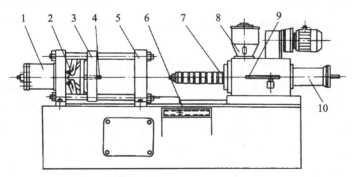

1—锁模液压缸；2—锁模机构；3—动模板；4—推杆；5—定模板；

6—控制台；7—料筒及加热器；8—料斗；9—定量供料装置；10—注射缸

图 6-8　卧式注射成型机

　　压制成型，是塑料成型加工技术中历史最久、最重要的方法之一，主要用于热固性塑料的成型。根据材料的性状和成型加工工艺的特征，又可分为模压成型和层压成型。模压成型又称压缩模塑，这种方法是将粉状、粒状、碎屑状或纤维状的塑料放入加热的阴模模槽中，合上阳模后加热使其熔化，并在压力作用下使物料充满模腔，形成与模腔形状一样的模制品，再经加热(使其进一步发生交联反应而固化)或冷却(对热塑性塑料应冷却使其硬化)，脱模后即得制品。模压成型与注射成型相比，生产过程的控制、使用的设备和模具较简单，较易成型大型制品。热固性塑料模压制品具有耐热性好、使用温度范围宽、变形小等特点，但其缺点是生产周期长、效率低、较难实现自动化，因而工人劳动强度大，不能成型复杂形状的制品，也不能模压厚壁制品。

　　3) 压延成型

　　压延成型是生产薄膜和片材的主要方法，它是将已经塑化的接近黏流温度的热塑性塑料通过一系列相向旋转着的水平辊筒间隙，使物料承受挤压和延展作用，成为具有一定厚度、宽度与表面光洁的薄片状制品。用作压延成型的塑料大多是热塑性非晶态塑料，其中以聚氯乙烯用得最多，它适于生产厚度在 0.05～0.5 mm 范围内的软质聚氯乙烯薄膜和 0.25～0.7 mm 范围内的硬质聚氯乙烯片材。当制品厚度大于或低于这个范围时，一般均不采用压延法，而采用挤出吹塑法或其他方法。压延成型具有较大的生产能力(可连续生产，也易于自动化)，较好的产品质量(所得薄膜质量优于吹塑薄膜和 T 形挤出薄膜)，还可制取复合材料(人造革、涂层纸等)、印刻花纹等。但所需加工设备庞大、精度要求高、辅助设备多，同时制品的宽度受压延机辊筒最大工作长度的限制。

　　在塑料成型加工技术中还采用铸塑成型、模压烧结成型、传递模塑成型、发泡成型等方法生产各种型材或制品。

6.5.2　橡胶成型加工

　　橡胶的加工分为两大类：一类是干胶制品的加工生产，另一类是胶乳制品的生产。干胶制品的原料是固态的弹性体，其生产过程包括塑炼、混炼、成型、硫化四个步骤。

　　(1) 塑炼：是使生胶由弹性状态转变为可塑状态的工艺过程。常用的塑炼设备主要有开放式炼胶机和密闭式炼胶机。

　　(2) 混炼：是将塑炼胶和各种配合剂，用机械方法使之完全均匀分散的过程称为混炼。常用的混炼设备是开炼机和密炼机。

　　(3) 成型：是将混炼胶制成所需形状、尺寸和性能的橡胶制品的过程。包括以下几种：① 压延成型：经过混炼的胶料通过专用的压延设备上两对转辊筒，利用两辊筒之间的挤压力，使胶料产生塑性延展变形，制成具有一定断面尺寸规格、厚度和几何形状的片状或薄膜状聚合物或使纺织材料、金属材料表面实现挂胶的工艺过程。② 模压成型：是橡胶制品生产中应用最早且最多的生产方法，是将预先压延好的橡胶半成品按一定规格下料后置于压制模具中，合模后在液压机上按规定的工艺条件压制，在加热加压的条件下，使胶料呈现塑性流动充满型腔，再经一定的持续加热时间后完成硫化，再经脱模和修边后得到制品的成型方法。③ 挤出成型：使胶料在挤出机中塑化和熔融，并在一定的温度和压力下连续均匀地通过机头模孔挤出成为具有一定的断面形状和尺寸的连续材料。④ 注射成型：将胶料直接从机筒注入闭合模具硫化。

(4) 硫化：是通过改变橡胶的化学结构(例如交联)而赋予橡胶弹性，或改善、提高并使橡胶弹性扩展到更宽温度范围的工艺过程。

胶乳制品是以胶乳为原料进行加工生产的，其生产工艺大致与塑料糊的成型相似，但胶乳一般要加入各种添加剂，先经半硫化制成硫化胶乳，然后再用浸渍、压出或注模等与塑料糊成型等相似的方法获得半成品，最后进行硫化才能得到制品。热塑性弹性体(TPE)是指常温下具有橡胶弹性，而高温下又能像热塑性塑料那样熔融流动的一类材料。这类材料的特点是无需硫化，即具有高强度和高弹性，可采用热塑性塑料的加工工艺和设备成型，如注塑、挤出、模压、压延等。

6.5.3　化学纤维成型加工

化学纤维的成型原理是：将高分子化合物(天然高分子或合成高分子)熔融成熔体或制成浓溶液，然后经喷丝小孔挤出细微液条，将此微细液条冷凝、脱出溶剂，并在张力下进行一定牵伸比的拉伸以使高分子键在纤维中尽可能规则性地沿纤维长轴方向，最终定型而成纤维。

目前的化学纤维成型加工工艺主要有以下几种：

(1) 熔纺工艺，即将聚合物的熔融或聚合物合成的原液，将熔体在螺杆作用下以喷丝板挤出到空气中，自然冷却，经牵伸而成纤维。这种纺丝工艺可以提高纺丝速度，减少成纤后纤维中的结构缺陷。目前聚酯纤维、聚酰胺纤维(尼龙)纤维等均采用熔纺生产工艺。

(2) 湿纺工艺，即将聚合物选用适当溶剂制成浓溶液，然后将高分子浓溶液在螺杆作用下，经喷丝板挤出到液体凝固浴中，液条在凝固浴中冷却、溶出液条中的溶剂，同时经牵伸而成纤维。这种纺丝工艺适宜于难熔聚合物的成纤，缺点是在聚合物液条中溶剂溶出的过程中，易于在成纤后的聚合物的纤维中留下结构缺陷。目前，粘胶纤维(纤维素纤维Lyocell)、部分聚丙烯腈纤维、聚乙烯醇纤维(维尼纶)采用此类工艺生产。

(3) 干纺工艺，即将聚合物选用适当溶剂制成浓溶液，然后将高分子浓溶液在螺杆作用下，经喷丝板挤出到空气中，喷丝液条在冷却，挥发出溶剂，同时经牵伸而成纤维。这种纺丝工艺比湿法纺丝可以提高一些纺丝速度，同时因聚合物液条中溶剂仅是挥发出来，而不像湿法纺丝工艺那样存在液条和凝固浴物质的质交换过程，因此相对来说在成纤后的聚合物纤维中留下的结构缺陷可以减少一些。但不足之处是，液条中溶剂的挥发带来一些后处理的附加设备，目前部分聚丙烯腈纤维采取此类工艺。

(4) 干喷湿纺工艺，即将聚合物选用适当溶剂制成浓溶液，然后将高分子浓溶液在螺杆作用或压力下，经喷丝板挤出到空气层中(约几厘米)，之后很快进入凝固浴，在凝固浴中冷却、溶出液条中的溶剂(对超高分子量聚合物的凝胶纺丝技术中，这时溶剂不溶出，只在凝固浴中冷却成凝胶丝条)，再经牵伸而成纤维。干喷湿纺丝工艺适合于高分子液晶溶液的成纤维和超高分子的量聚合物的凝胶法成纤。目前芳纶(聚对苯二甲醇对苯二胺 PPTA、kevlar)、超高分子量聚乙烯(UHMPE)、超高分子量聚乙烯醇、超高分子量聚丙烯腈均采用此类方法生产。

6.6　功能高分子与高分子新材料

6.6.1　化学功能高分子材料

1. 离子交换树脂

离子交换树脂的功能是与溶液中的阳离子或阴离子进行交换。按功能分，离子交换树脂分为强酸性阳离子交换树脂，即功能基为—SO_3H(见图 6-9)等；弱酸性阳离子交换树脂，即功能基为—COOH 等；强碱性阴离子交换树脂，即功能基为—$N(CH_3)_3^+(OH)^-$ 等；弱碱性阴离子交换树脂，即功能基为—NH_2、—NRH、—NR_2；按结构，分为凝胶型、大孔型和载体型三类。

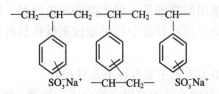

图 6-9　苯乙烯系强酸性阳离子交换树脂

离子交换树脂可用作催化剂，用于水处理(水的软化、脱盐、废水处理)，食品添加剂的提纯分离、脱色脱盐、果汁脱酸脱涩，用于生物碱的提纯、氨基酸的提取、多糖的分离纯化以及稀土元素的分离、碘的提取等。

2. 吸附树脂

吸附树脂是不含离子交换基团的高交联度体型高分子珠粒，其内部拥有许多分子水平的"孔道"，提供扩散通道和吸附场所。吸附树脂合成方法与离子交换树脂基本相同，其交联度通常高于交换树脂。它对水中有机物具有高度的选择性吸附能力，其选择性规律是：对水溶解度低，相对分子质量大，有一定极性，含有苯环，带有支链的有机物具有高的选择性。吸附树脂在天然食品添加剂提取中可用于提取甜菊糖，在药物的提取纯化中用于中草药的有效成分的提取，在环境保护中的用于处理含酚、苯胺等有机物废水，还可用于血液净化。

3. 高分子分离膜

膜分离是一种很重要的分离技术，利用高性能分离膜可以实现对物质的浓缩、纯化、分离和反应促进等功能。第一次世界大战后，德国的 Sartorius 用多孔硝酸纤维素和醋酸纤维素制造了最早的工业用膜，也是最早的高分子分离膜。从技术上看，膜分离过程可以是主动的如渗透，也可以是被动的，如压力差、浓差、电场力推动的膜分离过程。膜在化学性质上可以是中性的，也可以是带电的。

依据膜的结构、形态和应用场合的不同，高分子分离膜有不同的分类。从材料来源可以分为合成膜和天然膜；依据形态可以分为液态膜和固态膜；依据分离膜分离时所选择的球粒大小可以分为微滤膜(MF)、超滤膜(UF)、纳滤膜(NF)、反渗透膜(RO)等。

高分子分离膜的原料众多，较为常见的是纤维素衍生物类(如再生纤维素、硝酸纤维素、醋酸纤维素、乙基纤维素)，聚砜类，聚酰胺类及聚酰亚胺类，聚酯类，聚烯烃类，乙烯基类，有机硅类，含氟聚合物，甲壳素类等。膜的制备方法包括烧结、拉伸、相转化、浸涂、界面聚合、原位聚合和等离子聚合等。

4．反应高分子

反应高分子具有简化分离过程，可再生、重复使用，提高活性和选择性的特征，如采用高分子吡啶-铜络合物催化剂催化氧化性聚合反应(见图 6-10)，可以大幅度提高反应速度。反应高分子还可以用于烯烃聚合与调聚等领域。

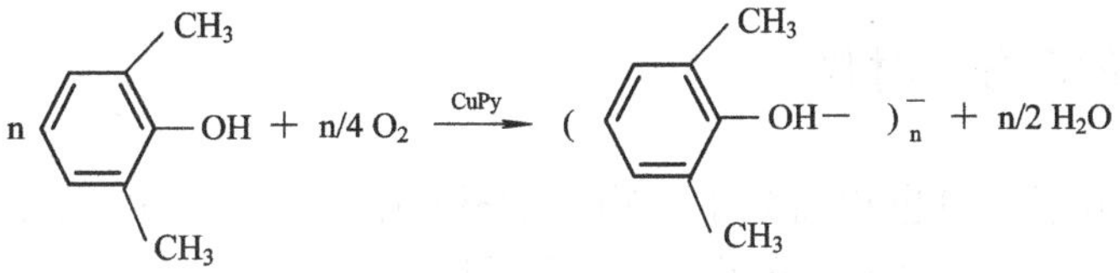

$$n \quad \text{CH}_3\text{-OH} + n/4\, O_2 \xrightarrow{\text{CuPy}} (\quad \text{OH-}\quad)_n^- + n/2\, H_2O$$

图 6-10　反应高分子催化氧化性聚合

6.6.2　物理功能高分子材料

1．光活性高分子

光活性高分子又称感光高分子，可用于光固化(光交联)、光降解、光成像、光致变色、光导电等领域。含甲亚胺、硫卡巴腙、含偶氮苯、聚联吡啶、茚二酮、螺等结构的高分子材料可以在光照射时呈现颜色，停止光照后又能回复原来的颜色，表现出光致变色特点。可用作窗玻璃、窗帘、护目镜等，用于调节室内光线；防止光伤害，也可以在军事上用于伪装隐蔽、密写信息。

2．导电高分子

导电高分子包括复合导电高分子和本征导电高分子。狭义的导电高分子通常是指具有共轭 π 键，其本身或经过"掺杂"后具有导电性的一类本征高分子材料，也称结构型导电高分子材料，如聚乙炔、聚噻吩、聚吡咯、聚苯胺、聚苯等。

本征导电高分子属于分子导电物质，与常规的金属导电体不同，其中的导电载流子为电子和离子，既存在离子导电的形式，也存在电子导电的形式。按照其结构特征和导电机理还可以进一步区分为：共轭体系聚合物、高分子电解质、电荷转移络合物和金属有机螯合物。其中除高分子电解质以离子导电为主外，其余三类均以电子导电为主。

导电高分子的电导率通常介于 $10^{-9} \sim 10^2$ S/cm 之间，导电性能近于半导体。由于导电高分子的结构特征和独特的掺杂机制，使导电聚合物有优异的物理化学性能，在能源(二次电池、太阳能电池)、光电子器件、电磁波屏蔽、隐身技术、传感器、金属防腐、分子器件和生命科学等技术领域都有广泛的应用。目前，用于移动通信的手机电池主要是聚苯胺 Li 离子二次电池，这种电池以聚苯胺为正极，Li-Cl 合金为负极，电池体积小，能量高，最大功率是蓄电池的 30 倍且在不断增加。

3．其他物理功能高分子

电致发光高聚物、电致变色高聚物、高分子压电材料和超导高分子也是目前发展较快的物理功能高分子材料。共轭结构的高分子具有一定的发光特性，可以实现光致荧光和电致发光，其光致荧光和一般有机化合物没有区别，都是吸收一定波长的光后，发出较长波长的光。电致发光显得更有价值，PPV(Poly Phenylene Vinylene)是其中极有代表性的一种，它是苯和乙炔的交替共聚物。PPV 及其衍生物在发光颜色上覆盖了可见光的各个波段，并且可以通过溶解在一定溶剂中后，以旋涂法成膜，是冷光照明、背光照明、平面照明柔性显示装置的最佳选择之一。主链共轭型高聚物特别是聚吡咯、聚苯胺、聚噻吩及其衍生物同时还具备电致变色的特点，再外加电场或电流作用下其吸收光谱会发生可逆变化，可用于信息显示器、智能调光窗、信息存储器等领域。

6.6.3　生命功能高分子材料

生命功能高分子材料也称高分子生物医学材料(Biomedical Polymer)或生物高分子材料，它是一类用于临床医学的高分子及其复合材料，是用于人工器官、外科修复、理疗康复、诊断检查、治疗疾患等医疗保健领域，并要求对人体组织、血液不产生不良影响。

1. 医用高分子材料

生物医学高分子材料随来源、应用目的、活体组织对材料的影响等可以分为多种类型。按来源可分为生物医学高分子材料包括金属生物医学高分子材料(如不锈钢丝)、无机非金属生物医学高分子材料(如氧化铝纤维)和高分子生物医学高分子材料。按材料与活体组织的相互作用关系可分为生物惰性高分子材料(如聚丙烯纤维)、生物活性高分子材料、生物吸收高分子材料(如胶原纤维、甲壳素及其衍生物纤维、聚乙交酯纤维、聚丙交酯纤维、聚(β-羟基丁酸)酯纤维)。按生物医学用途可分为硬组织相容性生物医学高分子材料、软组织相容性生物医学高分子材料、血液相容性生物医学高分子材料和药物和药物控释生物医学高分子材料。

早在公元前4000年前,古埃及人就曾使用亚麻和由天然粘合剂粘合的亚麻来缝合伤口，以使伤口能及时愈合。在公元 3500 年前，古埃及人又用棉花纤维、马鬃缝合伤口。至公元前 600 年，古印度人在类似的情况下采用马鬃、棉线和细皮革条等。肠衣线和蚕丝，大致分别在 2 世纪和 11 世纪才被应用于伤口缝合。在 19 世纪，手术缝合线已成为医用纤维的主要使用形式。

进入 20 世纪，随着高分子科学的迅速发展，新的合成高分子材料不断出现，从而带动了生物医学高分子材料的发展，为医学领域提供了更多的选择余地。另一方面，自 20 世纪50 年代初以来，由于人们在合成及加工技术和消毒技术等方面取得了长足的进步，因此生物医用高分子材料的发展更加迅速。人工血管、人工肾、人工肺、人工肝等人工器官，先后试用于临床。我国生物医学高分子材料的研究总体上起步于改革开放以后，并取得了一批研究成果。进入 90 年代，更多的基础研究成果和实用技术涌现出来，使我国的生物医学高分子材料研究水平接近国际水平，并在部分领域达到国际先进水平。目前，我国的生物医学高分子材料产业正在孕育之中，一批生物医学高分子材料和器件(器官)正在实现产业化。

2. 高分子药物

高分子药物包括药用高分子材料和高分子药用载体两大部分，它们大多具有明确的化学结构和分子量，来源稳定，规格及种类较多。主要包括：

(1) 聚乙烯基类高分子(丙烯酸类均聚物和共聚物、聚乙烯醇及其衍生物、聚乙烯基吡咯烷酮及其衍生物、乙烯共聚物)。

(2) 聚酯基可生物降解类高分子(聚乳酸类聚合物、聚酯类、聚酸酐类、含磷聚合物)。

(3) 聚醚类高分子(如聚乙二醇、聚乙二醇衍生物)。

(4) 有机杂原子高分子(二甲基硅油、硅橡胶)。

(5) 合成氨基酸聚合物(聚谷氨酸、聚天冬氨酸及其衍生物、聚 L-赖氨酸)等。

作为聚乙二醇衍生物之一的洛泊沙姆是两端为聚氧乙烯、中间为聚氧丙烯的三嵌段共聚物，作为非离子表面活性剂，可以被用于作为静脉注射乳剂的乳化剂，同时也是水溶性栓剂、亲水性软膏、凝胶、滴丸剂的基质材料，在液体药剂中用作增黏剂、分散剂和悬浮剂。阿司匹林自 19 世纪 80 年代问世以来，已经成为全世界应用最广泛的药物之一。在阿斯匹林中，起退烧和消炎作用的主要是水杨酸，然而这种物质对人体消化系统的刺激性很强，长期服用会导致胃溃疡。现在研究发现，如果利用洛泊沙姆将阿司匹林制成水凝胶药物控释体则可以避免这种副作用。

6.6.4 环境友好高分子材料

无论是天然还是合成高分子材料，都有一定的使用寿命，在这以后其性能会严重下降。因此研究增加高分子稳定性的技术，延长人工合成高分子在光、热、氧化剂和其他环境因素下的使用寿命，显得相当重要。将性能下降的材料用于对性能要求较低的应用领域，也可以作为一种废物处理的方法。例如，采用具有良好生物降解性能的聚己内酯为基础原料，经过化学改性，提高了聚己内酯的耐温性能，改进了力学性能和加工成型性能，并与其他材料具有优良的相容性。经过改性的聚己内酯可与各种天然高分子材料混合使用，制备完全生物降解性能的高分子材料。此外，开发使有用的单体得以再生的"解聚合"催化剂，研究可以使高分子断链生成简单成分的化学和生物降解过程。对于一些特定的体系，研究人员正尝试在绝氧条件下使得高分子热降解产生类似于油的产物。

高分子合成材料的环境同化与环境友好，增加循环使用和再生使用，减少对环境的污染乃至用高分子合成材料治理环境污染，也是 21 世纪高分子材料能否得到长足发展的关键问题之一。

习　题

1. 高分子化合物与低分子化合物有何区别？
2. 写出聚氯乙烯、聚苯乙烯、聚丙烯腈、涤纶、尼龙－66 的结构式及它们的用途。
3. 用什么结构的单体和什么聚合方法才能合成有规结构的定向聚合物？

4. 为什么聚乙烯、聚氯乙烯和聚苯乙烯塑料都可以回收利用，而电木和聚氨酯塑料不可以回收利用？

5. 橡胶为什么有高弹性？低分子物质有这种性能吗？为什么？

6. 自由基聚合有哪几个基元反应？

7. 橡胶干胶制品的加工包括哪些步骤？

8. 连锁聚合有哪些实施方法？逐步聚合呢？

9. 描述一下涂料的组成。

10. 查阅相关文献，论述硅橡胶在医疗中的应用。

第7章 复合材料

7.1 概 述

7.1.1 复合材料的提出

现代高科技的发展更紧密地依赖于新材料的发展，同时也对材料提出了更高、更苛刻的要求。在现代高科技迅猛发展的今天，特别是航空、航天和海洋开发领域的发展，材料的使用环境变得更加恶劣，因而对材料提出了越来越苛刻的要求。例如，现代武器系统的发展对新材料提出了如下要求：高比强、高比模；耐高温、抗疲劳、抗氧化及抗腐蚀；防热、隔热；吸波、隐身；全天候；高抗破甲、抗穿甲性；减振、降噪，稳定、隐蔽、高精度和命中率；抗激光、抗定向武器；多功能；高可靠性和低成本。

显然，任何一种单一材料都无法满足以上综合要求，当前作为单一的金属、陶瓷、聚合物等材料虽然仍在不断地发展，并具有若干突出的优点，但是这些材料由于其各自固有的局限性而不能满足现代科学技术发展的需要。例如，金属材料的强度、模量和高温性能等已几乎开发到了极限；陶瓷的脆性、有机高分子材料的低模量、低熔点等固有的缺点极大地限制了其应用。这些都促使人们研究开发并按预定性能设计新型材料。

复合材料，特别是先进复合材料，就是为了满足以上高技术发展的需求而开发的高性能先进材料。它由两种或两种以上性质不同的材料组合而成，各组分之间性能"取长补短"，起到"协同作用"，可以得到单一材料无法比拟的、优秀的综合性能，极大地满足了人类发展对新材料的需求。因此，复合材料是应现代科学技术而发展起来的具有强大生命力的材料。现代科学技术不断进步的结果是材料设计的一个突破。

7.1.2 复合材料的发展历史和意义

实际上，在自然界就存在着许多天然的复合物。例如天然的许多植物竹子、树木等就是自生长长纤维增强复合材料。我们的祖先很早就创造和使用了复合材料。早在公元前2000年以前，人类就已经会用稻草加黏土作为建筑材料砌建房屋墙壁，迄今在某些贫穷农村仍然沿用着这种原始的非连续纤维增强复合材料。在现代，复合材料的应用更比比皆是，与日常生活和国民经济密不可分。如由沙石、钢筋和水泥构成的水泥复合材料已广泛地应用于高楼大厦和河堤大坝等的建筑，发挥着极为重要的作用；玻璃纤维增强塑料(玻璃钢)更是一种广泛应用的较现代化复合材料。

现代高科技的发展更是离不开复合材料。例如就航天、航空飞行器减轻结构重量这点而言，喷气发动机结构重量每减轻 1 kg，飞机结构可减重 4 kg，升限可提高 10 m；一枚小型洲际导弹第三级结构重量每减轻 1 kg，整个运载火箭的起飞重量就可减轻 50 kg，地面设备的结构重量就可减轻 100 kg，在有效载荷不变的条件下，可增加射程 15～20 km；而航天飞机的重量每减轻 1 kg，其发射成本费用就可以减少 15 000 美元。因此，现代航空、航天领域对飞行器结构的减重要求已经不是"斤斤计较"，而是"克克计较"。

先进复合材料具有高比强度、高比模量的优点，可以显著减轻结构重量，是理想的现代飞行器结构材料。先进复合材料的使用，不仅极大地提高了现代飞行器的性能，使得人类飞天、登月的梦想变成现实，同时也创造了巨大的经济效益。先进复合材料结构在新型卫星结构中已占了 85%以上，在现代高科技领域具有广泛的应用前景。

综上所述，复合材料对现代科学技术的发展有着十分重要的作用。复合材料的研究深度和应用广度及其生产发展的速度和规模已成为衡量一个国家科学技术先进水平的重要标志之一。复合材料是现代科学技术不断进步的结果，是材料设计的一个突破；复合材料的发展同时又进一步推动了现代科学技术的不断进步。可以预料，随着高性能树脂先进复合材料的不断成熟和发展，金属基，特别是金属间化合物基复合材料和陶瓷基复合材料的实用化，以及微观尺度的纳米复合材料和分子复合材料的发展，使得复合材料在人类生活中的重要性将越来越显著；同时，随着科学技术的发展，现代复合材料也将被赋予新的内容和使命。21 世纪将是复合材料的新时代。

7.1.3　复合材料的定义、命名及分类

1. 复合材料的定义

国际标准化组织(ISO)将复合材料定义为："两种或两种以上在物理和化学上不同的物质组合起来而得到的一种多相固体"。自然界中存在许多天然复合材料，例如木材是柔软的纤维素和坚硬的木质素结合起来的复合材料；骨骼是柔软的胶原蛋白和又硬又脆的矿物质磷灰石组成的复合材料。有些合金也可以看做复合材料，例如珠光体钢就是软而韧的铁素体和硬而脆的渗碳体层状相间构成的复合材料。

在《材料科学技术百科全书》和《材料大辞典》中对复合材料的定义如下：

复合材料是由有机高分子、无机非金属、金属等几类不同材料通过复合工艺组合而成的新型材料。它与一般材料的简单混合有本质区别，既保留原组成材料的重要特色，又通过复合效应获得原组分所不具备的性能，可以通过材料设计使原组分的性能相互补充并彼此关联，从而获得更优越的性能。根据此定义可知，复合材料主要是指人工特意设计的复合材料，而不包括自然复合材料以及合金和陶瓷这一类多相体系。

2. 复合材料的组成与命名

1) 复合材料的组成

复合材料一般有两个相：一相为连续相，称为基体；另一相是以独立的形态分布在整个基体中的分散相，称为增强相(增强体、增强剂)。

复合材料中基体主要有聚合物、金属和陶瓷三大类，此外还有一类碳基体。基体的作用将增强体粘结成一个整体，起到均衡应力和传递载荷的作用，使增强材料的性能得到充

分发挥，从而产生一种复合效应，使复合材料的性能明显优于单一材料的性能。

增强体是复合材料的主要承载部分，会使基体材料的性能显著改善和增强。增强体一般较基体硬，强度、模量较基体大，或具有其他特性。复合材料中增强体主要有各种纤维、晶须、颗粒等。

增强体与基体之间存在的界面称为界面相或界面层。

复合材料的性能主要取决于基体和增强体的性能，以及增强体与基体之间的界面状况。

2) 复合材料命名

复合材料可根据增强体与基体的名称来命名。将增强体的名称放在前面，基体的名称放在后面，再加上"复合材料"，如玻璃纤维和聚酯树脂构成的复合材料称为"玻璃纤维聚酯树脂复合材料"。为了书写方便，也可仅写增强体和基体材料的缩写名称，中间加一斜线，后面再加"复合材料"，如碳纤维和环氧树脂构成的复合材料，可写作"碳/环氧复合材料"。有时为突出增强体或基体材料，视强调的组分不同，还可简称为"碳纤维复合材料"或"环氧树脂复合材料"。硼纤维和铝合金构成的复合材料称为"铝基复合材料"，也可书写为"碳/铝复合材料"。碳纤维和碳构成的复合材料称为"碳/碳复合材料"。

3. 复合材料的分类

复合材料是由金属材料、无机非金属材料和有机高分子材料的不同种类和形态相结合，而构成的各种不同的复合材料体系。

按不同的标准和要求，复合材料通常有以下几种分类。

(1) 按复合材料使用性能不同分类，可分为结构复合材料、功能复合材料、结构/功能一体化复合材料。结构复合材料是指以承受载荷为主要目的复合材料，要求具有质量轻、高强度、高刚度、耐高温以及其他性能。功能复合材料是指具有除力学性能以外其他物理性能的复合材料，即具有各种电、磁、光、热、声、摩擦、阻尼性能以及化学分离性能的复合材料，包括机敏和智能复合材料。结构/功能一体化复合材料是指在保持材料基本力学性能的前提下，具有特定功能特性，如光、电、磁、摩擦、阻尼等性能的复合材料。

(2) 按复合材料基体材料类型分类，可分为聚合物基复合材料、金属基复合材料、陶瓷基复合材料、水泥基复合材料、C/C 复合材料等。其中，高聚物和金属是韧性基体，而陶瓷是脆性基体。增强体加入陶瓷基体的目的不是为了提高其强度和模量，而是为了提高其韧性，即增韧。

(3) 按复合材料分散相的形态分类，可分为纤维(包括连续纤维、纤维织物、纤维编织体、短纤维)增强复合材料、片状材料增强复合材料、晶须增强复合材料、颗粒增强复合材料、纳米复合材料、混杂复合材料等。混杂复合材料是指两种或两种以上增强体构成的复合材料，通过产生混杂效应改善性能和降低成本。

(4) 按复合材料增强纤维类型分类，可分为碳纤维复合材料、玻璃纤维复合材料、有机纤维复合材料、陶瓷纤维复合材料、复合纤维复合材料等。

(5) 按复合材料性能分类，可分为普通复合材料和先进复合材料。普通玻璃、合成或天然纤维增强普通聚合物复合材料称为普通复合材料，如玻璃钢、钢筋混凝土等。高性能增强相(碳、硼、Kevlar、氧化铝、SiC 纤维及晶须等)增强高温聚合物、金属、陶瓷和碳(石墨)等复合材料称为先进复合材料(Advanced Composite)。一般来讲，先进复合材料的比强度和比刚度应分别达到 $400 \text{ MPa}/(\text{g/cm}^3)$ 和 $40 \text{ GPa}/(\text{g/cm}^3)$ 以上。

(6) 按复合材料增强相的几何尺寸分类，可分为微观复合材料、细观复合材料、宏观复合材料。微观复合材料中增强相的尺寸为纳米尺度；细观复合材料中增强相的尺寸为 $10^{-4} \sim 10^{-2}$ cm；宏观复合材料中增强相的尺寸较大，可肉眼分辨，例如混凝土中的沙砾。

7.1.4　复合材料的界面

基体与增强体是通过界面粘结在一起的。界面效应是任何一种单一材料不具有的特性，它对复合材料具有重要的作用。界面的结合状态和强度对复合材料整体力学性能的影响很大。

1．界面的定义

复合材料的界面是指基体与增强体之间化学成分有显著变化的、构成彼此结合的、能起载荷传递作用的微小区域。复合材料的界面实质上是一个多层结构的过渡区域(称界面层)，约几个纳米到几个微米。此区域的结构(称界面相)是一种结构随增强体材料而异，并与基体有明显差异的新相。界面(层)相也包括在增强体材料表面上预先涂覆的表面处理剂层以及增强体材料经过表面处理工艺后而发生反应的区域。

2．界面的效应

按复合材料的特征，可将界面的机能归纳为以下几种效应。

(1) 传递效应：可将复合材料体系中基体承受的外力传递给增强相，起到基体和增强相之间的桥梁作用。传递效应可以充分显示增强材料对基体材料的增强作用。

(2) 阻断效应：基体和增强相之间结合力适当的界面有阻止裂纹扩展、减缓应力集中的作用。

(3) 不连续效应：在界面上产生物理性能的不连续性和界面摩擦出现的现象，如抗电性、电感应性、磁性、耐热性和磁场尺寸稳定性等。

(4) 散射和吸收效应：光波、声波、热弹性波、冲击波等在界面产生散射和吸收，如透光性、隔热性、隔音性、耐机械冲击性等。

(5) 诱导效应：一种物质(通常是增强剂)的表面结构使另一种(通常是聚合物基体)与之接触的物质的结构由于诱导作用而发生改变，由此产生一些现象，如强弹性、低膨胀性、耐热性和冲击性等。

界面效应既与界面结合状态、形态和物理—化学性质有关，也与复合材料各组分的浸润性、相容性、扩散性等密切相关。

界面层需要有足够的界面结合强度，基体材料与增强体材料在粘结过程中两相表面能相互润湿是首要的条件。当复合材料受到外加载荷作用时，外加载荷由基体通过界面层传递到增强体上，以充分显示增强体对基体的增强作用。界面结合较弱的复合材料，外加载荷难以通过界面传递到增强体上，增强体的作用无法充分发挥，在复合材料的断面可观察到明显的脱粘和纤维拔出等现象。界面结合过强的复合材料则呈脆性断裂，也降低了复合材料的整体性能。界面结合最佳态的衡量标志是在一定的应力条件下能够脱粘，以及使增强体从基体中拔出并发生摩擦，这样就可以借助脱粘增大表面能、拔出功和摩擦功等形式来吸收外加载荷的能量以最大限度地提高复合材料的强度和韧性。因此，在设计界面时，不应只追求界面结合强度而应考虑到最优化和最佳综合性能。

7.1.5 复合材料的特性

复合材料是由两种或多种不同性能的组分通过宏观或微观复合在一起的新型材料。与单一材料相比,复合材料具有许多特性:组分之间存在着明显的界面;各组分保持各自固有特性的同时可最大限度地发挥各种组分的优点,赋予单一材料所不具备的优良特殊性能。具体表现在:

1) 比强度和比模量高

材料的强度与其密度的比值称为比强度,单位为$(m/s)^2$。材料的模量与其密度的比值称为比模量,单位为$(m/s)^2$。在满足相同的设计要求时,材料的比强度愈高,制作同一零件则自重愈小;材料的比模量愈高,零件的刚度愈大。

与单一材料相比,复合材料具有很高的比强度和比模量(刚度)。普通碳钢的密度为$7.8~g/cm^3$,玻璃纤维增强树脂基复合材料的密度为$1.5\sim2.07.8~g/cm^3$,只有普通碳钢的$1/4\sim1/5$,比铝合金还要轻 $1/3$ 左右,而机械强度却能达到或超过普通碳钢的水平。若按比强度计算,玻璃纤维增强树脂基复合材料不仅大大地超过了普通碳钢,而且超过了某些特殊合金钢。表 7-1 列出了几种材料的比强度和比模量。

表 7-1 几种材料的比强度和比模量

材 料	密度 $/(g/cm^3)$	抗拉强度 $\times 10^3/MPa$	弹性模量 $\times 10^5/MPa$	比强度 $\times 10^7/(m/s)^2$	比模量 $\times 10^7/(m/s)^2$
钢	7.8	1.03	2.1	0.13	0.27
铝合金	2.8	0.47	0.75	0.17	0.27
钛合金	4.5	0.96	1.14	0.21	0.25
玻璃纤维复合材料	2.0	1.06	0.4	0.53	0.20
碳纤维/环氧复合材料	1.45	1.50	1.4	1.03	0.97
有机纤维/环氧复合材料	1.4	1.4	0.8	1.0	0.57
硼纤维/环氧复合材料	2.1	1.38	2.1	0.66	1.0
硼纤维/铝复合材料	2.65	1.0	2.0	0.38	0.75

2) 抗疲劳性能好

疲劳破坏是材料在交变载荷作用下,由于裂纹的形成和扩展而形成的低应力破坏。复合材料尤其是纤维复合材料,由于增强体和基体的界面可以使扩展裂纹尖端变钝或改变方向(见图7-1),即阻止了裂纹的迅速扩展,因而疲劳强度较高,碳纤维聚酯树脂复合材料则达 70%~80%。大多数金属材料的疲劳极限是其拉伸强度的 40%~50%。复合材料的破坏有明显的前兆,而金属的疲劳破坏则是突发性的。

3) 断裂韧性好

韧性是指材料抵抗裂纹萌生于扩展的能力。断裂韧性是衡量韧性较常用的指标,它表示材料

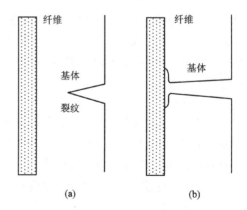

图 7-1 纤维增强复合材料裂纹变钝转向示意图

(a) 初始裂纹;(b) 裂纹扩展受阻

阻抗断裂的能力。当纤维复合材料构件由于超载或其他原因使少数纤维断裂时，载荷就会重新分布到其他未断裂的纤维上使构件不至于迅速破坏。另外，纤维受力断裂时，断口不可能都出现在一个平面上，欲使材料整体断裂，必定有许多根纤维要从基体中被拔出来，因而必须克服基体对纤维的结合力。这样的断裂过程需要的能量是非常大的，因此复合材料都具有比较强的断裂韧性。

4) 高温性能好，抗蠕变能力强

复合材料可以在广泛的温度范围内使用，同时其使用温度均高于复合材料基体。碳纤维增强树脂基复合材料的耐热性比树脂基体有明显的提高，目前聚合物基复合材料的最高耐温上限为 350℃；金属基复合材料在耐热性方面更是显示出其优越性，按不同的基体性能，其使用温度在 350~1100℃范围内变动；碳化硅纤维和氧化铝纤维增强的陶瓷基复合材料的在空气中能耐 1400℃的高温，要比所有超高温合金的耐热性高出 100℃以上；而碳碳复合材料的使用温度最高，可高达 2800℃。

5) 减振性能好

结构的自振频率除与结构本身有关外，还与材料比模量的平方根成正比。高的自振频率避免了工作状况下因共振而引起的早期破坏。此外，由于复合材料中纤维与基体界面具有吸振能力大，阻尼特性好，即使结构中有振动产生，也会迅速衰减。实验表明，对于相同形状和尺寸的梁，轻金属合金梁需要 9 s 才能停止振动，碳纤维复合材料只需 2.5 s。

6) 尺寸稳定性好

常用的增强体(包括纤维、颗粒、晶须等)的热膨胀系数都比较小，而且在一定的条件下热膨胀系数可能为零，因而通过改变复合材料中增强体的含量，可以调整复合材料的热膨胀系数。例如在石墨纤维增强镁基复合材料中，当石墨纤维的含量达到 48%时，复合材料的热膨胀系数为零，即在温度变化时其制品不发生热变形。这对人造卫星构件非常重要。

7) 化学稳定性好

许多复合材料尤其聚合物基复合材料和陶瓷基复合材料具有良好的抗腐蚀性，因此可用来制造耐强酸、强碱、盐、脂和某些溶剂的化工管道、泵、阀、容器、搅拌器等设备。

8) 绝缘、导电和导热性好

玻璃纤维增强塑料是一种优良的电气绝缘材料，用于制造仪表、电机与电器中的绝缘材料。这种材料不受电磁作用，不反射无线电波，微波透过性好，还具有耐烧蚀性、耐辐射性，可用于制造飞机、导弹和地面雷达罩。金属基复合材料具有良好的导电性和导热性能，可以使局部的高温热源和集中电荷很快扩散消失，有利于解决气流冲击和雷电问题。

9) 其他

除上述一些特性以外，复合材料还具有优良的减摩性、耐磨性、自润滑性等，而且复合材料制品或构件制造工艺简单，表现出良好的工艺性能，适合整体成型。在制造复合材料的同时，也就获得了制品或构件。

从设计和制造的角度来看，复合材料的优点是：

(1) 材料性能具有很强的可设计性。通过选择合适的基体和增强体，控制它们的比例以及长纤维增强体在材料中的分布和取向，可以在很宽的范围内灵活地调节复合材料的性能，甚至可改变同一制品或构件不同部位的性能。

(2) 材料与制件制造的一致性。复合材料与复合材料制件同时成型,即在采用某种方法把增强体材料掺入基体中形成复合材料的同时,通常也就形成了复合材料的制件,称为材料与制件制造的一致性。根据制件形状设计模具,再根据铺层设计来敷设增强材料,使基体材料与增强体材料组合、固化后获得复合材料制件,这种制造过程称为一次成型。制件的连接(螺接、铆接、焊接、粘结等)、机械加工及坯体的进一步塑性加工变形(轧制、挤压、滚压)称为复合材料的二次加工。大多数复合材料不必经过后加工,一次成型后,制件即可供直接使用的成型方法称为净成型。

7.2 复合材料的增强体

在复合材料中,凡是能提高基体材料机械强度、弹性模量等力学性能或在电、磁、光、热、声等方面赋予复合材料新的性能的材料统称为增强体。可用作复合材料增强体材料的品种繁多,分类方法也很多,按增强体的形态主要分纤维类增强体、颗粒类增强体和晶须类增强体等几类,根据复合材料性能的需要来选择。

7.2.1 纤维增强体

纤维增强体是复合材料中作用最明显、应用最广泛的一类增强材料。纤维大多数是直径为几至几十微米的多晶材料或非晶态材料,主要有玻璃纤维、碳纤维、硼纤维、碳化硅纤维、氧化铝纤维、芳纶纤维、尼龙纤维和聚烯烃纤维等。常用纤维的基本力学性能如表7-2 所示。

表 7-2 常用纤维的基本力学性能

纤维	密度 /(g/cm^3)	拉伸强度 ×10^3/MPa	比强度 ×10^7/(m/s)^2	拉伸模量 ×10^3/MPa	比模量 ×10^7/(m/s)^2	断面延伸率 /(%)
S-玻璃	2.48	4.8	1.94	85	34.3	3
硼	2.4~2.6	2.3~2.8	0.88~1.17	365~400	140~167	1.0
碳纤维	1.8	5~6	2.94~3.52	295	164	1.8
碳化硅	2.8	0.3~4.9	0.11~1.75	45~480	160~171	0.6
氧化铝	3.95	1.4~2.1	0.35~2.53	379	96.0	0.4
尼龙 66	1.2	1	0.83	<5	<4.1	20
Kevlar	1.45	3	2.07	135	931	8.1

纤维增强纤维体有连续长纤维和短纤维两种。连续长纤维的长度均超过数百米,纤维性能有方向性,一般轴向均有很高的强度和弹性模量。连续长纤维又分为单丝和束丝。除硼纤维和皮芯碳化硅纤维(CVD 法生产)是以直径为 95~140 μm 的单丝作为增强体外,其余纤维均以 500~1200 根直径为 5.6~14 μm 的细纤维组成束丝作为增强体使用。根据需要,连续长纤维往往以规则排列和编织物的形式存在。图 7-2 给出了几种典型的纤维排列与编织形式。连续长纤维制造成本高、性能高,主要用作高性能复合材料制品。

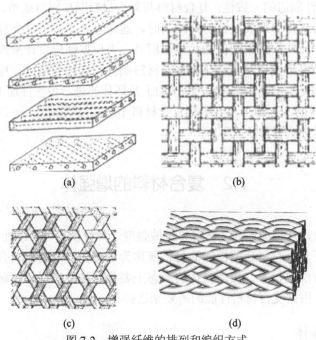

(a)　　　　　　　　　　　　　(b)

(c)　　　　　　　　　　　　　(d)

图 7-2　增强纤维的排列和编织方式

(a) 单向铺设；(b) 二维二轴编织布；(c) 二维三轴编织布；(d) 三维四向编织布

短纤维长度一般为几毫米到几十毫米，排列无方向性，通常采用生产成本低、生产效率高的喷射方法制造。主要的短纤维有硅酸铝纤维(耐火棉)、氧化铝纤维、碳纤维(直接加工成或长纤维切断)、氮化硼纤维、碳化硅纤维等，制成的复合材料无明显各向异性。

1. 玻璃纤维

在纤维增强体中，玻璃纤维是应用最为广泛的增强体，通常作为复合材料中的增强材料、电绝缘材料和绝热保温材料、电路基板等，广泛应用于国民经济各个领域。

玻璃纤维(glass fiber/fiberglass)是一种性能优异的无机非金属材料。它是以玻璃球或废旧玻璃为原料经高温熔制、拉丝、络纱、织布等工艺制成的，玻璃纤维单丝的直径从几微米到二十几微米，相当于一根头发丝的 1/20～1/5，每束纤维原丝都由数百根甚至上千根单丝组成。玻璃纤维的成分为二氧化硅、氧化铝、氧化钙、氧化硼、氧化镁、氧化钠等。

大多数人认为玻璃为质硬、易碎物体，并不适于作为结构用材，但若将其抽成丝后，强度则大为增加且具有柔软性，故配合树脂并经成型后可制成优良的结构用材。玻璃纤维随直径的减小，其强度增大。补强材玻璃纤维具有以下特点(这些特点使玻璃纤维的使用较其他种类纤维广泛得多，发展速度也遥遥领先)：① 拉伸强度高，伸长量小(约3%)；② 弹性系数高，刚性佳；③ 弹性限度内伸长量大且拉伸强度高，故吸收冲击能量大；④ 无机纤维，不燃烧，抗腐蚀性好；⑤ 吸水性小；⑥ 尺度稳定性，耐热性均佳；⑦ 加工性佳，可作成股、束、毡、织布等不同形态的产品；⑧ 透明，可透过光线；⑨ 价格便宜。

玻璃纤维的种类繁多。按玻璃原料成分不同，可分为无碱玻璃纤维(通称 E 玻璃，碱金属氧化物不足 1%)、中碱玻璃纤维(碱金属氧化物为 6%～12%)和特种玻璃纤维，其中特种玻璃纤维主要有纯镁铝硅三元组成的高强玻璃纤维、镁铝硅系高强高弹玻璃纤维、硅铝镁系耐化学腐蚀玻璃纤维、含铅玻璃纤维、高硅氧玻璃纤维和石英纤维等；按纤维外观不同，可分为连续纤维、短切纤维、空心玻璃纤维、玻璃粉及磨细纤维等；按纤维本身具有的特性分类，可分为高强玻璃纤维、高模量玻璃纤维、耐高温玻璃纤维、耐碱玻璃纤维、耐酸玻璃纤维、普通玻璃纤维(指无碱和中碱玻璃纤维)。

2. 碳纤维

碳(石墨)纤维是一种高强度、高模量材料，它是有机纤维(粘胶纤维、聚丙烯腈纤维和沥青纤维等)在惰性气氛中经高温碳化而成的纤维状碳化合物。早在 1880 年，美国发明家爱迪生就发明了将竹子纤维碳化成丝将其用作灯丝的专利，直到 1950 年美国才制造出具有一定力学性能的碳纤维。20 世纪 60 年代，碳纤维开始用于耐烧蚀喉衬、扩张段材料，后来在其他结构上使用。自 20 世纪 80 年代以来，碳纤维发展较快，主要表现为：① 性能不断提高，七八十年代主要以 3000 MPa 的碳纤维为主，90 年代初普遍使用的 IM7、IM8 碳纤维强度达到 5300 MPa，90 年代末 T1000 碳纤维强度达到 7000 MPa，并开始工程应用；② 品种不断增多，已达到数十种，可满足不同需要，为碳纤维复合材料的广泛应用提供了基础。

1) 碳纤维的分类

碳纤维可按以下几种方式进行分类：

(1) 按力学性能可分为超高模量(UHM)碳纤维、高模量(HM)碳纤维、中等模量碳纤维(MM)、超高强度(UHS)碳纤维、高强度(HS)碳纤维。

(2) 按原丝类型可分为聚丙烯腈(PAN)碳纤维、沥青碳纤维和粘胶碳纤维。

(3) 按用途可分为 24K(1K 为 1000 根单丝)以下为宇航级小丝束碳纤维、48K 以上为工业级大丝束碳纤维。

(4) 根据外观可分为短碳纤维、长碳纤维、二维(向)织物碳纤维、三维织(向)物碳纤维、多向织物碳纤维等。

与其他纤维相比，碳(石墨)纤维的价格较高。

2) 碳纤维的主要性能

碳纤维的主要性能如下所述：

(1) 强度高、模量高。其抗拉强度在 1600～7000 MPa 之间，弹性模量在 230～830 GPa 之间。

(2) 密度小，比强度高。碳纤维的密度(1.7～2.0 g/cm^3)是钢的 1/4，是铝的 1/2；其比强度比钢大 16 倍，比铝大 12 倍。

(3) 耐低温、耐超高温性能好。在 −180℃ 低温下，钢铁变得比玻璃脆，而碳纤维依旧很柔软；在非氧化气氛下，碳纤维可在 2000℃ 以下使用，在 3000℃ 的高温下不熔融软化。

(4) 耐酸性能好。能耐浓盐酸、磷酸、硫酸、苯、丙酮等介质腐蚀。将碳纤维放在浓度为 50% 的盐酸、硫酸和磷酸中，200 天后其弹性模量、强度和直径基本没有变化；在浓度为 50% 的硝酸中只是稍有膨胀，其耐蚀性能超过黄金和铂金。此外，碳纤维的耐油性能也较好。

(5) 热膨胀系数小，热导率大。可以耐急冷急热，即使从 3000℃ 的高温突然降到室温也不会炸裂。

(6) 防原子辐射，能使中子减速。

(7) 导电性能好(电阻率值为 5～17 μΩm)。

(8) 碳纤维的抗氧化性差，在空气中，若温度达到 400℃ 以上，便开始发生剧烈氧化；轴向抗剪切模量低；断后延伸率小(0.6%～1.2%)；与熔融金属基体的润湿性较差，复合较为困难。

3. 芳纶纤维

芳纶纤维是芳香族聚酰胺类纤维的通称，国外商品牌号为凯芙拉(Kevlar)纤维，我国命名为芳纶纤维。

芳纶纤维是一种低密度、高强度、高模量、高韧性、耐腐蚀的新型有机纤维。芳纶纤维的历史很短，但发展很快。1968 年美国杜邦公司开始研究，1973 年研究成功一种全对位香族聚酰胺类纤维，开始命名为 ARAMID 纤维，后改名为 Kevlar 纤维。由于芳纶纤维具有一系列优异性能，在航空、航天、兵器等领域得到了广泛应用，主要用于制造防弹板、防弹头盔、火箭发动机壳体、飞机等要求冲击韧性高的的部件等。

和其他增强纤维一样，芳纶纤维也可以制成各种连续长纤维的粗、细纱，并可纺织加工成各种织物。粗纱可用于缠绕制品及挤拉成型工艺。

4. 硼纤维

硼纤维又称硼丝。硼纤维是一种利用化学气相沉积法(CVD)，将加热至 1300℃的三氯化硼蒸气与氢气的混合气通入反应器，还原出的硼沉积在直径约 12.5 μm 的钨丝表面制成的皮芯型复合纤维。制造出的硼纤维大致有三种，即丝径为 75 μm、100 μm 和 140 μm。

硼纤维具有很高的比强度和比模量，也是制造金属基复合材料最早使用的高性能纤维，硼/铝和硼/环氧复合材料在 20 世纪 70 年代就在美国航天飞机上获得成功应用。硼纤维的密度为 2.4～2.6 g/cm^3，抗拉强度为 3600 MPa，抗压强度为 6900 MPa，弹性模量为 350～450 GPa，热膨胀系数为 $4.5 \times 10^{-6} K^{-1}$。硼纤维与广泛应用的 T300 碳纤维相比，在抗拉强度略优(3530 MPa)的条件下，弹性模量比 T300 碳纤维约高 74%(T300 的弹性模量为 230 GPa)。

硼纤维的制造技术已相当成熟，但由于价格昂贵，限制了它的推广及使用。

5. 碳化硅纤维

碳化硅纤维(Silicon Carbide fibre，SiC 纤维)是以有机硅化合物为原料经纺丝、碳化或气相沉积而制得具有 β-碳化硅结构的无机纤维，属陶瓷纤维类。

SiC 纤维具有连续纤维、短纤维、晶须等形式，其中连续纤维应用最多。连续 SiC 纤维又分为两种：一种是碳化硅包覆在钨丝或碳纤维等芯丝上而形成的连续丝，1973 年由美国阿芙科公司投产；另一种是纺丝和热解而得到纯碳化硅长丝，1980 年由日本碳公司建成生产装置。

SiC 纤维的密度为 2.5～3.4 g/cm^3，强度为 1960～4410 MPa，模量为 176.4～294 GPa，最高使用温度达 1200℃，在最高使用温度下强度保持率在 80%以上，其耐热性和耐氧化性均优于碳纤维，化学稳定性也较好。主要用于增强金属和陶瓷，制成耐高温、高强度、高韧性、抗腐蚀的金属基或陶瓷基复合材料的理想增强纤维。

碳化硅纤维主要用作耐高温材料和增强材料，耐高温材料包括热屏蔽材料、耐高温输送带、过滤高温气体或熔融金属的滤布等。用做增强材料时，常与碳纤维或玻璃纤维合用，以增强金属(如铝)和陶瓷为主，如作成喷气式飞机的刹车片、发动机叶片、着陆齿轮箱和机身结构材料等，还可用作体育用品，其短切纤维则可用作高温炉材等。

碳化硅纤维的性能与硼纤维相似，但价格较硼纤维便宜。

6. 氧化铝纤维

氧化铝纤维是高性能无机纤维的一种。它以 Al$_2$O$_3$ 为主要成分，有的还含有其他氧化物

(如 SiO₂、B₂O₃ 等),具有长纤维、短纤维、晶须等形式。氧化铝纤维的突出优点是有高强度、高模量、高的耐热性和抗高温氧化性。与碳纤维相比,可以在更高温度下保持很好的抗拉强度;其表面活性好,易于与金属、陶瓷基体复合;同时还具有热导率小、热膨胀系数低、抗热振性好等特点。此外,与碳化硅纤维相比,氧化铝纤维原料成本低,生产工艺简单,具有较高的性价比。

目前,已经商业化生产的氧化铝纤维品种主要有美国 DU Pont 公司生产的 FP、prd-166,美国 3M 公司生产的 Nextel 系列产品,英国 ICI 公司生产的 Saffil 氧化铝纤维,日本 Sumitomo 公司生产的 Altel 氧化铝纤维等。这些氧化铝纤维已经广泛用于金属、陶瓷基体的增强,在航天、军工、高性能运动器材以及高温绝热材料等领域有重要应用。

除上述纤维外,氮化硅纤维、高熔点金属的纤维(如钨纤维、钼纤维等)以及以天然高分子纤维为主要成分的各种植物纤维(如亚麻、大麻、黄麻、棉花纤维等)也被用作增强体。

7.2.2 晶须

1. 晶须的分类

晶须是在受控条件下培植生长的高纯度纤细单晶体,其直径一般为 0.1～2 μm,长度为几十微米,长径比较大,通常在 7～30 范围内,外观是粉末状。

根据化学成分不同,晶须可分为陶瓷晶须和金属晶须两类。

金属晶须包括 Cu、Cr、Fe、Ni 晶须等,一般是由金属的固体、熔体或气体为原料,采用熔融盐电解法或气相沉积法制得。金属晶须主要作为复合材料的增强体用于火箭、导弹、喷气发动机等部件上,特别是用作导电复合材料和电磁波屏蔽材料。

陶瓷晶须具有高强度、高模量、耐高温等突出优点,被广泛用于复合材料的增强。包括非氧化物(SiC、Si₃N₄)晶须和氧化物(Al₂O₃、3Al₂O₃·2SiO₂(莫来石)、2MgO·B₂O₃)晶须。非氧化物具有高达 1900℃以上的熔点,故耐热性好,多被用于增强陶瓷和金属复合材料,但成分较高。氧化物陶瓷晶须具有相对较高的熔点(1000～1900℃)和耐热性,可用于树脂基和铝基复合材料的增强体。

晶须作为增强体时,其用量的体积分数多在 35% 以下。如用体积分数为 20%～30% 的 Al₂O₃ 增强金属,得到的复合材料强度在室温下比原来金属增加近 30 倍。

2. 晶须的性能

晶须的结晶近乎完整,不含有晶界、位错、空位等晶体缺陷,因而强度接近于完整晶体的理论值。它不仅具有优良的耐高温、耐热、耐蚀性能,又具有良好的机械强度、电绝缘性、低密度、高强度、高模量、高硬度等特性,而且在铁磁性、介电性、传导性,甚至超导性等方面皆发生显著变化。几种代表性的晶须增强体的基本力学性能见表 7-3。

表 7-3 几种晶须的基本力学性能

晶须	密度 /(g/cm³)	拉伸强度 ×10³/MPa	比强度 ×10⁷/(m/s)²	拉伸模量 ×10³/MPa	比模量 ×10⁷/(m/s)²
石墨	2.2	20	9.1	1000	455
碳化硅	3.2	20	6.3	480	150
氮化硅	3.2	7	2.2	380	119
氧化铝	3.9	14～28	3.6～7.0	700～2400	179～615

一般晶须的延伸率与玻璃纤维相当，而弹性模量与硼纤维相当，兼具这两种纤维的最佳性能。由于晶须在制备上比较困难，所以价格昂贵，暂时还未在工业中广泛应用。

7.2.3 颗粒增强体

颗粒增强体一般是具有高强度、高模量，耐热、耐磨性好，耐高温的陶瓷、金属间化合物、石墨等非金属颗粒，如 Al_2O_3、SiO_2、ZrO_2、MgO、SiC、TiC、B_4C、VC、WC、ZrC、Si_3N_4、AlN、BN、NbN、TiB_2、$MoSi_2$、石墨、细金刚石等颗粒。陶瓷颗粒性能好、成本低，易于批量生产。

按颗粒尺寸的大小，颗粒增强体可以分为两类：一类是颗粒尺寸在 $0.01\sim0.1\ \mu m$ 范围内的微粒增强体；另一类是颗粒尺寸在 $0.1\sim1\ \mu m$ 以上的颗粒增强体。

微粒增强体增强的复合材料称为弥散增强复合材料。例如，在金属或合金中加入一定量的 WC 微粒或 TiC 微粒，则金属或合金的强度或硬度将明显提高；在镍基合金中加入30%的 ThO_2 粉末，可大大提高镍基合金的高温强度。弥散增强复合材料的增强机理与合金的沉淀强化机理相似，即在复合材料中承受载荷的主要是基体，微粒的作用是阻碍基体中位错的运动，从而限制基体的塑性变形，使基体的强度或硬度提高。虽然弥散增强的效果不如沉淀强化那么明显，但由于分散相粉末是惰性的，不与金属或合金基体反应，增强效果可以持续到高温，且能维持较长时间。而沉淀强化的合金在热处理时，由于沉淀相的长大或溶解，增强效果会消失。

颗粒增强体增强的复合材料称为颗粒增强复合材料。金属、陶瓷和高聚物都可以用颗粒增强体增强，大家熟知的金属陶瓷和炭黑增强橡胶就是典型的颗粒增强复合材料。颗粒增强复合材料在耐磨性能和耐热性能方面有很好的应用前景。颗粒增强复合材料中颗粒的作用不是限制基体位错的运动，而是限制颗粒近邻基体的运动。一般来说，在颗粒增强复合材料中，颗粒能承担部分载荷，颗粒和基体间的粘结力越大，增强效果越明显。

除了纤维、晶须和颗粒增强体外，还有长与宽尺寸相近的片层状增强体。片层状增强体有天然、人造和在复合工艺过程中自身生长出来的三种类型。天然片状增强体的典型代表是云母；人造片状增强体有玻璃、铝、铱、银等；复合工艺过程中自身生长出来的为二元共晶合金，如 $CuAl_2$-Al 合金中的 $CuAl_2$ 片状晶。

由于颗粒增强体的成本低廉，制成的复合材料各向同性，因此在复合材料的应用中发展十分迅速，特别是在汽车工业中。

7.3 复合材料的基体

7.3.1 基体的作用

尽管增强体的强度和模量一般都比较高，但只有把增强体包埋在强度和刚度可能比增强体低得多的韧性基体中后，才能充分发挥增强体的性能。复合材料中基体的作用主要体现在：

(1) 将增强体粘结成一个整体，起到均衡应力和传递载荷的作用，使增强材料的性能得到充分发挥，从而产生一种复合效应，使复合材料的性能明显优于单一材料的性能。

(2) 保护增强体免受环境因素的化学作用和物理损伤，以免诱发造成复合材料破坏的裂纹。对于纤维复合材料，基体也像隔膜一样，把纤维与纤维分开。这样，即使有个别纤维断裂了，裂纹也不易从一根纤维迅速扩展到另一根纤维。

正是由于基体与增强体的协同作用，才赋予复合材料良好的强度、刚度和韧性。

7.3.2 基体的类型

1. 树脂基体

树脂又称聚合物或塑料。树脂(或塑料)基复合材料通常称为增强塑料，作为最实用的轻质结构材料，它在工程复合材料中占有重要地位。根据加工方法的不同，树脂可分为热固性树脂和热塑性树脂两大类。

1) 热固性树脂

热固性树脂基体是发展最早、应用最广的树脂基体。通常为分子量较小的液态或固态预聚体，经加热或加固化剂发生交联化学反应并经过凝胶化和固化阶段后，形成不溶、不熔的三维网状高分子。热固性树脂在初始阶段流动性很好，容易浸透增强体，同时工艺过程比较容易控制。因此，这类树脂几乎适合于各种类型的增强体。各种热固性树脂的固化反应机理不同，根据使用要求的差异，采用的固化条件也有很大的差异。一般的固化条件有室温固化、中温固化(120℃左右)和高温固化(170℃以上)。这类高分子通常为无定型结构。具有耐热性好、刚度大、电性能、加工性能和尺寸稳定性好等优点。

常用的热固性树脂有不饱和聚酯、环氧、酚醛、双马来酰亚胺、聚酰亚胺树脂等品种。其中的不饱和聚酯，以其室温低压成型的突出优点，成为玻璃纤维增强塑料的主要基体材料；环氧树脂被广泛应用于碳纤维复合材料及绝缘复合材料中；酚醛树脂则被大量用作摩擦复合材料。

2) 热塑性树脂

热塑性树脂包括各种通用树脂(聚丙烯、聚氯乙烯、聚丙烯和聚苯乙烯等)、工程塑料(尼龙、聚碳酸酯等)和特种耐高温树脂(聚酰胺、聚醚砜、聚醚醚酮等)等。它们是一类线形或有支链的固态高分子，可溶可熔，可反复加工而无化学变化。在加热到一定温度时可以软化甚至流动，从而在压力和模具的作用下成型，并在冷却后硬化固定。这类聚合物必须与增强体制成连续的片(布)、带状和粒状预浸料，才能进一步加工成各种复合材料构件。这类高分子分非晶(或无定形)和结晶两类。通常其结晶度在20%~85%之间，具有质轻、比强度高、电绝缘、化学稳定性、耐磨润滑性好，生产效率高等优点。与热固性树脂相比，热塑性树脂具有明显的力学松弛现象；在外力作用下形变大；具有相当大的断裂延伸率；抗冲击性能较好。相比较而言，通用树脂的产量大、价格低，但性能一般，仅作为非结构材料使用；工程树脂则可作为结构材料使用；特种耐高温树脂具有优良的机械性能、电性能、耐热性、耐磨性、耐腐蚀性以及尺寸稳定性，通常在特殊环境下使用。

2. 金属基体

复合材料中，常用的金属基体有以下几种：

1) 铝合金

铝合金具有低的密度和优异的强度、韧性和抗腐蚀性能，是目前品种和规格最多、应用最广泛的金属基复合材料的基体，在航空、航天、交通运输等领域得到了大量的应用。

2) 镁合金

镁及其合金具有比铝更低的密度，镁合金尤其是铸造镁合金适用于制造飞机齿轮箱壳体、电子设备等，在航空航天和汽车工业中具有较大的应用潜力。镁基复合材料的基体主要有：AZ31(Mg-3Al-1Zn)、AZ61(Mg-6Al-1Zn)、ZK60(Mg-6Zn-Zr)及 AZ91(Mg-9Al-1Zn)等。

铝合金和镁合金都用于 450℃ 以下的金属基体。

3) 钛合金

钛合金不仅具有高的比强度、高的比模量以及高温力学性能，而且具有很好的抗氧化性和抗腐蚀性，特别适合制造航空、航天和航海等领域的主要零部件，如喷气发动机的涡轮机和压气机叶片和机身部件等。钛合金是耐 450～750℃ 的金属基体。钛基复合材料的基体主要有是 Ti-6Al-4V 或 Ti-15V-3Cr-3Sn-3Al。

4) 铜及铜合金

铜具有很好的导电性和导热性以及良好的铸造性能和切削加工性能，铜是耐磨导电型复合材料的基体材料。

5) 金属间化合物

金属间化合物是指金属与金属或金属与类金属之间形成的中间相化合物。金属间化合物可分结构金属间化合物和功能金属间化合物两大类。结构金属间化合物与高温合金相比，其最大的特点是晶体结构中组成元素的原子以长程有序方式排列，原子结合力强，除金属键以外，还有一部分共价键，表现出一系列优异性能，使用温度界于高温合金和高温结构陶瓷之间。尽管金属间化合物具有密度小、弹性模量高等优点，但室温脆性是其致命弱点，目前正通过与纤维、晶须或陶瓷颗粒增强体复合的途径提高其延性和韧性。

除上述几种金属基体之外，还有锌合金基体、高温合金基体(镍基、钴基或铁基)等。

3. 陶瓷基体

制作陶瓷基复合材料的主要目的是增加韧性。陶瓷基复合材料的基体主要有：氧化物陶瓷、氮化物陶瓷、碳化物陶瓷、硅化物陶瓷、硼化物陶瓷和玻璃或水泥等无机非金属材料。如氧化铝、氧化锆、氮化硅、氮化硼、氮化铝、碳化硅、碳化锆、碳化铬、碳化钨、碳化钛、硅化钼以及石英玻璃等，都是常见的陶瓷基体材料。陶瓷基体的原料主要成分是高纯度颗粒状粉末，也可以是能够转化为陶瓷的有机聚合物(先驱体聚合物)。陶瓷粉末可采用固相法、气相法、液相法、球磨法及综合法等方法制备。

7.4　聚合物基复合材料

聚合物基复合材料(Polymer Matrix Composites，PMC)通常是指以有机聚合物为基体，以短晶须、黏土、滑石、云母、短纤维、连续纤维及其编织物为增强体，经复合而成的材料。

聚合物基复合材料出现于 20 世纪 40 年代，在第二次世界大战中对特殊结构性能材料的需求导致树脂基复合材料的发展。早在 1941 年，棉纤维增强酚醛树脂基复合材料被用于次结构复合材料，到战争结束时玻璃纤维增强复合材料开始用于结构材料。随后，树脂基复合材料在航空、船舶和工业机械结构上的用量逐年增长。

聚合物基复合材料是目前研究最为深入，工艺最为成熟，品种最为齐全，应用最为广泛的一类复合材料，它已经成为航空、航天、兵器等领域的骨干材料之一，它在化工、船舶、建筑、交通运输、机械电器、电子工业及医疗、国防等领域都有广泛应用。

1. 聚合物基复合材料的类别

聚合物基复合材料的种类主要有：

① 玻璃纤维增强树脂基复合材料；

② 天然纤维增强树脂基复合材料；

③ 碳纤维增强树脂基复合材料；

④ 芳纶纤维增强树脂基复合材料；

⑤ 金属纤维增强树脂基复合材料；

⑥ 特种纤维增强聚合物基复合材料；

⑦ 陶瓷颗粒树脂基复合材料；

⑧ 热塑性树脂基复合材料，如聚乙烯、聚丙烯、尼龙、聚苯硫醚(PPS)、聚醚醚酮(PEEK)、聚醚酮酮(PEKK)等树脂基复合材料；

⑨ 热固性树脂基复合材料，如环氧树脂、聚酰亚胺、聚双马来酰亚胺(PBMI)、不饱和聚酯等树脂基复合材料；

⑩ 聚合物基纳米复合材料。

例如，在塑料中加入无机填料构成的颗粒复合材料可以有效地改善塑料的各种性能，如增加表面硬度、减少成型收缩率、消除成型裂纹、改善阻燃性、改进导热性和导电性。在橡胶中加入炭黑或硅石填料构成的颗粒复合材料提高了橡胶的强度和耐磨性，同时保持了其必要的弹性。在热固性塑料中加入金属粉构成了硬而强的低温焊料或称导电复合材料。在塑料中加入高含量的铅粉构成的材料既能隔音，又能屏蔽射线。在碳氟聚合物中加入金属氧化物可以提高导电性、降低热膨胀系数和显著减小磨损率。

短纤维增强塑料的性能除了依赖于纤维含量外，还强烈依赖于纤维长径比和纤维取向。通常的二位或三维无规则取向短纤维复合材料的强度和模量与基体相比都有高达几倍的提高(但仍低于传统的金属材料)。

连续纤维增强塑料可以最大限度地发挥纤维的作用，因而通常具有很高的强度和模量。按照纤维在基体中分布的不同，连续纤维复合材料又可分为单向(1D)复合材料、双向(2D)复合材料、三向(3D)复合材料及双向的织物增相复合材料。

2. 聚合物基复合材料的性能

纤维增强塑料(Fiber Reinforced Plastics，PRP)具有复合材料的基本性能特点，即比强度高、比模量大，抗疲劳性、减振性好，过载时安全性好，还具有多种功能特性，如耐烧蚀、耐腐蚀、良好的摩擦性能(包括摩阻特性和减摩特性)、优良的绝缘性和特殊的光学、电磁学特性。根据材料的使用要求不同，PMC 可设计制备成阻燃材料、绝缘材料、耐磨材料、耐腐蚀材料等。此外，PMC 具有优异的成型性能，适合于多种方法成型。

但聚合物复合材料易吸湿、老化，抗冲击性能和耐热性有待于进一步研究提高。

3. 典型 PMC 的应用

用玻璃纤维增强塑料得到的复合材料俗称玻璃钢，它是近代意义上复合材料的先驱。美国于 1940 年制造出的世界上第一艘玻璃钢船，将复合材料真正引入工程实际应用，从而引起了全世界的关注。随后，发达国家纷纷投入大量人力、物力和财力来研究和开发复合材料，引发了一场材料的革命。玻璃钢的出现，使机器构件不用金属成为了可能，由于它具有许多金属无法比拟的优越特性，因而发展极为迅速，其品种以每年近 30 种的速度增长，已成为一种重要的工程结构材料。据有关统计资料，目前世界各国开发的玻璃钢产品的种类总数已约 4 万种，涉及各个工业部门，在经济建设中发挥了重要的作用。例如：建筑行业中的冷却塔、玻璃钢门窗、建筑结构、围护结构、室内设备及装饰件、玻璃钢平板、波形瓦、装饰板、卫生洁具及整体卫生间、桑拿浴室、冲浪浴室，建筑施工模板、储仓建筑，以及太阳能利用装置等等。化学化工行业：耐腐蚀管道、储罐储槽、耐腐蚀输送泵及其附件、耐腐阀门、格栅、通风设施，以及污水和废水的处理设备及其附件，等等。汽车及铁路交通运输行业：汽车壳体及其他部件，全塑微型汽车，大型客车的车体外壳、车门、内板、主柱、地板、底梁、保险杠、仪表屏，小型客货车，以及消防罐车、冷藏车、拖拉机的驾驶室及机器罩等；在铁路运输方面，有火车窗框、车内顶弯板、车顶水箱、厕所地板、行李车车门、车顶通风器、冷藏车门、储水箱，以及某些铁路通讯设施等；在公路建设方面，有交通路标、路牌、隔离墩、公路护栏等等。船艇及水上运输行业：内河客货船、捕鱼船、气垫船、各类游艇、赛艇、高速艇、救生艇、交通艇，以及玻璃钢航标浮鼓及系船浮筒等等。电气工业及通信工程：有灭弧设备、电缆保护管，发电机定子线圈和支撑环及锥壳、绝缘管、绝缘杆，电动机护环，高压绝缘子，标准电容器外壳，电机冷却用套管，发电机挡风板等强电设备；配电箱及配电盘，绝缘轴，玻璃钢罩等电器设备；印刷线路板、天线、雷达罩等电子工程应用。

玻璃纤维增强尼龙的刚度、强度和减磨性好，可代替非铁金属制造的轴承、轴承架、齿轮等精密机械零件，还可以制造电工部件和汽车上的仪表盘、前后灯等。玻璃纤维增强苯乙烯类树脂(HIPS 树脂、AS 树脂、ABS 树脂等)，广泛用于汽车内装饰品，收音机壳体、磁带录音机底盘、照相机壳、空气调节器叶片等部件。玻璃纤维增强聚丙烯的强度、耐热性和抗蠕变性能好，耐水性优良，可用来制造转矩变换器、干燥器壳体等。

碳纤维增强酚醛树脂和聚四氟乙烯复合材料常用作宇宙飞行器的外层材料，如人造卫星和火箭的支架、壳体、天线构架，以及作各种机器中的齿轮、轴承等受载磨损零件，活塞、密封圈等受摩擦件，也可作化工零件和容器等。

自先进复合材料投入应用以来，有三项值得一提的成果。第一项是美国用碳纤维复合材料制成一架八座商用飞机——里尔芳 2100 号，并试飞成功，这架飞机仅重 567 kg，它以结构小巧、质量轻而称奇于世。第二项是采用大量先进复合材料制成的哥伦比亚号航天飞机，这架航天飞机用碳纤维/环氧树脂制作长 18.2 m、宽 4.6 m 的主货舱门，用凯芙拉纤维/环氧树脂制造各种压力容器，用硼/铝复合材料制造主机身隔框和翼梁，用碳/碳复合材料制造发动机的喷管和喉衬，发动机组的传力架全用硼纤维增强钛合金复合材料制成，被覆在整个机身上的防热瓦片是耐高温的陶瓷基复合材料。在这架代表近代最尖端技术成果的航天飞机上使用了树脂、金属和陶瓷基复合材料。第三项是在波音 767 大型客机上使用了先进复合材料作为主承力结构,这架可载 80 人的客运飞机使用碳纤维、有机纤维、玻璃纤维增强树脂以及各种混杂纤维的复合材料制造了机翼前缘、压力容器、引擎罩等构件,不仅使飞机结构质量减轻,还提高了飞机的各种飞行性能。先进复合材料的研究应用主要集中于国防工业。

高性能聚合物基复合材料,主要是碳纤维和芳纶纤维增强环氧树脂、多官能团环氧树脂和 BMI 等,复合材料的性能稳定,已大量投入应用。相当于 T300/PMR-15 性能的复合材料也已研制成功,一批高性能的热塑性聚合物基复合材料,如 PEEK、PECK、PPS 等正在从实验室走向实用。

先进聚合物基复合材料构件正在由次承力件向主承力件过渡。在成型工艺方面,先进聚合物基复合材料借助玻璃钢成型技术逐步实现由手糊到机械化自动化的转变,但其总的技术水平与其他复合材料的生产技术还有一定差距。

7.5 金属基复合材料

金属基复合材料(Metal Matrix Composite,MMC)是以陶瓷为增强材料,金属为基体材料而制备的。

1. MMC 的分类

1) 按用途不同分

按用途不同,金属基复合材料可分为结构复合材料和功能复合材料两类。结构复合材料具有高比强度、高比模量、尺寸稳定性、耐热性等主要性能特点,主要用于制造各种航天、航空、汽车、先进武器系统等高性能构件。功能复合材料则具有高导热、导电性、低膨胀、高阻尼、高耐磨性等物理性能的优化组合,主要用于电子、仪器、汽车等工业。

2) 按基体不同分

按基本不同,金属基复合材料可分为铝基、镁基、铜基、钛基、铅基、镍基、耐热合金基、金属间化合物基等。目前以铝基、钛基、镍基复合材料发展比较成熟,已在航空、航天、电子、汽车等工业中应用。

3) 按增强体不同分

按增强体不同,金属基复合材料可分为连续纤维增强型和非连续纤维增强型。连续纤维增强金属基复合材料是利用高强度、高模量、低密度的碳(石墨)纤维、硼纤维、碳化硅纤维、氧化铝纤维等增强体与金属集体组成高性能复合材料。通过基体、纤维类型、纤维排布方向、方向、含量的优化组合,可获得各种需要的高性能复合材料。由于原材料连续纤维价格昂贵,制造工艺复杂,因而成本较高,阻碍了它们的实际应用。非连续纤维增强金属基复合材料,是由短纤维、晶须、颗粒为增强体与金属基体组成的复合材料。非连续纤维增强体的加入大幅度提高了金属的耐磨、耐热性,提高了高温力学性能、弹性模量,降低了热膨胀系数等。为适应不同的性能需要,可选用不同的非连续增强体作为增强体。主要选用的非连续增强材料是现有的陶瓷颗粒,它们是 Al_2O_3、SiC、TiC、B_4C、Si_3N_4、AlN、TiB、石墨等颗粒。Al_2O_3、SiC、B_4C、石墨等颗粒主要用于铝基、镁基复合材料,TiC、TiB 等颗粒主要用于钛基复合材料。

2. MMC 的特性

金属基复合材料的性能取决于所选用金属或合金基体和增强体的特性、含量、分布等。通过优化组合可以获得既具有金属特性，又具有高比强度、高比模量、耐热、耐磨等综合性能。综合归纳金属基复合材料有以下性能特点。

1) 高比强度、高比模量

由于金属基体中加入了适量的高强度、高模量、低密度的纤维、晶须、颗粒复合材料的比强度、比模量成倍地高于基体合金的强度和比模量，特别是高性能连续纤维(硼纤维、碳(石墨)纤维、碳化硅纤维)等增强物，具有很高的强度和模量。用高比强度、高比模量复合材料制成的构件质量轻、刚性好、强度高，是航空、航天技术领域中理想的结构材料。

2) 导热、导电性能好

金属基复合材料中金属基体占有很高的体积分数，一般在 60%以上，因此仍保持金属所特有的良好的导热和导电性。良好的导热性对尺寸稳定性要求高的构件和高集成度的电子器件尤为重要。良好的导电性可以防止飞行器构件产生静电积聚的问题。在金属基复合材料中采用高导热性的增强体还可以进一步提高金属基复合材料的热导率，现已研究成功的超高模量石墨纤维、金刚石纤维、金刚石颗粒增强的铝基、铜基复合材料的热导率比纯铝、铜还高，用它们制成的集成电路底板和封装件可迅速地把热量散去，提高了集成电路的可靠性。

3) 热膨胀系数小、尺寸稳定性好

金属基复合材料中所使用的增强物有碳纤维、碳化硅纤维、晶须、颗粒、硼纤维，它们既具有很小的热膨胀系数，又具有很高的模量，特别是高模量的石墨纤维具有负的热膨胀系数。加入一定含量的增强体不仅大幅度提高材料的强度和模量，也使其热膨胀系数明显下降并通过调整增强体的含量获得不同的热膨胀系数，以满足各种工况需要。例如，石墨纤维增强镁基复合材料，当石墨纤维的体积分数达到 48%时，不仅复合材料的比模量可达 $1.5 \times 10^5 (m/s)^2$，而且其热膨胀系数几乎接近零，即在温度变化时使用这种复合材料做成的零件不会发生热变形，这特点对制造人造卫星构件显得特别重要。

4) 良好的高温性能

由于金属基体的高温性能比聚合物高很多，增强纤维、晶须和颗粒在高温下的强度及模量基本上不会下降，可保持到接近金属熔点，并比金属基体的高温性能高许多。因此金属基复合材料具有比基体金属和聚合物复合材料更高的高温性能，特别是连续纤维增强金属基复合材料。如钨丝增强耐热合金，其在 1100℃、100 h 高温持久强度为 207 MPa，而基体合金的高温持久强度只有 48 MPa；又如石墨纤维增强铝基复合材料，在 500℃高温下仍具有 600 MPa 的高温强度，而铝合金基体在 300℃强度已下降到 100 MPa 以下。

5) 耐磨性好

由于在基体金属中加入了大量的高硬度、耐磨、化学性质稳定的陶瓷颗粒，特别是细小的陶瓷颗粒，复合材料的硬度和耐磨性明显提高。例如，碳化硅颗粒增强铝基复合材料的耐磨性比铸铁还好，比基体金属高出几倍。

SiC_p/Al 复合材料的高耐磨性在汽车、机械工业中有重要应用前景，可用于汽车发动机、制动盘、活塞等重要部件，能明显提高零件的性能和寿命。

此外，金属基复合材料还具有良好的疲劳性能和断裂韧度、阻尼性好、不吸湿、抗辐

射、不老化和无污染等优点。

3. MMC 的应用

硼纤维增强铝基复合材料是历史较长、较成熟的金属基复合材料,在美国和俄罗斯,B/Al 复合材料已从实验室进入工程实际应用阶段。早在 20 世纪 70 年代,美国航天飞机的机身就使用了 243 根管状的 B/Al 复合材料支柱,与铝合金挤压件相比质量减轻 44%。俄罗斯在"暴风雪"号航天飞机上使用了 B/Al 复合材料导管和大型卫星支架。B/Al 复合材料中,基体除纯铝外,常用的还有 LD2、LY12 等铝合金。B/Al 复合材料突出的优点是密度低、力学性能高。B/Al 复合材料中,一般含硼的体积分数为 45%~50%,单向增强时纵向拉伸强度可达 1250~1550 MPa,模量为 200~230 GPa,密度为 2.6 g/cm^3,比强度和比模量分别约为钛合金、硬铝、合金钢的 3~5 倍和 3 倍,疲劳性能明显优于一般铝合金,而且在 200~400℃下仍保持较高的强度。在飞行器和航空发动机上应用 B/Al 复合材料可以获得明显的减重效果。

石墨纤维/铝(Gr/Al)复合材料早已用于制定哈博太空望远镜天线支架。随着碳(石墨)纤维表面涂层问题的基本解决和制造工艺技术趋向成熟,石墨/铝复合材料的应用研究正在迅速扩大。石墨/铝复合材料的抗拉强度已高达 750 MPa。30%(体积分数)T50Gr/201Al 复合材料的密度为 2.1 g/cm^3,纵向拉伸强度和模量分别为 620 MPa 和 170 GPa。石墨/铝复合材料的抗拉强度已高达 750 MPa。

硼纤维增强钛基复合材料(B/Ti)中,硼纤维采用带有碳化硼或碳化硅涂层的纤维;钛基多用 Ti-6Al-4V 或塑性更好的 β-钛合金(Ti-15V-3Cr-3Sn-3Al)。B/Ti 复合材料一般含纤维为 35%~40%(体积分数),单向增强时纵向拉伸强度约为 1300~1500 MPa,模量约为 230 GPa,密度约为 3.7 g/cm^3。其主要特点是适合于在较高的温度下(550~650℃)工作。B/Ti 复合材料制造工艺主要采用预制条带的热压扩散结合。B/Ti 主要用途为制造航空发动机压气机叶片和其他耐热零件。硼纤维上的涂层能保护纤维,避免在高温下与基体反应而损伤材料性能。

碳化硅(SiC)纤维增强钛基复合材料也是重点研发的一类金属基复合材料,在温度达 816℃时,它的强度比镍基高温合金高出两倍左右,而密度不到后者的一半,可用作涡轮发动机的涡轮盘、风扇空心叶片、机匣、传动轴等。美国 Textron 特种材料(TSM)公司已研制出 SCS-6/β21S 钛合金复合材料薄板,其尺寸已达 1200 mm×2400 mm,拉伸强度和模量分别达到 1583~1930 MPa 和 250~270 GPa,在 900℃能保持要求的强度和刚度,NASA 已确定将其用于 NASP 的蒙皮壁板。

目前不断发展和完善的金属基复合材料以碳化硅颗粒铝合金(SiC$_p$/Al)复合材料发展得最快。SiC$_p$/Al 复合材料的比重只有钢的 1/3,为钛合金的 2/3,与铝合金相近。它的强度比中碳钢好,与钛合金相近而又比铝合金略高。其刚性与钛合金相媲美,耐磨性比钛合金、铝合金好,并克服了钛合金导流叶片易产生侵蚀和成本高的缺点。目前,SiC$_p$/Al 已开始用于 PW4000 系列飞机涡轮发动机叶片、卫星光学器件、太阳能电池部件和航天光学制导器件,并已小批量应用于汽车工业和机械工业。在 5~10 年内有商业应用前景的是汽车活塞、制动机部件、连杆、机器人部件、计算机部件、运动器材等。

美国正在对 SiC/Ti 和 SiC$_p$/Al 等 MMC 的实际应用进行评估,并对这类材料作为 21 世纪大型空间飞行器结构材料的可能性进行深入研究。

由于 MMC 加工温度高、工艺复杂、界面反应控制困难、成本相对高，迄今为止，大部分 MMC 尚处于研制试用阶段，只有一小部分实现了工业化，实际应用的广泛程度远不如树脂基复合材料。

7.6　陶瓷基复合材料

陶瓷材料具有低密度、耐高温、抗氧化、抗腐蚀等特性，但都很脆，不能承受剧烈的机械冲击和热冲击，因此其应用受到限制。为了提高其韧性，在现代陶瓷领域中发展了具有各种增韧机制的陶瓷基复合材料(Creamic Matrix Composite，CMC)。

1. 陶瓷基复合材料的分类

陶瓷基复合材料是在陶瓷基体中引入纤维、晶须、颗粒等第二相，使之增强、增韧的材料。陶瓷基复合材料包括以下几类：

(1) 纤维(或晶须)增韧补强陶瓷基复合材料。例如，C_f/SiC 复合材料、SiC_f/SiC 复合材料。

(2) 异相颗粒增强陶瓷基复合材料。基体相(主晶相)中引入的异相颗粒(第二相)可以是硬质刚性的陶瓷颗粒，也可以是软质延性的金属颗粒。可将前者称为复相陶瓷，后者称为金属陶瓷。

(3) 原位生成陶瓷基复合材料。在原料中加入可生成第二相的元素或化合物，控制其生成条件，直接通过高温化学反应或相变过程，在主晶相基体中同时原位生长出均匀分布的晶须或高长(径)宽比的晶粒或晶片，即增韧(增强)相，形成陶瓷复合材料，也称自增韧(增强)复相陶瓷。

(4) 梯度功能复合陶瓷。梯度功能复合陶瓷又称倾斜功能陶瓷。其初期是陶瓷与金属材料的梯度复合，以后又发展了两类陶瓷梯度复合。

(5) 纳米陶瓷复合材料。纳米陶瓷复合材料是在陶瓷基体中加入含有纳米粒子第二相的复合材料。一般分为基本晶粒内弥散纳米粒子第二相、基体晶粒间弥散纳米粒子第二相、基体和第二相均为纳米粒子等三类。

2. 陶瓷基复合材料的性能

由于增强相的加入，陶瓷基复合材料在保持陶瓷材料强度高、耐高温、抗氧化、耐磨损、抗腐蚀、热膨胀系数密度小等优点的同时，还克服了陶瓷材料脆性大这一突出缺点。

1) 连续纤维增强陶瓷基复合材料

纤维增强陶瓷基复合材料的最大特点是使用温度范围广和高温强度高，在高温下长时间使用不发生蠕变，并具有较强的抗热冲击、抗热疲劳和抗机械疲劳性能，是断裂韧性最佳的一种 CMC。

用连续纤维增强陶瓷的主要目的是提高陶瓷的韧性，同时强度和模量也有一定程度的增加。陶瓷基复合材料韧度、强度和弹性模量除了与纤维及基体本身性能有关外，还与纤维/基体之间的结合强度、基体的孔隙率、纤维的含量、排布取向或编织方式以及纤维与基体的热膨胀系数的匹配程度等密切相关。因此，不同原材料和工艺条件下制成的复合材料的性能相差很大。例如，纤维体积分数为 50%的 C_f/7740 硼硅玻璃陶瓷基复合材料的弯曲强度为 700 MPa，断裂韧度为 5.0 kJ/m²，纤维体积分数为 30%的 C_f/SiO_2 复合材料的弯曲强度为 600 MPa，断裂韧度为 7.9 kJ/m²。

C_f/SiC、SiC_f/SiC 复合材料是目前研究较多，强度、弹性模量、韧性和高温性能较好的纤维增强陶瓷基复合材料。利用 CVI 法制备的纤维含量 45%的 C_f/SiC、纤维含量 40%的 SiC_f/SiC 复合材料的弯曲强度分别为 500 MPa 和 300 MPa，断裂韧度分别为 35 MPa·m$^{1/2}$ 和 30 MPa·m$^{1/2}$。利用先驱体转化—热压烧结法制备的 C_f/SiC 复合材料的室温拉伸模量和拉伸强度分别为 128 GPa 和 372 MPa，1300℃时拉伸强度保留率为 69%。当烧结温度为 1800℃时，弯曲强度和断裂韧度分别达到 691 MPa 和 20.7 MPa·m$^{1/2}$。

2) 颗粒、晶须、短纤维增强陶瓷基复合材料的性能

晶须增强 CMC 的性能比短纤维增强 CMC 的性能要优越，它具有较好的断裂韧性、优异的耐高温蠕变性能，以及较高的耐磨损性和耐蚀性，但其韧性往往低于连续纤维增强 CMC，且制备工艺要求严格。

颗粒增强的效果虽然不及纤维和晶须，但由于其原料混合均匀化以及烧结致密化都比短纤维和晶须要简便，其易于制备形状复杂的制品，因而具有广泛的的应用价值和良好的发展前景。表 7-4 列出了一些颗粒增强 CMC 的力学性能。

表 7-4　颗粒增强 CMC 的力学性能

材料	颗粒尺寸 /μm	颗粒体积 分数/(%)	弯曲强度		断裂韧性	
			/MPa	增量/(%)	MPa·m$^{1/2}$	增量/(%)
TiC_p/SiC	—	24.6	680	45	6.0	58
TiB_{2p}/SiC	0.1	15	485	28	4.5	45
		16	478	30	8.9	90
		10	—	—	7.3	12
TiN_p/Si_3N_4	4.0	10	—	—	7.8	20
	13.6	10	—	—	7.2	11
SiC_p/Al_2O_3	2.0	5.1	490	32	4.5	41
	8.0	5.1	370	0	3.9	22

3. 陶瓷基复合材料

陶瓷基复合材料具有优异的耐高温性能，主要用作高温及耐磨制品。陶瓷基复合材料已实用化或即将实用化的领域有：刀具、滑动构件、发动机制件、能源构件等。

在连续纤维增强陶瓷基复合材料中，利用 CVI 法制备的 C_f/SiC、SiC_f/SiC 材料的主要应用目标是高温环境下的部件，例如航空发动机的涡轮叶片、火箭发动机喷管等。法国将 C_f/SiC、SiC_f/SiC 材料制成的喷嘴和尾气调节片已经用于幻影—2000 战斗机的 M53 发动机和狂飙 Raffel 战斗机的 M88 航空发动机上，并将长纤维增强碳化硅复合材料应用于制造高速列车的制动件，显示出优异的摩擦磨损特性，取得满意的使用效果。

晶须增强 CMC 中，SiC_w/Si_3N_4 是性能最看好的体系，利用其优异的耐高温、耐磨损性能，可用来制作陶瓷发动机中燃汽轮机的转子和定子、无水冷陶瓷发动机中的活塞顶盖和

燃烧器以及柴油机的火花塞、活塞罩、汽缸套等；利用其抗热振性、耐腐蚀、摩擦系数低、热膨胀系数低等特点，可用来制作冶金和热工设备中的热电偶套管、铸模、坩埚、马弗炉膛、发热体夹具、燃烧嘴、冶炼炉炉衬、传输辊、热辐射管、高温鼓风机零部件和阀门等；利用它的耐腐蚀、耐磨损、导热性好等特点，用于制作化工设备的球阀、密封环、过滤器和热交换器等部件。SiC_w/Al_2O_3 也有广阔的应用前景，如用于制作磨具、刀具、耐磨的球阀、轴承、造纸工业用的刮刀以及内燃机的喷嘴、缸套、抽油阀门和各种内衬。

颗粒增强 CMC 主要用作高温材料和超硬高强材料。在高温领域，可用作陶瓷发动机中燃汽轮机的转子、定子和蜗形管，无水冷陶瓷发动机中的活塞顶盖、燃烧器，柴油机的火花塞、活塞罩、汽缸套等。在超硬、高强方面，SiC_w/Si_3N_4 复合材料已用来制作陶瓷刀具、轴承滚珠、工模具和柱塞泵等。

7.7　C/C 复合材料

1. 概述

C/C 复合材料是指以碳纤维或其织物为增强相，以化学气相渗透的热解碳或液相浸渍－碳化的树脂炭、沥青炭为基体组成的一种纯碳多相结构。它源于 1958 年，美国 Chance Vought 公司由于实验室事故，在碳纤维树脂基复合材料固化时超过温度，树脂碳化形成 C/C 复合材料。

碳/碳(C/C)复合材料是一种新型高性能结构的功能复合材料，具有高强度、高模量、高断裂韧性、高导热、隔热优异和低密度等优异特性，在机械、电子、化工、冶金和核能等领域中得到广泛应用，并且在航天、航空和国防领域中的关键部件上大量应用。我国对 C/C 复合材料的研究和开发主要集中在航天、航空等高技术领域，较少涉足民用高性能、低成本 C/C 复合材料的研究。目前整体研究还停留在对材料宏观性能的追求上，对材料组织结构和性能可控性、可调性等基础研究还相当薄弱，难以满足国民经济发展对高性能 C/C 复合材料的需求。因此，开展高性能 C/C 复合材料的基础研究具有重大的科学意义和社会、经济效益。

2. C/C 复合材料的特征

C/C 复合材料具有如下特征：① 复合材料具有可设计性；② 质量轻，其密度为 1.65～2.0 g/cm^3，仅为钢的 1/4；③ 力学特性随温度升高而增大(2200℃以前)，是目前唯一能在 2200℃以上保持高温强度的工程材料；④ 线膨胀系数小，高温尺寸稳定性好；⑤ 优异的耐烧蚀性能；⑥ 损伤容限高，优异的抗疲劳能力和良好的抗热振性能，具有一定的韧性；⑦ 摩擦特性好，摩擦系数稳定，并可在 0.2～0.45 范围内调整；⑧ 承载水平高，过载能力强，高温下不会熔化，也不会发生粘接现象；⑨ 使用寿命长，在同等条件下的磨损量约为粉末冶金刹车材料的 1/3～1/7；⑩ 导热系数高、比热容大，是热库的优良材料。

3. C/C 复合材料的应用

1) 刹车领域的应用

C/C 复合材料刹车盘的实验性研究于 1973 年第一次用于飞机刹车。目前，一半以上的

C/C复合材料用做飞机刹车装置。高性能刹车材料要求高比热容、高熔点以及高温下的强度，C/C复合材料正好满足了这一要求，制作的飞机刹车盘重量轻、耐高温、比热容比钢高2.5倍，同金属刹车相比，可节省40%的结构重量。碳刹车盘的使用寿命是金属的5~7倍，刹车力矩平稳，刹车时噪音小，因此碳刹车盘的问世被认为是刹车材料发展史上的一次重大的技术进步。目前，法国欧洲动力、碳工业等公司已经批量生产C/C复合材料刹车片，英国邓禄普公司也已大量生产C/C复合材料刹车片，用于赛车、火车和战斗机的刹车材料。

2) 先进飞行器上的应用

导弹、载人飞船、航天飞机等，在再入环境时飞行器头部受到强激波，对头部产生很大的压力，其最苛刻部位温度可达2760℃，所以必须选择能够承受再入环境苛刻条件的材料。设计合理的鼻锥外形和选材，能使实际流入飞行器的能量仅为整个热量的1%~10%左右。对导弹的端头帽，也要求防热材料在再入环境中烧蚀量低，且烧蚀均匀对称，同时希望它具有吸波能力、抗核爆辐射性能和全天候使用的性能。三维编织的C/C复合材料，其石墨化后的热导性足以满足弹头再入时由160℃至气动加热至1700℃时的热冲击要求，可以预防弹头鼻锥的热应力过大引起的整体破坏；其低密度可提高导弹弹头射程，已在很多战略导弹弹头上得到应用。除了导弹的再入鼻锥，C/C复合材料还可作热防护材料用于航天飞机。

3) 固体火箭发动机喷管上的应用

C/C复合材料自20世纪70年代首次作为固体火箭发动机(SRM)喉衬飞行成功以来，极大地推动了SRM喷管材料的发展。采用C/C复合材料的喉衬、扩张段、延伸出口锥，具有极低的烧蚀率和良好的烧蚀轮廓，喷管效率可提高1%~3%，即大大提高了SRM的比冲。喉衬部一般采用多维编织的高密度沥青基C/C复合材料，增强体多为整体针刺碳毡、多向编织等，并在表面涂覆SiC以提高抗氧化性和抗冲蚀能力。美国在此方面应用有："民兵2Ⅲ"导弹发动机第三级的喷管喉衬材料，"北极星"A27发动机喷管的收敛段，MX导弹第三级发动机的可延伸出口锥(三维编织薄壁C/C复合材料制品)。俄罗斯用在潜地导弹发动机的喷管延伸锥(三维编织薄壁C/C复合材料制品)。

4) C/C复合材料用作高温结构材料

由于C/C复合材料的高温力学性能，使之有可能成为工作温度达1500~1700℃的航空发动机的理想材料，有着潜在的发展前景。

5) 涡轮发动机

C/C复合材料在涡轮机及燃气系统(已成功地用于燃烧室、导管、阀门)中的静止件和转动件方面有着潜在的应用前景，例如用于叶片和活塞，可明显减轻重量，提高燃烧室的温度，大幅度提高热效率。

6) 内燃发动机

C/C复合材料因其密度低、摩擦性能优异、热膨胀率低，从而有利于控制活塞与汽缸之间的空隙，目前正在研究开发用其制活塞。

4. C/C复合材料的制备

碳基复合材料有两种制备方法：一种是浸渍法，即用增强体浸渍熔融的石油或煤沥青，再经碳化和石墨处理，它的基体是石墨碳，呈层状条带结构，性能是各向异性的。还有用增强体浸渍糠醇或酚醛等热固性树脂，只经碳化处理，它的基体是玻璃碳，即无定型碳结构，性能是各向同性的；另一种是 CVD 法，即把烃类化合物的热解碳沉积在增强体上来进行复合，这种方法的碳基体是类似玻璃碳的热解碳。碳/碳复合材料不耐氧化，所以有时需要加抗氧化涂层。

习　题

1. 何谓复合材料？它是如何命名的？并列举一些实例。
2. 复合材料有哪些优异的性能？
3. 复合材料的基体和增强体的作用是什么？
4. 影响复合材料性能的因素主要有哪些？
5. 聚合物复合材料有哪些特性？并举例说明其应用。
6. 简要说明金属基复合材料的性能特点和存在的主要问题。
7. 简述陶瓷基复合材料的性能和应用。
8. 简要说明 C/C 复合材料的性能特点和应用。

第8章 新材料简介

高科技新材料是指新近研制成功和正在研制中的具有优异特性和功能，能满足高科技需要的新型材料。新材料的出现和使用往往会给技术进步，新产业的形成，乃至整个经济和社会的发展带来重大影响。同时，高科技的发展又给新材料的研制和开发创造了必要的条件和可能。

高科技新材料的生产具有以下三个特点：

(1) 综合利用现代的先进科学技术成就，多学科交叉，知识密集，投资量大。

(2) 往往在一些特定的条件下(如高温、高压、低温、急冷、超净等)才能完成，没有新技术和新工艺，没有精确地控制和检测，就不能够生产高质量的新材料。

(3) 新材料的生产规模一般都比较小，品种比较多，更新换代快，价格昂贵，技术保密性强，因此新材料产业是属于难度较大的产业。

新型材料的种类很多，根据其基本组分，可归纳为新型金属材料、新型陶瓷材料、新型高分子材料和先进复合材料四大类。根据新材料的使用性能分，有新型结构材料和新型功能材料。根据用途分，又可分为能源材料、航空航天材料、电子信息材料、生物医用材料等等。当前最为人们关注的重点新材料有以下八类。

8.1 纳 米 材 料

1. 纳米材料的概念与特性

纳米材料是指在三维空间中至少有一维处于纳米尺度范围($1\sim100$ nm)或由它们作为基本单元构成的材料，这大约相当于$10\sim100$个原子紧密排列在一起的尺度。

纳米金属材料是20世纪80年代中期研制成功的，后来相继问世的有纳米半导体薄膜、纳米陶瓷、纳米磁性材料和纳米生物医学材料等。

当宏观物体细分到纳米量级($1\sim100$ nm)的超微颗粒后，就具有了量子力学效应、小尺寸效应、表面效应和宏观量子隧道效应，它将显示出许多奇异的特性，即它的光学、热学、电学、磁学、力学以及化学方面的性质和大块固体时相比将会有显著的不同，这些特性有很多用途。

就熔点来说，由于纳米粉末表面具有较高的表面能量，造成其特有的热性质，也就是造成熔点下降，同时纳米粉末将比传统粉末容易在较低温度烧结，从而成为良好的烧结促进材料。

一般陶瓷是脆性的，而用纳米颗粒制得的陶瓷具有超塑性。纳米金属固体的硬度要比传统的粗晶材料高 3～5 倍，至于金属—陶瓷复合材料，则可在更大的范围内改变材料的力学性质，应用前景十分广阔。

一般常见的磁性物质均属多磁区之集合体，当粒子尺寸小至无法区分出其磁区时，即形成单磁区之磁性物质。因此磁性材料制作成超微粒子或薄膜时，其磁性比大块材料的磁性强很多倍，将成为优异的磁性材料。20 nm 的纯铁粒子的矫顽力是大块铁的 1000 倍，但当尺寸再减小时(到 6 nm)，其矫顽力反而下降到零，表现出所谓超顺磁性。利用高矫顽力特性而做成高储存密度的磁记录粉，已用于磁带、磁盘、磁卡及磁性钥匙等；利用超顺磁性已研制出应用广泛的磁流体，用于密封等。

当金属细分为纳米尺度时，会失去原有的光泽而呈现黑色，因为纳米粒子的粒径(10～100 nm)小于光波波长，对光的反射率很低，一般低于 1%。利用此特性，可制作高效光热、光电转换材料，也可作为红外敏感元件、红外隐身材料等。

2．纳米材料的分类

纳米材料大致可分为纳米粉末、纳米纤维、纳米膜、纳米块体等四类。其中纳米粉末开发时间最长、技术最为成熟，是生产其他三类产品的基础。

1) 纳米粉末

纳米粉末又称为超微粉或超细粉，一般指粒度在 100 nm 以下的粉末或颗粒，是一种介于原子、分子与宏观物体之间处于中间物态的固体颗粒材料。它可用于高密度磁记录材料；吸波隐身材料；磁流体材料；防辐射材料；单晶硅和精密光学器件抛光材料；微芯片导热基片与布线材料；微电子封装材料；光电子材料；先进的电池电极材料；太阳能电池材料；高效催化剂；高效助燃剂；敏感元件；高韧性陶瓷材料(摔不裂的陶瓷及用于陶瓷发动机等)；人体修复材料；抗癌制剂等。

2) 纳米纤维

纳米纤维指直径为纳米尺度而长度较大的线状材料，它可用于微导线、微光纤(未来量子计算机与光子计算机的重要元件)材料；新型激光或发光二极管材料等。

3) 纳米膜

纳米膜分为颗粒膜与致密膜。颗粒膜是纳米颗粒粘在一起，中间有极为细小的间隙的薄膜。致密膜指膜层致密但晶粒尺寸为纳米级的薄膜。纳米膜可用于气体催化(如汽车尾气处理)材料；过滤器材料；高密度磁记录材料；光敏材料；平面显示器材料；超导材料等。

4) 纳米块体

纳米块体是将纳米粉末高压成型或控制金属液体结晶而得到的纳米晶粒材料，主要用于超高强度材料及智能金属材料等。

3．纳米材料制备技术

1) 物理方法

(1) 机械球磨法：采用球磨方法(粉碎与研磨为主方法)，控制适当的条件得到纯元素、合金或复合材料的纳米粒子。其特点操作简单、成本低，但产品纯度低，颗粒分布不均匀。

(2) 真空冷凝法：用真空蒸发、加热、高频感应等方法使原料气化或形成等粒子体，然后骤冷。其特点纯度高、结晶组织好、粒度可控，但技术设备要求高。

(3) 物理粉碎法：通过机械粉碎、电火花爆炸等方法得到纳米粒子。其特点操作简单、成本低，但产品纯度低，颗粒分布不均匀。

(4) 物理气相沉积法：一种常规的薄膜制备手段，包括蒸镀、电子束蒸镀、溅射。

(5) 深度塑性形变法：材料在准静态压力的作用下发生严重塑性形变，从而将材料的晶粒细化到亚微米或纳米量级。一般要经过热处理。

以上只是主要的物理制备方法，还有很多种方法在此未加探讨。

2) 化学方法

(1) 气相沉积法：利用金属化合物蒸气的化学反应合成纳米材料。其特点是产品纯度高，粒度分布窄。

(2) 沉淀法：把沉淀剂加入到盐溶液中反应后，将沉淀热处理得到纳米材料。其特点是简单易行，但纯度低，颗粒半径大，适合制备氧化物。

(3) 水热合成法：是指高温高压水溶液或蒸汽等流体中进行合成，再经分离和热处理而得到的纳米粒子。其特点是纯度高，分散性好，粒度易控制。

(4) 溶胶凝胶法：金属化合物经溶液、溶胶、凝胶而固化，再经低温热处理而生成纳米粒子。其特点是反应物种类多，产物颗粒均一，过程易控制，适于氧化物和 II～VI 族化合物的制备。

(5) 微乳液法：将两种互不相溶的溶剂在表面活性剂的作用下形成乳液，在微泡中经成核、聚结、团聚、热处理后得纳米粒子。其特点是粒子的单分散和界面性好，II～VI 族半导体纳米粒子多用此法制备。

4. 纳米材料的用途

纳米材料的用途很广，主要用于以下几方面：

(1) 医药：在纳米材料的尺度上直接利用原子、分子的排布制造具有特定功能的药品。纳米材料粒子将使药物在人体内的传输更为方便，用数层纳米粒子包裹的智能药物进入人体后可主动搜索并攻击癌细胞或修补损伤组织。使用纳米技术的新型诊断仪器只需检测少量血液，就能通过其中的蛋白质和 DNA 诊断出各种疾病。

(2) 家电：用纳米材料制成的纳米材料多功能塑料，具有抗菌、除味、防腐、抗老化、抗紫外线等作用，可用于制造电冰箱、空调外壳里的抗菌除味塑料。

(3) 电子计算机和电子工业：可以从阅读硬盘上读卡机以及存储容量为目前芯片上千倍的纳米材料级存储器芯片都已投入生产。计算机在普遍采用纳米材料后，可以缩小成为"掌上电脑"。

(4) 环境保护：环境科学领域将出现功能独特的纳米膜。这种膜能够探测到由化学和生物制剂造成的污染，并能够对这些制剂进行过滤，从而消除污染。

(5) 纺织工业：在合成纤维树脂中添加纳米 SiO_2、纳米 ZnO、纳米 SiO_2 复配粉体材料，经抽丝、织布后，既可制成杀菌、防霉、除臭和抗紫外线辐射的内衣和服装，又可用于制造抗菌内衣、用品，也可制得满足国防工业要求的抗紫外线辐射的功能纤维。

(6) 机械工业：采用纳米材料技术对机械关键零部件进行金属表面纳米粉涂层处理，可以提高机械设备的耐磨性、硬度和使用寿命。

8.2 超导材料

超导材料是指在一定的温度以下呈现出电阻等于零以及排斥磁力线的材料，也称超导体。零电阻和完全抗磁性是超导材料的两个基本特征。超导体有 3 个基本临界参数，即由常导态转变为超导态的最低温度 T_c，破坏超导态所需的最小磁场 H_c 和破坏超导态所需的最小电流 I_c。T_c、H_c 和 I_c 的高低是超导材料能否实际应用的关键，因材料不同而异。

1. 超导材料的分类及性能

超导材料按其化学组成可分为元素超导体、合金超导体、化合物超导体和氧化物陶瓷超导体。

1) 元素超导体

常压下，已发现具有超导电性的金属元素有 28 种。其中，过渡族元素有 18 种，如 Ti、V、Zr、Nb、Mo、Ta、W、Re 等；非过渡族元素有 10 种，如 Bi、Al、Pb、Sn、Cd 等。铌的 T_c 最高，为 9.24 K。电工中实际应用的主要是铌和铅(T_c=7.201 K)，已用于制造超导交流电力电缆、高 Q 值谐振腔等。总体来看，由于大多数元素超导体的临界温度太低，因此很难实用化。

2) 合金超导体

超导元素加入某些其他元素，可以使超导材料的塑性提高，易于大量生产，降低成本。最早应用的超导合金为铌锆合金(Nb-75Zr)，其 T_c=10.8 K，H_c=8.7 T，用于制作超导磁体，在 1965 年以前曾是超导合金中最主要的产品，后来被加工性能好、临界磁场高、成本低的铌钛合金所代替。虽然其 T_c(9.3 K)稍低了些，但 H_c 要高得多(H_c=12.0 T)，在给定磁场下能承载更大的电流。目前，铌钛合金是用于 7～8 T 磁场下的主要超导磁体材料。20 世纪 70 年代中期，在铌锆合金和铌钛合金的基础上又发展了一系列具有很高临界电流的三元超导合金材料，如 Nb-40Zr-10Ti、Nb-Ti-Ta 等，它们是制造磁流体发电机大型磁体的理想材料。

3) 化合物超导体

超导元素与其他元素化合常有很好的超导性能。与合金超导体相比，化合物超导体的临界温度 T_c 和临界磁场 H_c 都较高。一般超过 10 K 的超导磁体只能用化合物系超导材料。受到人们关注的化合物超导体有：Nb_3Sn，18K；V_3Ga，Nb_3Ge，Nb_3Al，V3Si，17K；NbGe，23.2K 等，但实际使用的只有 Nb_3Sn 和 V_3Ga 两种。其他化合物由于脆性大，难以用传统的塑性成型加工方法制成线、带材，尚不能实用。

现已发现有 28 种元素、几千种合金和化合物可以成为超导体，但它们的 T_c 都太低，必须用液氮降到所需的温度 T_c，这样，费用昂贵且操作不便。因此，各国物理、化学、材料科学家们为了寻求 T_c 高的超导材料，经历了漫长而艰辛的历程，进行了千万次实验，现已取得突破性进展。

4) 陶瓷超导体

自 1986 年以来，人类在超导体探究领域取得了一次历史性的突破，发现一些复杂的金属氧化物陶瓷具有高的临界转变温度，其 T_c 超过了 77 K，即可在液氮温度下工作。超导材料在液氮温度下使用，不仅工艺简单，而且效率比液氦温度下提高了 20 倍，成本仅为液氦温度下的 1/5。1986 年 4 月，IBM 公司发现了 T_c=35 K 的钡镧铜氧化物超导体；1986 年 12 月 23 日，日本研制出了 T_c = 37.5K 的陶瓷超导体；1986 年 12 月 26 日，中国科学院物理研究所赵忠贤等人获得了 T_c = 48.6 K 的锶镧铜氧化物超导体；1987 年 2 月，赵忠贤等人又发现了 T_c = 93 K 的钇钡铜氧化物 YB2Cu3O7 超导体；1988 年，相继出现了一系列不含稀土元素的高温超导体，如 Bi-Sr-Ca-Cu-O 体系和钛钡钙铜体系的高温超导体。近年来，Hg-Ba-Ca-Cu-O 的 T_c 超过了 134 K，在加压时，T_c 超过了 164 K。

2. 超导材料的应用

超导材料具有的优异特性使它从被发现之日起，就向人类展示了诱人的应用前景。但要实际应用超导材料又受到一系列因素的制约，首先是它的临界参量，其次是材料制作的工艺等问题(例如脆性的超导陶瓷如何制成柔细的线材就有一系列的工艺问题)。

随着近年来研究工作的深入，超导体的某些特性已具有使用价值。超导材料的用途非常广阔，大致可分为三类：大电流(强电)应用、电子学(弱电)应用和抗磁体应用。例如，利用材料的超导电性可制作磁体，应用于电机、高能粒子加速器、磁悬浮运输、受控热核反应、储能等；可制作电力电缆，用于大容量输电(功率可达 10 000 MVA)；可制作通信电缆和天线，其性能优于常规材料。利用材料的完全抗磁性可制作无摩擦陀螺仪和轴承。利用约瑟夫森效应可制作一系列精密测量仪表以及辐射探测器、微波发生器、逻辑元件等。利用约瑟夫森结作计算机的逻辑和存储元件，其运算速度比高性能集成电路的快 10～20 倍，功耗只有 1/4。

8.3　环　境　材　料

环境材料是指具有良好的使用性能和优良的环境协调性，或者是能够改善环境的材料。环境协调性是指对资源和能源的消耗量少，废弃后能够回收再生利用的可能性大，其从生产使用到回收的全过程对周围的生态环境的影响也最小。因而它可以称为"绿色材料"或者"生态材料"。

环境材料的设计思路是：在传统材料研究所追求的优异使用性能的基础上，充分考虑资源的有限性和尽可能降低环境负担等因素，采取有效措施，使材料具有能够再生循环利用的特性，从材料的设计阶段开始，就把材料的使用性能同保护地球生态环境、保障生活环境的舒适性充分结合起来，这是对传统材料技术与工程的革新。

生态环境材料的研究内容比较广泛，归纳起来可以概括为材料的环境协调性评价，生态环境材料的设计，材料在制备加工中的环境协调技术包括零排放和零废弃加工技术，以及材料在使用过程中的环境协调性技术如制备环境协调性制品，等等。例如：① 再生利用型材料，包括再生的可以降解的塑料，在家用电器中能够加以回收利用的电路基板，在生产和使用过程中污染较少并且能够回收再生的纸张等。② 能够经自然界微生物分解或者能够自动降解的材料如新型的包装袋，由天然材料加工成的高分子材料等。③ 为净化环境和防止污染而设计的材料，如减轻自重、减少 CO_2 和 NO_x 气体排放的耐超高温、高性能材料，新型的不释放有害气体的墙体材料，高吸油性树脂等。④ 替代传统有污染的材料的新型材料，如冰箱内的全无氟制冷剂等。⑤ 与洁净能源相关并且能够利用它们的材料，如燃料电池中的储氢材料。

8.4 生物材料

1. 概述

从广义上讲，一切与生命有关的材料，不论是合成材料还是天然材料，均可称为生物材料。我国学者提出的生物材料的定义是：能够替代、增强、修复或矫正生物体内器官、组织、细胞或细胞主要成分的功能材料。生物类材料包括：① 仿生材料，如蜘蛛丝、生物钢(蛋白质)材料等；② 生物医用材料，如骨、血管、血液、心脏瓣膜材料等；③ 生物灵性材料，即在电、光、磁等作用下具有伸缩功能的的类似生物的智能材料，如聚合物人造肌肉。

生物材料科学的主要任务：一是研究生物材料的制备、结构与性能；二是研究材料与生物体组织的关系、应用和材料的成型加工。生物材料研究涉及整个材料学科及生物化学、医学等，是多学科交叉的边缘学科。生物材料在 20 世纪 60 年代兴起，自 80 年代以来获得高速发展。现在已被誉为"未来材料"。

按照生物材料的组成及其属性，生物材料可分为生物金属材料、生物陶瓷材料、生物聚合物材料和生物复合材料等四类。

2. 生物金属材料

生物金属材料是指植入人体(或动物体)以修复器官和恢复功能用的金属材料。生物金属材料有的可以制成牙齿、骨头等起支撑作用的硬组织，有的可制成心脏瓣膜、脑膜、腹膜等软组织。植入体内的金属材料是浸泡在血液、淋巴液、关节润滑液等体液之中使用的。体液含有有机酸、无机盐，存在 Na^+、K^+、Ca^{2+}、Cl^- 等离子，是一种电解质，而且使用时间长达几年甚至几十年之久，因此生物金属材料首先要具备与人体组织和体液有良好的适应性(无毒，不引起变态反应和异常新陈代谢，对组织无刺激性)，同时还要有耐蚀性和化学稳定性(金属离子不随血液转移，在体内生物环境中不发生变化，不受生物酶的影响)。生物金属材料要承受人体的各种机械动作，因此在力学上应具有适宜的强度、韧性、耐磨性和耐疲劳性能。此外，生物金属材料还要容易加工成各种复杂形状、价格便宜和使用方便。

生物金属材料中使用比较成熟和应用比较广泛的主要是牙科和骨科用的金属材料。修补牙齿用的金属材料有金、银、铂等贵金属合金以及不锈钢、钴基和钛基合金等。修补骨骼系统的金属材料主要有镍铬不锈钢、钴铬钼合金和钛及其合金，有时也应用价格昂贵的钽、铌、金、银、钯、铂等。以美国为例不锈钢占全部使用量的 75%，其次是钴基合金占20%，而钛及其合金只占 5%。

3. 生物陶瓷材料

生物陶瓷是用于人体器官替换、修补及外科矫形的陶瓷材料。由于陶瓷材料在生物体内极为稳定，与生物组织有良好的亲和性，特别适合于作人体硬组织如骨骼和牙齿的替换、修补材料。这类材料主要有氧化铝、羟基磷灰石、生物活性玻璃陶瓷、生物活性骨水泥等。

它能与人体骨生长在一起，形成化学结合。

1) 氧化铝陶瓷

氧化铝陶瓷是传统的生物材料。$\alpha\text{-}Al_2O_3$ 为六方结构，具有卓绝的抗腐蚀性能，强度、硬度都很高，还有较高的耐磨性及优异的压缩强度，良好的生物相容性。但由于质脆，因而限制了其应用。

氧化铝陶瓷可用作髋关节的球，与超高相对分子质量的球碗相配合。氧化物陶瓷也可用于假肢和牙科种植体，由于是惰性材料，与人骨间没有化学结合力，仅靠机械结合，长期使用易发生松动而破坏。

2) 羟基磷灰石

羟基磷灰石是骨组织和牙组织的无机组成部分，它的单位细胞与人体骨组织相同。但羟基磷灰石性脆、强度不高，植入生物体后，需经较长时期的代谢才能与自体骨组织长合在一起，因此不能直接用作载荷大的种植体。但羟基磷灰石具有非常好的生物活性或生物降解性，并能被人体吸收，可用作低载荷多孔种植体，当人骨组织长入羟基磷灰石孔洞中时，可起到加强作用。

3) 生物活性骨水泥

生物活性骨水泥是聚甲基丙烯酸甲酯粉末与甲基丙烯酸甲酯单体的混合物，用于固定假肢与人体骨骼，但其相容性和力学性能较差，需通过添加磷酸钙来克服上述缺点。$CaO\text{-}SiO_2\text{-}P_2O_5\text{-}CaF_2$ 玻璃粉与磷酸铵溶液混合形成有生物活性的 $CaNH_4PO_4 \cdot H_2O$ 骨水泥，4 分钟即可固化，是很有应用前途的材料。

4) 玻璃碳

玻璃碳是一种透明的碳，为近年发展起来的碳素材料。它是由聚合物(如酚醛树脂)加热至 2000℃ 裂解碳化得到的。其力学性能与人骨很相近，有良好的抗血栓性能，有耐蚀性和化学稳定性，可用作人工心瓣膜、人工齿根等。

4. 生物聚合物材料

生物聚合物材料品种很多，可根据其功能特性归纳为六部分，如表 8-1 所示。

表 8-1　主要生物聚合物材料及其应用

材料类型	材料示例	典型应用
血液相容性材料	聚氨酯/聚二甲基硅氧烷、聚苯乙烯/聚甲基丙烯酸羟乙酯、链段化聚氨酯、骨胶原材料	人造血管、人造心脏、血泵、血浆分离膜、体外人造肾、人造肝等
软组织相容性材料	聚乙酸乙烯酯、聚硅氧烷、聚酯/聚氨酯、聚甲基丙烯酸羟乙酯、聚氨基酸	人造皮肤基材、人造器官、人造食道等
硬组织相容性材料	生物陶瓷、生物玻璃、钛合金、钴铬合金、碳纤维、聚乙烯	人造关节、人造骨、义眼、种植牙等
生物功能材料	酶、蛋白质高分子模拟材料、固定化酶、固定化细胞	酶治疗剂、人造血液、人造肝、人造肾、人造胰、人造细胞、生物传感器等
生物降解材料	多肽、聚氨基酸、聚酯、甲壳素、聚磷晴、聚晴基丙烯酸酯、聚原酸酯	愈合材料、重建用膜、吸收型手术缝合线
聚合物药物传递材料	生物活性高分子、高分子异向药物、生物陶瓷、合成抗原	抗癌药、抗感染药

5. 生物复合材料

生物复合材料又称为生物医用复合材料，它是由两种或两种以上不同材料复合而成的生物医学材料。制备此类材料的目的就是进一步提高或改善某一种生物材料的性能。此类材料主要用于修复及替换人体组织、器官或增进其功能。

根据不同的基材，生物复合材料可分为高分子基、金属基和陶瓷基复合材料三类。它们既可以作为生物复合材料的基材，又可作为增强体或填料，它们之间的相互搭配或组合形成了大量性质各异的生物医学复合材料。例如，羟基磷灰石与聚合物复合用于人造骨，效果较羟基磷灰石更好；羟基磷灰石作为金属种植体表面涂层，能大大提高人体骨长入孔洞的速度。

根据材料植入体内后引起的组织反应类型和程度不同，生物复合材料又可分为生物惰性的、生物活性的、可生物降解的和吸收的复合材料等。

生物医学复合材料的发展为获得真正仿生的生物材料开辟了广阔途径。

8.5　新能源材料

新能源和再生清洁能源技术是 21 世纪世界经济发展中最具有决定性影响的五个技术领域之一，新能源包括太阳能、生物质能、核能、风能、氢能、地热、海洋能等一次能源以及二次电源中的氢能等能源等。

新能源材料则是指实现新能源的转化和利用以及发展新能源技术中所要用到的关键材料。主要包括储氢材料、以储氢电极合金材料为代表的镍氢电池材料、锂离子电池材料、燃料电池材料、Si 半导体材料为代表的太阳能电池材料以及铀、氘、氚为代表的反应堆核能材料等。

1. 储氢材料

1) 概述

氢能为无公害能源，且在地球上的蕴藏极其丰富，是一种未来的主要能源。然而氢的储存是个难题，若以气体形态储存需高压气瓶，液态储存则需超低温，且还有爆炸的危险。作为既轻便又安全的储氢方法，储氢材料已崭露头角。所谓储氢材料，就是指能把氢以金属氢化物的形式吸收储存起来，在必要时能把储存的氢释放出来的一种功能材料。

储氢材料的开发和应用实现了氢能的固态储存；同时由于在吸收氢时伴随着热量、压力和体积的变化，可实现热能、机械能和化学能之间的转化，并被广泛应用于各领域。

2) 储氢原理简介

储氢功能基于下述可逆反应：储氢材料在冷却或加压后吸收氢形成金属氢化物，同时放热；反之，在加热或减压后又还原为金属和氢气，释放氢气同时吸热。储氢材料中的氢密度是气态氢的 1000~1300 倍。储氢材料是固态，且不必使用高压容器，也不用超低温，同时安全可靠，技术简便，效率高，所储存的氢密度通常大于液氢的氢密度。

应当说明的是，储氢材料具有多种功能，除用于氢气储存和运输外，还用于热泵、冷气、暖气设备、化学热压缩、化学发动机、催化、氢元素分离、氢提纯、氢汽车发动机燃料系统、氢化物-镍电池以及传感器等。

3) 储氢材料的类别与特性

目前正在研究和开发的储氢合金材料主要有镁系、铁系、稀土系、钛系和锆系等五类。其中镁系储氢合金具有储氢量大，价格低廉的优点，但释放氢需要 250℃ 以上的高温，如 Mg_2Ni、Mg_2Cu 等。铁系储氢合金具有优良的储氢性能，价格低廉，但活化较困难，最典型的是 TiFe。稀土系储氢合金的吸气特性好且容易活化，在 40℃ 以上放氢速度快，但成本较高。为降低成本和改进性能，可采用混合稀土取代 La，或利用其他金属元素部分置换混合稀土与镍形成的多元储氢合金。$LaNi_5$ 是最早发现的储氢合金。钛系储氢合金的析氢量大，室温下移活化，成本低，适用于大量使用，如 Ti-Mn、Ti-Cr、Ti-Mn-Cr、Ti-Zr-Cr-Mn 系合金。锆系储氢合金的特点是在 100℃ 以上的高温下也具有很好的储氢特性，能大量、快速、高效地吸收、释放氢气，适合在高温下作储氢材料，如 $ZrCr_2$、$ZrMn_2$ 等。

4) 实用储氢材料及应用

用氢作为飞机的燃料时，可大大提高飞机的有效载荷、航速和航程。若用氢代替汽油作燃料，可以在各种内燃机中使用，而且不需要对现在的内燃机作多大改动即可，甚至可以提高效率 40%。例如德国试验的燃氢汽车，采用 200 kg 的铁镍合金储氢，可行驶 130 km。1980 年，我国也研制了一辆燃氢汽车，储氢燃料箱重 90 kg，可乘坐 12 人，以 50 km/h 的速度行驶了 40 km。国外正在研究设计超几倍音速的燃氢飞机，以大大提高飞机的载重量、航速和航程。

科学家已成功开发出一种风力与储氢合金相结合的空调装置。用风车产生的机械能带动绝热压缩机，将空气加热，通过热交换器提供给农用设施或住房取暖，并巧妙地利用剩余的热量来加热氢吸附合金，使它释放出氢气，储存于氢气储气罐内。当无风天气时，氢气会从储气罐内倒流入氢吸附合金，利用它们之间反应释放出的热量来取暖，这种空调装置特别适用于沿海等风力较大的地区。

此外，储氢合金还可用于夜间储存电力的室内空调，它与同样大小的普通空调装置相比，可节电 25% 左右。储氢合金既可作为理想的家电燃料，又可作为工业上的催化剂。它的应用越来越广泛，为人类做出了越来越大的贡献。

2．其他新能源材料

(1) 核能材料：包括以铀、氘、氚为代表的反应堆核能材料、慢化剂、冷却剂及控制棒材料等。

(2) 电池材料：主要包括以储氢电极合金材料为代表的镍氢电池材料、锂离子电池材料、燃料电池材料、Si 半导体材料为代表的太阳能电池材料等。如电池电极材料、电解质等。

(3) 高能储氢材料：是一类能可逆地吸收和释放氢气的材料，如 $LaNi_5$、TiFe、Mg_2Cu、Mg_2Ni、纳米碳管等。

(4) 太阳能电池材料：主要是多晶硅为代表的太阳能电池材料等。

(5) 其他新能源材料：如风能、地热、磁流体发电技术中所需的材料。

8.6　形状记忆材料

形状记忆材料是指具有形状记忆效应(SME)的合金、聚合物及陶瓷材料。它是一种智能型多功能材料，集敏感和驱动功能于一体，输入热量就可以对外做功。在各工程技术、医学领域中有广阔的应用背景。

1. 形状记忆效应(SME)

1969 年 7 月 20 日晚 10 时 56 分，乘坐"阿波罗"11 号登月宇宙飞船的美国宇航员阿姆斯特朗在月球上踏下了第一个人类的脚印，此时安装在飞船上的一小团天线，在阳光照射下迅速展开，伸展成半球状，开始了自己的工作，月球和地球之间的信息就是通过它传送过来的。这个半球形天线就是用当时刚发明不久的钛镍形状记忆合金制成的。用极薄的 Ni-Ti 形状记忆合金先在正常温度下按预定要求作成半球形天线，然后降低温度把它压成一团，装进登月宇宙飞船带上天去。当到达月面时，在阳光照射下温度升高至一定温度时，天线又"记忆"起了自己的本来面貌，故而恢复成一个半球形天线。

马氏体相变有两类：一类为非弹性马氏体相变，如 Fe-C、Fe-30Ni 系合金等；一类为弹性马氏体相变，如 Au-Cd、In-Ti、Ti-Ni、Ti-Cu 基合金等。只有弹性马氏体相变才能产生形状记忆效应。

那么，何谓形状记忆效应(SME)呢？它是指具有一定形状的固体材料在一定条件下经过一定塑性变形后，当加热至一定温度时又恢复到原来形状的现象，即它具有记忆母相的形状。具有 SME 的合金称为形状记忆合金(SMA)。金属合金和陶瓷记忆材料都是通过马氏体相变(热弹性马氏体相变发生在低温相在加热时向高温相进行可逆转变的结果)展现 SME 的，而聚合物记忆材料是由于其链结构随温度改变而出现 SME 的。

某些具有热弹性马氏体相变的材料，当温度低于马氏体相变的 M_f 点时，变成低温下稳定的马氏体相；这些马氏体相由晶体结构相同、结晶方向不同的孪晶体构成，这些孪晶面受很小的力即可移动。在外力作用下进行一定程度的变形后，孪晶结构生长处于择优位相的同系晶体，而产生了高达百分之几，甚至 20%的剪切变形量。若随后将这种变形马氏体加热到超过马氏体逆相变成奥氏体时的相变温度 A_s 时，马氏体相反过来又变成母相。这种形状变化也可以发生在马氏体相变温度以上。经过变形诱发的择优位相马氏体晶体相不稳定，当外力除去，便可反过来变成马氏体，而恢复原来形状。

2. 形状记忆合金的类别与性能

形状记忆材料主要是 SMA，目前已有 20 余种。大致可分为两类：一类是以过渡族金属为基的合金，另一类是贵金属的 β 相合金。但最令人瞩目的是 Ni-Ti 基合金、Cu-Zn-Al 合金、Fe-Mn-Si 合金和 Cu-Al-Ni 合金等。

(1) Ni-Ti 基合金：其原子比为 1∶1，具有优异的 SME，高的耐热性、耐蚀性和高的强度，以及其他材料无可比拟的耐热疲劳性能和良好的生物相容性。但存在原材料价格昂贵，制造工艺困难，切削加工性不良等不足。

(2) Cu 基合金：价格便宜，生产过程简单，良好的形状记忆效应，电阻率小，加工性能好。但长期或反复使用时，形状恢复率会减小，尚需探索解决。

(3) Fe 基合金：具有强度高，塑性好，价格便宜等优点，正逐渐受到人们的重视。

3. 形状记忆合金的应用

从外观上看，记忆合金不但能受热膨胀、伸长，也可以受热收缩和弯曲，这主要取决于其原始形状。利用这一特性，记忆合金在航天、机械、电子仪器和医疗器械上有着广泛用途。目前记忆合金的基础研究和应用研究已比较成熟。例如，用记忆合金制成了卫星用自展天线；用记忆合金制成了窗户自动开闭器，当温度升至一定程度后窗户自动打开，温度下降时自动关闭；用记忆合金作支撑架的胸衣也很有特色，胸衣在水中可以任意揉搓清洗，但当它被戴到身上时会自动保持自己的形状，并能根据穿着者体形的变化在一定范围内变化。

记忆合金在受热恢复原来形状时，还会产生很大的力，可以利用这个力来做功。用它制造的发动机不要气缸和活塞，而是形状记忆合金在反复受热、冷却过程中，变形和恢复原状交替进行，利用所产生的这股力量即可做功。用形状记忆合金制造新型热发动机更是有诱人的前景。这种做功的本领就意味着形状记忆合金有可能把温差转变为一种新型能源。第一台形状记忆合金热发动机，1968 年在美国取得了专利权，目前，这种热发动机又有了新的进展，即可以利用太阳能或其他热源改变其叶片形状而产生旋转力矩，使曲轴转动而做功。英国已有厂家制造出了黄铜热发电机。尽管这种装置的热能利用率比较低，只有理论值的 4%～5%，但是对人们仍有很大的吸引力，因为它只需几度的温差就可以工作。有人建议利用这种装置来回收和利用发电厂及其他工业烟囱排出的废热。

记忆合金可用于热敏装置，如火灾警报器、安全装置等；也可做固紧销、管接头等机械器具；在电子仪器方面用作接插件，可用于集成线路的钎焊等。目前，国外正在研究用记忆合金制作机器人，其动作由微处理机来控制。

记忆合金在医疗上的应用也很引人注目，可用于牙齿矫形、人造心脏、接合断骨等医疗器械方面，大大减轻了患者的病痛。例如，脑血栓是一种多发病，当人体内血液黏稠到一定程度，就会形成血栓，如果血栓通过血液循环系统流到心脏或肺部的时候，就会引发致命的疾病。但只要把用镍钛形状记忆合金制成的血栓过滤网插入病人的静脉里，就能有效防止血栓进入心脏或肺部。这种小小的器件可以通过导管插入静脉中。插入之前，它的形状是直的，插入后，当形状记忆合金被体温温暖时，就"回忆"起原先的形状，在静脉里变成一个精巧的滤网。

当聚合物由玻璃态转变成高弹态时，形状记忆聚合物材料(热收缩塑料)的物理性质将发生显著变化。聚合物在加热至玻璃化温度 T_g(对结晶聚合物加热到接近其熔点 T_m)时产生相变，通过一定外力作用，使之产生弹性变形。保持变性条件，将温度降低到聚合物玻璃化温度(或熔点)以下，聚合物大分子被"冻结"而不能恢复到外力作用前的状态。若再加热到玻璃化温度(或熔点)以上，由于聚合物内部应力突然松弛，因而使其恢复到原来的状态。这种"弹性记忆效应"是制造聚合物形状记忆材料的基础。

实用的聚合物形状记忆材料有反式聚异戊二烯(TPI)、苯乙烯-丁二烯共聚体、聚氨酯等。它具有质轻、容易成型、耐腐蚀、电绝缘等优点，主要用作管接头、电容器、干电池绝缘包装、电线电缆终端、绝缘防腐、密封、输气输油管道防腐、食品包装、医用固定材料，以及玩具、装饰品等。

8.7 信息材料

按功能分，信息材料主要有以下几类：

(1) 信息探测材料，主要指对电、磁、光、声、热辐射、压力变化或化学物质敏感的材料，可用来制成传感器，用于各种探测系统，如电磁敏感材料、光敏材料、压电材料等。这些材料有陶瓷、半导体和有机高分子化合物等多种。

(2) 信息传输材料，主要是光导纤维，简称光纤。它重量轻、占空间小、抗电磁干扰、通信保密性强，可以制成光缆以取代电缆，是一种很有发展前途的信息传输材料。

(3) 信息存储材料，包括：磁存储材料，主要是金属磁粉和钡铁氧体磁粉，用于计算机存储；光存储材料，有磁光记录材料、相变光盘材料等，用于外存；铁电介质存储材料，用于动态随机存取存储器；半导体动态存储材料，目前以硅为主，用于内存。

1. 电子信息材料

电子信息材料是指在微电子、光电子技术和新型元器件基础产品领域中所用的材料，主要包括单晶硅为代表的半导体微电子材料；激光晶体为代表的光电子材料；介质陶瓷和热敏陶瓷为代表的电子陶瓷材料；钕铁硼(NdFeB)永磁材料为代表的磁性材料；光纤通信材料；磁存储和光盘存储为主的数据存储材料；压电晶体与薄膜材料；储氢材料和锂离子嵌入材料为代表的绿色电池材料等。这些基础材料及其产品支撑着通信、计算机、信息家电与网络技术等现代信息产业的发展。

电子信息材料的总体发展趋势是朝着大尺寸、高均匀性、高完整性以及薄膜化、多功能化和集成化的方向发展。当前的研究热点和技术前沿包括柔性晶体管、光子晶体、SiC、GaN、ZnSe 等宽带半导体材料为代表的第三代半导体材料，有机显示材料以及各种纳米电子材料等。

2. 信息记录材料

借助于某些敏感材料(包括卤化银和非银盐等)，在光、电、热、磁等能量的直接作用下，引起体系内部产生某些物理和化学变化，从而形成文字、图像。这种能够记录和传递图、文信息的材料称为信息记录材料，如各种摄影用的感光材料、各种录音、录像的磁带和计算机使用的磁盘以及各种光盘等。

8.8　磁　性　材　料

磁性材料是指主要利用材料的磁性能和磁效应，实现对能量和信息的转换、传递、调制、存储、检测等功能作用的一类物质。磁性材料的应用很广泛，既可用于电声、电信、电表、电机中，又可用作记忆元件、微波元件等，还可用于记录语言、音乐、图像信息的磁带、计算机的磁性存储设备、乘客乘车的凭证和票价结算的磁性卡等。可以说，磁性材料与信息化、自动化、机电一体化、国防、国民经济的方方面面紧密相关。在工程技术中，常按材料的磁性能、功能和用途将磁性材料大致分为软磁材料、硬磁材料、磁记录材料、磁光效应材料，等等。这里，仅简要介绍软磁材料和硬磁(永磁)材料。

1. 软磁材料

软磁材料在微弱的外磁场中容易磁化和退磁，其主要功能是导磁、电磁能量的转换与传输。因此，对这类材料通常要求有较高的磁导率和磁感应强度，同时磁滞回线的面积或磁损耗要小。与永磁材料相反，其 B_r 和 BH_c 越小越好，但饱和磁感应强度 B_s 则越大越好。

软磁材料大体上可分为四类：① 合金薄带或薄片，如 FeNi(Mo)、FeSi、FeAl 等；② 非晶态合金薄带，如 Fe 基、Co 基、FeNi 基或 FeNiCo 基等配以适当的 Si、B、P 和其他掺杂元素，又称磁性玻璃；③ 磁介质(铁粉芯)，如 FeNi(Mo)、FeSiAl、羰基铁和铁氧体等粉料，经电绝缘介质包覆和粘合后按要求压制成型；④ 铁氧体，如尖晶石型——$MO \cdot Fe_2O_3$(M 代表 NiZn、MnZn、MgZn、Li1/2Fe1/2Zn、CaZn 等)，磁铅石型——$Ba_3Me_2Fe_{24}O_{41}$(Me 代表 Co、Ni、Mg、Zn、Cu 及其复合组分)。

软磁材料的应用甚广，主要用于磁性天线、电感器、变压器、磁头、耳机、继电器、振动子、电视偏转轭、电缆、延迟线、传感器、微波吸收材料、电磁铁、加速器高频加速腔、磁场探头、磁性基片、磁场屏蔽、高频淬火聚能、电磁吸盘、磁敏元件(如磁热材料作开关)等。

2. 硬磁(永磁)材料

一经外磁场磁化以后，即使在相当大的反向磁场作用下，仍能保持一部分或大部分原磁化方向的磁性。对这类材料的要求是：剩余磁感应强度 B_r 高，矫顽力 BH_c(即抗退磁能力)强，磁能积(BH)(即给空间提供的磁场能量)大。相对于软磁材料而言，它亦称为硬磁材料。

永磁材料有合金、铁氧体和金属间化合物三类。① 合金类：包括铸造、烧结和可加工合金。铸造合金的主要品种有：AlNi(Co)、FeCr(Co)、FeCrMo、FeAlC、FeCo(V)(W)；烧结合金有：Re-Co(Re 代表稀土元素)、Re-Fe 以及 AlNi(Co)、FeCrCo 等；可加工合金有：FeCrCo、PtCo、MnAlC、CuNiFe 和 AlMnAg 等，后两种中 BH_c 较低者亦称半永磁材料。② 铁氧体类：主要成分为 $MO \cdot 6Fe_2O_3$，M 代表 Ba、Sr、Pb 或 SrCa、LaCa 等复合组分。③ 金属间化合物类：主要以 MnBi 为代表。

永磁材料有多种用途。基于电磁力作用原理的应用主要有：扬声器、话筒、电表、按键、电机、继电器、传感器、开关等。基于磁电作用原理的应用主要有：磁控管和行波管等微波电子管、显像管、钛泵、微波铁氧体器件、磁阻器件、霍尔元件等。基于磁力作用原理的应用主要有：磁轴承、选矿机、磁力分离器、磁性吸盘、磁密封、磁黑板、玩具、标牌、密码锁、复印机、控温计等。其他方面的应用还有：磁疗、磁化水、磁麻醉等。

根据使用的需要，永磁材料可有不同的结构和形态。有些材料还有各向同性和各向异性之别。

习　题

1. 什么是纳米材料？纳米材料有哪些特性？
2. 常见的纳米材料有哪些？纳米材料的制备方法有哪些？
3. 超导体的两个基本特征是什么？
4. 什么是形状记忆合金？
5. 什么是环境材料？环境材料的设计思路是什么？
6. 什么是生物材料？常见的生物材料有哪些？
7. 什么是智能材料？智能材料有哪些功能？
8. 比较软磁材料和硬磁材料的性能和应用。

第 9 章　材料的失效与防护工程

9.1　失效与失效分析的基本概念

失效是指材料(机电产品)失去正常工作应具有的效能的现象。

常见的失效有材料(产品)完全破坏，严重损伤和不能起到预期的作用。特别是没有明显预兆的失效，往往带来严重的后果和巨大的损失，甚至导致重大的事故。失效强调过程，而事故则突出后果。如由于涡轮叶片的疲劳断裂失效，导致某型号的某级事故。

失效模式是指失效的外在宏观表现形式。失效机理是引起失效的微观的物理化学过程和本质。分析诊断失效的模式、原因和机理，研究采取补救预测和预防措施的技术活动和管理活动称为失效分析预测预防。

失效件和废品是两个不同的概念。失效件是指进入商品流通领域后发生的故障，而废品则是指进入商品流通领域前发生的质量问题。废品分析采用的方法常与失效件分析方法一致。

失效分析是指事后的分析，而状态诊断是针对可能的主要失效模式、原因和机理方面事先的，即在线、适时、动态的诊断。

失效分析是指事故后的失效模式、原因和机理诊断，而安全评定是事故前的安全与否的评价。

9.2　失效的分类

1. 按失效发展过程和速度、失效的工程含义分类

1) 按产品失效的发展过程分类

如果以失效率，即单位时间内发生失效的比率，来描述产品时效的发展过程，那么在不进行预防性维修的情况下，设备、元件的失效率与其使用时间之间有如图 9-1 所示的典型失效曲线，因为这种曲线的形状与浴盆相似，故称为"浴盆曲线"。按照"浴盆曲线"的形状，即按照产品失效发展过程，可以将整个失效过程分为以下三个：

(1) 早期失效期。早期失效相当于人的"幼年期"。如果在产品出厂之前，进行可靠性试验，即进行旨在剔除这类缺陷的"老练"的过程，那么在产品以后的使用时，从一开始便可使失效率基本保持恒定值。

(2) 偶然失效期。经过早期失效后，产品在理想的情况下应无失效，但由于环境的偶然变化，操作时人为偶然差错或管理不善造成的"潜在缺陷"，导致偶然失效，此时产品的失

效率随机分布、基本恒定，故又称为随机失效。偶然随机失效期相当于人的"青壮时期"，这一时期是产品的最佳工作时期。

(3) 磨损失效期。经过偶然失效期后，产品中的元件已到了寿命终止期，于是失效率开始急剧增加，这标志着产品已进入"老年期"，此时若进行必要的预防维修，则可延长偶然失效期。

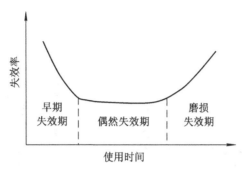

图 9-1　失效率与使用时间的关系曲线

失效率代表着一个国家或一个企业机电产品设计和制造的水平，也代表工作人员的素质或管理水平。特别是失效发生以后，能否在短期内作出判断，找到解决办法，代表着一个国家或企业科技人员的科学技术水平。

2) 按产品失效发生的速度分类

按产品失效发生的速度分，失效可分为突然失效、渐进失效、间歇失效三类。

3) 按产品失效的工程含义分类

(1) 按其整体性可分为系统失效、部件失效。

(2) 按其修复的可能性可分为暂时失效、永久失效。

(3) 按其相关性可分为独立失效和从属失效(关联失效和非关联失效)。

2. 按"经济法"观点分类

机械产品的失效会造成一定的经济损失甚至人员伤亡，往往会引起赔偿和责任的诉讼。失效法按"经济法"的观点分类是为了分清和判处失效的法律责任和经济责任。这种分类方法在处理索赔的失效事件时尤为重要。

1) 按失效的责任分类

按失效的责任分类，可分为产品本质缺陷失效；误用失效；正常的磨损失效；外界影响失效。

2) 按失效的后果分类

按失效的后果分类，可分为恶性失效；致命失效(灾难性失效)；退化失效。

3) 按失效的程度分类

按失效的程度分类，可分为完全失效；部分失效。

3. 按失效模式和失效机理分类

按失效模式和失效机理的具体分类见表 9-1。在表中，实线为通常情况下的对应关系，虚线为特定情况下的对应关系。需要指出的是，单一模式或单一机理在实际中较少见。大多数的失效是多因素、多种机理及复杂模式的"复合型失效"。表 9-1 复合失效机理一栏中各种机理之间的连线表示它们之间的交互作用。

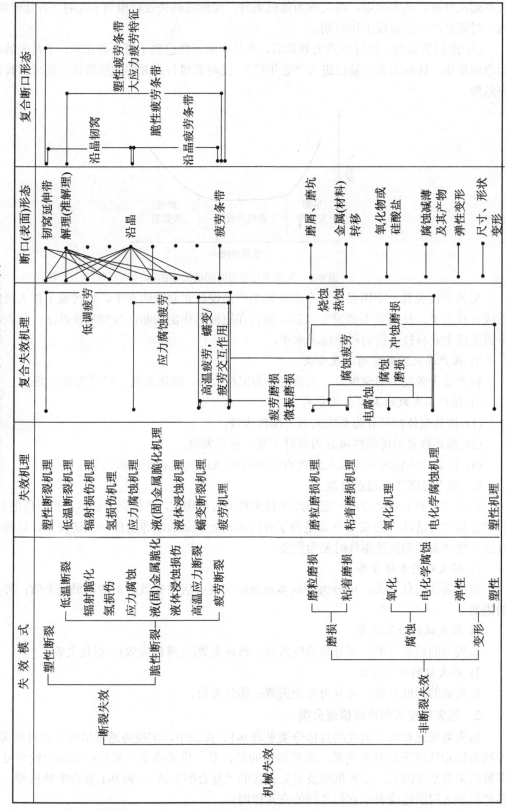

表 9-1　金属件按失效模式与失效机理的分类

9.3 失效分析的分析思路和步骤程序

9.3.1 失效分析的分析思路

从本质上说,失效是材料累计损伤过程,而且整个损伤发展过程都是有条件、有规律的。因此,在失效诊断中,应以反映失效规律与过程的思路,按照一定的程序来进行。失效分析思路是指在失效分析全过程中,以失效的客观规律为理论依据,把通过调查、观察和实验所获得的失效信息(失效对象、失效现象、失效环境)分别加以考虑,然后有机地结合起来作为一个整体综合考察,以获取的客观事实为证据,全面应用逻辑推理的方法,来判断失效模式,并推断失效原因和失效机理。失效分析思路是指导整个失效分析全过程的思维路线。

如果把失效的结果比作瓜,失效过程比作藤,失效系统的起始状态和原因比作根从失效的结果出发,则失效分析的思路可以概括为:顺瓜摸藤,即从失效的结果出发,不断由过程的结果推断其原因;顺藤找根,即从失效过程的中间状态出发,推断该过程形成的原因,直至知道整个失效过程的直接原因;顺根摸藤,即从系统的起始状态出发,不断由过程的原因推断其结果;顺藤摸瓜,即从失效过程中间状态的现象为原因,推断过程进一步发展的结果,直至失效的结果;顺瓜摸藤+顺藤找根;顺根摸藤+顺藤摸瓜;顺藤摸瓜+顺藤找根。

"撒大网逐个排除"法。该方法认为,任何失效事件,究其原因不外乎从操作人员(Man)、机械设备系统(Machine)、材料(Material)、制造工艺(Method)、环境(Environment)和管理(Management)六个方面去寻找,可以将失效的所有原因列出来,然后逐个排除。这就是 5M1E 的失效分析思路。该方法看似全面、稳妥、可靠。但工作量大,一般不宜采用。

"故障树分析法"(Fault Tree Analysis,FTA),也称为"事故树分析法"或"失效树分析法"。FTA 是从结果到原因来描绘事件发生的有向逻辑树,是一种图形演绎分析方法,是故障事故在一定条件下的逻辑推理方法。它可围绕某些特定的故障状态作层层深入的分析,在清晰的故障树图形下,表达了系统的内在联系,并指出元件间故障与系统之间的逻辑关系。定性分析可找出系统的薄弱环节,确定系统故障原因的各种可能的组合方式;定量分析还可以计算复杂系统的故障概率及其他的可靠性参数,进行可靠性设计和预测。由于该方法关心的是失效的部位,而不追求失效的机理和过程,因此,FTA 不是完整的失效分析思路。

逻辑推理就是从已有的知识推出未知的知识,也就是从一个或几个已知的判断,推出另一个新的判断的思维过程。只要据以推出新判断的前提是真实的,推理前提和结论之间是符合思维规律要求的,那么得出的结论或判断一定是真实、可靠的。

常用的逻辑推理方法有归纳推理、演绎推理、类比推理、选择性推理、假设性推理等五种,在失效分析中应灵活运用。

常见的失效分析思路有两类:一类是以残骸(零件)为对象;另一类是安全系统工程分析

法，它以失效系统(设备、装置)为范畴。前者以物理、化学方法为主，着眼于"微观"；后者则以统计图表和逻辑方法为主，立足于"宏观"。

9.3.2 失效分析的步骤和程序

在多数情况下，特别是机械事故发生时，往往有大量零件同时遭到破坏，情况很复杂，而失效原因也错综复杂、多种多样。因此，正确进行失效分析必须有一个合理的失效分析程序。下面介绍一般通用的失效分析实施步骤和程序，原则上可供参考和引用。

图 9-2 为通用失效分析实施步骤和程序的框图。

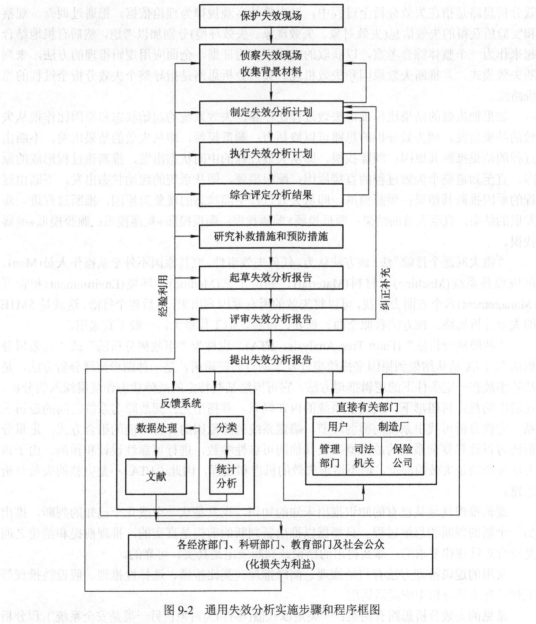

图 9-2　通用失效分析实施步骤和程序框图

1．保护失效现场

保护失效现场的一切证据，维持原状、完整无缺和真实不伪，是供失效分析得以顺利有效进行的先决条件。失效现场的保护范围视机械设备的类型及其失效发生的范围而定。

2．侦查失效现场和收集背景材料

失效现场侦查应由授权的失效分析人员执行，并授权收集一切有关的背景资料。失效现场侦查可用摄影、录像、录音、绘图及文字描述等方式进行记录。

失效现场侦查应注意观察和记录的项目常有：失效部件及碎片的尺寸大小、形状和散落的方位；失效部件周围散落的金属屑和粉末、氧化皮和粉末、润滑残留物及一切可疑的杂物和痕迹；失效部件和碎片的变形、裂纹、断口、腐蚀、磨损的外观、位置和起始点，表面的材料特征，如烧伤色泽、附着物、氧化物、腐蚀产物等；失效设备或部件的结构和制造特征；失效设备的周围景物、环境温度、湿度、大气、水质等环境条件以及听取操作人员及佐证人介绍事故发生时情况。

应收集的背景材料通常有：失效设备的类型、制造厂名、制造日期、出厂批号，用户、安装地点、投入运行日期、操作人员、维修人员、运行记录、维修记录、操作规程、安全规程；该设备的设计计算书及图纸、材料检验记录、制造工艺记录、质量控制记录、验收记录、质量保证合同及其技术文件，使用说明书；有关的标准、法规及其他参考文献。

3．制定失效分析计划

只有极少数的情况下，通过现场和背景材料的分析就能得出失效原因的结论。大多数失效案例根据现场侦察和背景材料相结合的综合分析结果来制定"失效分析计划"，确定进一步分析试验的目的、内容、方法和实施方式。

失效分析计划由授权的分析人员制定，根据具体情况或要求，可由有关方面的代表参加讨论。对各项试验方案应考虑其必要性、有效性和经济性。一般先从简单的试验方法入手，如有必要时才进一步使用费用较高的和较复杂的试验方法。

失效分析时，要从失效部件上和残留物上制取试样或样品，更要周密计划取样的位置、尺寸、数量和取样方法，一旦取样失误，就无法复原而完全丧失说服力，致使整个失效分析计划失败，造成不可挽救的后果。

4．执行失效分析计划

失效分析的各项试验应严格遵守计划执行，要有详细记录，随时分析试验结果。失效分析的试验一般具有几个不同于一般科研试验的特点，应予以重视：一般都要求在很短的时间内取得试验结果，因此要保证按时完成，又要防止再发生疏忽和差错；由于失效分析工作涉及法律问题，各项试验工作应建立严格的责任制度，如试验人员在试验记录和报告上签名；试件、样品务必要直接取自失效实物，不能用其他试样样品代替；试验人员要注意观察试验的全过程，尊重事实，且不可在思想上存在先入为主的概念。

5．综合评定分析结果

授权的失效分析人员，要经过充分的讨论，对现场发现、背景材料及各项试验结果做综合分析，确定失效的过程和原因，得出分析结论。在复杂的失效案例下，可采用故障树或其他形式的逻辑图分析方法。在大多数情况下，失效原因可能有多种，应分清主要原因和次要原因。

6. 研究评定补救措施和预防措施

失效分析的目的不仅限于弄清失效的原因，更重要的还在于研究提出有效的补救措施和预防措施。

补救措施和预防措施可能涉及设备的设计结构、制造技术、材料技术、运行技术、修补技术以及质量管理的改进，乃至涉及技术规范、标准和法规的修订建议。这类研究工作量往往很大，除个别简单情况可由承担失效分析的人员进行外，一般由失效分析人员提出问题或补充方案，由负责单位责成有关专业部门或单位进行专题研究，提出研究报告，作为改进设备的依据。

7. 起草失效分析报告

失效分析报告一般没有统一的格式，但行文要简练，条目要分明，内容一般应包括下列项目：题目；任务来源；各项试验过程及结果；分析结果；补救措施和预防措施或建议；附件(原始记录、图片等)；失效分析人员签名及日期。

8. 评审失效分析报告

失效分析评审会的组织形式及其参加人员可由有关方面协商决定，一般由失效分析工作人员、失效设备的制造厂商代表、用户代表、管理部门代表、司法部门代表和聘请的其他专家组成。各方代表应本着尊重科学、尊重事实和法律的态度履行其评审职责，不得对失效分析人员以任何形式施加不正当的压力和影响。

9. 提出失效分析报告

失效分析报告通过评审后，按评审决议修改并制定成报告的正式文本，内容项目除上述外，还应增加三项：评审意见，包括评审人员签名及日期；呈送及抄送单位，包括抄送"反馈系统"；密级。

10. 反馈失效分析成果

反馈系统是失效分析成果的管理系统，目的在于充分利用失效分析所获得的宝贵技术信息，推动技术革新、促进科学技术进步和提高产品质量。

失效分析的反馈系统可采取多种形式。例如可与企业技术开发和情报部门结合，可与国家质量管理部门、可靠性研究中心、数据中心及数据交换网相结合，把输入的大量失效分析报告和来自数据交换网的其他信息，经过"分类"、"统计分析"、"数据处理"，制成各种形式的文献，传递到各个经济部门、生产部门、科研部门、教育部门、司法部门及新闻部门，将失误造成的损失转化为巨大的效益。

9.4　失效诊断技术和方法

失效诊断的内容包括失效模式诊断、失效原因诊断和失效机理诊断三部分。失效诊断是整个失效分析预测预防的前提和基础，已引起了工程界的广泛关注和高度重视。

在实际失效诊断中，主要从残骸、应力和环境等多方面进行分别诊断和综合诊断。其中残骸分析由包括失效件本身的断口分析、裂纹分析、痕迹特征分析和变性分析。

9.4.1　断口诊断技术和方法

断口是断裂失效中两断裂分离面的简称。断口总是发生在材料组织中最薄弱的地方，记录着有关断裂全过程的各种与断裂有关的信息。断口分析现已成为对材料构件进行失效分析的重要手段，通过断口的形态分析去研究一些断裂的基本问题，如断裂起因、断裂性质、断裂方式、断裂机制、断裂韧性、断裂过程的应力状态以及裂纹扩展速率等。对断口由定性到定量的精确分析不但可为断裂失效模式的确定提供有力的依据，也为断裂失效原因的诊断提供了线索。同时，断口分析对新材料的研制也是一个十分重要的手段，通过断口分析可以提供有关合金的相组成、组织结构、杂质含量对断裂的影响，为进一步改进材料质量提供方向和可能。

1. 断口的选取、清理与保护

大型设备、零件失效后的残骸体积大、质量重，难以运输和在实验室观察，需要选取典型断口进行分析。在选取断口时，应先对断口进行宏观分析，确定首断件，然后进一步确定断裂的起始部位。在切割时，应先将需要分析的部位保护起来，然后进行切割。切割时，宜用锯、切等不会产生高温的机械方法，慎用火焰切割、砂轮切割等会产生高温的切割方法。必须要用火焰切割、砂轮切割等方法时，切口的位置应距分析部位一定位置，同时对切割区域进行冷却，以防止重点分析的部位因高温而产生氧化、组织变化、性能变化等二次损伤。

为了能够观察到零件和断口的真实形貌与失效过程，需要将零件和断口上的尘土、油污、腐蚀产物及氧化膜等可能造成假象的多余物清理掉。对断口的清理应遵循以下基本原则：先判断后清理；先表面后内层；多用物理方法而少用化学方法。断口的清洗方法很多，可根据断口材料特性、附着物的种类等因素进行选定。对于表面只有灰尘或油污的断口，可使用丙酮与超声波清洗；对于遭受轻微氧化的断口，可使用醋酸纤维(AC)纸反复复型剥离法清洗；对于遭受较重氧化的钢制零件断口，推荐在 $10\%H_2SO_4$ 水溶液+缓蚀剂(1%卵磷脂)中使用超声波清洗；对于高温合金的高温氧化断口，可使用 "$NaOH+KMnO_4$" 热煮法清洗。需要说明的是，不管使用何种方法清洗，都要以既要去除断口表面的附着物，又不损伤断口的形貌特征为原则。

为防止断口表面在运输与保护过程中遭受腐蚀与损伤，可在断口表面上涂抹一层保护涂料，如醋酸纤维丙酮溶液、可剥涂料等，也可将断口直接浸泡在无水酒精溶液中。

2. 断口形貌诊断方法和技术

对断口和裂纹进行观察分析一般包括宏观观察分析和微观观察分析两个方面。通常把低于 40 倍的观察称为宏观观察，高于 40 倍的观察称为微观观察。宏观观察的仪器主要是放大镜(约 10 倍)和体视显微镜(5～50 倍)等。在很多情况下，利用宏观观察就可以判定断裂的性质、起始位置和裂纹扩展路径。但如果要对断裂起点附近进行细致研究，分析断裂原因和断裂机制，还必须进行微观观察。

断口的微观观察经历了光学显微镜(观察断口的实用倍数是在 50～500 倍间)、透射电子显微镜(观察断口的实用倍数是在 1000～40 000 倍间)和扫描电子显微镜(观察断口的实用倍数是在 20～10 000 倍间)三个阶段。因为断口是一个凹凸不平的粗糙表面，观察断口所用的显微镜要具有最大限度的焦深，尽可能宽的放大倍数范围和高的分辨率。扫描电子显微镜最能满足上述的综合要求，故近年来对断口观察大多用扫描电子显微镜。

断口的微区成分分析对断口微观诊断非常重要，尤其是对于腐蚀、夹杂、成分偏析或外物损伤造成的断裂。断口的微区成分分析一般是根据需要来选择进行的，并不是端口上的所有区域均要进行微区成分分析。选择微区进行成分分析的原则是：微观结构异常区域；裂纹起始区(源区)；端口上覆盖有外来物特征；断口上覆盖有腐蚀产物的区域；对基体成分进行定性判断时，应选择没有污染的瞬断区进行分析。进行微区分析时，应根据特征区域的大小，合理地选择分析区域的大小，如面区域或点区域。为了分析某一个或某一些元素在某一区域的分布情况，可进行元素的面分布分析；为了确定某一元素沿某一特征线的含量变化情况，可进行元素的线分布分析。断口微区成分分析的仪器主要有：俄歇电子谱仪、离子探针、电子探针、X 射线能谱仪、X 射线波谱仪等。由于俄歇电子谱仪、X 射线能谱仪、X 射线波谱仪可装配于扫描电子显微镜上，在断口微观形貌观察的同时进行微区成分分析，因而得到了广泛的应用，其中尤以 X 射线能谱仪的应用最为普及。

断口表面结构分析是断口微观诊断的非常重要组成部分，对诊断失效原因和机理具有重要的指导作用。断口表面结构分析的主要内容是：测定断口所在面的晶面指数；分析断口表面微区的物相(夹杂、第二相等)；测定残余应力。目前，主要的分析仪器是 X 射线衍射仪。

9.4.2　痕迹诊断技术和方法

失效分析中，痕迹分析往往是一个有效的分析手段和技术。通过痕迹分析，不仅可对事故和失效的发生、发展过程做出判断，也可为事故和失效分析结论提供可靠的佐证和依据。

1. 痕迹及痕迹分析概述

力学、化学、热学、电学等环境因素单独地或协同地作用于机械，并在其表面或表面层留下的损伤性标记称为在机械表面痕迹，简称痕迹。对完整表面，痕迹的含义包括表面形貌的变化、成分的变化、颜色的变化、表层的组织与性能的变化、残余应力的变化。以及表面污染状态的变化等。

在失效分析范围内，痕迹的具体含义可以归纳为：痕迹的形貌(或花样)，包括塑性变形、反应产物、变色区、分离物和污染物的具体性质、尺寸、数量分布；痕迹区以及污染物、反应产物的化学成分；痕迹颜色的种类、色度和分布、反光等；痕迹区材料的组织和结构；痕迹区的表面性能(耐磨性、耐蚀性、显微硬度、表面电阻、涂覆层的结合力等)；痕迹区的残余应力分布；从痕迹区散发出来的各种气味；痕迹区的电荷分布和磁性等。

根据痕迹形成的机理和条件的不同，可将痕迹分为以下七类：机械接触痕迹，包括压入性、撞击性、滑动性、滚压性和微动性机械痕迹；腐蚀性痕迹；电侵蚀的飞溅、烧蚀痕迹；污染痕迹；分离物痕迹，如磨屑、削落的涂层等；热损伤痕迹，如金属的局部熔化、过热、过烧、高温氧化、熔化以及非金属表面的烧焦等；加工痕迹。

2. 痕迹的发现和显现技术及方法

对大的机件，如飞机、汽车、大型压力容器等现场调查中，应着重在现场从机件或零件的表面颜色变化、表面结构变化、形貌变化等肉眼易见的特征上来发现痕迹。对小的零件，可以在实验室借用一定的仪器设备来进行，在以上检查的基础上，着重从表面粗糙度变化、细小附着物、擦痕、划痕、材料成分、组织等方面来发现痕迹特征。

对于表面后来覆盖有很多附着物的零部件，为了将痕迹暴露出来，需要将这些附着物区分、去除。一般先用软毛刷将表面的浮土、泥土等扫干净(尽量不用水和其他溶剂)，以显现出痕迹的颜色特征。为了准确显现机械痕迹，应将表面的附着物清除干净，可以采用清洗、粘揭的方法，使划痕、擦痕等特征暴露出来。

为了得到痕迹的准确信息，对痕迹进行处理时，应遵循以下原则：尽量避免机械划伤；防止化学损伤(腐蚀)；防止痕迹区的松散物的削落；避免环境中的尘埃、纤维、水气等附着在痕迹上；在不必进一步分析痕迹上的外来物时，可用涂层的方法来保护痕迹。

痕迹的清理技术有以下几种：机械刷洗法，即吹干燥空气，或用软毛刷清理；有机溶剂清洗法，主要用于去除痕迹表面的油污、有机污染物等，常用的有机溶剂有汽油、丙酮、三氯甲烷、甲苯、乙醚、石油醚等，有时可辅以超声清洗；弱酸或碱性溶液处理法，用来去除高温氧化产物；超声清洗法。需要注意的是，无论采用何种方法，都应只对表面沉积物起作用，而不能浸蚀基体材料。

3. 痕迹的诊断技术和方法

1) 痕迹的成分诊断

痕迹的成分诊断即是对留痕物上的表面附着物、金属粘结物的元素种类和含量进行分析，以确定造痕物的种类。常用的分析仪器为通过各种发射谱进行表面成分分析的各种表面分析谱仪。常用的各种表面分析技术、仪器及其特点、适用范围、技术性能比较列于表 9-2。

表 9-2　表面分析技术性能比较

技术　　性能	EPMA	AES	EELS	SIMS	ISS	ESCA	LRM	RBS	PIXE
激发源	电子	电子	电子	离子	离子	光子	光子	离子	离子
分析信息	X 射线	俄歇电子	损失电子	二次离子	散射粒子	光电子	散射电子	散射粒子	X 射线
特长	重元素分析	轻元素分析	中元素分析	全元素分析	最外层元素分析	化学状态分析	分子结构分析	轻基体中的重元素分析	表面原子密度和成分分析
选区尺寸	1 μm	0.1～1 μm	5～20 Å	1 μm	10 μm	1～3 μm	1 μm	100 μm	几微米
深度分辨率	1 μm	10Å	6～20Å	10Å	1 个原子层	5～100 Å	1 μm	5 μm	—
相对误差	1%～5%	10%	20%	20%	20%	—	—	—	10%～30%

2) 痕迹的组织结构与性能诊断

痕迹的组织结构诊断一般采用表面微区晶体结构分析技术。所谓晶体结构分析技术，就是指对晶体中原子在点阵中的排列方式、点阵类型和结构以及点阵畸变和点阵缺陷等进行分析。其基本原理是利用高能入射束(如 X 射线、中子和电子等)和晶体点阵(或称晶格)相互作用所伴随发生的物理效应进行分析。目前，适用于厚块试样表面结构分析的有低能电子衍射技术(LEED)、反射式高能电子衍射技术(RHEED)、反射电子衍射技术(RED)、电子通道花样技术(ECP)、电子背射花样技术(EBSP)、X 射线柯塞尔花样技术(XKP)等，即是对留痕迹物上的表面附着物、金属粘结物的元素种类和含量进行分析，以确定造痕物的种类。

常用的分析仪器为通过各种发射谱进行表面成分分析的各种表面分析谱仪。

痕迹的性能诊断是指对痕迹区进行的各种物理性能、化学和力学性能的监测分析。包括表面力学性能检测，表面电阻、磁性等物理性能检测和耐磨性、耐蚀性等性能检测。主要仪器有：表面应力测定仪、显微硬度计、腐蚀电位仪以及其他检测表面各种性能的测试仪器。在痕迹诊断中，可视具体情况选择使用。

9.4.3　腐蚀诊断技术和方法

腐蚀和磨损产物与失效件的材料、环境介质、应力等密切相关，可从一个方面反映材料、失效件的失效模式、失效原因和机理。材料不同，腐蚀、磨损产物的成分不同；失效形式不同，产生的腐蚀、磨损产物不同；失效原因和机理不同，产生的腐蚀、磨损产物的特征也不同。形貌、成分和结构式腐蚀、磨损产物的主要特征参量，也是诊断失效模式、原因和机理的主要特征参量。在失效诊断时，应从这三个方面入手，对腐蚀、磨损产物进行分析，为整个失效诊断提供可靠的依据。

1. 腐蚀和磨损产物的形貌诊断

腐蚀和磨损产物主要包括附着在失效件表面的各种腐蚀产物、磨屑等。不同金属的表面腐蚀形貌各不相同，同一金属在不同的腐蚀时期也具有不同的形貌。金属表面的腐蚀形貌特征可利用各种光学和电子显微镜来观察。利用专用的动态形貌仪——铁谱仪可观察磨屑的形貌特征。也可将润滑油系统内的磨屑过滤出来，借助各种光学和电子显微镜察其形貌特征，并由此确定磨损状态。

2. 腐蚀和磨损产物的成分诊断

腐蚀和磨损产物的成分诊断包括常规成分分析、局部成分分析、表面成分分析和微区成分分析等四种。

当腐蚀和磨损产物多时，可将这些产物单独收集起来，采用常规的分析方法分析，如湿法化学分析、点滴试验分析、燃烧法分析及各种光谱分析。

当腐蚀和磨损产物以薄层的形式分布于基体表面时，可用俄歇电子能谱仪分析五个原子以内厚度这样薄层的元素分布；莫斯波尔光谱仪可用来识别合金中氧化物、硫化物、氮化物和碳化物，特别是分析稀土氧化物的鉴别率高，它分析的深度，用背射电子测量的深度为 3000 Å，用 γ 射线测量的深度为 12.7 μm。表面微区域(0.5 μm 以上)的成分分析还有电子探针、离子探针。X 射线能谱仪由于与扫描电镜同时使用，在表面微区元素成分分析中得到广泛应用，但分析的误差相对较大。

对存在于润滑油系统内的磨损产物分析，一般运用铁谱仪进行分析。

3. 腐蚀和磨损产物的结构诊断

腐蚀和磨损产物的结构诊断一般采用 X 射线结构分析技术和电子衍射分析技术。X 射线结构分析技术设备为 X 射线衍射仪，通过对晶体中原子排列造成的 X 射线衍射图像进行适当的变换，获得物质的晶体结构。电子衍射分析同 X 射线结构分析一样，也是产生衍射图像，不过是通过电子束射到表面，产生的是电子衍射图像，通过演算处理，得出晶体结构的数据。

电子衍射分析可对金属材料中微区内的特定组织及其内部的特定相、细小的夹杂物或析出相进行选区电子衍射物相分析，判定不同显微组织的类型、组织各相的晶体结构、它们与基体之间的位相关系，或者对金属中的夹杂物、析出相进行结构分析，确定其物质属性，掌握它们的形态特征及其取向关系。

9.4.4　失效原因诊断技术和方法

对一般的失效事件来说，失效原因的诊断往往是失效研究的核心和关键，它对于失效预防的针对性和预防性是重要的前提和基础。

失效原因是指造成失效事故(或事件)的直接因素。失效原因也可分为"一级"失效原因和"二级"失效原因。

"一级"失效原因一般是指酿成该事故的首先失效件(肇事件)失效的关键因素处于投付使用过程中的哪个阶段或工序。一级失效原因常可归纳为四个原因：设计原因、制造原因、使用原因和环境原因。

一般在"一级"失效原因诊断的基础上，应进一步明确其"二级"失效原因，例如，设计原因通常有设计载荷不准确、设计结构不合理、设计选材不当等。制造原因可能有人员的变动、设备的老化、偶然的失误等。

失效原因的诊断一般按如下程序进行：诊断"一级"和"二级"失效模式；探讨和分析确定引起的"二级"失效模式的原因，并综合分析全部或主要的失效现象或规律；通过失效模拟或加速试验加以验证。

失效原因的诊断在思想方法上也应与失效模式的诊断一样，从宏观到微观，从定性到定量，从"一级"到"二级"，从诊断(失效—原因)到模拟(原因—失效)。表 9-3 列出了断裂失效模式、抗力或外力原因与失效原因的关系。

表 9-3　断裂失效模式、抗力或外力原因与失效原因的关系

失效模式	抗力或外力原因	具 体 原 因		
断裂失效的模式(属性)	零件具有的失效抗力低	冶金因素	化学成分不合格	
			组织结构不合格	
			力学性能不合格	
			物理性能不合格	
			化学性能不合格	
			内部存在缺陷	
		表面因素	表面完整性不符合要求	
			表面存在残余应力	
			零件几何形状、尺寸不符合要求	
	零件承受的外力超过限制失效抗力低	环境因素	环境温度超过使用限制(过高或过低)	
			环境介质具有腐蚀性	
		正常载荷	类型与大小	
			频率域振幅	
		非正常载荷	一次性过载	动载荷
				静载荷
			非正常振动	共振
				颤振
				喘振
				随机振动

表 9-4 列出了材料的主要抗失效指标。

表 9-4　机械材料抗失效性能指标

抗失效指标类别	抗失效指标名称	符号	单位
抗弹性变形失效指标	拉伸弹性模量	E	GPa
	弹性模量	σ_e	MPa
	比例极限	σ_p	MPa
	泊松比	μ	—
	剪切模量	G	GPa
抗塑性变形失效指标	屈服极限或屈服点	σ_s 或 $\sigma_{0.2}$	MPa
	剪切屈服极限	τ_s	MPa
	扭转屈服极限	τ_s	MPa
抗断裂失效指标	强度极限	σ_b	MPa
	抗扭强度	T_b	MPa
	冲击韧性	α_k	kJ/m^2
	剪切强度	T_b	MPa
抗疲劳失效指标	对称循环疲劳极限	σ_{-1}	MPa
	疲劳裂纹扩展速率	da/dn	
	扭转疲劳强度极限	τ_{-1}	MPa
抗环境失效指标	蠕变极限	σ_E/T	MPa
	持久强度极限	σ_T	MPa
抗温度失效指标	无延性转变温度	T_{ND}	℃
	断口形貌转变温度	T_{FAT}	℃
	弹性断裂转变温度	T_{FTE}	℃
	塑性断裂转变温度	T_{FTP}	℃
	熔点	T_m	K
抗失效断裂韧性指标	弹塑性断裂韧性	J_{Ic}	kJ/m^2
	平面应变断裂韧性	K_{Ic}	MN/m$^{2/3}$
抗失效缺口效应指标	材料缺口敏感系数	Q	—
	高温缺口敏感系数	β_δ	—
	缺口对称循环疲劳极限	σ_{1-n}	—
	应力集中系数	K_t	—

9.5　金属材料的失效模式及失效机理

　　金属材料在使用过程中常见的失效形式主要有变形、断裂和表面损伤三种，其具体分类如图 9-3 所示。

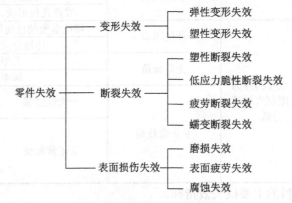

图 9-3　金属材料的失效模式

1. 变形失效

1) 弹性变形失效

大多数机器零件在工作时都处于弹性变形状态。一般零件在一定载荷下只允许一定的弹性变形，若发生过量的弹性变形就会造成零件失效，影响加工精度、加速磨损、降低承载能力和增加噪声等。

弹性变形的大小取决于零件的几何尺寸和材料的弹性模量。如果零件的几何尺寸已确定，若要减少弹性变形量唯一的方法是选用弹性模量大的材料。

2) 塑性变形失效

绝大多数机器零件在使用过程中不允许产生塑性变形，但有时由于偶然的原因产生过载或材料抗塑性变形能力的降低，也会使零件产生塑性变形。当塑性变形超过允许量时零件就会失去其应有的效能。

在有的零件使用过程中，如炮筒，必须是在比例极限范围内，严格保持变形和应力之间的比例关系，否则炮筒弹道的准确性会降低。再如弹簧，必须有高的弹性极限，否则弹力不够。另外如丝杠，不允许有塑性变形，要求屈服强度要高，否则会使机床精度下降。虽然比例极限、弹性极限和屈服强度都有明确的物理意义，但在实际使用中，它们之间并无明显的分界线，很难测出它们的准确数值。工程上一般用人为规定的办法，把产生规定的微量塑性变形伸长率的应力作为"条件比例极限"、"条件弹性极限"和"条件屈服强度"。具体规定为：比例极限 σ_p 塑性伸长率最小，为 0.001%～0.01%；弹性极限 σ_e 塑性伸长率次之，为 0.005%～0.05%；屈服强度 σ_s 塑性伸长率最大，为 0.01%～0.50%。应该说比例极限、弹性极限和屈服强度都是材料抵抗微量塑性变形的抗力指标。当然不同零件要求的抵抗塑性变形抗力不一样。例如炮弹、弹簧等采用 $\sigma_{0.001}$～$\sigma_{0.01}$；精密机床丝杠等采用 $\sigma_{0.01}$～$\sigma_{0.05}$；机座、机架、普通车轴等采用 $\sigma_{0.2}$；而桥梁、容器等采用 $\sigma_{0.5}$，甚至 $\sigma_{1.0}$。

2. 断裂失效

断裂是指零件在工作过程中由于应力的作用完全分为两个或两个以上部分的现象，致使机器设备和零件无法工作。材料的断裂过程包括裂纹形成和扩展两个阶段。裂纹可以是材料在由外力作用下形成的，也可以是材料内部的缺陷(例如微裂纹、孔洞、杂质等)，这些裂纹逐渐扩展至临界裂纹长度时零件立刻发生断裂。通常把裂纹自形成到扩展至临界裂纹长度的过程称为裂纹的扩展阶段。

在韧性断裂中，裂纹形成后要经历很长的扩展阶段，并且是裂纹扩展和塑性变形同时进行，变形一旦停止，裂纹也就停止扩展。若只增加外力，塑性变形和裂纹扩展一定同时发生，直到裂纹扩展到瞬时断裂。因此，韧性断裂前有明显的塑性变形，当塑性变形达到一定程度时，可预示人们要防止不良事故发生。

根据断裂方式可将其分为塑性断裂、低应力脆性断裂、疲劳断裂和蠕变断裂等。

1) 塑性断裂

当零件所受的实际应力大于材料的屈服强度时，将产生塑性变形。如果应力进一步增加，超过了该材料的强度极限 σ_b 时，就会发生断裂。这种失效模式称为塑性断裂。塑性断裂是一个缓慢的断裂过程，在断裂过程中需要不断地消耗相当多的能量，与之相伴随的是产生大量的塑性变形。塑性断裂在工程上的意义有限，因为断裂前已产生了较大的塑性变形，而使零件不能正常工作，这在很多零件中是不允许的。塑性断裂失效最典型的例子是光滑试样拉伸时缩颈发生后的断裂。

工程上零件的塑性断裂经常以韧性断裂的形式出现，其危险性较小，因为韧性断裂在断裂前已发生明显的塑性变形，这就可以预先提醒人们注意，一般不会造成严重事故。

2) 低应力脆性断裂

低应力脆性断裂是指材料应力低于甚至远低于屈服强度时发生的断裂。经常在有尖角、缺口或有裂纹的材料中，特别是当低温或受冲击载荷时，因材料的冲击韧性大大降低而变为脆性断裂。这种断裂发生前没有或很少发生宏观可见的塑性变形，没有明显的预兆，裂纹长度一旦达到临界长度，即以声速扩展，并发生瞬间断裂，往往会带来灾难性的后果。因此在考虑材料断裂难易程度时，要依据冲击韧性、断裂韧性和韧脆性转变温度等性能。

脆性断裂生产上是工程结构中最危险的失效形式。理论研究表明材料的韧性随温度而变化，其规律是韧性随温度降低而下降。每种材料都有韧脆性转变温度，显然韧脆性转变温度越低，韧性越好。

脆性断裂的断口没有明显的塑性变形，断口一般比较齐平，有金属光泽，呈结晶状。脆性断裂多数是穿晶断裂，断口沿一定平面迅速发展，这个平面又叫解理面。脆性断裂也有沿晶断裂(晶间断裂)，晶界处存在裂纹，晶界过烧，形成脆性化合物薄膜或析出脆性化合物等均可出现晶间断裂。

3) 疲劳断裂

疲劳断裂是材料在交变循环载荷多次作用后发生的断裂。疲劳断裂是机械零件中最常见的一种失效方式。所谓交变载荷，是指载荷的大小、方向随时间发生周期性变化的载荷。疲劳断裂的特点是：引起疲劳断裂的应力很低，常低于静载荷下的屈服强度。断裂时无明显的宏观塑性变形，并且无预兆而突然发生脆性断裂。

4) 蠕变断裂

蠕变是材料在高温下强度随温度升高而降低或高温下材料的强度随加载时间的延长而降低的现象。材料在长时间的恒温、恒应力作用下缓慢的产生塑性变形的现象称为蠕变。零件由于这种变形而引起的断裂称为蠕变断裂。一般情况下,当金属材料加热温度超过 $0.3\sim0.4T_m$(T_m 是材料的熔点，以 K 为单位)时才出现明显的蠕变。蠕变极限是高温长期载荷作用下材料对塑性变形的抗力指标。在耐热钢中已提到蠕变产生的条件是零件工作温度高于其再结晶温度或工作应力超过材料在该温度下的弹性极限。

蠕变与温度有关，研究结果表明材料的熔点越高，蠕变的抗力越大，即蠕变发生的温度越高。蠕变失效比较容易判断，因为蠕变时有明显的塑性变形。

3. 表面损伤失效

零件在工作过程中，由于机械与化学的作用，使工件表面受到严重损伤而不能继续正常工作，这种失效称为表面损伤失效。表面损伤失效大致分为磨损失效、表面疲劳失效和腐蚀失效三类。

1) 磨损失效

在机械力的作用下，发生相对运动的零件表面之间都会发生摩擦，材料以细屑的形式逐渐消耗，使零件尺寸逐渐变小而失效，即为磨损失效。磨损失效会使零件表面变粗糙，出现许多擦伤痕迹。磨损种类很多，最常见的有磨粒磨损和粘着磨损两种。

(1) 磨粒磨损。它是在相对运动物体作相对摩擦时，由于有硬颗粒嵌入金属表面的切削作用而造成沟槽，致使磨面材料逐渐损耗的一种磨损，是机械中普遍存在的一种磨损形式，磨损速度较大。例如，田间泥沙对农业机械的磨损，汽车、拖拉机汽缸套因空气滤清器不良带入的灰尘或润滑油不清洁带入污物而发生的磨粒磨损等。

(2) 粘着磨损。它是由相对运动物体表面的微凸体，在摩擦热的作用下发生焊合或粘着，当相对运动物体继续运动时，两粘着的表面发生分离，从而将部分表面物体撕去，造成表面严重损伤。粘着磨损又称咬合磨损，在金属材料中是指滑动摩擦时摩擦副接触面局部发生金属粘着，在随后相对滑动中粘着处的金属屑粒被从零件表面拉拽下来或零件表面被擦伤的一种磨损形式。由于摩擦副表面凹凸不平，当相互接触时，局部接触面积很小，接触压力很大，超过材料的屈服强度，而发生塑性变形，使润滑油膜和氧化油膜被挤破，使得摩擦副金属表面直接接触，发生粘着，屑粒被剪切磨损或工作表面被擦伤。粘着磨损在滑动摩擦条件下，磨损速度大，具有严重的破坏性。

为了解决磨损失效，降低磨粒磨损，则要求提高材料的硬度。为减少粘着磨损，必须使摩擦系数减小，最好要有自润滑能力或有利于保存润滑剂或改善润滑条件。可通过对表面进行强化处理(渗碳、渗氮)来提高材料的耐磨性。对表面进行硫化处理和磷化处理，既可以防腐，又可以起减磨作用。

2) 表面疲劳失效

在相对滚动接触的零件工作过程中，由于接触面作滚动或滚动加滑动摩擦和交变接触压应力的长期作用引起表面疲劳，而剥落破坏发生物质损耗的现象，称为表面疲劳失效。这种失效兼有疲劳破坏和磨损的特点。

表面疲劳失效的表现形式和特点如下：

(1) 麻点，即在接触表面上出现许多细小的凹坑。它使齿轮啮合情况恶化，噪声增加，振动加剧，产生较大的附加冲击力，甚至引起齿根折断。

(2) 次表面麻点，也称浅层剥落，它的疲劳裂纹不在表面，而在接近表面的皮下约 $0.786b$ (b 为接触表面宽度)处。应力较大时，裂纹向垂直或平行于表面方向发展，形成比较平直的凹坑。这种失效方式常发生在夹杂物较多的地方。

(3) 硬化层大块剥落，也称深层剥落，剥落厚度大致为硬化层的深度。例如，表面淬火、化学热处理等零件的表面，若表面硬化层深度不够或心部强度不够，通常会在硬化层和心部交界处产生裂纹，导致大块状剥落。

为了提高零件的抗表面接触疲劳能力，常采用提高零件表面硬度和强度的方法，如表面淬火、化学热处理等，以使表面硬化层有一定的深度。同时也可通过提高材料纯洁度，限制夹杂物数量和提高润滑剂黏度等方法来防止表面疲劳失效。

3) 腐蚀失效

材料和周围介质发生化学或电化学反应引起表面损伤而造成的零件失效，称之为腐蚀失效。它与材料的成分、结构和组织有关，当然与介质的性能也有关系。腐蚀失效较复杂、分类的方法也很多。常见的有点腐蚀、裂纹腐蚀和应力腐蚀等。

(1) 点腐蚀。点腐蚀是在金属表面微小区域，因氧化膜破损或析出相和夹杂物剥落，引起该处电极电位降低，而出现小孔，并向深处发展的腐蚀，例如，埋在土壤中输送油、水、气的钢管，常因管壁小孔腐蚀而穿孔造成泄漏等。

(2) 裂纹(隙)腐蚀。裂纹(隙)腐蚀是指电解质进入零(构)件的缝隙中出现缝内金属加速腐蚀的现象，例如法兰连接面或铆钉、螺钉的压紧面易产生裂纹腐蚀。

(3) 应力腐蚀。应力腐蚀是指零(构)件在拉应力和特定的化学介质联合作用下所产生的腐蚀。它经常是在较小的拉应力和腐蚀较弱的介质中发生的。例如大桥因钢梁在含有 H_2S 的大气中产生应力腐蚀断裂而塌陷；输油气钢管因 H_2S 介质的应力腐蚀而爆裂。

应当指出，同一个零件可能有几种失效形式，但往往不可能几种失效形式同时起作用。一个零件失效总是由一种形式起主导作用，很少有两种或两种以上失效形式同时出现的。但它们可以组合为更为复杂的失效形式，使失效分析难度增加。

9.6　陶瓷材料与高分子材料的失效模式及失效机理

陶瓷属于无机非金属材料。绝大多数陶瓷是一种或几种金属元素与非金属元素形成的化合物。其结合键为离子键或共价键，通常是它们的混合键。因此，陶瓷材料不会像金属材料那样在拉伸过程中发生塑性变形，它们只发生较小的弹性变形后即脆性断裂。研究表明，陶瓷材料承受循环压缩载荷时，也会发生疲劳破坏。关于陶瓷材料疲劳失效机理，目前还不清楚。当然陶瓷材料在某种介质中也会腐蚀，但腐蚀过程只涉及化学溶解过程，而不包括电化学反应。

高分子材料及构件种类繁多，使用环境各异，因而失效形式也繁杂多样。根据所受的载荷和环境条件，高分子构件失效的主要类型可分为两类。一类是因构件材料本身在加工、储存和使用过程中受各种环境因素的作用而性能逐渐下降导致最终失效，称之为老化。另一类是制件在使用中长期受机械力和环境的共同作用而丧失规定功能，习惯上称为机械失效。

根据高分子材料所受的负荷条件，失效破坏的基本模式有以下几类：

(1) 直接加载下的断裂。材料在拉伸、压缩、剪切等载荷作用下形变直至发生灾难性的断裂。材料断裂时对应的应力叫做断裂强度。材料在冲击载荷作用下的断裂也属于这一类，其特殊性仅在于加载速率非常高。

(2) 疲劳断裂。材料在一个应力水平低于其断裂强度的交变应力作用下经多次循环作用而断裂。

(3) 蠕变断裂。材料在一个远低于其断裂强度的恒定应力的长期作用下发生的断裂。

(4) 环境应力开裂。材料在腐蚀环境(包括溶剂)和应力的共同作用下发生的开裂。在这种破坏模式中，环境因素的作用是第一位的，应力虽然是必要和非常重要的因素，但居于第二位。

(5) 磨损磨耗。一种材料在与另一种材料的摩擦过程中，引起摩擦表面有微小颗粒分离出来，使接触面尺寸变化、重量损失及其他性能下降的现象。

9.7　材料失效的预防

失效分析的目的不仅在于实效性质的判断和失效原因的明确，还在于为积极预防重复失效找到有效的途径。通过失效分析，找到造成失效的真正原因，从而建立结构设计、材料选择与使用、加工制造、装配调整、使用与保养等方面主要的失效抗力指标与措施，特别是确定这种失效抗力指标随材料成分、组织、状态的变化规律，从而运用金属学、材料强度学、工程力学等方面的研究成果，提出增强失效抗力的改进措施。既能提高机械产品承载能力和使用寿命，又可充分发挥机械产品的使用潜力，材尽其用是失效分析预防技术研究的重要目的与内容。

9.7.1　常用的预防失效技术

1. 结构和尺寸设计

在设计零件的结构和尺寸时，设计人员首先要充分评估零件复杂的受力条件和恶劣的服役环境，避免零件材料因承载能力不足而导致断裂或腐蚀失效；其次，结构设计时，应减少应力集中，需要注意以下几点：

(1) 零件截面变化处应有较大的过渡圆角或过渡段，得到平滑过渡的应力流线；

(2) 螺纹和齿轮避免尖角，螺杆和内螺纹肩部适当加厚；

(3) 薄壁件上有孔的部位可以适当加厚，孔离边的距离不要太近；

(4) 光轴装配其他零件时，为避免摩擦擦伤而引起应力集中，其配合部位应局部加粗。

2. 选材

设计人员要针对具体的工作条件，突出与工作条件相对应的性能指标，即选用的性能指标能够反映材料对实际服役条件(如载荷性质、介质、温度)的抗力。例如，承受循环交变载荷的零件，应选择具有高的疲劳强度和低的裂纹扩展速率的材料，防止疲劳失效；在腐蚀介质中承受循环交变载荷的零件，应选择具有高的应力腐蚀临界应力强度因子的材料，防止腐蚀疲劳失效；在高温下承受一定载荷的零件，应选择具有高的持久强度的材料，防止蠕变失效；等等。其次，严格控制所选用材料的质量，避免原材料中含有过多的杂质元素或偏析以及夹杂物、夹层、折叠等缺陷。

3. 加工工艺与安装

按工艺规程进行加工，控制零件尤其是高强钢零件及具有缺口敏感性零件的制造质量。应尽量控制材料的表面质量，减少应力集中，提高疲劳强度。采用合理的加工工艺方法和正确的工艺参数，控制材料的纯洁度和晶粒度，控制材料的表面氧化，尽量避免或减少各种热加工缺陷和冷加工缺陷。必要时，采用表面强化方法来造成零件表面残余压应力，以提高零件的疲劳寿命。

零件在安装时配合要适当，配合过紧、过松或对中不良及固定不紧都可能造成失效。

4. 使用与保养

按操作和维修规程进行使用与保养，可减少环境损伤失效。

9.7.2　金属和陶瓷材料腐蚀的控制与防护技术

所谓腐蚀控制与防护，就是要在产品的设计、选材、加工、装配、储运和使用等各个环节中，采取各种措施，建立和健全必要的技术规程和规章制度，从而把产品的腐蚀控制在最低限度之内。腐蚀是物质在环境介质作用下的一个自发过程，所以要想使任何产品绝对不被腐蚀是不可能的。但是目前从造成各种腐蚀的原因来分析，其中有许多腐蚀问题主要是由于人们对腐蚀控制与防护的重要性不够重视，及对腐蚀控制与防护的各种方法不够了解而引起的。

1．合理的结构设计和工艺设计

合理的结构设计对于防腐蚀来说是十分重要的。进行结构设计时应当注意：① 留出适当的腐蚀余量，使产品设计不但满足强度要求，而且满足耐腐蚀的要求；② 采用合理的结构，避免水分或其他腐蚀性介质长时间存留；③ 设计合理的表面形状，如尽量采用平直表面、流线型表面以及致密和光滑的表面；④ 针对不同材料接触时可能会产生电偶腐蚀的问题，采取一些合理的防护方法，如不同材料连接时，在两者之间加上绝缘垫片或将连接后的部分密封起来；⑤ 从防腐蚀角度来说，应尽量保证结构上应力均匀分布，避免应力集中，对于在比较恶劣的腐蚀条件下工作的重要受力构件，应尽量选用对应力腐蚀和腐蚀疲劳不敏感的材料。

许多腐蚀现象不仅在使用过程中发生，也在加工制造或装配等过程中发生，如果没有采取各种有效措施，就可能发生腐蚀或给以后发生腐蚀留下严重的隐患。因此，在机械加工、热处理、锻造和挤压成型、铸造、表面处理、焊接、胶接、装配和储运等过程中应注意采取一些有效的防腐蚀措施。

2．根据使用环境选择耐蚀材料

腐蚀是由于材料表面与周围环境介质发生作用而产生的。因此从材料选择方面采取一些措施，可以达到控制腐蚀的目的。选择材料时，要综合考虑材料的力学性能、材料的机械加工与热加工性能、材料的价格与供应情况和材料耐腐蚀的能力。从耐腐蚀角度出发，合理地选用材料，就是根据周围介质和工作条件来选择，不同的材料只是在一定的介质和工作条件下才具有较高的耐蚀性。

3．采取各种改善腐蚀环境的措施

环境因素对材料的腐蚀速度影响很大。在可能的条件下，为减少腐蚀可按以下原则改变环境条件：

(1) 降低温度。降低温度一般能降低腐蚀速度。因为温度愈低，腐蚀反应的速度愈慢。但也有例外，例如沸腾的海水比一般热海水的腐蚀性小，因为温度愈高，海水中的含氧量愈低。

(2) 降低腐蚀介质的流速，但对于钝化的金属和合金，应避免静止溶液。

(3) 除去水溶液中的氧。例如，将流进锅炉的水进行脱氧能减少腐蚀。但是脱氧对那些依靠纯氧钝化的金属是不利的。

(4) 降低腐蚀介质中的离子浓度。例如降低水中的氧化物离子浓度，能减少对不锈钢的腐蚀。

(5) 添加缓蚀剂。缓蚀剂有两大类：一类是吸附型的，被金属吸附在表面成为保护薄膜；另一类是清除型的，能从溶液中除去氧之类的腐蚀剂。

4．表面保护

用各种方法在材料表面施以涂层，既不改变基体材料的性质，又能提高其耐蚀性，是一种应用十分广泛的防腐蚀措施。防护涂层根据其性质，可分为以下几种类型：

(1) 金属涂层。金属涂层是与被保护金属不同的材料，其作用是把介质与金属隔开，达到防腐蚀的目的。有的金属涂层是牺牲性的，例如镀锌钢板上的锌，在腐蚀介质中将作为阳极而腐蚀，起到保护钢的作用。

(2) 无机涂层(陶瓷或玻璃)。常用的无机涂层有搪瓷和水泥涂层。搪瓷是将瓷釉涂在金属表面，经过高温烧结而形成的致密玻璃保护层。搪瓷釉是一种化学成分复杂的碱硼酸盐玻璃。水泥涂层主要用于保护管道内壁。化学工业中常用陶瓷和玻璃作为容器的衬里，因为它们既耐蚀又容易清理。

(3) 有机涂层。有机涂层是一种流动性物质，可以在制件表面铺展成连续的薄膜，并在一定条件下可固化因而牢固地附着在制件表面，起到隔离基体与腐蚀介质的作用。如油漆、清漆、喷漆和许多其他的高聚物材料。这种涂层的特点是薄、韧性好、耐久和密度小。

(4) 化学转化膜。用化学或电化学方法使金属表面层发生反应，形成有防护性的、结合牢固的非金属膜层。最常见的方法有有色金属的氧化和钝化、黑色金属的氧化和磷化。

5. 阴极和阳极保护

阴极保护是将电子供给金属结构以达到防腐的目的。如把电子供给钢，则金属的溶解腐蚀反应就会受到抑制，而氢的释放速度将会增加，从而使钢受到保护。阳极保护实施方法是将被保护金属与外电源正极相连，使之阳极极化至一定的电位，进入并保持钝化状态，从而大大降低金属的腐蚀速度。阳极保护法只适应于能钝化的金属。

9.7.3　高分子材料的防老化

高分子材料的老化是一种不可避免的现象，因此不能奢望高分子材料"长生不老"。但在不断地研究老化机理的基础上，针对老化起因，采取适当的防老化措施，可以使高分子材料"延年益寿"。目前采用的高分子材料的防老化措施分两大类：一类是化学方法；另一类是物理方法。

1. 化学方法

(1) 利用高分子的反应(如交联、环化、氧化、取代等)改变高分子的结构，提高耐老化性能。例如聚烯烃的氯化、聚丙烯腈的环化都能提高材料的耐老化性能。

(2) 共聚改性。利用防老单体进行共聚和接枝。例如 ABS 塑料不耐光老化，因为主链中有双键，如果改用 A(丙烯腈)、C(氯化乙烯)和 S(苯己烯)共聚，可明显提高其耐光老化性。又如用本身是防老剂的单体在聚丙烯薄膜上进行表面接枝，能使薄膜的耐光性提高几倍。

(3) 改进聚合工艺，减少合成高分子中的不稳定结构(如双键、含氧基和支链等)。例如降低聚合温度，可减少聚氯乙烯的支化度，使热稳定性大大提高。又如在异戊二烯的合成中采用高效催化剂，可获得顺式含量超过 99% 的全顺式异戊二烯，从而降低吸氧速率，提高耐老化性能。

2. 物理方法

(1) 添加防老剂。所谓防老剂，是指能抑制高分子材料老化的各种稳定剂，包括抗氧剂、光稳定剂、热稳定剂和金属钝化剂等。抗氧剂的作用是或者与高聚物中的自由基反应，或者使氧化中形成的氢过氧化物分解，从而抑制氧化过程的自由基连锁反应。光稳定剂的作用是吸收对高聚物有害的紫外光，使之转变为热能或其他对高聚物无害的能量散逸出去。

热稳定剂的作用主要是吸收对高聚物热降解有自催化作用的物质。金属钝化剂是与那些能催化老化反应的金属离子形成络合物，从而使金属离子失去活性的物质。

(2) 共混改性。将高聚物与另一种耐老化性能较好的高聚物共混。例如，将 70%～80% 的天然橡胶和 20%～30% 的乙丙橡胶共混可大大提高天然橡胶的耐老化性能，特别是耐臭氧老化和耐热性有显著提高。

(3) 改变聚集态结构。通过加工工艺改变材料的取向度和结晶度。例如，定向有机玻璃的老化性能比普通有机玻璃的老化性能好；高密度聚乙烯的结晶度较低时，耐大气老化的性能较好。

(4) 表面涂层。采用涂漆、镀金属、浸涂和涂布防老剂溶液，在高分子材料表面附上一层防护层，起阻缓甚至隔绝环境因素的作用，从而防止高分子的老化。

9.8　零件的缺陷与无损检测技术

9.8.1　零件缺陷

1. 材质缺陷

(1) 裂纹。材料在外力或环境(或两者同时)作用下产生的裂隙。裂纹分微观裂纹和宏观裂纹。抗裂纹性是材料抵抗裂纹产生及扩展的能力，是材料的重要性能指标之一。裂纹一般呈直线状，有时呈 Y 形。产生原因：坯料中有微裂纹或气孔、夹杂物。

(2) 气泡。气泡是材料表面无规律分布、呈圆形的大大小小的凸包，其外缘比较圆滑。大部分气泡是鼓起的，经酸洗平整后表面发亮，其剪切断面有分层。产生原因：炼钢时沸腾不好，出气不良，使钢锭、钢坯的内部产生严重气泡，经多次压力加工没有焊合；沸腾钢浇注温度过低，浇注速度太快。

(3) 分层。钢材截面上有局部、明显的金属结构分层，严重时则分成 2～3 层，层与层之间有肉眼可见的夹杂物。产生原因：钢锭开坯时，缩孔未切净，使坯料上带有缩孔残余；钢锭中的气泡在轧制中未被焊合；钢锭中有集中的夹杂物或严重偏析。

(4) 发纹。发纹是深度较浅、宽度极小的发状细纹，一般沿轧制方向排列，长度不一，一般在 20～30 mm，个别达到 100～150 mm，呈分散和链状排列，或成簇分布。产生原因：坯料上的皮下气泡、非金属夹杂物在轧制中未焊合。多见于钢锭下部锻轧的钢材上，当切削或侵蚀后暴露于表面。

(5) 麻点。麻点是表面分布着形状不一、大小不同的凹坑，表面呈现局部的或连续的成片粗糙面，严重时有类似橘子皮状、比麻点大而深的麻斑。产生原因：解热过程中钢材表面氧化严重，轧制时，氧化铁皮成片状或块状压入。在轧制过程中或酸洗后脱落，形成细坑，常称为氧化麻点；在轧制或热处理过程中，由于煤气中的焦油喷到板面上所腐蚀的小坑称为焦油麻点；加热过程中被某种气体腐蚀形成气体腐蚀麻点；酸洗过程中产生酸洗麻点；轧制磨损严重造成麻点。

(6) 辊印。辊印是表面出现带状或片状的周期性轧辊压印。辊印部位较亮，且没有明显的凹凸感觉。产生原因：轧辊材质不良，硬度和光洁度不足或轧件强度偏高等。

(7) 开裂。开裂指钢管表面出现呈穿透管壁的纵向裂开，一般发生在全长，有时发生在一端。产生原因：退火不当，温度不均，延伸不一，压下量过大，加工硬化严重，未及时退火，应力未消除，含碳量较高的钢管。

(8) 疏松。疏松又称为显微缩松，是铸件凝固缓慢的区域因微观补缩通道堵塞而在枝晶间及枝晶的晶臂之间形成的细小孔洞。疏松的宏观端口形貌与缩松相似，微观形貌为分布在晶界和晶臂间，伴有粗大树枝晶的显微空穴。产生原因：金属液凝固时，由于体积收缩时补缩不足而形成树枝状的晶间空隙，以及凝固过程中气体上浮而构成的显微空隙没有被金属液填充，构成组织的不致密性。

(9) 偏析。合金中各组成元素在结晶时分布不均匀的现象称为偏析。根据其表现形式可分为显微偏析、宏观偏析和区域性偏析。显微偏析指发生在一个或几个晶粒之内，包括枝晶偏析、晶间偏析、晶界偏析和胞状偏析。宏观偏析发生在铸锭宏观范围内，由于结晶先后不同而出现的成分差异，可分为正常偏析、反常偏析、比重偏析三类。区域性偏析是在较大范围内化学成分不均匀的现象，退火无法将该情况消除，这种偏析与浇温、浇速等有关。

(10) 非金属夹杂物。在炼钢过程中，少量炉渣、耐火材料及冶炼中反应产物可能进入钢液，形成非金属夹杂物。它们都会降低钢的机械性能，特别是降低塑性、韧性及疲劳极限。严重时，还会使钢在热加工与热处理时产生裂纹或使用时突然脆断。非金属夹杂物也促使钢形成热加工纤维组织与带状组织，使材料具有各向异性。严重时，横向塑性仅为纵向的一半，并使冲击韧性大为降低。钢中非金属夹杂物根据来源可分两大类，即外来非金属夹杂物和内在非金属夹杂物。外来非金属夹杂物是钢冶炼、浇注过程中炉渣及耐火材料侵蚀剥落后进入钢液而形成的，内在非金属夹杂物主要是冶炼、浇注过程中物理化学反应的生成物，如脱氧产物等。常见的内在非金属夹杂物有以下几种：① 氧化物，常见的为 Al_2O_3；② 硫化物，如 FeS、MnS、MnS·FeS 等；③ 硅酸盐，如硅酸亚铁($2FeO·SiO_2$)、硅酸亚锰($2MnO·SiO_2$)、铁锰硅酸盐($mFeO·MnO·SiO_2$)等；④ 氮化物，如 TiN、ZrN 等。

(11) 白点。白点是焊缝金属拉断后，断面上出现的如鱼目状的一种白色圆形斑点。钢材中的白点拉拽在钢的纵断面上呈光滑的银白色斑点，在酸洗后的横断面上则呈较多的发丝状裂纹。白点对钢的强度影响不大，但使钢的伸长率显著下降，尤其是断面收缩率和冲击韧性降低的更多，因此存在白点的钢是不能使用的。它是因为钢中的含氢量过大，在加热后因未及时保温或退火，钢中的氢气析出而引起的。

(12) 晶粒粗大。晶粒粗大是金属材料内部缺陷之一，表现为金属晶粒比正常生产条件下获得的标准规定的晶粒尺寸粗大。钢材由于生产不当，奥氏体或室温组织均能出现粗大晶粒，这种组织使强度、塑性和韧性降低。粗大的晶粒通过热处理可以细化。产生原因：金属凝固或加热到相变温度以上或在奥氏体再结晶区变形时，再结晶后停留时间长、冷却速度慢使晶粒集聚长大；粗大奥氏体晶粒固态相变后铁素体晶粒粗大。防止晶粒粗大的方法有：采用铝脱氧的本质细晶粒钢，控制加热温度和保温时间，降低终轧温度和控制冷却速度。

(13) 脱碳。脱碳加热时由于气体介质和钢铁表层中碳的作用，使表层含碳量降低的现象。脱碳锻件容易开裂，表面得不到所要求的硬度，耐磨性下降，还可能由于变形不均匀产生裂纹。产生原因：钢中碳在高温下与氢或氧发生作用生成甲烷或一氧化碳。

2．材料的加工缺陷

1) 铸造缺陷

铸造工艺不当产生的缺陷主要有：错边、黏砂、表面粗糙、砂眼、气孔、缩松、缩孔、夹砂、夹渣、浇不足、冷隔、变形、裂纹。

2) 压力加工缺陷

坯料剪切和切割时产生的缺陷有：切斜、坯料端部弯曲裂纹、气割裂纹、凸芯开裂等。

坯料加热不当产生的缺陷有：过热、过烧、裂纹、脱碳、增碳、加热不足引起的心部开裂等。

锻造工艺不当引起的缺陷有：晶粒粗大、晶粒不均匀、淬硬现象、龟裂、飞边裂纹、分模面裂纹、裂纹、锻造折叠、锻件流线分布不均匀、带状组织、碳化物析出级别不合要求、锻件应力腐蚀开裂、冷却裂纹、网状碳化物等。

冷冲压工艺不当引起的缺陷有：拉穿、皱折、横向裂口、划痕、锈蚀、球化退火不足、带状组织晶粒大小不均、冲模错位等。

3) 焊接缺陷

熔化焊工艺不当产生的焊缝尺寸偏差、咬边、焊瘤、焊漏、烧穿、气孔、夹渣、未焊透、未熔合、裂纹、淬硬组织、氢脆、晶间腐蚀以及变形收缩引起的尺寸不合要求等。

压力焊工艺不当产生的焊点及焊缝位置不正、压痕过深、过热、未焊透、熔透过大、裂纹、接头组织脆化、接头气密性不合要求等。

钎焊工艺不当产生的间隙未填满、前锋表面粗糙、夹杂物、裂纹、钎料侵蚀基材表面等等。

4) 热处理缺陷

热处理工艺不当产生的缺陷主要有：晶粒粗大、亚共析钢魏氏组织、硬度过高或不足、过热或过绕、淬火不完全、表面脱碳或元素贫化、表面腐蚀、渗层过深或不足、氧化、变形与开裂、渗层脆性和剥落、球化组织不良、晶间腐蚀、氢脆、变形与开裂等。

5) 表面处理缺陷

表面处理工艺不当产生的缺陷主要有：镀层厚度不足、镀层发脆、镀层无光泽或色暗、镀层不均匀、起泡、镀层结合力差、麻点、脱落、镀层粗糙、毛刺、镀层针孔、龟裂、疏松多孔等。

6) 切削加工缺陷

切削加工不当产生的缺陷主要有：尺寸超差、表面粗糙度不合要求、毛刺、镀层不均匀、划伤、啃刀、表面烧伤、裂纹、刀痕等。

9.8.2　材料的无损检测技术

无损检测技术是利用声、光、热、电、磁和射线等与被检物质的相互作用，在不损伤被检物质的内外部结构和使用性能的情况下，来探测材料、构件或设备(被检物)内部存在的宏观或表面缺陷，并可决定其位置、大小、形状和种类，以达到防止事故突然发生，提高产品质量和合理利用材料的目的。因此，无损检测技术在失效分析中占有重要地位，是失效分析中不可缺少的实验检测方法。无损检测方法很多，目前应用最广泛的主要有液体渗透法、磁粉检验法、射线检测法、超声波检测法和电磁(涡流)检测法等。

1．超声波探伤

超声波探伤的简单原理是由超声波发生器发出的超声波，通过由水晶、钛酸钡等压电元件构成的换能器(即超声波探头)，以纵波、横波、表面波或板波中任何一种形式发射到被检物中，并在其中传播。如果在传播过程中遇到缺陷，则将有部分超声波被缺陷反射回来(通常称为回波)并被探头接收。超声波探伤就是根据回波的返回时间和强度，来判断缺陷在零部件或结构中的深度及相对大小。

超声波探伤特别适合于揭示各种形态的零件及结构件(厚钢板、钢坯、棒钢、铸钢、对焊接头、钢管、球形储罐及车轴等)内部的面积型缺陷，如裂纹、白点、分层和焊缝中的未熔合等，但是它不能用于奥氏体钢的铸件和焊缝等粗晶材料和形状复杂或表面粗糙的工件的检测。

2．射线照相探伤

射线照相法探伤建立在金属材料使穿过其中的射线产生衰减效应的基础上，即 X 射线、γ 射线或中子射线穿过物体时，由于材料对射线产生吸收和散射作用而使射线衰减的现象。

当射线穿过内部存在缺陷(例如气孔)的被检物时，由于基体金属和缺陷(气孔)对射线的吸收与散射效应不同，因此，从这两种不同部位穿过的射线的强度必将出现差异，于是在照相底片上出现黑度不同的图像。观察和分析这种图像，就可以判断缺陷的类别、大小、数量、分布及存在部位。

射线照相探伤适用于探测焊缝及铸件内部的体积型缺陷，如气孔、夹渣、缩孔、疏松等。但是射线照相方法，不能用于检测锻件和型材中的缺陷。

3．磁粉探伤

当钢铁等铁磁性材料制成的被检零件进行磁化时，在零件的表面上或近表层中存在的缺陷(如裂纹)将引起漏磁，产生局部磁场，并吸附磁粉，形成与缺陷形状类似的磁粉图像。依据这种磁粉图像，就可以判断被检物表面缺陷的存在及其数量、形状、大小与分布。

磁粉探伤适用于探测铁磁性材料和工件的缺陷，包括锻件、焊缝、型材、铸件等，能发现表面和近表面的裂纹、折叠、夹层、夹杂、气孔等缺陷。一般能确定缺陷的位置、大小和形状，但难以确定缺陷的深度。检测时，要求被检物的表面较平滑。但是该方法不适用于探测非铁磁性材料，如奥氏体钢、铜、铝等的缺陷。

4．渗透探伤

渗透探伤主要包括着色探伤和荧光探伤。

渗透探伤是利用浸润现象和毛细现象，被称为显像液(渗透液)的特殊液体先渗入表面开口缺陷中，然后从缺陷中浸出，在表面的缺陷处形成具有独特颜色的、与缺陷形状类似的图像。缺陷的存在与否以及它的大小、数量、形状、位置与分布等信息，就是通过对这种图像的观察和分析而得到的。

与其他任何一种探伤方法相比，渗透探伤的应用范围更加广泛。它可以用于探测所有金属材料和致密性非金属材料的缺陷。使用渗透探伤的方法可以发现表面开口的裂纹、折叠、疏松、针孔等。通常也能确定缺陷的位置、大小和形状，但难以确定缺陷的深度。这种方法不能用于探测疏松的多孔性材料的缺陷。

5. 电磁(涡流)探伤

电磁检测也叫涡流检测。它是以电磁感应为基本原理的一种无损检测技术。也就是在励磁线圈作用下，在表面附近的缺陷处，涡流将发生变化，并引起励磁线圈的阻抗发生变化。通过检测这种阻抗的变化，就可以发现被检测的缺陷。

电磁(涡流)探伤适用于探测导电材料(如铁磁性和非铁磁性的型材和零件)和石墨制品等的裂纹、折叠、凹坑、夹杂、疏松等表画和近表面缺陷。通常能确定缺陷的位置和相对尺寸，但难以判定缺陷的种类。这种方法不能用于探测非导电材料的缺陷。

9.9　材料选用的一般原则

机器零件材料的选择应该遵循以下原则：首先应满足零件的使用性能要求；要有较高的工艺性能；还要有较好的经济性。

1. 使用性能

使用性能是指机器零件在工作条件下材料应该具有的机械性能、物理性能和化学性能，它们是选择时考虑的最主要依据。对于机器零件和工程构件，最主要的是机械性能。一般是在分析机器零件工作条件基础上，提出对机械性能要求的。零件工作条件包括以下两个方面。

(1) 受力状态。包括应力的种类(拉、压、弯、扭和剪切等)、大小、分布(均匀载荷或集中载荷)以及载荷的性质(静、动、交变和单调载荷等)。

(2) 使用环境，即工作周围的环境。如温度(低温、室温、高温和交变温度等)、湿度(水中长期或间隙浸泡状态、露天雨淋状态及冬天的干燥状态等)、介质条件(有无腐蚀介质，如海水、酸、碱和盐等)和摩擦条件(如润滑剂、粉尘和磨粒等)。

(3) 特殊要求。主要是对导电性、导热性、热膨胀性、磁性、密度、外观和辐射等要求。受力状态时，选择材料机械性能指标和数据的主要依据，机械性能是保证零件经久耐用的先决条件。同时应考虑环境因素和其他特殊要求。

常见的机械数据大部分是在拉、压、弯、扭的简单条件下测得的，特别是拉伸试验测得的机械性能指标 σ_b、σ_s、δ、ϕ 以及冲击载荷下所测得的 A_K，其使用最为普遍。而实际使用的零件工作部位受力比拉伸试验中要复杂得多，例如零件中的台阶、键槽、螺纹、刀痕、裂纹和夹杂等部位易产生应力集中。它们的应力值比平均值要高得多，容易产生变形和裂纹。因此，用常规机械性能数据来设计零件和材料时，必须结合零件的实际条件加以修正。必要时要进行试验作为设计零件和选材的依据。

在零件设计和实际生产过程中，经常用硬度作为零件质量检验指标的标准。因为硬度和强度有一定的关系，同时硬度检验方法简单，而且不会破坏零件。只要硬度达到规定的要求，其他性能的要求也就基本达到了。需要指出的是，要注意零件各部位的实际硬度指标，即要注意"尺寸效应"对性能的影响。

对于特殊要求条件下所选择的强度指标，例如：高温强度、蠕变极限、疲劳极限和断裂切性等，要根据零件的实际工作情况、受载荷状态和相关的力学分析，确定随设计所需要的强度指标，并进行零件设计和选材等工作。这是相当有难度的。

2. 工艺性能

工艺性能是所选用材料能否保证顺利地进行加工制造成零件的关键因素。所选择的材料除了要满足使用性能外，还要满足加工成型容易、能源消耗少，材料利用率高的要求。

在金属材料、高分子材料和陶瓷材料三大类中，金属材料的工艺性能最为复杂，现简述如下。

1) 铸造性能

金属的铸造性能常用流动性、铸造收缩性和偏析倾向等来衡量。一般要求是具有好的流动性、低的收缩率和小的偏析倾向。通常是低熔点的金属和结晶温度范围较小的合金有较好的铸造性能。金属材料中铸造性能好的合金主要有各种铸铁、碳钢、铸造铝合金和铜合金，对它们可根据需要进行选择。

2) 压力加工性能

压力加工性能是指金属材料在冷热状态下承受压力加工产生塑性变形的能力。压力加工分为热压力加工和冷压力加工。热压力加工有锻造、轧制和热挤压等，冷压力加工有冷冲压、冷镦和冷挤压等。金属材料的压力加工性能与加工方法有关。热压力加工性能主要是以材料在加工时塑性、变形抗力和加工温度范围三项指标来衡量；而冷加工性能是以材料的塑性、成型性、加工表面质量和生产裂纹倾向等来衡量。

一般来说，低碳钢比高碳钢、碳钢比合金钢的压力加工性能好。铝合金虽可锻造成各种形状的锻件，但它的锻造温度范围小，所以可锻造性不是很好，而铜合金的可锻造性一般较好。

3) 焊接性能

焊接性能是以焊接接头的机械性能的高低和焊接时所形成的裂纹与气孔的倾向来衡量的。各种金属材料的焊接性能相差很大。焊接的主要对象是钢，低碳钢的焊接性能最好，当含碳量大于 0.4% 时其焊接性能下降。碳含量和合金钢种含有的合金元素越多，合金性能越差。铸铁由于含碳量多，焊接性能很差，只能用于焊接件的焊补，而灰口铸铁基本上不能焊接。由于铜合金和铝合金具有易氧化、导热性高等特点，焊接性能都很差，常用氩弧焊进行焊接。

4) 机械加工性

机械加工性能常用材料的切削性和切削后表面光洁度来衡量。在钢中，易切削钢性能最好，其他钢则与其化学成分、组织结构和机械性能有关。钢的硬度在 170～230 HB 时，其切削性能较好；硬度在 250 HB 时，可提高切削表面光洁度，但对刀具磨损较严重。含碳量小于 0.25% 的钢可采用正火处理，以得到较多的细片状磷，使硬度适当提高，可改善被加工表面光洁度；当含碳量在 0.25%～0.4% 时，由于含碳量增加，钢的硬度提高，通常采用退火处理或调制处理，使硬度稍有降低，以改善钢的切削加工性；当含碳量大于 0.6% 时，采用球化退火得到球状磷，可改善切削加工性能，高速钢和 A 不锈钢的切削加工性能差，铝、镁合金的切削性能较好。

5）热处理性能

对于大多数金属材料来说，热处理是保证零件最终性能的重要工艺手段，如果热处理工艺性能不好，容易产生严重的后果，甚至报废，从而造成极大的浪费和损失。热处理工艺性能包括淬硬性、淬透性、变形开裂倾向、过热敏感性，回火脆性和回火稳定性等。这些性质与材料的化学成分有关，一般碳钢的淬透性差，适合制造尺寸较小、形状简单和强刃性要求不高的零件。对于要求高强度、大截面和形状复杂的零件，要用合金钢，但合金钢的压力加工性和切削性能不如碳钢。热处理工艺性能也与零件结构有关，例如，尖角和截面突变等，这些都应综合考虑。

3. 经济性

在机械设计和生产过程中，在满足使用性能与工艺性能的条件下，经济性也是选材必须考虑的主要因素。选材的经济性是指材料价格便宜，生产零件的总成本低，这里包括零件的自重、零件的加工费、实验研究费用、零件的寿命和维修费用等。在保证性能的前提下，尽量选择价格便宜的材料，以降低零件的成本，有时虽然所选材料价格较昂贵，但由于零件自重较轻，可延长使用寿命，减少维修费用，对此而言反而更经济一些。

另外，还要合理安排零件的生产过程，使材料的消耗降低，尽量减少生产工序，以降低零件的制造费用。在制造生产中，坚持从实际出发，全面考虑，争取做到加工成品率高、加工效率高、高产优质、少消耗和低成本。

习　题

1. 何谓失效？何谓失效分析？为什么要进行失效分析？
2. 怎样进行失效分析？
3. 失效分析常用的方法有哪些？
4. 断口形貌诊断技术和方法有哪些？
5. 简述腐蚀和磨损产物的诊断技术和方法。
6. 金属材料常见的失效模式是什么？
7. 常用的失效预防方法有哪些？
8. 腐蚀控制的方法有哪些？
9. 防老化的方法有哪些？
10. 材料在铸造、压力加工和焊接加工中常有哪些缺陷？
11. 常用的无损检测方法有哪些？

第 10 章　材料表面处理技术

10.1　概　　述

10.1.1　表面工程及其应用

　　表面工程是经表面预处理后，通过表面涂覆、表面改性或多种表面复合处理，改变固体金属表面或非金属表面的形态、化学成分、组织结构和应力状况，以获得所需要表面性能的系统工程。

　　表面技术也称为表面工程技术，是表面工程的重要技术基础，是改善材质表面性能的具体工艺和手段。表面技术在表面物理、表面化学理论的基础上，融汇了现代材料学、信息技术、工程物理、医学、农业及制造技术，显现出了边缘学科的强大生命力。

　　表面工程技术是装备制造业、微电子与信息技术、生物技术和新能源技术发展的重要支柱。对于装备制造业，表面工程主要用于提高零件表面的耐磨性、耐蚀性、抗氧化性、自润滑性、抗疲劳强度等力学性能自修复性(自适应、自补偿和自愈合)，不仅促进了机械产品结构的创新、产品材料的创新及产品性能的大幅度提升，也带来了材料的优化使用等优势。据估算，我国每年因机器磨损失效所造成的损失超过了 400 亿元人民币，而通过表面技术改善润滑，降低磨损可能带来的经济效益约占国民经济总产值的 2%以上；对于电子电器元件，表面工程主要用于提高元器件表面的导电性或绝缘性、导磁性(磁记忆性)或屏蔽性、反光性或吸波性等特殊物理性能；对生物医学材料，表面工程主要用于提高人造骨骼等人体植入物的耐磨性、耐蚀性，尤其是生物兼容性，以保证患者的健康并提高生活质量；对于能源材料，表面工程主要用于提高表面的导热或隔热性能，大大降低了能耗。随着表面技术的发展，表面工程技术将更深地融入高新技术的各个领域。例如，复制基因片断、肽链体和活性生物体将不会只是理想；对太阳能进行选择性波断吸收的涂层材料一旦获得突破，太阳能将深入到各类建筑物，从而深入到家家户户。

　　表面工程技术通过各种产品的包装及工艺品渗透到社会生活的方方面面。通过提高表面的粘着性或不粘性、润湿性或憎水性、吸油性或干摩性、减振性、密封性、催化性、装饰性或仿古作旧性等，将来的表面材料不仅美观耐用，而且会向环保型、智能型、仿生型发展。同时，表面技术将为提高人类生活质量，优化人类生活环境作出贡献。不用擦拭的皮鞋、不用清洗的高楼玻璃幕墙、既美观又免于打扫的公路路标和隔离墙、防雨又透气的衣服和鞋帽，这些听似异想天开的事物，将因为"表面工程技术"的不断发展而最终实现。

　　因此，专家们预言，表面工程将成为现代工业发展的关键技术之一。表面工程既已成为从事机电产品设计、制造、维修、再制造工程人员必备的知识，也成为机电产品不断创新的知识源泉。

10.1.2　表面工程技术的分类

按照改善基质材料表面性能的原理，表面工程技术可分为表面改性、表面处理、表面涂覆、复合表面工程技术、纳米表面工程技术五大类。

1．表面改性

表面改性是指通过改变基质材料表面的化学成分，来达到改善表面结构和性能的目的。这一类表面工程技术包括化学热处理、离子注入和转化膜技术等。转化膜技术取材于基质中化学成分形成新的表面膜层，可归入表面改性类(见图 10-1)。

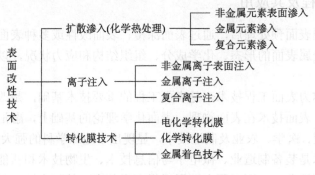

图 10-1　表面改性技术

2．表面处理

表面处理时不改变基质材料的化学成分，只通过改变表面组织结构及应力达到改变表面性能的目的。这一类表面工程技术包括表面变形处理、表面淬火热处理以及表面纳米化加工技术等(见图 10-2)。

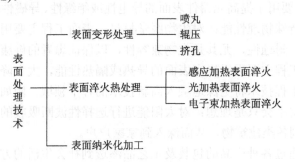

图 10-2　表面处理技术

3．表面涂覆

表面涂覆是在基质表面上形成一种膜层。涂覆层的化学成分、组织结构可以和基质材料完全不同。涂覆层的厚度可以是几毫米，也可以是几微米。通常在基质零件表面留有加工余量，以实现表面具有工况需要的涂覆层厚度。表面涂覆与表面改性和表面处理相比，由于它的约束条件少，技术类型和材料的选择空间很大，因而表面涂覆类表面工程技术非常多，而且应用最为广泛。这一类表面工程技术包括电镀、电刷镀、化学镀、物理气相沉积、化学气相沉积、热喷涂、堆焊、激光束或电子束表面熔覆、热浸镀、粘涂复合表面工程技术涂装等。

4．复合表面工程技术

复合表面工程技术是对上述三类表面工程技术的综合应用。复合表面工程技术是在一种基质材料表面上采用了两种或两种以上表面工程技术，用以克服单一表面工程技术的局限性，发挥多种表面工程技术间的协同效应，从而使表面性能、质量、经济性达到优化。因而复合表面工程技术又称为第二代表面工程技术。

5．纳米表面工程技术

纳米表面工程技术是利用纳米材料、纳米结构的优异性能，将纳米材料、纳米技术与表面工程技术交叉、复合、综合，在基质材料表面制备出含纳米颗粒的复合涂层或具有纳米结构的表层。纳米工程技术能赋予表面新的服役性能，使零件设计时的选材发生重要变化，并为表面工程技术的复合开辟了新的途径。因而纳米表面工程技术又称为第三代表面工程技术。

目前已进入了实用化的纳米表面工程技术有：纳米颗粒复合电刷镀技术、纳米热喷涂技术、纳米涂装技术、纳米减摩自修复添加剂技术、纳米固体润滑干膜技术、纳米粘涂技术、纳米薄膜制备技术、金属表面纳米化技术等。

表面工程技术种类技术很多，应用领域广泛，本章重点介绍提高机械产品服役性能和刀具使用寿命的常用表面工程技术。

10.2　表　面　淬　火

在弯曲和扭转等交变负荷、冲击负荷作用下工作的机械零件，它的表面承受的应力比心部高，在有摩擦的场合，表面层还不断地被磨损，因此对零件表面提出了强化的要求，使它的表面具有高的强度、硬度、耐磨性和疲劳极限，而心部仍保持足够的塑性和韧性。表面淬火是强化钢件表面的重要手段。各种齿轮、凸轮、曲轴颈、顶杆、阀门、套管及轧辊等工件，经常采用表面淬火进行强化。

表面淬火主要是通过快速加热与立即淬火冷却相结合的方法来实现的，即利用快速加热使钢件表面很快地达到淬火的温度，而不等到热量传至中心，即迅速予以冷却，这样便可以只将表层被淬硬为马氏体，而中心仍未为淬火组织，即原来塑性和韧性较好的退火、正火或调制状态的组织。实践证明，表面淬火用钢的含碳量以 0.40%～0.50%为宜。如果提高碳含量，则会增加淬硬层脆性，降低心部塑性和耐磨性。

根据加热方式不同，表面淬火主要有：感应加热(高频、中频、工频)表面淬火、火焰加热表面淬火、电接触加热表面淬火、电解液加热表面淬火、激光加热表面淬火和电子束加热表面淬火等几种，其中工业中应用最多的是火焰加热表面淬火和感应加热。

10.2.1　火焰加热表面淬火

火焰加热表面淬火是用乙炔—氧或煤气—氧的混合气体燃烧的火焰，喷射在零件表面上，使它快速加热，当达到淬火温度时立即喷水冷却，从而获得预期的淬硬层深度和硬度的一种热处理方法，其示意图如图 10-3 所示。

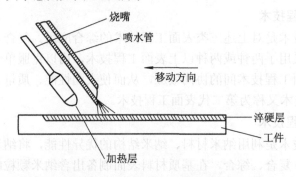

图 10-3　火焰加热表面淬火示意图

　　火焰加热表面淬火零件的材料常用中碳钢如 35、45 钢以及中碳合金结构钢如 40Cr、65Mn 等。如果含量太低，则淬火后硬度较低；如果碳和合金元素含量过高，则易淬裂。火焰加热表面淬火法还可用于对铸铁件如灰铸铁、合金铸铁进行表面淬火。

　　火焰加热表面淬火的淬硬层深度一般为 2~6 mm，若要获得更深的淬硬层，往往会引起零件表面严重过热，且易产生淬火裂纹。

　　由于火焰加热表面淬火方法简便，无需特殊设备，可适用单间或小批量生产的大型零件和需要局部淬火的工具或零件，如大型轴类、大模数齿轮、锤子等。但火焰加热表面淬火较易过热，淬火质量往往不够稳定，因此限定了它在机械制造中的广泛应用。目前采用火焰淬火机床能有效地保证零件的表面淬火质量。

10.2.2　感应加热表面淬火

　　感应加热表面淬火是将工件放在通有中频或高频交流电(频率一般为 500~300 000 Hz)的感应器(空心铜管绕成)内，于是工件中就感应产生同频率的感应电流，将工件表面迅速加热，当达到淬火温度时立即喷水或浸油冷却，从而获得预期的淬硬层深度和硬度的一种表面淬火方法。感应电流在工件截面上的分布是不均匀的，心部电流密度几乎等于零，而表面电流密度极大，这种现象称为集肤效应。频率越高，电流渗入深度越浅，淬透层越薄，因此可选用不同频率来达到不同要求的淬硬层深度。图 10-4 表示工件与感应器的工作位置以及工件界面上电流密度的分布。

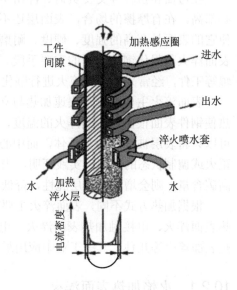

图 10-4　感应加热表面淬火示意图

　　根据所用电流的频率不同，感应加热可分为工频加热(50 Hz)、中频加热(2.5 kHz 和 8 kHz)和高频加热(200~300 kHz)三类。生产中一般根据工件尺寸大小及所需淬硬层的深度来选用感应加热的频率，工频加热一般用于淬硬层深度为

$10\sim20$ mm 的大型零件(直径为 300 mm 以上)，中频加热用于淬硬层深度为 $2\sim10$ mm 的较大型零件，高频加热用于淬硬层深度为 $0.5\sim2.5$ mm 的中小型零件。

与普通加热淬火相比，感应加热表面淬火的加热速度极大，淬硬层深度易于控制，生产率高，产品质量又好，还便于实现机械自动化，在工业上获得日益广泛的应用。但感应加热表面淬火的设备较贵，维修、调整比较困难，形状复杂零件的感应器不易制造。

10.2.3　激光表面淬火

激光表面淬火是利用聚焦后的激光束快速加热钢铁材料表面(激光加热速度一般为 $10^3\sim10^4$℃/s)，使其发生相变，然后停止加热或移开激光束，形成马氏体淬硬层的过程。激光淬火的功率密度高，冷却速度快(冷却速度可达 10^4℃/s，甚至 10^{10}℃/s)，可实现自冷淬火，即不需要水或油等冷却介质，是一种清洁、快速的淬火工艺。

与感应淬火和火焰淬火工艺相比，激光淬火淬硬层均匀，硬度高(一般比感应淬火高 $5\sim10$ HRC)，工件变形小，加热层深度和加热轨迹容易控制，易于实现自动化，不需要像感应淬火那样根据不同的零件尺寸设计相应的感应线圈，对大型零件的加工也无需受到渗碳淬火等化学热处理时炉膛尺寸的限制，因此在很多工业领域中正逐步取代感应淬火和化学热处理等传统工艺。尤其重要的是，激光淬火前后工件的变形几乎可以忽略，因此特别适合高精度要求的零件表面处理。激光淬硬层的深度依照零件成分、尺寸与形状以及激光工艺参数的不同，一般在 $0.3\sim3.0$ mm 范围之间。

对大型齿轮的齿面、大型轴类零件的轴颈进行淬火，表面粗糙度基本不变，不需要后续机械加工就可以满足实际工况的需求。激光熔凝淬火技术是利用激光束将基材表面加热到熔化温度以上，由于基材内部导热冷却而使熔化层表面快速冷却并凝固结晶的工艺过程。获得的熔凝淬火组织非常致密，沿深度方向的组织依次为熔化-凝固层、相变硬化层、热影响区和基材。激光熔凝层比激光淬火层的硬化深度更深、硬度要高，耐磨性也更好。该技术的不足之处在于工件表面的粗糙度受到一定程度的破坏，一般需要后续机械加工才能恢复。为了降低激光熔凝处理后零件表面的粗糙度，减少后续加工量，采用专门配制的激光熔凝淬火涂料，可以大幅度降低熔凝层的表面粗糙度。

激光淬火现已成功地应用到冶金行业、机械行业、石油化工行业中易损件的表面强化，特别是在提高轧辊、导卫、齿轮、剪刃等易损件的使用寿命方面，效果显著，取得了很大的经济效益与社会效益。近年来在模具、齿轮等零部件表面强化方面也得到越来越广泛的应用。

激光淬火的特点如下：

(1) 激光淬火的热循环过程快，淬火零件不变形；

(2) 采用防氧化保护薄涂层几乎不破坏表面粗糙度；

(3) 淬火激光淬火不开裂；

(4) 对局部、沟、槽可进行定位精确的数控淬火；

(5) 激光淬火清洁、高效，不需要水或油等冷却介质；

(6) 淬火硬度比常规方法高，淬火层组织细密、强韧性好。

表 10-1 列出了常用的表面热处理方法的主要应用特性。

表 10-1　常用表面热处理方法的主要应用特性

工艺方法	对基体的热影响	硬化层组织及厚度 /mm	其他特点	性能及应用
火焰加热表面淬火	有一定受热变形、氧化、脱碳	加热到相变临界点以上,得到细小针状马氏体	工艺简单、易使零件过热,效果不稳定	提高硬度、耐磨性、疲劳强度
感应加热表面淬火	加热快,变性小	淬透层厚为 1~2	生产率高、应用广	硬度比一般淬火高 2~3 HRC
激光加热表面淬火	加热极快	细小针状马氏体,硬化层深度<1	可自冷淬火	提高硬度、耐磨性、疲劳强度
电子束加热表面淬火			真空中进行,无氧化	

10.3　化学表面热处理

　　化学表面热处理是通过原子扩散、化学反应等方法,使被处理材料表面成分、组织、形貌发生改变,从而使表面获得不同于基体材料性能的工艺方法。这一工艺方法已被广泛应用于金属材料以及无机非金属材料的表面改性处理。

　　钢材化学表面热处理是将钢件置于一定温度的活性介质中保温,使介质中的一种或几种元素渗入工件的表面,以改变表层的化学成分和组织,从而使工件表面具有不同于工件心部性能的一种热处理工艺。其主要特点是:表面层不但有组织的变化,而且有成分的变化。

　　化学表面热处理后的钢件表面可以获得比表面淬火更高的硬度、耐磨性和疲劳强度或其他物理化学性能,同时心部仍保持良好的塑性和韧性。因此化学表面改性工艺在应用钢铁材料各部门中已被广泛使用。

　　钢材化学表面热处理很多,通常以渗入元素来命名。根据渗入元素的不同,可分为渗碳、渗氮(氮化)、碳氮共渗、多元共渗、渗硼、渗硫、渗金属,等等。

　　化学表面热处理的一般过程通常由分解、外扩散、吸附、介质中的扩散、金属中的反应等五个基本过程组成,即:从渗剂中分解出含有被渗元素的"活性原子"的过程;渗入元素原子向工件表面扩散的过程;工件表面吸附并溶解被渗活性原子的过程;渗入元素原子由高浓度表面向内部的迁移过程;渗入元素的浓度超过工件基体的极限溶解度时形成新相的过程。扩散的结果是在工件表面获得一定层深的扩散层。

　　工件表面扩散层的厚度和浓度是由分解、外扩散、吸附、介质中的扩散、金属中的反应速度及它们之间的相互关系决定的。这些过程相互联系、相互制约。在一般情况下,扩散是控制化学表面改性处理的主要过程。因为扩散是上述五个基本过程中最慢的一个环节,故加快扩散速度,可以加速化学表面改性处理过程。

　　目前生产中最常用的化学表面改性处理工艺是渗碳、氮化和碳氮共渗(氰化)。

　　表 10-2 列出了常用的表面化学热处理方法的主要应用特性,供选择表面技术类别时参考。

表 10-2　常用表面化学热处理方法的主要应用特性

工艺方法	对基体的热影响	强化层组织及厚度	其他特点	性能及应用
渗碳(固体、气体、流态床、真空、离子渗碳等)及碳氮共渗	加热温度常为880~1050℃, 共渗温度较低	马氏体, 渗碳层厚为1~2 mm, 共渗形成碳氮结合物薄层, 层厚<0.8 mm	离子渗碳速度快, 表层组织优	增加表面含碳量, 提高其硬度、耐磨性、疲劳强度。碳氮共渗可采用含碳量较高的中碳钢
渗氮(气体、气体软渗氮、盐浴渗氮、离子渗氮 等)及碳氮共渗	气体渗氮温度一般为 500~580℃, 碳氮共渗温度常在 530~570℃	各种碳化物, 共渗形成碳氮化合物; 渗层深度等于 0.6 mm, 共渗层为 0.01~0.06 mm	离子渗碳范围宽, 可在 400℃下进行。工件变形小, 但渗氮速度低	高硬度、高耐磨性、较高的疲劳强度。用于碳钢及含 Cr、Mo、Al、W、V、Ni、Ti 等元素的合金钢。共渗层的韧性和疲劳强度增加
含铝共渗及复合渗(Al-Si、Al-Cr、Al-B、Al-V、Al-Ti、Al-Cr-Si、Al-Ti-Si 等)	Al-Si、Al-Cr、Al-Ti 粉末法共渗及复合渗温度常为 1000℃	获得含铝等化合物。Al-Si 粉末法 8 h, 20 钢渗层 0.23 mm, 45 钢 0.18 mm; Al-Cr 粉末法 10 h, 1Cr18Ni9Ti 渗层 0.22 mm	含铝共渗及复合渗较单独渗铝可获得更高的热稳定性和在某些腐蚀介质中的耐蚀性	提高热稳定性和在某些腐蚀介质中的耐蚀性。如用碳钢、低合金钢经 Al-Si 复合渗代替高合金钢耐热钢, 用廉价钢种经 Al-Cr 共渗代替高合金钢
含铬共渗及复合渗(Cr-Si、Cr-Ti、Cr-RE、Cr-Ti/V/NbCr-V-N 等)	Cr-Si 共渗温度为 1000℃; Cr-Ti 共渗温度为 1100℃; Cr-RE 复合渗温度为 950℃	获得含铬等化合物。Cr-Si 共渗 10h; Cr-Ti 共渗 4h, 厚为 0.03~0.06 mm; Cr-RE 共渗 4~8 h, 厚为 0.01~0.015 mm	渗层的化合物中, Cr_7C_3 硬度 1800 ~ 2300 HV; VC 硬度 3000~3300 HV	提高耐蚀(气体腐蚀、电化学腐蚀)、耐磨、抗氧化性。加适量稀土可提高渗铬速度, 改善渗铬层质量
含硼共渗及复合渗(B-Al、B-Si、B-Cr、B-Zr、C-N-B、O-S-N-C-B 等)	B-Al 粉、B-Si 粉法 1050 ℃; C-N-B 盐浴法 730℃	获得含硼等化合物。45 钢渗硼铝 6h, 渗层厚为 0.36 mm; 45 钢渗硼硅 3 h, 渗层厚为 0.24 mm	20 碳钢离子渗硼后硬度1800~2500 HV	提高耐磨性。硼铝、硼硅共渗与复合渗还可提高抗氧化性。五元共渗主要用于高速钢刀具, 提高寿命 1~2 倍

10.4　电镀和化学镀

10.4.1　电镀

1. 电镀及其应用

电镀是用电化学的方法在镀件表面上沉积所需金属或合金覆层的工艺。它是以被镀件金属为阴极, 在外电流作用下, 使镀液中欲镀金属的阳离子沉积在被镀件金属的表面上, 而形成镀层(金属、合金或半导体等)的表面加工方法。

电镀是表面处理的重要组成部分, 表面处理技术已广泛应用在各个工业部门, 如机械、仪表、电器、电子、轻工、航空、航天、船舶以及国防工业的各个部门都需要表面处理技术。它不仅能使产品质量和外观美观、新颖和耐用, 还可以对一些有特殊要求的工业产品赋予所需要的性能, 如高耐蚀性、导电性、焊接性、润滑性、磁性、反光性、高硬度、高耐磨性、耐高温性等。

2. 电镀层的种类

电镀层的种类有多种, 若根据镀层使用的目的来分, 大致可分为八类: ① 防护性镀层, 镀锌层和镀锡层属于此类镀层。② 装饰性镀层, 装饰性镀层多半都是由多层镀形成的组合镀层, 例如, 铜/镍/铬多层镀, 现在汽车铝轮毂的电镀层数有的多达九层。近几年来, 电镀贵金属(如镀金、银等)和仿金镀层应用比较广泛, 特别在一些贵重装饰品和小五金商品中,用量较大，产量也较大。③ 功能性镀层，为了满足工业生产和科技上的一些要求。常需要在部件表面上施镀一层金属、合金。例如，作为机械零件耐磨和减磨镀层的镀硬铬，作为轴瓦和轴套上减摩镀层的镀锡、镀铅-锡合金、镀铅-铟合金以及镀铅-锡-铜合金等。④ 抗高温氧化镀层，例如，喷气发动机的转子叶片和转子发动机的内腔等，常需要镀镍、钴、铬及铬合金，以防止其在高温腐蚀介质中氧化或热疲劳而损坏。⑤ 导电镀层，在印制电路板、IC 元件等，需要大量使用提高表面导电性镀层，通常采用镀铜、银和金。当要求镀层既要导电好，又要耐磨时，就需要镀 Ag-Sb 合金，Au-Ni 合金、Au-Ni 合金及 Au-Sb 合金等。⑥ 磁性镀层，在电子计算机和录音机等设备中，所使用的录音带、磁盘和磁鼓等储存装置均需要磁性材料。这类材料多采用电镀法制得，通常用电镀法制取的磁性材料有 Ni-Fe、Co-Ni 和 Co-Ni-P 等。⑦ 焊接性镀层，有些电子元件器件进行组装时，常需要进行钎焊，为了改善和提高它们的焊接性能，在表面需要镀一层铜、锡、银以及锡-铅合金等。⑧ 修复性镀层，有些大型和重要的机器部件经过使用磨损后，可以用电镀或刷镀法进行修补。例如，汽车和拖拉机的曲轴、凸轮轴、齿轮、花键、纺织机的压辊等，均可采用电镀硬铬、镀铁、镀合金等均可进行修复。印染、造纸等行业的一些部件也可以用镀铜、镀铬等来修复。

按照电镀层的位置及其作用，可以将电镀层分为底镀层、中间镀层和表面镀层。

电镀工艺中目前用得最多的镀层品种是铜、锌、镍、铬、锡、贵金属以及锌-镍、铜-锡、铜-锌合金等。

表 10-3 列出了常用电镀方法的主要应用特性。

表 10-3　常用电镀方法的主要应用特性

工艺方法	对基体的热影响	强化层组织、结合性能及厚度	其它特点	性能及应用
槽镀	对基体无热影响(但应注意某些工艺在预处理环节上对基材的腐蚀)	电化学结晶镀层，可形成金属键连接。结合强度高于热喷涂。镀层厚度取决于镀层种类和工艺条件，一般为 1~500 μm。如槽镀铬厚度约 5~1000 μm；电刷镀镍钨合金镀层一般在 70 μm 以内	使用方便、适于批量生产，工件尺寸受镀槽限制，废液需做环保处理	提高耐磨性、耐蚀性、耐热性、装饰性、减摩性等，如镀镍、铬、锌、铜及各种合金。其中，电刷镀适用于对零件进行现场不拆卸修复；复合镀可获得含固体颗粒的特殊耐磨、减摩及特殊功能镀层，尤其纳米复合可获得更高性能的镀层
电刷镀			设备简单、工艺灵活、镀层种类多、沉积速度快，工件尺寸不限	
特种电镀			各有独特优点，一般镀层质量较高	

10.4.2　化学镀

化学镀是利用合适的还原剂被氧化而释放自由电子，把溶解中的金属离子还原为金属原子，并沉积在工件表面的过程。它是一种独立沉积金属的方法，因不用外电源而直译为无电镀或不通电镀(Elestroless Plating or Nonelectiolytic)。1947 年，美国科学家 A.Brenner 和 G.Riddell 发明了化学镀镍，大规模工业应用则于 20 世纪 70 年代开始。与电镀工艺相比，化学镀具有以下特点：

(1) 镀层厚度均匀，即匀镀能力强，化学镀溶液的分散力接近 100%，特别适合镀形状复杂工件、腔体件、盲孔件及管件内壁。镀层表面光洁平整，一般不需要镀后加工，适宜做加工件超差及选择性施镀。

(2) 可以在金属表面和塑料、玻璃、陶瓷、半导体等非金属表面施镀，化学镀使非金属表面合金化，是制备导电层常用的方法。

(3) 工艺设备简单，不需要电源及输电系统。

(4) 化学镀靠基本材料表面的自催化活性才能起镀，其结合力一般优于电镀。镀层光滑、晶粒细、致密、孔隙率较低。有些化学镀还具有特殊的物理化学性质。

化学镀的缺点是成本高，镀液虽然能通过维护、调整可反复使用，但难度大，即溶液稳定性差。一般情况下，镀层脆性较大。

化学溶液由金属盐、还原剂、稳定剂和缓冲剂等组成。其中金属盐和还原剂是化学镀溶液中的主要成分，其他成分虽是次要的，但对化学镀工艺的完成和镀层性能的保证也是必不可少的。

化学镀层一般具有良好的耐蚀性、耐磨性、减摩性、钎焊性，特殊的电学或磁学性能以及装饰作用，广泛应用于电子、计算机、机械、交通运输、能源、使用天然气、化学工业、航空航天、汽车、矿冶、食品机械、印刷、模具、纺织、医疗器件等各个工业部门。应用最广的是计算机和电机行业，其次是阀门和汽车行业。

化学镀层的品种有 Ni、Cu、Co、Sn、Au、Pd、Pt，Ni-Me-P 或者 Co-Me-P、Ni-Me-B(Me 包括 Co、Ni、Fe、Cu、W、Mo、Sn、Re、Zn)等，其中最常用的化学镀有化学镀镍、化学镀铜两种。

1. 化学镀镍

化学镀镍是化学镀发现最早、应用时间最长和使用最广泛的方法，其镀液中的主要成分是金属盐，有氯化镍和硫酸镍，还原剂有次磷酸钠、焦磷酸钠和硼氢化钠等以及其他的一些附加成分。

镀镍层的结构和组织主要有 Ni-P 和 Ni-B 合金两种。镀镍层具有较高的硬度、强度和弹性模量，表现出优异的耐磨性，特别是粘着磨损条件下，耐磨性更加优越。同时，化学镀镍层可提高基材抗应力腐蚀和抗疲劳腐蚀的能力，几乎不受碱液、中性盐水、淡水和海水的腐蚀，在有机溶剂、非氧化物酸中也有很强的抗蚀能力，但在强氧化性介质中耐蚀性差。

化学镀镍主要用于电子、电器、石油、燃气、印刷、药品、汽车、工具、航空航天和机械零件等工业部门。

2. 化学镀铜

化学镀铜在化学镀中占有十分重要的地位。化学镀铜镀液中金属盐常用硫酸铜，而还原剂最普遍的是甲醛。

化学镀铜的主要目的是用于非导电材料的金属化处理，即在非导体材料表面上形成导电层，也广泛用于电镀前的底层。如印刷电路板以及电路连接孔等对金属化的高要求上，塑料表面电镀等常用化学镀铜做底层。不同溶液镀出的铜层均为纯铜。

化学施镀的基材主要是碳钢和铸铁，其次是铝及有色金属，塑料、陶瓷等较少。不同成分的镀层，其性能变化很大。

化学镀技术近年来发展很快，由于产品质量要求提高，竞争激烈，尤其是环保要求禁止 Pb、Cd 及六价铬以后，即使化学镀工作者面临着更加严峻的考验，又为化学镀创新提供了机遇。

10.5　气相沉积技术

气相沉积是利用气相中发生的物理、化学过程，在材料表面形成具有特殊性能的金属或化合物覆层的工艺方法。它是主要用来制备特殊功能薄膜涂层和薄膜材料的技术，例如气相沉积硬质涂层 TiN 已被广泛用于提高耐磨工具、模具的寿命。TiN 和 TiC 硬膜技术已大规模用于硬质合金刀片及 Cr12 系列模具钢。目前在发达国家，70%～80%的刀片是带涂层使用的。

现在由于气沉积技术方法的多样化，可以得到金属膜、合金膜、各种氧化物膜、非金属膜、半导体膜、陶瓷膜和塑料膜等，也可得到和应用磁性膜、绝缘膜、电介质膜、压电膜、光电膜、超导膜、传感器膜、自润滑膜、装饰膜和耐热、耐氧化、耐磨、耐蚀等功能薄膜。

按照覆层形成的基本原理，气相沉积一般可分为物理气相沉积(Physical Vapor Deposition，PVD)和化学气相沉积(Chemical Vapor Deposition，CVD)。此外，通过不同 PVD、CVD 方法的复合，可派生出很多新的方法，如等离子体增强化学气相沉积(PCVD)兼有物理和化学方法的特点，它可在较低温度下制备高质量的各种膜层。较先进的气相沉积工艺是各种单一 PVD、CVD 方法的复合，它们不仅采用各种新型的加热源，而且充分运用各种化学反应、高频电磁(脉冲、射频、微波等)及等离子体等效应来激活沉积粒子。如反应蒸镀、反应溅射、离子束溅射、多种等离子体激发 CVD 等。图 10-5 是气相沉积的一种分类方法。

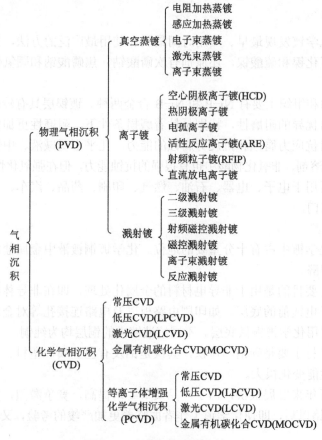

图 10-5　气相沉积分类方法

10.5.1　物理气相沉积

物理气相沉积技术是在真空条件或充氩气(Ar)的真空条件下，采用物理方法，将材料源——固体或液体表面气化成气态原子、分子或部分电离成离子，并通过低压气体(或等离子体)过程，在基体表面沉积具有某种特殊功能的薄膜的技术。

物理气相沉积技术基本原理可分三个工艺步骤：

(1) 镀料的气化：通过一定加热方式，使被镀材料受热蒸发或升华，即由固态转变为气态。

(2) 镀料原子、分子或离子的迁移：由镀料气化的原子、分子或离子经过碰撞后，产生多种反应。

(3) 镀料原子、分子或离子在基体上沉积。

物理气相沉积的主要方法有真空蒸发镀膜、溅射镀膜和离子镀膜等，其中真空蒸发镀膜技术是发展最早、应用最广的一种。表 10-4 列出了常用物理气相沉积方法的主要应用特性。

表 10-4　常用物理气相沉积方法的主要应用特性

工艺方法	对基体的热影响	强化层组织、结合性能及厚度/μm	其 他 特 点	性能及应用
真空蒸发镀膜		沉积异种金属及化合物。结合性能较低，沉积离子能量为 0.2 电子伏	设备简单、使用广泛、可规模生产。可以蒸镀不良导体，如玻璃、陶瓷、有机合成材料、纤维、纸。沉积速度快	电极的导电膜、光学镜头用的增透膜；聚酯薄膜上镀铝，集成电路镀铝金属化
溅射镀膜	工件(基片)温度在数百度镀膜	沉积金属、非金属、化合物(晶态或非晶态)膜。结合性能较好，沉积离子能量在 1~40 电子伏范围	溅射方法多样，任何物质均可溅射(金属、非金属、化合物薄膜)，且膜层密度高、孔隙少、结合牢靠。但设备与工艺操作复杂	提高刀具、模具等表面耐磨性、装饰性、润滑性、耐热性、抗氧化性，赋予表面特殊功能(电学、光学、磁学)
离子镀膜		沉积金属、陶瓷、化合物膜。结合性能好，沉积离子能量在几至数百电子伏范围	方法多样，离化率较高，沉积速度快，层摩附着力强，绕射性好，可镀材料广泛	刀具、模具和零件表面强化与保护，轴承润滑，装饰品，赋予表面特殊功能(电学、光学、磁学)

物理气相沉积技术不仅可沉积金属膜、合金膜、还可以沉积化合物、陶瓷、半导体、聚合物膜等。

物理气相沉积技术工艺过程简单，对环境改善，无污染，耗材少，成膜均匀致密，与基体的结合力强。该技术广泛应用于航空航天、电子、光学、机械、建筑、轻工、冶金、材料等领域，可制备具有耐磨、耐腐蚀、装饰、导电、绝缘、光导、压电、磁性、润滑、超导等特性的膜层。

10.5.2　化学气相沉积

化学气相沉积是反应物质在气态条件下发生化学反应，生成固态物质沉积在加热的固态基体材料表面，形成覆盖层的工艺技术。CVD 与 PVD 的区别在于 CVD 依赖于化学反应生成固态薄膜，它本质上属于原子范畴的气态传质过程。

常见 CVD 的化学反应有以下几种类型。

(1) 热分解反应，如

$$SiH_4 \xrightarrow{\text{800~1000°C}} Si + 2H_2$$

(2) 还原反应，如

$$CH_3SiCl_3 \xrightarrow{\text{1400°C}} SiC + 3HCl$$

$$WF_6 \xrightarrow{\text{300~500°C}} W + 6HF$$

(3) 氧化反应，如

$$SiCl_4 + O_2 \longrightarrow SiO_2 + 2Cl_2$$

(4) 水解反应，如

$$2AlCl_3 + 3H_2O \longrightarrow Al_2O_3 + 6HCl$$

(5) 综合反应，如

$$TiCl_4 + CH_4 \longrightarrow TiC + 4HCl$$

$$AlCl_3 + NH_3 \longrightarrow AlN + 3HCl$$

从以上反应过程可以看出，参加的反应物全部为气态物质，而生成物必有固态物质，同时还有新生成的气态物质。

化学气相沉积薄膜的形成一般有以下几个阶段：① 反应气体向衬底表面的运输扩散；② 反应气体在衬底表面的吸附；③ 衬底表面气体间的化学反应，生成固态和气态产物，固态生成物粒子经表面扩散成膜；④ 气态生成物由内向外的扩散和表面解吸；⑤ 气态生成物向表面区外的扩散和排放。

化学气相沉积装置由反应物供应系统、气相反应器和气流传送系统组成。反应气体先被加热到一定温度，达到足够高的蒸汽压，用载气(一般为 Ar 或 H_2)送入反应器，在反应器内，被镀材料或用金属丝悬挂，或放在平面上，或沉没在粉末的流化床中，或本身就是流化床中的颗粒。化学反应器中发生反应，产物就会沉积到被镀物表面，废气(多为 HCl 或 HF)被导向碱性吸收或冷阱。

化学气相沉积的优点如下：① 可通过调节气体原料的组成和流量，在较大范围改变镀层组分，可以形成多种金属、合金以及碳化物、氮化物、硼化物、氧化物、硅化物等陶瓷和化合物镀层(厚度多在零点几微米至几十微米)，从而获得梯度沉积物或者得到混合镀层；② 可以控制镀层的密度和纯度，镀层致密、纯度高、质量好；③ 设备、操作简单，反应所需原料容易获得；④ 绕镀件好，因此可在复杂形状基体上以及颗粒材料上镀制，可镀制带有槽、沟、孔，甚至是盲孔的工件；⑤ 可在常压或者低真空条件下沉积膜层。

不足之处如下：① 沉积镀层通常有柱状晶结构，不耐弯曲，但通过有关技术的控制，可得到细小晶粒和等轴沉积层；② 反应温度相对较高，一般为 800~1200℃；③ 反应气体及挥发性产物通常有毒、易燃爆、有腐蚀性，需采取保护和防止环境污染措施；④ 对衬底的掩膜操作困难；⑤ 沉积速率较低。

CVD 的应用如下：① CVD 镀层可用于要求耐磨、抗氧化、抗腐蚀以及有某些电学、光学和摩擦学性能的部件；② 对于耐磨镀层一般采用难熔的硼化物、碳化物、氮化物和氧化物，主要用于金属切削刀具；③ TiC、TiN、Al_2O_3、TaC、HfN 和 TiB_2 以及它们的组合镀层表现出高的硬度、化学稳定性、耐磨、减摩、高的导热性以及热稳定性，将其沉积在硬质合金的基体上，可以提高使用寿命；④ CVD 还用于泥浆传输设备、煤的气化设备和矿井设备等。在电镀镍枪筒的内壁 CVD 沉积钨层后，其耐蚀性约增加 10 倍。

在传统 CVD 技术的基础上后，又相继出现了金属有机化合物 CVD、等离子辅助 CVD 和激光 CVD 等新技术，使 CVD 法的应用更加广阔且有良好的发展前景。

10.6　离 子 注 入

离子注入是将元素的原子电离成离子后，在高电场(几十至几百千伏)作用下被加速获得高能量和高速率摄入工件表面的技术。注入是在高真空(10^{-4} Pa)和较低温度下进行的，基体不受污染，不引起热变形、退火和尺寸的变化。注入原子与基体材料间没有界面，注入层不存在剥落问题。

一定能量的离子束注入固体材料后，与其中的原子核和电子发生碰撞，并与原子进行电荷交换，离子不断消耗能量并不断改变运动方向，当能量耗尽就停下来并滞留在材料中。离子注入的深度取决于离子的能量和质量以及基体的质量。

离子注入材料表面使注入层原子发生位移、换位、混合，产生密集的位错网络，注入原子与位错网络交互作用，使位错运动受阻。可使注入表面层原子排列从长程有序变为短程有序甚至变为非晶体状态。它们对位错产生钉扎作用，使表面层发生大幅度改变而得到强化。

在金属、陶瓷等材料的离子注入改性工艺中，要求的离子束能高，约为 20~400 千电子伏。材料表层的组分组成、相结构和组织会发生显著改变，当然表面层的各种性能变化也很大。

有些元素注入后，会与金属形成化合物，例如 N、B 元素注入后可生成 Fe_4N、Fe_3N、CrN、TiN、Be_6B 和 Be_2B 等，它们构成弥散相，使基体强化。高能量和高速离子轰击基体，使表面层应力处于压缩状态，这种压缩应力起到填实表面裂纹和降低微粒从表面剥落的作用，从而提高抗磨损能力和疲劳性能。离子注入金属表层深度很浅，通常为 0.1 μm。

作为一种材料表面工程技术，离子注入技术具有以下一些其他常规表面处理技术难以达到的独特优点。

(1) 离子注入是一个非热力学平衡过程，注入离子的能量很高，离子注入可用任何所需元素向任何金属及其合金以及半导体注入，被注入元素至少不受合金系统的固溶度限制，例如，钨和铜在液态和固态很难互溶，但采用钨离子注入铜中的方法就能得到钨在铜中的置换固溶体。离子注入的浓度可以很大，且与扩散无关。如氮在钢中的溶解度很小，但用离子注入可达到很高浓度。

(2) 离子注入一般是在常温和真空条件下进行的，而且在高能量和高速度运动下注入工件表面，因此加工后的工件表面无变形、无氧化，能保持工件原有的尺寸精度和表面光洁度。离子注入后无需再进行机械加工和热处理，耐磨性、耐蚀性和耐热性明显提高，并赋予表面其他特殊性能。故适于零件和产品的最后表面处理，特别是适于精密部件的最后工艺。

(3) 离子注入层由离子束与基体表面发生一系列物理和化学相互作用而形成一个新表面层，表面形成过饱和固溶体、异种金属、化合物等，离子注入层相对于基体材料没有边缘清晰地界面，因此它们与基体结合牢固，不存在粘附破裂或剥落问题。

但离子注入技术设备昂贵、成本高，故目前主要用于重要的精密关键部件。同时不能用来处理具有复杂凹腔表面的零件。由于零件要在真空室中处理，所以受真空室尺寸的限制。

离子注入技术的应用如下：

(1) 提高耐磨性。氮离子注入使钢的表层硬度、耐磨性、耐蚀性和耐疲劳性能都得到明显提高。

铜、铬、镍一些轻元素及合金，如铝和铝合金、镁和镁合金等在经氮等气体离子注入后，表面显微硬度、耐磨性、抗氧化性及耐化学腐蚀能力都有提高。

一些通用的刀具和钻头、各种模具以及各行业的特殊工具和工件，如轧钢用的热轧辊、塑料工业中的注塑螺杆、橡胶切刀等，经过氮离子注入后使用寿命都成倍甚至数十倍地提高。

在金属和合金中注入 N^+、C^+、B^+ 和 Ar^+ 等能提高材料的表面硬度，从而提高抗磨损性能。

离子注入活塞环后，在发动机工作的不同转速下，都能有效提高其耐磨性，从而提高活塞环的使用寿命。

N^+ 注入 Ti-6Al-4V 合金后使磨损率减小 500 倍。C^+、Ti^+ 双重注入 0Cr18Ni9Ti 钢可大幅度减少其表面的磨损率，耐磨性提高 3～4 倍。

(2) 提高耐蚀性。Y^+ 注入普通碳钢能改善在水溶液中的耐蚀性，注入剂量越高，效果越好。Y^+、Cr^+ 双重注入普通碳钢表面呈现不锈钢性能。

在钢的表面注入 Cr，可提高钢的耐蚀性。

在铝、不锈钢中注入 He^+，铜中注入 B^+、He^+、Al^+ 和 Cr^+ 后，耐大气腐蚀性明显提高。

Mo 在 Al 中是不相容的，但是在 20 千电子伏条件下铝中注入 10^{17} Mo^+/cm^2 可得到单相固溶体，使纯 Al 的一般腐蚀性能和点蚀抗力有了较大的改善。

电厂燃油锅炉的喷油嘴的工作温度为 550℃，除受炉气的高温氧化作用外，还受到燃料的磨损作用。未经注入的喷油嘴，在使用 3000 h 之后其孔径扩大了 100 μm，而经 B^+ 和 Ti^+ 双重注入，工作 8000 h 后，孔径扩大仅 30～50 μm。

10.7 热 喷 涂

热喷涂是以一定形式的热源将粉末、丝状或棒状喷涂材料加热至熔融或半熔融状态，通过高速气流并使其雾化，喷射在经过预处理的零件表面，形成喷涂层，用以改善或改变工件表面性能的一种表面工程技术。

热喷涂技术的应用已由制备装饰性涂层发展为制备各种功能性涂层，即可以是耐磨、耐蚀、耐热、隔热、减摩、润滑、防辐射等性能的保护涂层，也可以是材料具有导电、绝缘、磁、电等性能的功能涂层。热喷涂用于改善表面材质质量，比整体提高材质质量的方法要经济得多。热喷涂既可用于修复，又可用于制造。

热喷涂原理。热喷涂是利用热源(燃气火焰、电弧或等离子弧)将喷涂材料加热成熔化或半熔化状态，依靠热源自身的动力或外加的压缩空气流，将熔化的喷涂材料雾化成细粒或推动熔化的粒子以形成快速运动的粒子流喷射到基体表面形成喷涂层的过程。喷涂材料经过喷枪被加热、加速形成粒子流射到基体。它由熔化、雾化和喷射三个过程完成。最终在冷基体表面迅速冷却、凝固和堆积而形成涂层。

涂层的性能与涂层材料本身密切相关。选择合适的材料，可以获得具有优越性能的保护涂层和功能涂层。

热喷涂层时，喷涂层与工件表面之间主要产生由于相互间的镶嵌而形成的机械结合。当高温、高速的金属喷涂粒子与清洁表面的金属工件表面紧密接触，并使两者间的距离达到晶格常数的范围以内时，还会产生金属键结合。当喷涂放热型复合材料时，在喷涂层与工件之间的界面上，围观局部可能产生微冶金结合。如果将喷涂层重新加热至熔融状态，并在工件不融化的条件下，使喷涂层内部发生相互溶解与扩散，即可获得无孔隙、与工件表面结合良好的熔覆层，这一工艺称为喷熔。

热喷涂方法较多，根据热源形式来分，其基本方法有四种：火焰喷涂、电弧喷涂、等离子喷涂和特种喷涂(见图 10-6)。在此基础上，必要时可再冠以喷涂材料的形态(粉材、丝材、棒材)、材料的性质(金属、非金属)、能量级别(高能、高速)、喷涂环境(大气、真空、负压)等。

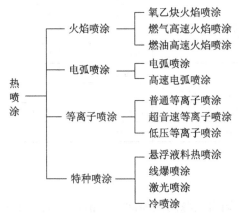

图 10-6　热喷涂的分类

与其他表面工程技术相比，热喷涂在实用性方面有以下主要特点：

(1) 用材范围广。喷涂材料可以是金属、合金、陶瓷和塑料。

(2) 热喷涂时工件受热温度较低，一般在 250℃ 以下，工件受热小，不变形，基材不发生组织变化，因而被喷涂材料可以是金属、陶瓷、玻璃等无机材料，也可以是塑料、木材、纸等有机材料。

(3) 工件大小一般不受限制，既可对大型设备进行大面积喷涂，也可对工件局部甚至小到 10 mm 内孔等进行喷涂。

(4) 热喷涂涂层厚度可调范围大，涂层厚度可从几十微米到几毫米。

(5) 由于热喷涂涂层与基体之间主要是机械结合，因而热喷涂不适用于重载交变负荷的工件表面，但对于各种摩擦表面、防腐表面、装饰表面、特殊功能表面等均适用。

(6) 涂层的功能多。应用热喷涂技术可以在工件表面制备出耐磨损、耐腐蚀、耐高温、抗氧化、隔热、导电、绝缘、密封、润滑等多种功能的单一材料涂层或多种材料的复合涂层。

(7) 设备简单、生产率高。常用的火焰喷涂、电弧喷涂以及小型等离子弧喷涂设备都可以运到现场施工。热喷涂的涂层沉积率仅次于电弧堆焊。

(8) 热喷涂的种类多。各种热喷涂技术的优势相互补充，扩大了热喷涂的应用范围，在技术发展中各种热喷涂技术之间又相互借鉴，增加了功能重叠性。

热喷涂的缺点是：操作环境较差，需加以防护。在实施喷砂处理和喷涂过程中伴有噪声和粉尘等，需采取劳动防护及环境防护措施。

表 10-5 列出了热喷涂技术与其他常用表面工程技术的比较。

表 10-5　热喷涂技术与其他常用表面工程技术的比较

有关参数	热喷涂	堆焊	气相沉积	电镀
零件尺寸	无限制	易变形件除外	受真空室限制	受电镀槽尺寸限制
零件几何形状	适用于简单形状	对小孔有困难	适用于简单形状	范围广
零件的材料	几乎不受限制	金属	通常不受限制	导电材料或经过到点处理的材料
表面材料	几乎不受限制	金属	金属及合金	金属、简单合金
涂层厚度/μm	1～25	可达 25	通常小于 1	通常小于 1
涂层孔隙率/(%)	1～15	通常无	极小	通常无
涂层与基体结合强度	一般	高	高	较高
热输入	低	通常很高	低	无
预处理	喷砂	机械清洁	要求高	化学清理
后处理	通常需要封孔处理	消除应力	通常不需要	通常不需要
表面粗糙度	较细	较粗	很细	极细
沉积率/(kg/h)	1～10	1～70	很慢	0.25～0.5

10.7.1　火焰喷涂

火焰喷涂是以气体火焰为热源的热喷涂。目前，火焰喷涂按火焰喷射速度分为火焰喷涂、气体爆燃式喷涂(爆炸喷涂)及超音速喷涂三种。其中，火焰喷涂为最基本的、应用最早的方法，由于具有投资少，操作简便等优点，得以广泛应用。

燃烧气体有乙炔(燃烧温度 3260℃)、氢气(燃烧温度 2871℃)、液化石油气(燃烧温度 2500℃)和丙烷(燃烧温度 3100℃)等。氧-乙炔火焰温度最高，可以喷涂各种线(丝)材、棒材和粉末材料。

1. 线材氧-乙炔火焰喷涂技术

线材氧-乙炔火焰喷涂技术以氧-乙炔作为加热金属线材的热源，使金属线材端部连续被加热熔化，借助于压缩空气或惰性气体高速气流使金属丝端部液滴脱落并雾化成颗粒，在火焰和气流的共同推动下，喷射到集基体表面形成"牢固"结合的涂层。图 10-7 为氧-乙炔火焰线材喷涂原理示意图。

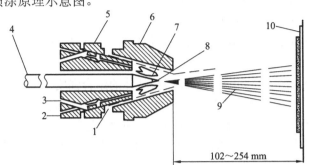

1—雾化器；2—燃料器；3—氧气；4—线材；5—气体喷嘴；
6—空气帽；7—燃料气体；8—熔融材料；9—喷涂束流；10—基体；
图 10-7　线材火焰喷涂原理示意图

线材氧-乙炔火焰喷涂具有以下优点：设备简单，使用方便，容易实现连续均匀送料，喷涂质量稳定；喷涂效率高，耗能少；涂层氧化物夹杂少，气孔率低；对环境污染少。

2．粉末氧-乙炔火焰喷涂技术

粉末氧-乙炔火焰喷涂技术与线材火焰喷涂的不同之处是喷涂材料不是线材而是粉末，同时不用压缩空气。喷涂粉末在气流的作用下，从喷嘴端部的燃烧火焰中喷出被加热、加速而成为熔融颗粒，喷射并沉积到基体表面形成"牢固"结合的涂层。

粉末氧-乙炔火焰喷涂具有装置简单、使用方便、适应性强、成本低和噪声小等优点，因而是热喷涂技术中应用最广泛的一种。

火焰喷涂的应用如下：

(1) 在钢桥、钢塔、水处理设备、水闸、船体、储水器、管道、矿山货车、气体容器、船内浴室和钢制框架等多种钢制件上用线材火焰喷涂锌、铝和镉等金属和合金层，用于防腐蚀。

(2) 在加热器、燃烧室和烟囱等易受高温氧化的钢制件上用火焰喷涂铝，用于抗高温氧化。

(3) 粉末火焰喷涂层经过重熔处理可获得高结合力和高硬度的耐磨损的机件，例如，吸风机叶片、阀密封面、冲模及冲头、泥浆泵、输煤机中部槽板和印刷布棍等。

(4) 可用来修复因磨损超差或腐蚀失效的零件，例如，回转轴、曲轴、往复柱塞、轴颈、液压压头、泵柱塞、衬套和机床导轨等。

10.7.2　电弧喷涂

电弧喷涂是以两电极之间的气体介质放电产生的电弧为热源，用高速气流将熔化金属的液滴从金属丝端部脱离、雾化，并高速喷射到工件表面形成涂层的一种工艺。

电弧喷涂的特点：结合强度高，一般比火焰喷涂层高 2.5 倍；生产效率高，即单位时间内喷涂金属质量大，通常为火焰喷涂的 2～6 倍；节能效果显著，能源利用率高，据测算，电弧喷涂的费用一般为火焰喷涂的 10%，比其他喷涂方法可节约 50% 左右。同时，电弧喷涂仅使用电和压缩空气，不用氧和乙炔等易燃气体，所以安全性高，也容易实现自动化。

电弧喷涂技术可赋予工件表面优异的耐磨、耐蚀、耐高温、防滑等性能，在机械制造、电力电子和修复领域中获得广泛的应用。

(1) 锌及其合金喷涂层。锌喷涂层尤其锌铝合金喷涂层已广泛用于室外露天的钢铁构件，以提高在大气和水中的耐腐蚀性。

(2) 铝及其合金喷涂层。作用与锌相似，但比锌轻，价格低廉。在有二氧化硫的气体中其耐蚀性较好。

铝及其合金加入稀土时，可提高喷涂层与基体的结合强度，同时降低孔隙率。

铝中加入铁时，在高温下产生抗高温氧化的 Fe_3Al，从而提高了钢材的耐热性。已广泛用于室外露天的钢铁构件，以提高在大气和水中的耐腐蚀性。

铝喷涂层已广泛用于储水容器、食品储存器、燃烧室、船体、闸门和硫磺气体包围的钢铁构件等。

(3) 铜及其合金喷涂层。纯铜涂层广泛用于电容开关和电子元件及塑像、工艺品和水泥等建筑表面。黄铜涂层主要用于修复磨损及加工超差的零件，修补铸造砂眼、气孔的黄铜铸件，也作装饰喷涂层使用。

(4) 镍铬合金喷涂层。镍铬合金具有优异的抗高温氧化性能，可在 880℃ 高温下使用，是应用最广泛的热阻材料。同时，它还可耐水蒸气、二氧化碳、一氧化碳、氨、醋酸及碱介质的腐蚀，被大量用作既耐腐蚀、又耐高温的喷涂层。不锈钢丝材电弧喷涂能够获得良好的耐磨防腐涂层。

(5) 钼喷涂层。钼喷涂层既可作为过渡层使用，也可用作摩擦表面的减摩涂层，如活塞环、刹车片、铝合金气缸等。

(6) 碳钢、低合金钢和铬钢具有强度高、耐磨性好、价格低廉等优点，但因碳易烧损，可造成涂层气孔和产生氧化物夹杂，使涂层性能下降。但用 3Cr13、4Cr13 和 7Cr13 作喷涂层可以防止在高温下这类钢中的碳和合金元素的烧损，从而提高其高温稳定性。

但普通电弧喷涂技术的粒子喷射速度有限且氧化程度比较严重，获得的涂层在结合强度、孔隙率及表面粗糙度等方面与等离子喷涂和高速火焰喷涂(HVOF)技术相比还有较大差距。为了拓宽电弧喷涂技术的应用领域，提高喷涂层的质量，人们研究开发了高速电弧喷涂技术。与普通电弧喷涂法相比，高速电弧喷涂法具有显著优点：① 熔滴速度显著提高，雾化效果明显改善；② 涂层结合强度显著提高；高速电弧喷涂防腐用 Al 涂层和耐磨用 3Cr13 涂层的结合强度分别达到 35 MPa 和 43 MPa，是普通电弧喷涂层的 1.5～2.2 倍；③ 涂层的孔隙率低。高速电弧喷涂 3Cr13 涂层的孔隙率小于 2%，而普通电弧喷涂层的孔隙率大于 5%。

10.7.3　等离子喷涂

等离子喷涂是利用在阴极和阳极之间产生的直流电弧把气体电离后形成的等离子焰，将喷涂粉末加热、熔化、加速和喷射到基体表面形成的一种工艺涂层。

近年来，等离子喷涂技术有了飞速的发展，在常规等离子喷涂基础上，又发展出低压等离子喷涂、计算机自动控制的等离子喷涂、三电极轴向送粉等离子喷涂和水稳等离子喷涂等。

等离子喷涂的特点如下：

(1) 等离子流的温度高，可喷涂材料广泛，既可喷涂金属或合金涂层，也可喷涂陶瓷和一些高熔点的难熔金属。

(2) 工艺稳定，可调节的因素较多，在很广的范围内稳定工作，可满足等离子工艺的要求，工艺参数易控制。

(3) 等离子射流速度高，射流中粒子的飞行速度一般可达 200～300 m/s 以上，又由于使用惰性工作气体，喷涂粒子流速快，减少了氧化反应，因此形成的涂层更致密，结合强度更高，特别是在喷涂高熔点的陶瓷粉末或难熔金属等方面更显示出独特的优越性。例如，等离子喷涂层法向结合强度通常为 40～70 MPa，而氧-乙炔粉末喷涂层一般为 5～10 MPa，气孔率少。

(4) 基体受热温度低(<200℃)，零件无变形，不改变基体金属的热处理性质。

等离子喷涂的应用：等离子喷涂可用于耐磨、减摩和固体润滑涂层，动密封，造隙滑配涂层，耐腐蚀涂层，抗高温氧化、抗高温气流冲刷涂层，热障碍涂层，抗表面疲劳涂层，红外线辐射、太阳能吸收和其他光学薄膜涂层，导电、绝缘涂层，磁性涂层，超导涂层，催化用涂层，热中心吸收涂层，制造金属、陶瓷类高熔点复合材料。在航空、航天、原子能、能源、交通、先进制造和国防工业中的应用日益广泛。但等离子喷涂效率较低，设备费用和流动资金高。工作中产生约 130 dB 的噪声和发出各种射线，应考虑这些因素。

10.8　堆　　焊

堆焊是指具有一定使用性能的合金借助一定的热源熔覆在母体材料的表面，以赋予母材特殊使用性能或零件恢复原有形状尺寸的工艺方法。堆焊可用于修复材料因服役而导致的失效部位，亦可用于强化材料或零件的表面，其目的都在于延长服役件的使用寿命、节约贵重材料、降低制造成本。

堆焊技术的显著特点是堆焊层与木材具有典型的冶金结合，堆焊层在服役过程中的剥落倾向小，而且可以根据服役性能选择或设计堆焊合金，使材料或零件表面具有良好的耐磨、耐腐蚀、耐高温、耐辐射等性能，在工艺上有很大的灵活性。目前，堆焊技术主要应用于以下方面：

1. 轧辊堆焊

各类轧辊都要承受大载荷、高温磨损、热疲劳等因素的作用，要求有高的耐金属间磨损的能力，并能承受一定的冲击。轧辊早期报废的主要原因是磨损和表面裂纹，如冷热交替环境导致的龟裂、因挤压产生的粘着磨损和磨粒磨损等。轧辊通过堆焊，不仅能恢复棍身和棍径的尺寸，而且能提高棍身的耐热疲劳及耐磨性能。我国轧钢企业用于轧辊修复的堆焊技术主要是采用实心焊丝配合焊剂的埋弧焊方法。

2. 阀门密封面堆焊

阀门的寿命和工作可靠性主要取决于其密封面的质量，密封面不仅因阀门周期性的开启和关闭而受到擦伤、挤压和冲击的作用，而且还因所处工作环境和介质而受到高温、腐蚀、氧化等作用，我国石化企业因密封面失效导致阀门报废而造成的损失十分严重。因此，根据阀门的工作环境要求，采用合理的堆焊方法修复或强化阀门密封面，使其具有优异的抗擦伤、抗腐蚀、抗冲蚀、耐高温等综合性能，可有效延长阀门使用寿命，降低成本。

　　阀门材料多为铁基材料,有铸铁、铸钢或锻钢等。密封面堆焊材料有铜基、铁基(马氏体型、奥氏体型)、镍基及钴基堆焊合金。以往阀门密封面堆焊方法以手工电焊、氧-乙炔火焰或钨极氩弧焊等非自动化、低效率的堆焊方法为主,目前已发展到广泛采用高效、自动化的堆焊方法,如埋弧堆焊、粉末等离子堆焊乃至激光对焊,特别是粉末等离子堆焊,已成为目前阀门密封面制造中的主要工艺方法。堆焊材料也从单一的焊条发展成焊丝、粉末等多种形式。

3. 高炉料钟堆焊

　　高炉料钟堆焊的工况比较复杂,既要经受金属矿石、石灰石、焦炭等的磨料磨损,且有一定的温度,还经常有冲击作用,密封面还要受到带尘高温气流的冲刷,等等。因此对料钟堆焊材料选择的出发点也不尽相同,所采用的堆焊金属品种也较多。例如,在热模具钢(3Cr2W8)材料上堆焊硬度更高的碳化钨堆焊层,以提高其耐磨性;在热模具钢(3Cr2W8)材料上堆焊硬度较软的铬镍锰奥氏体钢堆焊层,以防止或减少堆焊面在堆焊时因热收缩应力产生裂纹;在阀门密封面上堆焊镍铬钨钼基堆焊合金,以提高其对带尘高温气流的冲刷抗力和磨损抗力。

4. 挖掘机铲斗和斗齿堆焊

　　挖掘机铲斗受到磨料磨损和冲击的双重作用。如果在沙性土壤中工作,主要是低应力磨料磨损,只要求堆焊层有中等的耐磨料磨损性,多用马氏体钢堆焊;如果在岩石性土壤中工作,主要是凿削磨损,则用合金铸铁堆焊材料堆焊。斗齿受到的冲击力很大,一般用奥氏体高锰钢制造,并在磨损最严重区域堆焊高铬合金铸铁,提高抗磨性。

5. 刮板输送机中部槽中板堆焊

　　刮板输送机属于井下机械化采煤设备。中部槽中板的磨损主要是低应力磨料磨损,对耐冲击性没有要求,要求堆焊硬度大于等于 58 HRC。采用 Fe-05 自熔性耐磨合金粉块,碳极空气等离子堆焊及手工碳弧堆焊均取得很好效果。

　　表 10-6 列出了常用堆焊方法的主要应用特性。

表 10-6　常用堆焊方法的主要应用特性

工艺方法	对基体的热影响	强化层组织、结合性能及厚度	其他特点	性能及应用
焊条电弧堆焊	产生应力变形,热影响区组织性能变化,有热裂、冷裂等问题	焊接冶金结晶组织,连生结晶,柱状晶;熔化焊的基体与熔覆层为晶内结合,结合强度较高;堆层厚度一般不限	设备简单,工艺灵活,但质量不稳定	提高耐磨、耐蚀、耐热性(其效果取决于熔覆层过渡的合金元素等条件)。修复磨损量大的零件
埋弧自动堆焊	同上。但因焊接电流大,工件热影响区大,变形较大		堆焊质量好,堆焊层与基体结合强度高,堆焊层疲劳强度较其他方法高,生产率高	提高表面耐磨、耐蚀、耐热性,适合不易变形零件的修复
振动电堆焊	基体熔深小,受热少,变形小	结合性质同焊条电弧焊;堆焊层厚度常小于 2.5 μm	有水蒸气、二氧化碳保护及焊剂层下保护等方法	适合要求受热影响及变形较小的零件
等离子堆焊	基体熔深小,热影响区小	最大厚度可达 12 mm	等离子弧温度高,热效率高,焊层质量稳定	提高的性能同焊条电弧焊

续表

工艺方法	对基体的热影响	强化层组织、结合性能及厚度	其他特点	性能及应用
二氧化碳气体保护自动堆焊	同焊条电弧焊，受热及变形较小	结合性质同焊条电弧焊	焊层质量好，生产率低，成本低	提高的性能同焊条电弧焊
焊条电弧堆焊	产生应力变形，热影响区组织性能变化，有热裂、冷裂等问题	焊接冶金结晶组织，连生结晶，柱状晶；熔化焊的基体与熔覆层为晶内结合，结合强度较高；堆焊厚度一般不限	设备简单，工艺灵活，但质量不稳定	提高耐磨、耐蚀、耐热性(其效果取决于熔覆层过渡的合金元素等条件)。修复磨损量大的零件
埋弧自动堆焊	同上。但因焊接电流大，工件热影响区大，变形较大		堆焊质量好，堆焊层与基体结合强度高，堆焊层疲劳强度较其他方法高，生产率高	提高表面耐磨、耐蚀、耐热性，适合不易变形零件的修复
振动电堆焊	基体熔深小，受热少，变形小	结合性质同焊条电弧焊；堆焊层厚度常小于 2.5 μm	有水蒸气、二氧化碳保护及焊剂层下保护等方法	适合要求受热影响及变形较小的零件
等离子堆焊	基体熔深小，热影响区小	最大厚度可达 12 mm	等离子弧温度高，热效率高，焊层质量好	提高的性能同焊条电弧焊
二氧化碳气体保护自动堆焊	同焊条电弧焊，受热及变形较小	结合性质同焊条电弧焊	焊层质量好，生产率低，成本低	提高的性能同焊条电弧焊

10.9　熔覆技术

熔覆技术是采用某种能量手段在基体材料表面涂覆与基体材料不同的金属或陶瓷材料而形成冶金结合涂层的表面技术。熔覆技术可用于修复工件表面局部缺陷部位，恢复几何形状和尺寸精度。

按照所采用能量形式的不同，熔覆技术可以分为激光熔覆、氧化炔火焰熔覆、电磁感应熔覆、电子束熔覆等。当前应用最多的是激光熔覆技术和氧化炔火焰熔覆技术。

根据熔覆材料的不同，熔覆技术可以制备减摩涂层、耐磨涂层、耐蚀涂层、隔热涂层以及绝缘涂层和导电涂层等功能性涂层等，在航空、航天、汽车、石油化工、冶金等工业领域具有广泛应用。

10.9.1　激光熔覆

1．激光熔覆及其应用

激光熔覆亦称激光包覆或激光熔敷，是一种新的表面改性技术。它是指在被涂敷表面基体上，以不同的填料方式放置选择的涂层材料，以激光辐射使之和基体表面薄层同时熔化，快速凝固后形成稀释度极低、与基体金属成冶金结合的涂层，从而显著改善基体材料表面耐磨、耐蚀、耐热、抗氧化等性能。它是一种经济效益较高的表面改性技术和废旧零部件维修与再制造技术，可以在低性能廉价钢材上制备出高性能的合金表面，以减低材料成本，节约贵重稀有金属材料。

与堆焊、喷涂、电镀和气相沉积相比，激光熔覆具有稀释度小、组织致密、涂层与基体结合好、适合熔覆材料多、粒度及含量变化大等特点，因此激光熔覆技术应用前景十分广阔。

从当前激光熔覆的应用情况来看，其主要应用于两个方面：一是对材料的表面改性，如燃汽轮机叶片、轧辊、齿轮等；二是对产品的表面修复，如转子、模具等。有关资料表明，修复后的部件强度可达到原强度的 90% 以上，其修复费用不到重置价格的 1/5，更重要的是缩短了维修时间，解决了大型企业重大成套设备连续可靠运行所必须解决的转动部件快速抢修难题。另外，对关键部件表面通过激光熔覆超耐磨抗蚀合金，可以在零部件表面不变形的情况下大大提高零部件的使用寿命；对模具表面进行激光熔覆处理，不仅提高模具强度，还可以降低 2/3 的制造成本，缩短 4/5 的制造周期。

激光熔覆成套设备组成包括激光器、冷却机组、送粉机构、加工工作台等。目前，激光熔覆技术中应用较多的激光器是气体激光器和固体激光器，主常采用连续波激光束和脉冲波激光束。其中，应用最广泛的是连续波 CO_2 气体激光器。

2. 激光熔覆技术工艺及特点

按照激光束工作方式的不同，激光熔覆技术可分为脉冲激光熔覆和连续激光熔覆。脉冲激光熔覆一般采用 YAG 脉冲激光器，连续激光熔覆多采用连续波 CO_2 激光器。脉冲激光熔覆的技术特点是：① 加热速度和冷却速度极快，温度梯度大；② 可以在相当大范围内调节合金元素在基体中的饱和程度；③ 生产效率低，表面易出现鳞片状宏观组织。连续激光熔覆的技术特点是：① 生产效率高；② 容易处理任何形状的表面；③ 层深均匀一致。

激光熔覆技术工艺包括两个方面：一是优化和控制激光加热工艺参数；二是确定熔覆材料向工件表面的供给方式。按照熔覆材料的供给方式的不同，激光熔覆可分为预置式激光熔覆和同步式激光熔覆。

预置式激光熔覆是将熔覆材料事先置于基材表面的熔覆部位，然后采用激光束辐照扫描熔化。熔覆材料可以通过手工涂敷、热喷涂、电镀、蒸镀等方法预置于工件表面(称为涂敷法)，也可将其粉末与少量粘结剂压制成预置片，放置在表面待熔覆部位(称为预置片法)。涂敷法，尤其是手工涂敷方法工艺简单、成本低，但生产率低，厚度均匀性难以控制；预置片法粉末利用率高、熔覆质量稳定，适宜深孔或小孔径工件。

同步式激光熔覆则是将熔覆材料直接送入激光束中，使供料和熔覆同时完成。熔覆材料可以以粉末的形式送入(称为同步送粉法)，也可采用线材或板材进行同步送料(称为同步送丝法)。同步送粉法中，激光吸收率大，热效率高，可以获得厚度较大的熔覆层，易于实现自动化，实际生产中采用较多；同步送丝法可以保证熔覆层成分均匀，但是激光利用率低，线材制造复杂、成本高，较难推广。

现在，激光熔覆过程一般均在微机或单片机控制下自动完成。为此，必须配备可实现二维、三维甚至五维运动的可控工作台。完成自动熔覆过程需要按照设计路线移动激光束和工作台。图 10-8 给出了一种可以进行自动熔覆的生产装置，该装置中工作台可以实现二维平面运动。

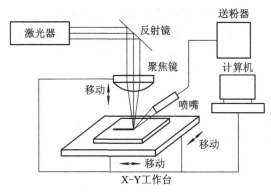

图 10-8　激光熔覆装置示意图

3. 激光熔覆材料

激光熔覆材料主要是指形成熔覆层所用的原材料。熔覆材料的状态一般有粉末状、丝状、片状及膏状等。其中粉状材料应用最为广泛。目前，激光熔覆材料一般是借用热喷涂用粉末材料和自行设计开发粉末材料，主要包括自溶性合金粉末、金属与陶瓷复合(混合)粉末及自制的合金粉末等。所用的合金粉末主要包括镍基、钴基、铁基合金及铜基等。其中，又以镍基材料应用最多，与钴基材料相比，其价格便宜。表 10-7 列出了部分常用基体与熔覆材料。

表 10-7　激光熔覆常用的部分基体与熔覆材料

基体材料	熔覆材料	应用范围
碳钢、不锈钢、合金钢、铸铁、镍基合金、铜基合金、铝基合金、钛基合金、镁基合金	纯金属及其合金，如 Cr、Ni、Fe 基合金等	提高工件表面的耐热、耐磨、耐蚀等性能
	氧化物陶瓷，如 Al_2O_3、ZrO_2、SiO_2、Y_2O_3 等	提高工件表面绝热、耐高温、抗氧化及耐磨等性能
	金属、类金属与 C、N、B、Si 等元素组成的化合物，如 TiC、WC、SiC、B_4C、TiN 等，并以 Ni 或 Co 基材料为粘结金属	提高硬度、耐磨性、耐蚀性等

熔覆材料将直接影响到激光熔覆层的使用性能及激光熔覆工艺。在设计或选配熔覆材料时，既要追求涂层材料的使用性能，还要考虑涂层材料的熔覆成型工艺性，尤其是与基材在热膨胀系数、熔点等热物理性质上的匹配性。

为了使熔覆层具有优良的质量、力学性能和成型工艺性能，减小其裂纹敏感性，必须合理设计或选用熔覆材料。在选用和设计熔覆材料时，一般考虑如下一些原则：

(1) 热膨胀系数接近原则，即熔覆材料与基体金属的热膨胀系数应尽可能接近。若熔覆层材料和基体间热膨胀系数的差异较大，则在熔覆层中易产生裂纹、开裂甚至剥落现象。

(2) 熔点接近原则，即熔覆材料与基体金属的熔点相差不要太大。若二者熔点相差太大，则难以形成于基体良好冶金结合且稀释率小的熔覆层，会给激光熔覆工艺带来难度。若是熔覆材料熔点过高，加热时熔覆材料熔化少，会使得涂层表面粗糙度高，或者基体金属过度熔化，熔覆层稀释率增大，严重污染熔覆层；反之，若熔覆材料熔点过低，则易于熔覆材料过烧，且与基体间产生孔洞和夹杂，或者基体金属表面不能很好熔化，难以形成良好的冶金结合。

(3) 润湿性原则,即熔覆材料与基体金属以及熔覆材料中高熔点陶瓷颗粒与金属基材之间应具有良好的润湿性。为了提高熔覆材料中高熔点陶瓷颗粒与金属基材之间的润湿性,可以预先对陶瓷颗粒进行表面处理,也可以在熔覆材料中适当添加某些合金元素。例如,在激光熔覆($Cu+Al_2O_3$)混合粉末制备 Al_2O_3/Cu 熔覆涂层时,在粉末体系中加入 Ti 可以提高相间润湿性。

10.9.2　氧−乙炔火焰熔覆

氧−乙炔火焰熔覆是一种传统的材料表面改性或零件修复技术,其原理是以氧−乙炔火焰为热源,把自熔剂合金粉末喷涂在经过预处理的工件表面上,然后加热涂层,使其熔融并润湿工件,通过液态合金与固态工件表面的相互溶解于扩散,形成一层呈冶金结合并具有特殊性能的表面熔覆层。

氧−乙炔火焰熔覆涂层材料体系主要为与基底金属润湿性好的镍基、铁基自熔剂合金。

氧−乙炔火焰熔覆包括两个过程:一是喷涂过程;二是重熔过程。重熔过程的目的是要得到无气孔、无氧化物,与工件表面结合强度高的涂层。

氧−乙炔火焰熔覆技术设备和工艺简单、操作方便,成本较低,在工业中具有广泛应用。其熔覆材料体系主要为金属或合金粉末。在熔覆过程中,工件受热较严重,工件易于变形,因此不适用于薄壁件。

表 10-8 列出了其他表面涂敷方法的主要特点。

表 10-8　其他表面涂敷方法的主要特点

名称	基本原理	工艺特点	常用材料	涂层性能及应用
热浸镀	将被镀工件浸于熔点较低的其他液态金属或合金中进行镀敷的方法。形成镀层的前提是基体金属和镀层金属之间能发生溶解、化学反应和扩散	溶剂法是将净化的钢件浸入镀锅前先形成一层溶剂层,以防氧化;氢还原法是用氢气将钢件表面的氧化铁膜还原成铁后进入镀锅	热镀的低熔点金属有锌、铝、锡、铅及锌铝合金	热镀锌价格低,耐蚀性良好,大量用于钢材防大气腐蚀;热镀铝耐大气腐蚀性、耐热性好;热镀锡主要用作食品包装器具
表面粘涂	用高分子聚合物与特殊填料(如陶瓷、金属、石墨、MoS_2 等粉末)组成的胶粘剂涂敷于工件表面实现要求的特效功能	工件经表面预处理后,用刮涂、压印、模具成型等方法涂敷配置好的胶粘剂,再固化、修正	胶粘剂由粘料(热固性树脂、合成橡胶等)、固化剂、填料、辅助材料等组成	维修过程中修复零件磨损及各种表面缺陷、密封、堵漏;制造过程中修补铸造缺陷、表面防腐处理
电火花镀敷	通过电火花放电使电极和工件局部熔化、粘结、扩散,电极材料接触转移到基材表面。其过程有渗氮、渗碳和高速淬火作用,强化层≤0.02~0.03 mm	将电极和工件之间接上直流或交流电源,通过振动器使其间发生频繁火花放电。设备简单,工艺灵活,工件处于冷态	根据强化层性能要求选择电极材料,如硬质合金、铬锰、钨铬钴合金	用于模具、刃具及机器零件的表面强化和磨损部位的修补。如使用 WC、TiC、ZrC 等电极材料,使强化层的相对耐磨性提高了 2~10 倍
搪瓷涂敷	搪瓷将玻璃瓷釉涂敷在金属基材表面,经过高温烧结而成。瓷釉是化学成分较复杂的硅酸盐玻璃,一般由多种氧化物组成	瓷釉分底釉和面釉,经配料、熔融、研磨、制成料浆,而后进行涂敷、烧结(840~1200℃)	配料中含各种化工原料(硼砂、氧化物等)和矿物原料(硅砂、冰晶石等)	化学稳定性优良,耐腐蚀、耐磨、耐高温。应用于日用及建筑、高温、红外辐射、医用、电子、艺术搪瓷等制品

10.10　表面技术选择与设计的一般原则

1. 适应性原则

适用性主要是指工艺适用性,即评估所选表面技术能否适应(满足)工件的各种要求。在选择具体表面技术时,应使其在以下几方面与被处理工件相适应:

(1) 涂敷(或改性、处理)工艺和覆层与工件应有良好的适应性。

(2) 覆层与工件材料、线膨胀系数、热处理状态等物理、化学性能应有良好的匹配性和适应性。

① 覆层与基材要有足够的结合力,不起皱、不鼓泡、不剥落,不加速相互间的腐蚀和磨损。在不同表面技术中,离子注入层和表面合金元素扩渗层没有明显界面;各种堆焊层、熔接层、激光熔覆和激光合金化涂层、电火花强化层等具有较高的结合强度;热喷涂层、粘涂和涂装层的结合强度相对较低;电镀层的结合强度要高于热喷涂层。

② 覆层(改性层)厚度应与工件要求相适应。目前,离子注入层的厚度仅能达到 0.2 μm,注入太深则难以达到,热喷涂层一般在 0.2~1.2 mm,太薄还有困难,而堆焊层通常在 2~5 mm,过薄也不易实现。涂层厚度不仅影响其使用寿命,还影响着结合力及基体和涂层的性能。离子注入虽然能显著提高表面的耐磨、耐蚀等性能,但在应用中往往厚度显得不足;一些重防腐表面一般要求具有一定厚度,单一电镀层显得不够;对于修复件,还要考虑恢复到所要求尺寸的可行性。单一使用薄膜技术一般难以满足恢复尺寸的要求。

③ 选用的表面技术对工件形状、尺寸、性能等影响应不超过允许范围。采用一些高温工艺,如堆焊、熔接(1000℃左右)、CVD(800~1200℃)等,会引起工件变形(对于细长杆和薄壁件尤其明显)、基体组织或热处理性能改变;一些电镀工艺会降低材料的疲劳性能或产生氢脆性,镀镉须防止产生镉脆。

(3) 覆层(改性层)的性能应满足工件服役环境的要求。覆层的各种力学、化学、电学、磁学等性能必须满足工件运行条件和服役环境的要求。

① 耐磨损覆层。对于耐磨损覆层,选择涂敷方法和材料时应首先明确其磨损失效类型,再根据磨损类型对覆层材料的要求,来设计和选择覆层材料及与其相适应的涂敷技术。不同磨损类型对覆层性能的要求见表 10-9。

表 10-9　不同磨损类型对覆层性能的要求

磨损类型	在磨损失效中约占的比例/(%)	对材料性能的要求
磨料磨损	50	较高的加工硬化能力,接近甚至超过磨料硬度的表层
粘着磨损	15	相接触的摩擦副材料的溶解度较低,表面能低,不易发生原子迁移,抗热软化能力强
冲蚀磨损	8	小角度冲击时材料硬度要高,大角度冲击时材料韧性要好
磨蚀磨损	5	具有抗腐蚀和抗磨损的综合性能
高温磨损	5	具有一定的高温硬度,能形成致密且韧性好的氧化膜,导热性好,能迅速使热扩散
疲劳磨损	8	具有高硬度、高韧性,裂纹倾向小,不含硬的非金属夹杂物
微动磨损	8	具有高的抗频繁低幅振荡磨损的能力,能形成软的磨屑,且与相配合面具有不相容性

② 耐蚀覆层。影响耐蚀性能的主要环境因素是：介质的成分和浓度，杂质及其含量，温度，溶液的 pH 值，溶液中的氧、氧化剂和还原剂的含量，流速，腐蚀产物及生成膜的稳定性，自然环境条件(大器类型和水质)等。

在选择涂敷方法和材料时应考虑以下原则：单相结构的覆层比多相结构的覆层具有更好的耐介质腐蚀能力；对于钢铁基体材料在存在电解质的条件下，覆层材料应具有比铁更低的电极电位，以便对铁基体起到有效地保护作用；对于热喷涂等有一定孔隙率的覆层，由于孔隙的存在会降低覆层的耐蚀性、抗高温氧化性和电绝缘性，因而涂敷后应进行适当的封孔处理。

③ 耐高温敷层。对耐高温敷层的基本要求是：覆层材料应有足够高的熔点，其熔点越高，可使用的温度也越高；覆层的高温化学稳定性要好，覆层本身在高温下不会发生分解、升华或有害的晶型转变；覆层应具有所要求的热疲劳性能，对于高温下使用的覆层，尤其要求其与基体的热膨胀系数、导热性能具有良好的匹配性，以防止覆层剥落。同时还应注意，在热循环中，基体和覆层材料内部会因发生相变而产生组织应力，这便会加剧覆层的开裂和剥落。如 ZrO_2 晶体在 1010℃ 时会发生单斜晶系向立方晶系的转变，并伴随产生 7% 的体积改变，因此用作耐高温的 ZrO_2 覆层，均采用稳定化处理 ZrO_2。

耐高温覆层中应含有与氧亲和力大的元素，常用的有 Cr、Al、Ti、Y 等。这些元素所生成的氧化物非常致密，化学稳定性非常稳定，且氧化物体积大于金属原子体积，因而能够有效地把金属基体包围起来，以防止进一步氧化。

在组织上，高温合金一般选用具有面心立方晶格的金属母相，并能被高熔点难熔金属元素的原子固溶强化；或者合金元素间发生的反应能够形成与母相具有共格结构的第二相，对金属母相产生析出强化；或者能形成高熔点的金属化合物，对母相起晶界强化和弥散强化的作用。

在掌握被处理工件的各项要求、深入分析不同表面技术及其所用覆层材料对工件的适应性之后，便可在对比中选出满足要求的几种表面工程技术，并依照耐久性和经济性原则作进一步筛选。

2．耐久性原则

零件的耐久性是指其使用寿命。由于运用表面技术是为了对零件的失效进行有针对性的防护，因而采用表面工程技术"强化"(含涂敷、处理和改性)过的零件，其使用寿命应比未强化的要高。零件的使用寿命随其使用目的的不同有着不同的度量方法。除断裂、变形等零件本体失效外，因磨损、疲劳、腐蚀、高温氧化等表面失效而导致的寿命终结也各有其本身的评价和度量方法。对于因磨损失效的机器零件，常用相对耐磨性来对比其耐久性；对于因腐蚀失效的零件，常用其在使用环境下的腐蚀速率来比较其耐久性；而对于因高温氧化失效的零件，则常用高温氧化速率来度量其高温氧化性能。设备及其零部件的使用寿命可通过各种试验(模拟试验、加速试验、台架试验、装机试验等)、分析计算、经验类比、计算机数值模拟等方法得出。

寿命估算是目前很受重视的一个研究方向。在不同环境下经表面强化的零件的使用寿命尚缺乏完整的资料，有待进一步丰富和完善。在选择表面技术时，力求使零件获得高的耐久性是一个很重要的原则。

3. 经济性原则

除了满足适应性和耐久性等要求，还要重视分析拟采用的表面技术的经济性。分析技术经济性时要综合考虑表面涂敷或改性处理成本和采用表面技术所产生的经济效益与资源环境等因素。从成本上看，应尽可能选用成本低廉且使用寿命长的表面技术，通常应满足

$$C_T \leqslant KC_H \tag{10-1}$$

式中，C_T 表示经表面强化的零件的成本；C_H 表示未经表面处理强化的零件成本；K 表示耐久性系数或寿命比。

$K = T_T/T_H$，为采用表面技术强化零件的使用寿命 T_T 与未强化零件使用寿命 T_H 的比值。上式也可写为

$$\frac{C_T}{C_H} \leqslant \frac{T_T}{T_H} \tag{10-2}$$

由上式可知，C_T/C_H 越大，T_T/T_H 越小，则该表面工程技术的技术经济性越好。

表面涂敷(或改性、处理)的总成本费用包括人工费、材料费、动力费、设备(设施)折旧和维修费、运输与管理费用。表面技术用于大批量零件生产时，在满足工件使用性能要求的前提下，应尽可能选用价格较低的材料，并采用自动化或半自动化工艺提高生产率，即使是一次投资较大，其经济性通常也是较好的。对同一零件不同部位所用的表面技术的种类应尽可能少，以减少零件的周转，缩短工艺流程，降低成本。

采用表面技术所产生的效益，除考虑延长零件的使用寿命外，还要考虑对提高工程与产品性能、减少故障与维修，以及所产生的资源环境效益等因素。对于航空航天设备和武器装备的零部件，常要求高可靠性和安全性，为此多选用成本较高的高新表面技术与高性能材料；对于失效零件的修复与表面强化，一般考虑的是其成本要低、寿命要长，但在没有备件而造成较大停工损失时，即使其成本较高，但在经济上也是合理的。

4. 环保性原则

按照循环经济与绿色制造的要求，在选择表面技术时，要考虑减少资源(材料)消耗、能源消耗与对环境的污染，在材料和工艺上为其多次修复与表面强化创造条件；在零件投入使用后，要避免对环境和人员产生不利影响；当零件报废时，要便于回收和进行资源化处理。

材料(产品和零件)对环境的影响可用如下泛环境函数表达：

$$ELF = f(R, E, P) \tag{10-3}$$

式中，R 表示材料的资源消耗因子；E 表示材料的能源消耗因子；P 表示材料的三废排放因子。

对于环境负荷函数而言，其资源消耗因子、能源消耗因子、废物排放因子的叠加模型分别为

$$\begin{cases} R = \sum A_i B_i \\ E = \sum C_i D_i \\ P = \sum E_i F_i \end{cases} \tag{10-4}$$

式中，A_i、C_i、E_i 分别表示各种资源消耗、能源消耗和废气物项；B_i、D_i、F_i 分别表示各相

应项的权重系数。

在机械产品寿命周期中，金属零件制造从采矿、炼钢到毛坯生产、机械加工、表面处理等全过程，均应考虑减少资源、能源投入和废弃物排放等问题。不同技术的资源环境特性差异较大。如堆焊时要使用各种堆焊材料，消耗电能，产生电磁辐射、电离辐射、热辐射、弧光、噪声，会排放金属粉尘、烟尘、CO、CO_2、HF、NO_x、臭氧等；电镀及表面处理是要使用多种化学原料，消耗电能、热能，可排放含铬、含重金属、含氰、含酸碱、含油污等污水，以及铬雾、酸雾、甲苯、二甲苯、HCN、NO_x、氰渣、铬渣等污染物。相比之下，物理气相沉积、粘涂、表面形变强化等工艺对环境的影响要小些。虽然总体来讲，与金属冶炼、毛坯生产相比，表面处理技术在资源、能源等方面的消耗要小得多，废弃物排放也较少，但对于使用某些表面处理技术而产生的有害环境的影响必须予以重视，要对其排放的废弃物进行相应的环保处理，使其达到允许的标准。

总之，要针对企业的设备、人员、技术水平等具体情况，综合考虑以上原则，选择与设计最适合的表面工程技术，力求得到最佳的技术经济效果。

习　题

1. 常用表面淬火的方法有哪些？并比较其优缺点。
2. 查阅相关资料，举例说明化学热处理的过程。
3. 化学镀和电镀有什么不同？它主要应用在什么场合？
4. 热喷涂的原理是什么？它有什么特点？
5. 气相沉积技术都有哪些应用？它的原理是什么？CVD 法和 PVD 法相比较，其主要特点是什么？
6. 离子注入后金属表面都发生了哪些变化？有哪些主要应用？
7. 堆焊的目的是什么？

参 考 文 献

[1] 李成功，姚熹，等. 当代社会经济的先导——新材料. 北京：新华出版社，1992.

[2] 杨瑞成，蒋成禹，初福民. 材料科学与工程导论. 哈尔滨: 哈尔滨工业大学出版社，2000.

[3] 王高潮. 材料科学与工程导论. 北京：机械工业出版社，2007.

[4] 房鼎业，涂善东. 大学工科专业概论. 上海：华东理工大学出版社，2008.

[5] 中华人民共和国教育部高等教育司. 普通高等学校本科专业目录和专业介绍(1998 年颁布). 北京：高等教育出版社，1998.

[6] 束德林. 工程材料力学性能. 北京：机械工业出版社，2003.

[7] 郑修麟. 材料的力学性能. 西安：西北工业大学出版社，2001.

[8] 刘祥. 铸造合金力学性能. 北京：冶金工业出版社，1996.

[9] 匡震邦. 材料的力学行为. 北京：高等教育出版社，1998.

[10] 冯端. 金属物理学. 3 卷. 北京：科学出版社，1999.

[11] 周达飞. 材料概论. 北京：化学工业出版社，2001.

[12] 张清纯. 陶瓷的力学性能. 北京：科学出版社，1997.

[13] 王从曾. 材料性能学. 北京：北京工业大学出版社，2001.

[14] 石德珂. 材料科学基础. 北京：机械工业出版社，2003.

[15] 刘智恩. 材料科学基础. 西安：西北工业大学出版社，2003.

[16] 王从曾. 材料性能学. 北京：北京工业大学出版社，2001.

[17] 周玉. 陶瓷材料学. 哈尔滨：哈尔滨工业大学出版社，1995.

[18] 齐桂森. 机械制造工程概论. 修订版. 北京：航空工业出版社，1997.

[19] 邓文英. 金属工艺学. 3 版. 北京：高等教育出版社，1990.

[20] 史美堂. 金属材料及热处理. 上海：上海科学技术出版社，1990.

[21] 孙智，欧雪梅. 材料概论. 徐州：中国矿业大学出版社，2008.

[22] 林宗寿. 无机非金属材料工艺学. 2 版. 武汉：武汉理工大学出版社，2006.

[23] 王培铭. 无机非金属材料学. 上海：同济大学出版社，1999.

[24] 卢安贤. 无机非金属材料导论. 长沙：中南大学出版社，2004.

[25] 姜建华. 无机非金属材料工艺原理. 北京：化学工业出版社，2005.

[26] 李世普. 特种陶瓷工艺学. 武汉：武汉理工大学出版社，1990.

[27] 王承遇，陈敏，陈建华. 玻璃制造工艺. 北京：化学工业出版社，2006.

[28] 沈威，黄文熙，闵盘荣，等. 水泥工艺学. 北京：中国建筑工业出版社，1986.

[29] 袁明亮. 矿物材料加工学. 长沙：中南大学出版社，2003.

[30] 沈上越，李珍. 矿物岩石材料工艺学. 武汉：中国地质大学出版社，2005.

[31] 张兴英，程钰，赵京波. 高分子化学. 北京：中国轻工业出版社，2000.

[32] 岗村成二，等. 高分子化学绪论. 2 版. 东京：化学同人出版会，1991.

[33] 顾雪蓉，陆云. 高分子科学基础. 北京：化学工业出版社，2003.

[34] 张爱明. 橡胶工业. 2004，47(2)：107.

[35] 焦剑，姚军燕. 功能高分子材料. 北京：化学工业出版社，2007.

[36] 姚日生. 药用高分子材料. 北京：化学工业出版社，2008.

[37] 张留成. 高分子材料导论. 北京：化学工业出版社，1993.

[38] 李子东，李广宇，刘志军，等. 实用胶粘技术. 北京：国防工业出版社，2006.

[39] 殷景华，王雅珍，鞠刚. 功能材料概论. 哈尔滨：哈尔滨工业大学出版社，1999.

[40] 钟群鹏. 材料失效诊断、预测和预防. 长沙：中南大学出版社，2009.

[41] 张栋. 机械失效的使用分析. 北京：国防工业出版社，1997.

[42] 刘民治，等. 失效分析的思路与诊断. 北京：机械工业出版社，2002.

[43] 钟栋梁，姬永兴，陈列. 机电事故(故障)的检查与分析方法. 北京：蓝天出版社，1993.

[44] 刘英杰，成志强. 磨损失效分析方法. 北京：机械工业出版社，1991.

[45] 孙秋假. 材料腐蚀与防腐. 北京：冶金工业出版社，2001.

[46] 王自明. 无损检测综合知识. 北京：机械工业出版社，1988.

[47] 冯瑞，师昌绪，刘治国. 材料科学导论. 北京：化学工业出版社，2002.

[48] 国家机械工业委员会统编. 无损检测技术. 北京：机械工业出版社，1988.

[49] 谢希文，过梅丽. 材料工程基础. 北京：北京航空航天大学出版社，1988.

[50] 谷臣清. 材料工程基础. 北京：机械工业出版社，2004.

[51] 钱苗根，姚寿山. 张少宗. 现代表面技术. 北京：机械工业出版社，1999.

[52] 徐滨士，朱少华，等. 表面工程的理论与技术. 北京：机械工业出版社，1998.

[53] 王忠. 机械工程材料. 北京：清华大学出版社，2009.

[54] 曾晓雁，吴懿平. 表面工程学. 北京：机械工业出版社，2001.

[55] 刘江南. 金属表面工程学. 北京：兵器工业出版社，1995.